Excel

2019/2016/2013/365 対応版

井上 香緒里 著

技術評論社

本書の使い方

セクションごとに機能を順番に解説しています。
セクション名は具体的な作業を示しています。
セクションの解説内容のまとめを表しています。
操作内容の見出しです。
第2章 入力&表作成のプロ技
SECTION
049
セルの操作
複数のセルを1つにまとめる
複数のセルを1つにまとめることを「結合」と呼び、Excelには<セルを結合して中央揃え><横方向に結合><セルの結合>が用意されています。ここでは、<セルを結合して中央揃え>を使って、タイトルを表の横幅の中央に表示します。
セルを結合して文字を中央に揃える
❶ A1セル～E1セルをドラッグし、
❷ <ホーム>タブ－<セルを結合して中央揃え>をクリックすると、
❸ A1セル～E1セルの5つのセルが1つになり、文字が中央揃えになります。
MEMO セル結合の解除
結合したセルを解除するには、もう一度<セルを結合して中央揃え>をクリックします。
COLUMN
縦方向にも結合できる
縦方向に連続するセルをドラッグしてから<セルを結合して中央揃え>をクリックすると、縦方向のセルを結合できます。さらに、<ホーム>タブ－<方向>から<縦書き>をクリックすると、結合したセル内で文字が縦書きになります。
第1章
第2章 セルの操作
第3章
第4章
第5章
072
章が探しやすいようにセクションの分類を表示しています。
重要な補足説明を解説しています。
読者が抱く小さな疑問を予測して解説しています!
番号付きの記述で操作の順番が一目瞭然です。

サンプルダウンロード

本書の解説内で使用しているサンプルファイルは、以下のURLのサポートページからダウンロードできます。ダウンロードしたときは圧縮ファイルの状態なので、展開してからご利用ください。

https://gihyo.jp/book/2020/978-4-297-11446-6/support

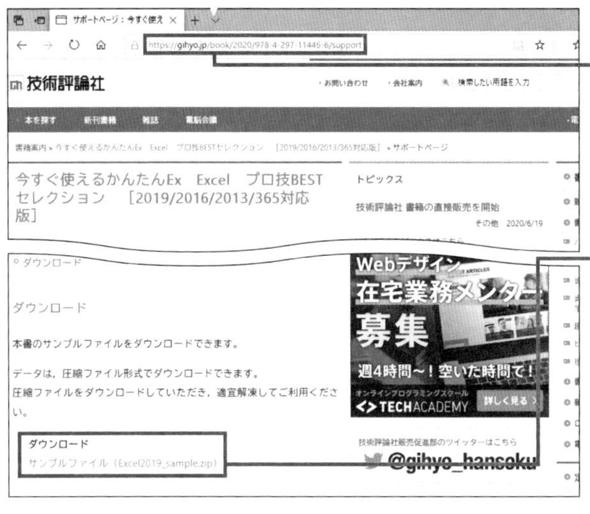

手順解説

1. Webブラウザー（画面はMicrosoft Edgeの例）を起動し、アドレス欄に上記のURLを入力して、Enterキーを押します。
2. <ダウンロード>にあるサンプルファイルのファイル名をクリックし、<保存>をクリックします。

MEMO Internet Explorerの場合は、サンプルファイル名をクリックした後、<名前を付けて保存>をクリックして保存場所を指定し、ファイルを保存します。

3. ダウンロードが完了したら、<開く>をクリックします。

MEMO 新しいMicrosoft EdgeやGoogle Chromeの場合は、サンプルファイル名をクリックした後、<ファイルを開く>をクリックします。

4. エクスプローラーが表示されるので、<展開>タブの<すべて展開>をクリックします。

目次

第1章 Excelの基本操作

第2章 入力&表作成のプロ技

第3章 書式設定のプロ技

第4章 数式&関数のプロ技

第5章 図形・SmartArt・写真のプロ技

第6章 グラフ作成のプロ技

第7章 データベースのプロ技

第8章 シート・ブック・ファイル操作のプロ技

第9章 印刷のプロ技

第10章 マクロのプロ技

ご注意 ご購入・ご利用の前に必ずお読みください

本書に記載された内容は、情報の提供のみを目的としています。したがって、本書を用いた運用は、必ずお客様自身の責任と判断によって行ってください。これらの情報の運用の結果について、技術評論社および著者はいかなる責任も負いません。

■ソフトウェアに関する記述は、特に断りのない限り、2020年7月現在での最新バージョンをもとにしています。ソフトウェアはバージョンアップされる場合があり、本書での説明とは機能内容や画面図などが異なってしまうこともあり得ます。あらかじめご了承ください。

■本書は、Windows 10およびExcel 2019（一部Microsoft 365）の画面で解説を行っています。これ以外のバージョンでは、画面や操作手順が異なる場合があります。

■インターネットの情報については、URLや画面などが変更されている可能性があります。ご注意ください。

以上の注意事項をご承諾いただいた上で、本書をご利用願います。これらの注意事項をお読みいただかずに、お問い合わせいただいても、技術評論社は対応しかねます。あらかじめご承知おきください。

第1章

Excelの基本操作

SECTION 001 Excelの基本

Microsoft 365とExcel 2019の違いを知る

Excelには、サブスクリプション型の「Microsoft 365（旧名Office 365）版のExcel」と、パッケージ型の「Excel 2019」の2種類があります。Excelの基本的な操作は同じですが、画面上のタブの名称が違ったり、Microsoft 365でしか使えない機能があったりします。

Microsoft 365とExcel 2019の違い

	Microsoft 365	Excel 2019
購入形態	月単位や年単位で定額の料金を支払って利用するサブスクリプション型です。支払いをやめると利用できなくなります。	一度購入すれば追加料金なしに利用できる買い切り型です。
最新版への アップデート	常に最新版を利用できます。	購入後のアップデートはありません。最新版を利用するには再度購入する必要があります。
機能の更新	常に最新の更新プログラムと最新の機能を取得できます。	セキュリティ更新プログラムは利用できますが、新機能を取得することはありません。
複数のパソコンへの インストール	パソコンやタブレットなど、無制限にインストールできますが、同時に使用できるのは5台までです。	2台のパソコンにインストールできます。
Web上の保存場所（OneDrive）	1TBのOneDriveを利用できます。	含まれません。

MEMO　Excel 2019のバージョンについて

パッケージ型のExcelは、発売されるたびに機能や使い勝手が改良され、バージョンアップしてきました。本書では、2019年1月に発売されたExcel 2019の画面を使って操作方法を解説します。

Excelの画面構成を知る

Excelの画面は、表やグラフなどを作成する「ワークシート」と呼ばれる集計用紙を中心に、上部や下部にさまざまな領域が用意されています。ここでは、Excelの画面を構成している各部の名称と役割を確認しましょう。

Excel 2019の画面

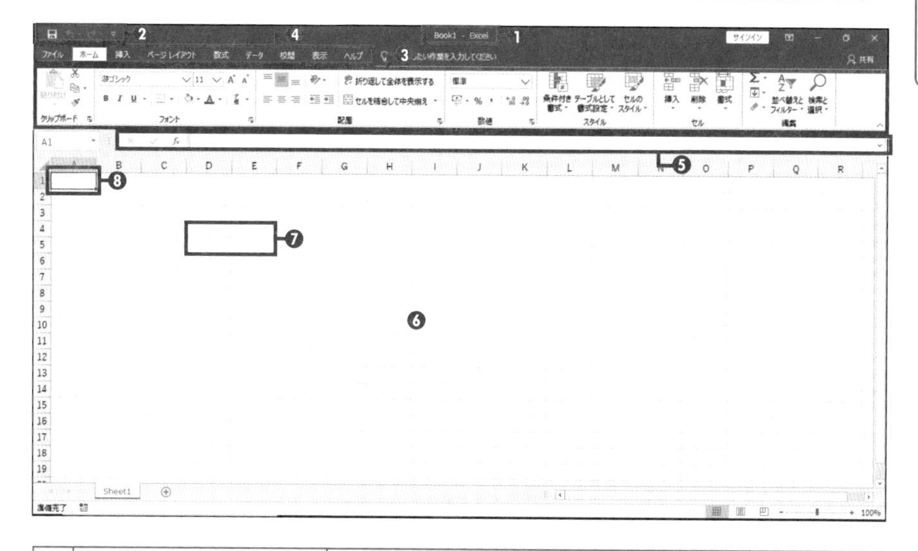

❶	タイトルバー	現在開いているファイルの名前（ここではBook1）が表示されます。Microsoft 365では検索ボックスも表示されます。
❷	クイックアクセスツールバー	よく使うボタンが並んでいます。
❸ ❹	❸リボン ❹タブ	よく使う機能が分類ごとにまとめられて並んでいます。タブを左クリックするとリボンの内容が切り替わります。
❺	数式バー	セルに入力したデータや数式が表示されます。
❻	ワークシート	表やグラフを作る用紙です。
❼	セル	データを入力するためのます目です。
❽	アクティブセル	操作できるセルです。セルの周りが太線で囲まれています。

Excelをスタート画面にピン留めする

Excelを起動するには、<スタート>ボタンから<Excel>のメニューを探します。頻繁にExcelを使う場合は、Windowsのスタート画面にExcelをピン留めしましょう。すると、Excelのタイルをクリックするだけで起動できます。

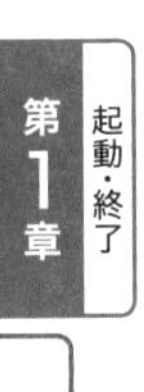

第2章

第3章

第4章

第5章

Excelをスタート画面にピン留めする

❶<スタート>ボタンをクリックします。

❷< Excel >を右クリックし、

❸<スタートにピン留めする>をクリックします。

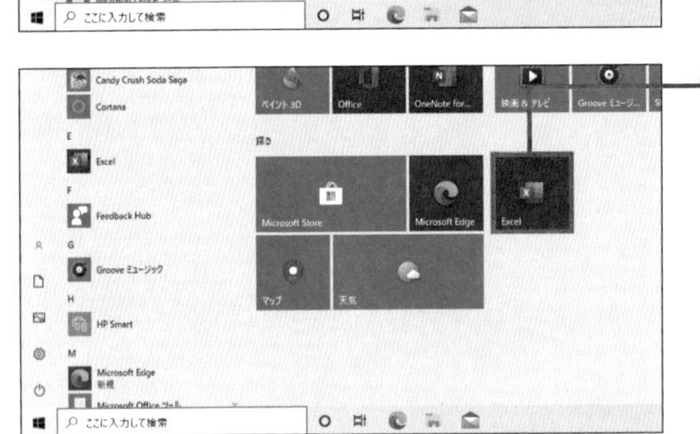

❹スタート画面にExcelのタイルが表示されます。

MEMO スタート画面から削除

スタート画面からExcelを削除するには、Excelのタイルを右クリックした時に表示されるメニューから<スタートからピン留めを外す>をクリックします。

SECTION 004 起動・終了

Excelをタスクバーにピン留めする

Sec.003では、Excelをスタート画面にピン留めしましたが、画面下部のタスクバーにピン留めすることもできます。タスクバーは常に表示されているので、スタート画面に切り替えなくてもいつでもワンクリックで起動できます。

Excelをタスクバーにピン留めする

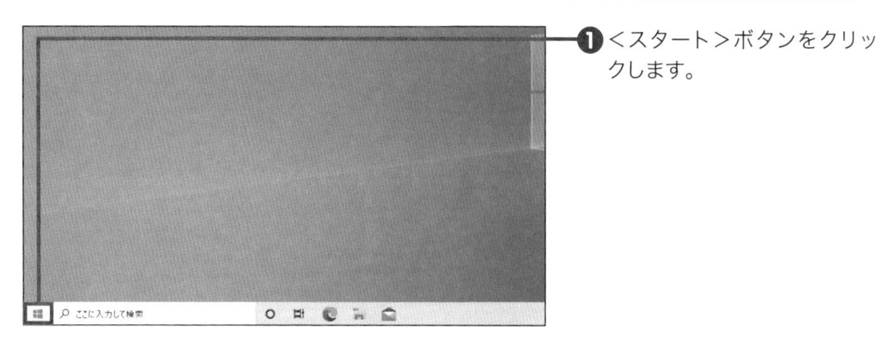

❶＜スタート＞ボタンをクリックします。

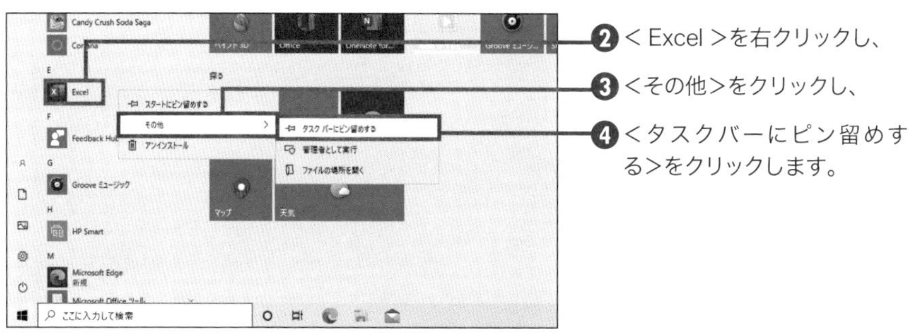

❷＜Excel＞を右クリックし、

❸＜その他＞をクリックし、

❹＜タスクバーにピン留めする＞をクリックします。

❺タスクバーにExcelのアイコンが表示されます。

> **MEMO　タスクバーから削除**
>
> タスクバーからExcelを削除するには、Excelのアイコンを右クリックした時に表示されるメニューから＜タスクバーからピン留めを外す＞をクリックします。

SECTION 005 表示

画面を拡大・縮小する

ワークシートの文字が見づらいときは、「ズームスライダー」を使って画面の表示倍率を拡大しましょう。<+>をクリックするたびに10%ずつ拡大できます。反対に<->をクリックすると10%ずつ縮小できます。

画面の表示倍率を拡大する

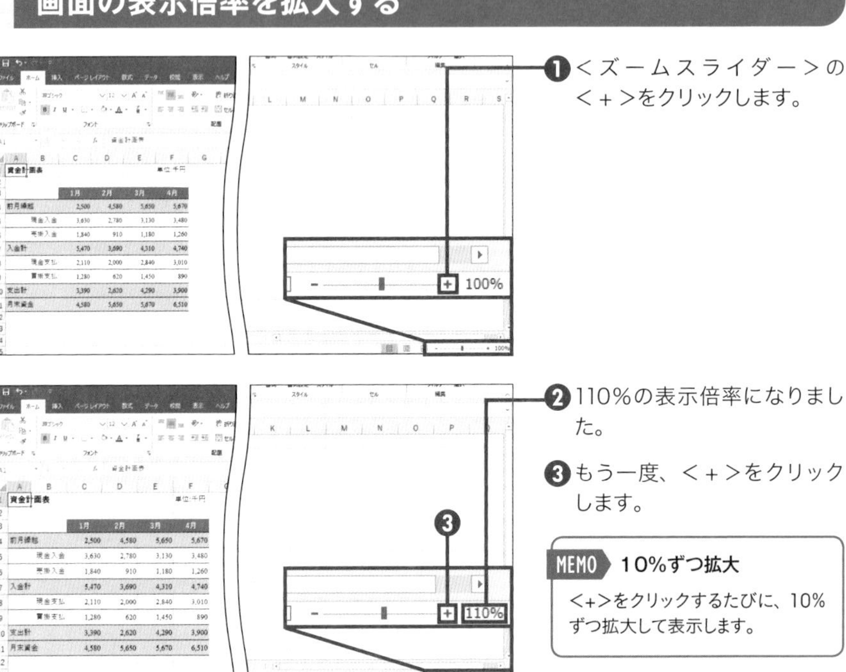

❶ <ズームスライダー>の<+>をクリックします。

❷ 110%の表示倍率になりました。

❸ もう一度、<+>をクリックします。

MEMO 10%ずつ拡大

<+>をクリックするたびに、10%ずつ拡大して表示します。

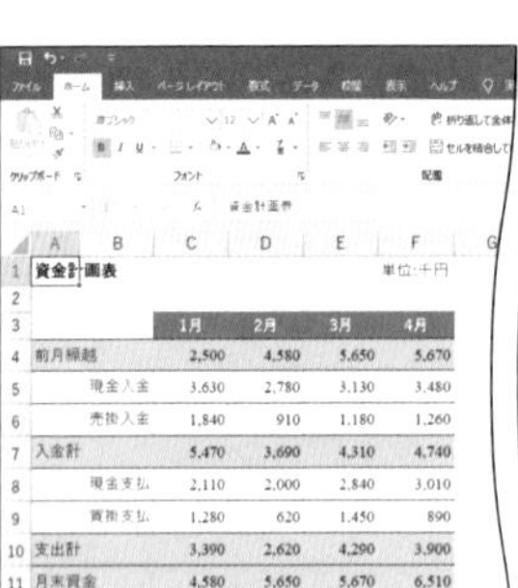

❹ 120%の表示倍率になりました。

MEMO <ズーム>で拡大縮小

<ズームスライダー>の右側にある拡大率をクリックしたときに表示される<ズーム>ダイアログボックスで、表示を拡大縮小することもできます。

SECTION 006 表示

選択したセルだけを拡大する

Sec.005のズームスライダーを使うと、画面全体が拡大します。ワークシートの特定のセルだけを拡大するには、「選択範囲に合わせて拡大/縮小」機能を使います。すると、選択したセルが画面に大きく表示される倍率に自動的に設定されます。

選択したセルだけを拡大する

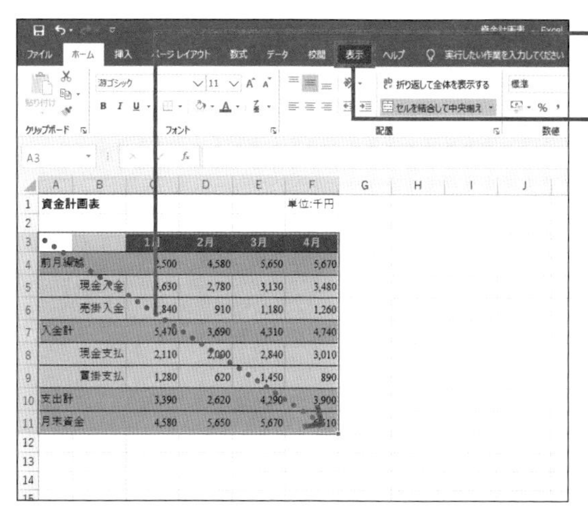

❶A3セル～F11セルをドラッグし、

❷<表示>タブをクリックします。

MEMO あらかじめセルを選択

ここではA3セル～F11セルを拡大するので、あらかじめセルを選択しておきます。

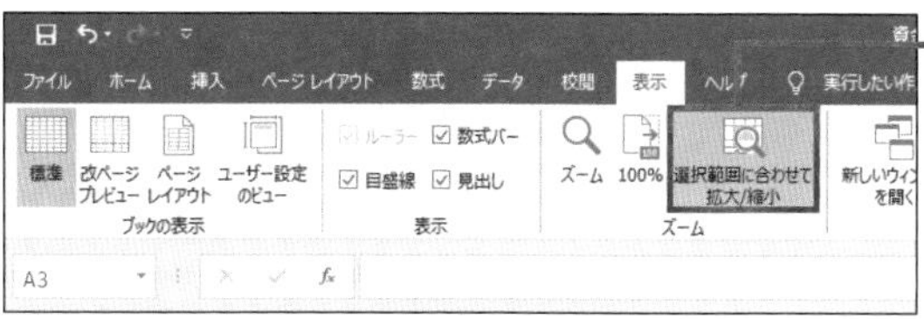

❸<選択範囲に合わせて拡大/縮小>ボタンをクリックします。

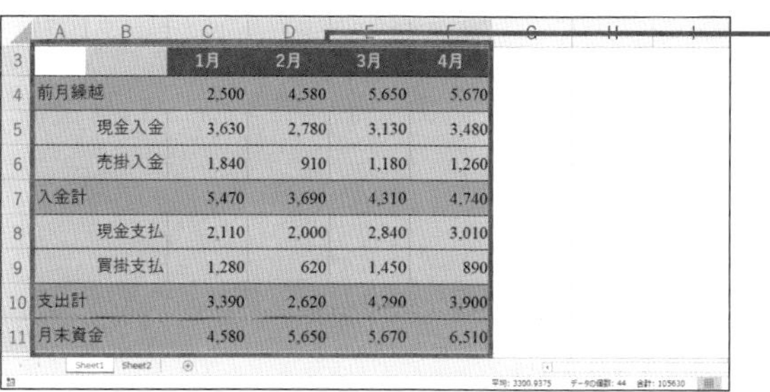

❹A3セル～F11セルが画面に大きく表示されます。

MEMO 元の倍率に戻すには

<表示>タブの<100%>ボタンをクリックすると、拡大率を100%に戻すことができます。

SECTION 007

表示

数式バーを広げて表示する

数式バーにはアクティブセルの内容が表示されます。ただし、1行分しか表示できないため、アクティブセルに入力した数式や文字の分量が多いときは一部が隠れてしまうことがあります。「数式バーの展開」機能を使うと、数式バーの領域を広げることができます。

数式バーを展開する

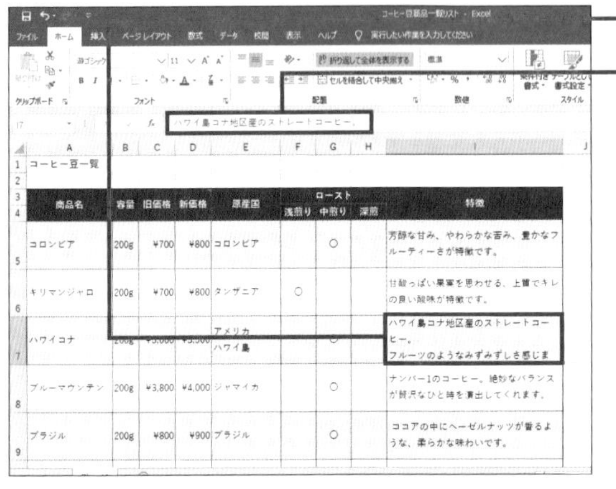

❶I7 セルをクリックして、

❷数式バーに表示される内容が部分的に隠れていることを確認します。

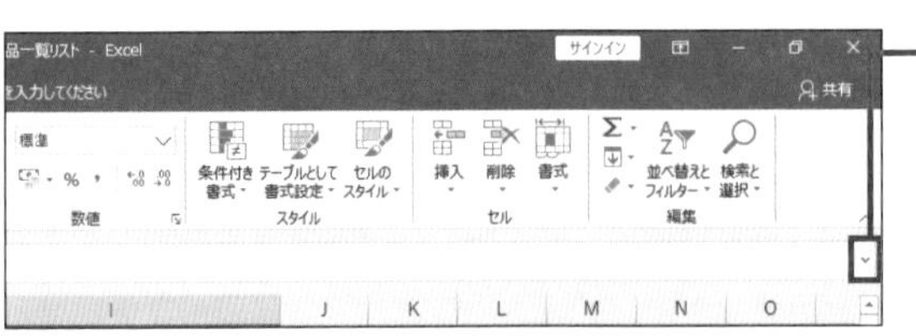

❸<数式バーの展開>ボタンをクリックすると、

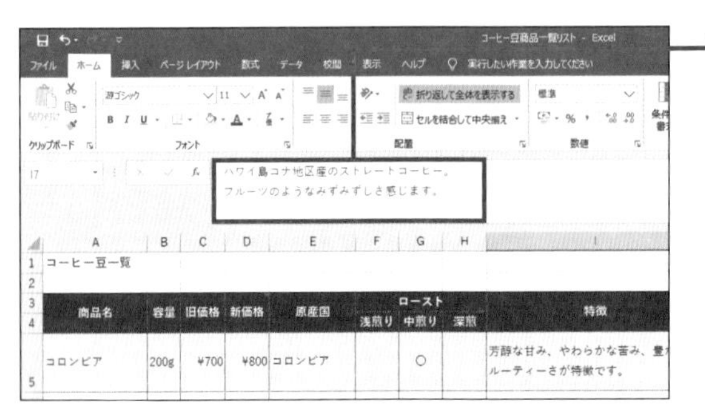

❹数式バーの領域が拡大されて、アクティブセルの内容がすべて表示されます。

MEMO　数式バーを折りたたむ

数式バーの右端に表示される<数式バーの展開>を再度クリックすると、数式バーが元のサイズに戻ります。

SECTION 008 表示

ステータスバーの表示内容を変更する

画面下部のステータスバーには、現在のExcelの情報が表示されます。ステータスバーを右クリックして表示されるメニューから、表示したい項目を自由にカスタマイズできます。ここでは、CapsLockキーの情報を追加します。

ステータスバーに項目を追加する

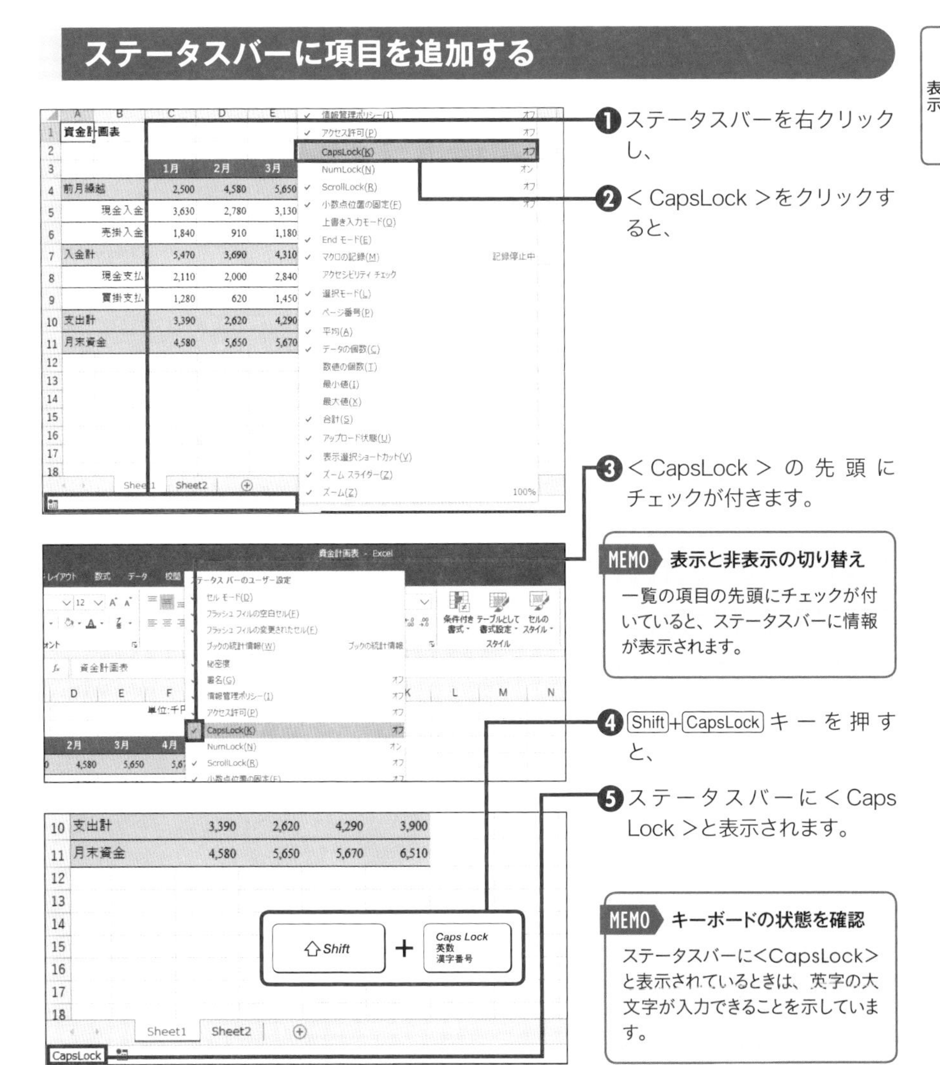

❶ステータスバーを右クリックし、

❷<CapsLock>をクリックすると、

❸<CapsLock>の先頭にチェックが付きます。

MEMO 表示と非表示の切り替え

一覧の項目の先頭にチェックが付いていると、ステータスバーに情報が表示されます。

❹Shift+CapsLockキーを押すと、

❺ステータスバーに<CapsLock>と表示されます。

MEMO キーボードの状態を確認

ステータスバーに<CapsLock>と表示されているときは、英字の大文字が入力できることを示しています。

SECTION 009 ファイル

新しいファイルをすばやく作成する

Excel起動後に新しいファイル（ブック）を開くには、<ファイル>タブから<新規>をクリックして<空白のブック>をクリックします。ショートカットキーを使うと、Ctrl+Nキーを押すだけで新しいファイルが開きます。

新しいファイルを開く

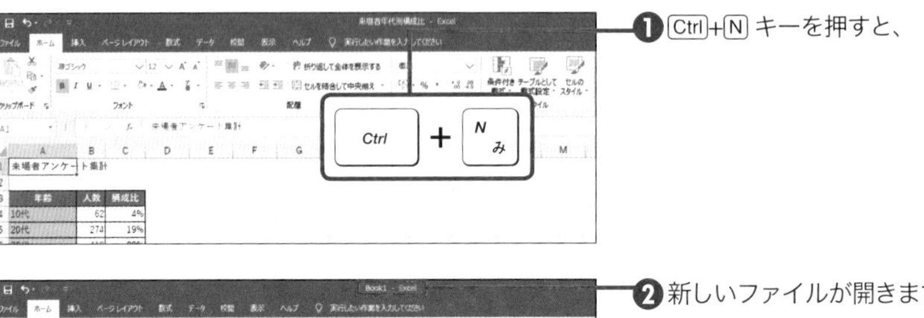

❶ Ctrl+N キーを押すと、

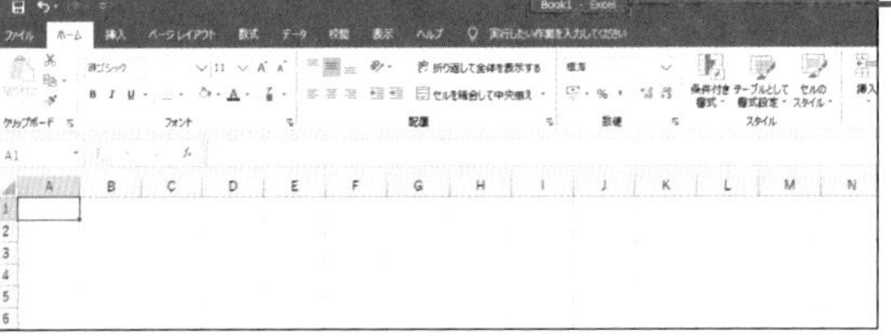

❷ 新しいファイルが開きます。

COLUMN

ショートカットキーとは

ショートカットキーとは、ある機能を実行するために押すキーのことです。ショートカット＝近道の名前の通り、マウスでリボンを何回かクリックするよりも短時間に機能を実行できます。とくに、文字や数式を入力しているときは、キーボードからマウスに持ち替えなくてもよいので便利です。

・リボンで操作する場合

・ショートカトキーで操作する場合

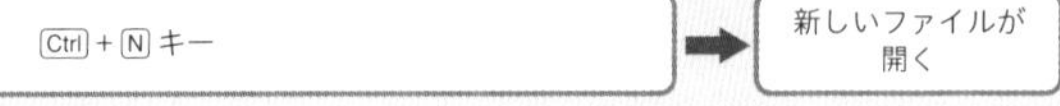

ファイルをすばやく複製する

よく似た表を作成するときは、元になるファイルをコピーして、部分的に修正すると効率的です。ファイルを開くときに<コピーとして開く>を選ぶと、ファイルの複製版が開きます。元のファイルは残っているので間違えて上書きする心配はありません。

ファイルをコピーして開く

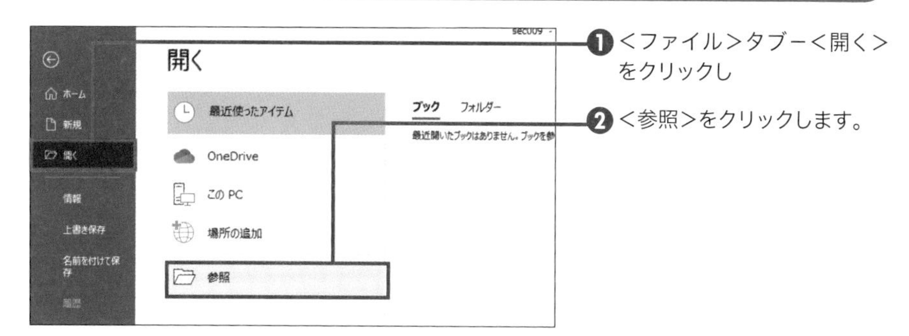

❶ <ファイル>タブ－<開く>をクリックし

❷ <参照>をクリックします。

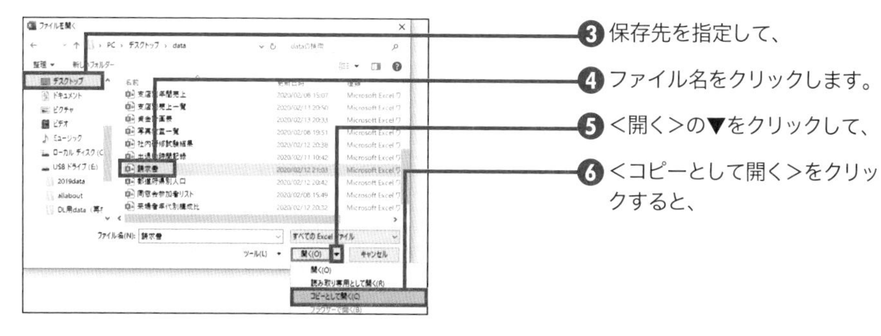

❸ 保存先を指定して、

❹ ファイル名をクリックします。

❺ <開く>の▼をクリックして、

❻ <コピーとして開く>をクリックすると、

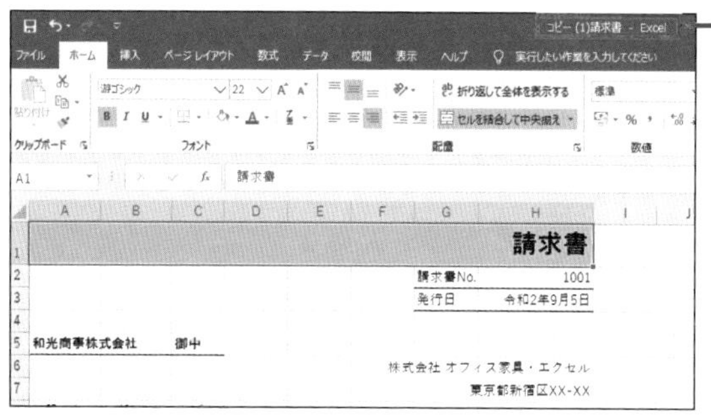

❼ コピーしたファイルが開きます。

MEMO タイトルバーで確認

<コピーとして開く>を実行すると、開いたファイルのタイトルバーに「コピー（1）請求書」と表示され、コピーしたファイルであることが確認できます。

テンプレートからファイルを作成する

テンプレートとは表のひな形のことです。Excelには請求書やカレンダー、予定表などのテンプレートが豊富に用意されており、無料でダウンロードして利用できます。テンプレートを使うと、データを入力するだけで見栄えのよい表をかんたんに作成できます。

テンプレートをダウンロードする

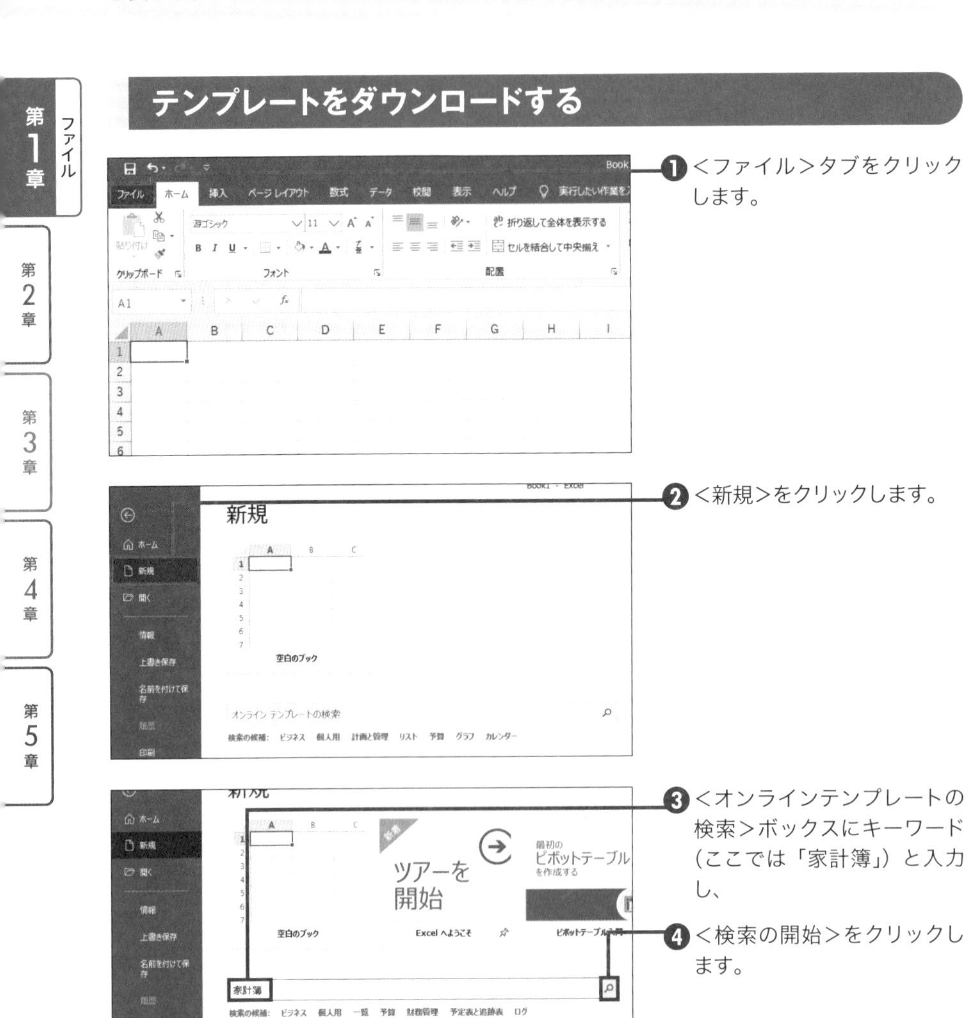

❶ <ファイル>タブをクリックします。

❷ <新規>をクリックします。

❸ <オンラインテンプレートの検索>ボックスにキーワード（ここでは「家計簿」）と入力し、

❹ <検索の開始>をクリックします。

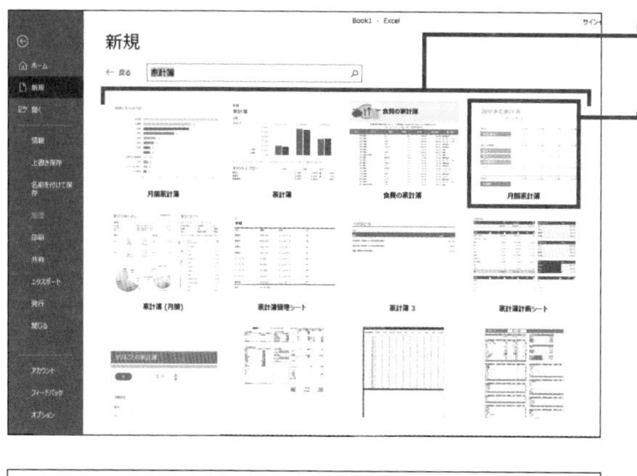

❺家計簿のテンプレートの一覧が表示されます。

❻利用したいテンプレートをクリックします。

MEMO Webから検索

この方法では、マイクロソフトのWebサイトにある家計簿のテンプレートが表示されます。テンプレートを検索するには、パソコンがインターネットに接続している環境が必要です。

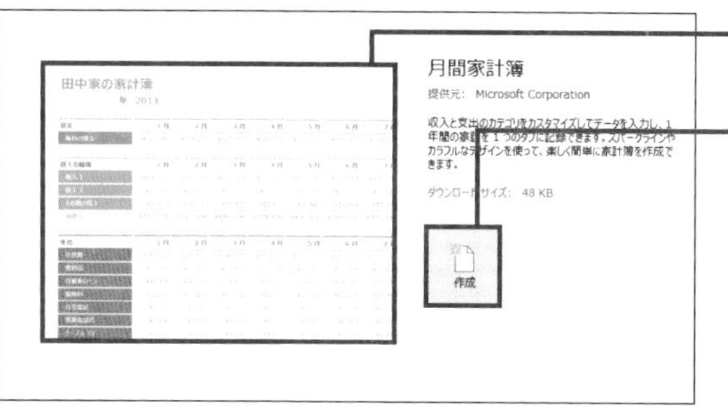

❼テンプレートが拡大して表示されます。

❽<作成>をクリックすると、

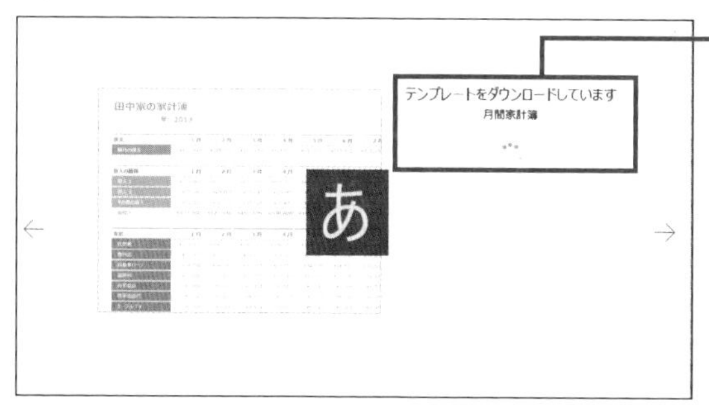

❾ダウンロード中のメッセージが表示されます。

❿しばらくすると、Excelに家計簿が表示されます。

MEMO 修正して使う

テンプレートにはデザインが施されており、数式や見出しが入力されています。適宜修正して利用します。

SECTION 012 ファイル

複数のファイルをまとめて開く

複数のファイルを同時に開いて作業するときは、最初に必要なファイルをまとめて開いておくと便利です。＜ファイルを開く＞ダイアログボックスでCtrlキーを押しながらファイルを順番にクリックしてから開くと、一度に複数のファイルを開けます。

複数のファイルを開く

❶＜ファイル＞タブー＜開く＞をクリックし、

❷＜参照＞をクリックします。

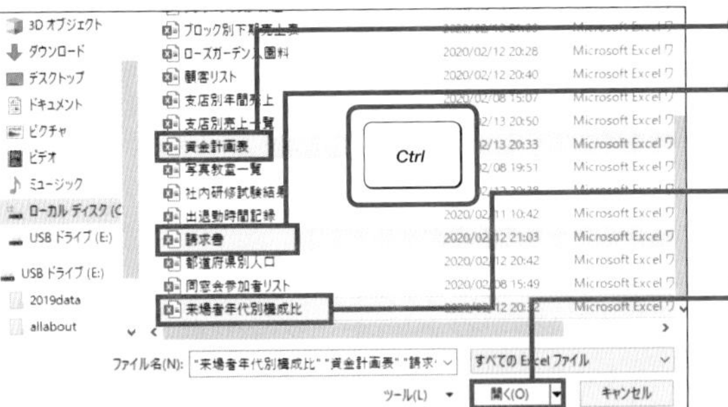

❸ファイル名をクリックして、

❹Ctrlキーを押しながらファイル名をクリックし、

❺Ctrlキーを押しながらさらにファイル名をクリックします。

❻＜開く＞をクリックすると、

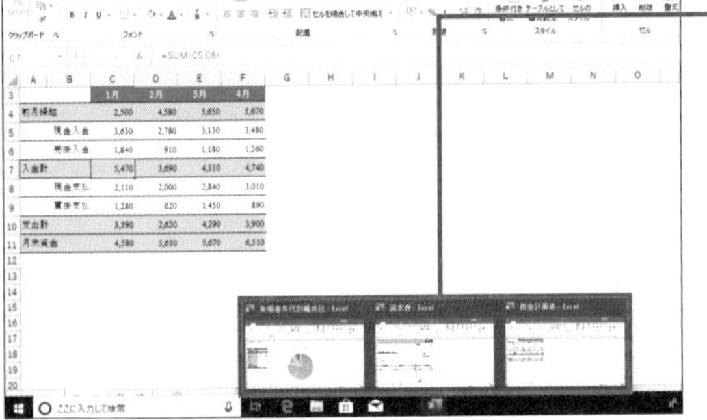

❼3つのファイルがまとめて開きます。

> **MEMO 連続したファイルの選択**
>
> 手順❹でShiftキーを押しながらファイル名をクリックすると、手順❸でクリックしたファイル名から連続したファイルをまとめて選択できます。

SECTION 013 ファイル

よく使うファイルをすばやく開く

<ファイル>タブの<開く>をクリックすると、画面の右側に直近で開いたファイル名が時系列で表示されます。この中に目的のファイルがある場合は、ファイル名を直接クリックするだけでファイルを開くことができます。

直近で開いたファイルを開く

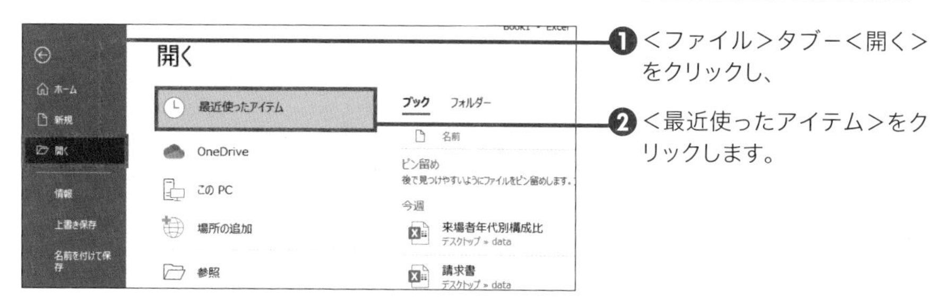

❶<ファイル>タブ−<開く>をクリックし、

❷<最近使ったアイテム>をクリックします。

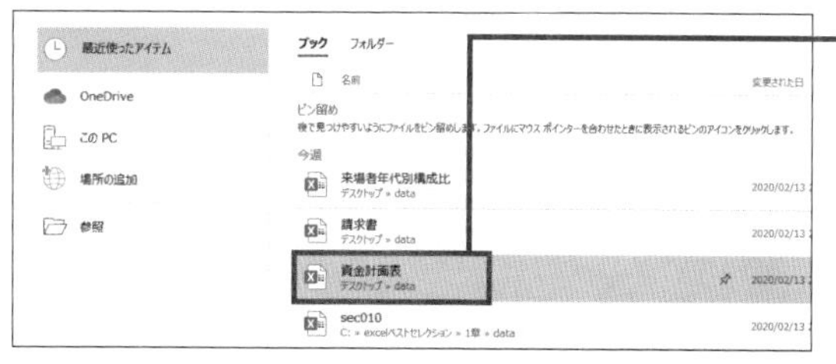

❸右側のファイル一覧から開きたいファイルをクリックすると、

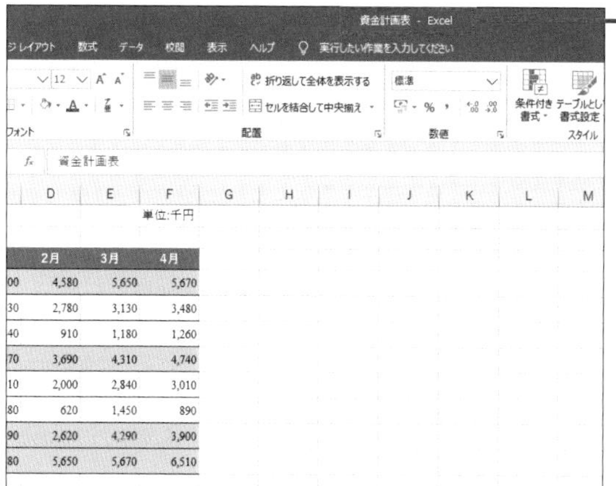

❹ファイルが開きます。

MEMO よく使うファイルは固定する

画面右側に表示されるファイルの数は決まっており、古いものから自動的に削除されます。常にファイル名を表示しておきたい場合は、ファイル名の右端に表示されるピンをクリックすることで固定できます。固定したファイルは一覧の上位に表示されます。

SECTION 014 ファイル

ファイルを開くための ショートカットを作成する

進行中の仕事のファイルはスピーディーに開きたいものです。デスクトップにファイルのショートカットアイコンを作成しておけば、ショートカットアイコンをダブルクリックしただけでExcelの起動とファイルを開く操作が同時に行われます。

ショートカットアイコンを作成する

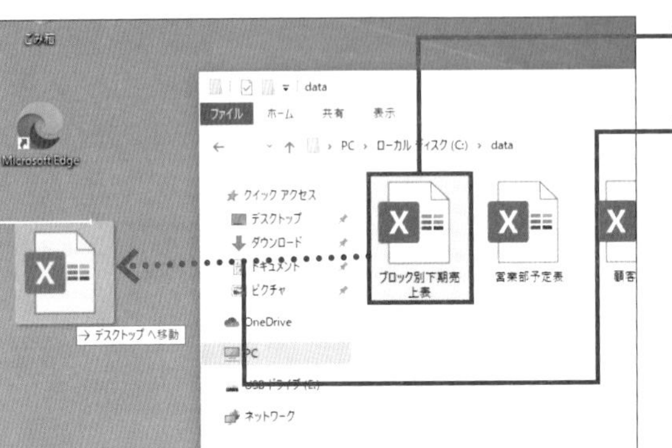

❶ショートカットを作成したいファイルをクリックし、

❷マウスの右ボタンを押しながらデスクトップにドラッグします。

MEMO デスクトップに作る

ショートカットアイコンはどこにも作成できますが、デスクトップに作成すると、すばやく見つけられるので便利です。

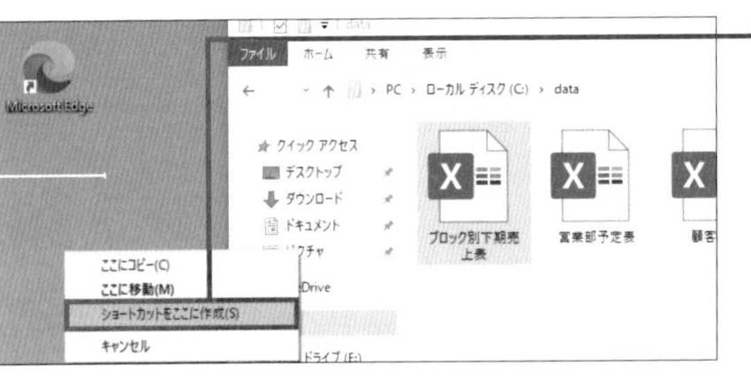

❸<ショートカットをここに作成>をクリックします。

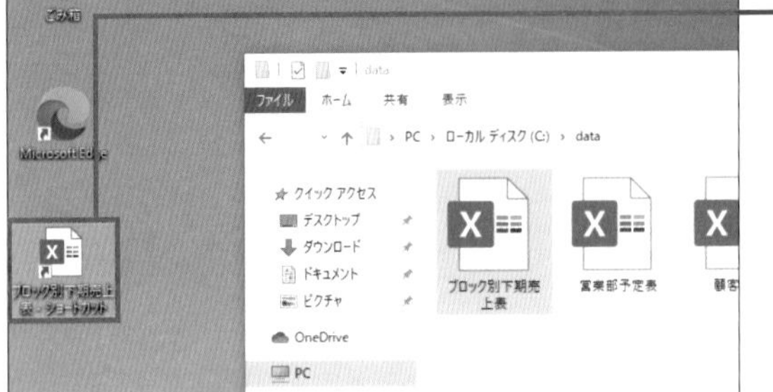

❹デスクトップにショートカットアイコンが表示されます。

MEMO ショートカットアイコンを削除する

進行中の仕事が終わったら、ショートカットアイコンを<ごみ箱>にドラッグして削除します。ショートカットアイコンを削除しても、元のファイルそのものは削除されません。

SECTION 015 ファイル

よく使うファイルをタスクバーにピン留めする

Sec.004の操作でExcelをタスクバーにピン留めすると、よく使うファイルをタスクバーから開けるようになります。タスクバーのExcelのアイコンを右クリックした時に表示されるファイルの一覧でピン留めしたいファイルを指定します。

ファイルをタスクバーにピン留めする

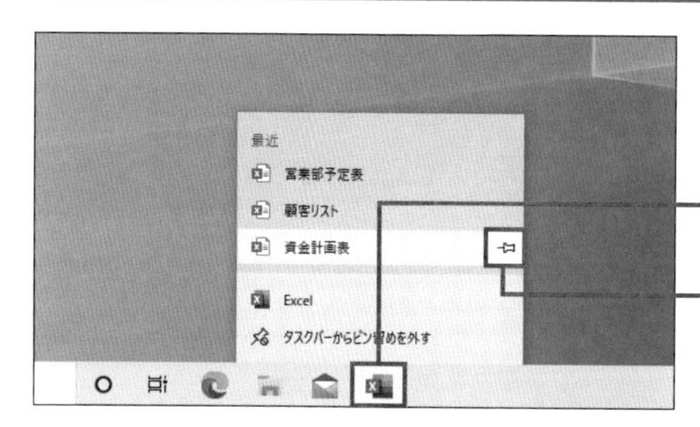

Sec.004の操作で、Excelをタスクバーにピン留めしておきます。

❶ タスクバーのExcelアイコンを右クリックします。

❷ ファイル名の右端の<一覧にピン留めする>をクリックすると、

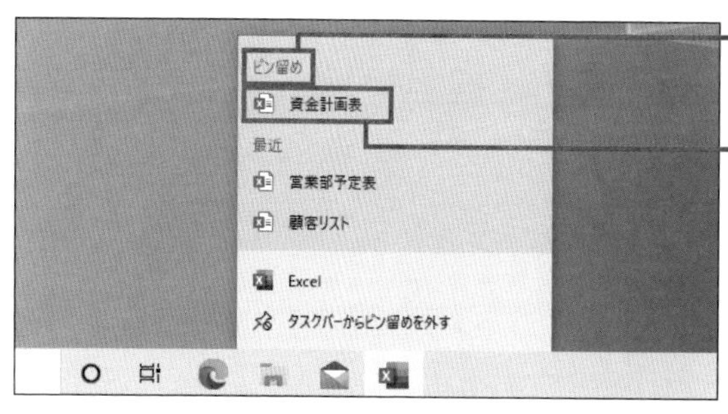

❸ ファイル名が<ピン留め>として表示されます。

❹ ファイル名をクリックすると、

	A	B	C	D	E	F
1	資金計画表					単位:千円
2						
3			1月	2月	3月	4月
4	前月繰越		2,500	4,580	5,650	5,670
5		現金入金	3,630	2,780	3,130	3,480
6		売掛入金	1,840	910	1,180	1,260
7	入金計		5,470	3,690	4,310	4,740
8		現金支払	2,110	2,000	2,840	3,010
9		買掛支払	1,280	620	1,450	890
10	支出計		3,390	2,620	4,290	3,900
11	月末資金		4,580	5,650	5,670	6,510
12						

❺ ファイルが開きます。

MEMO ピン留めの解除

<ピン留め>に表示されたファイルのピン留めを解除するには、ファイル名の右端にある<一覧からピン留めを外す>をクリックします。

SECTION 016 ファイル

ファイルをすばやく保存する

作成中のファイルは、早い段階で名前を付けて保存しましょう。その後はこまめに上書き保存すると安心です。F12キーで名前を付けて保存する操作や、Ctrl+Sキーで上書き保存する操作を覚えておくと便利です。

ファイルを保存する

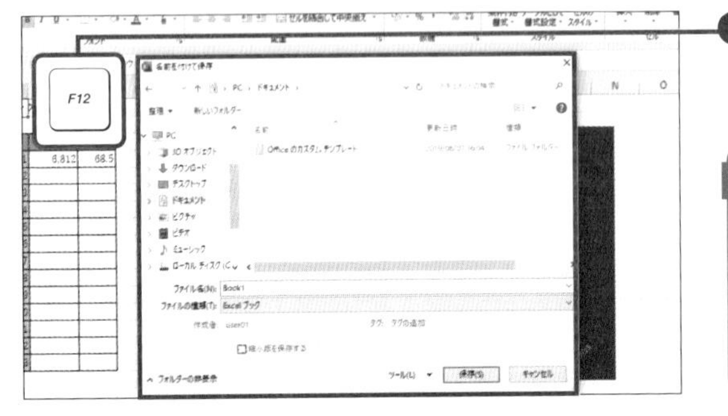

❶ F12キーを押して、<名前を付けて保存>ダイアログボックスを表示します。

MEMO <ファイル>タブから保存

<ファイル>タブの<名前を付けて保存>（もしくは<コピーを保存>）をクリックし、<参照>をクリックして<名前を付けて保存>ダイアログボックスを表示することもできます。

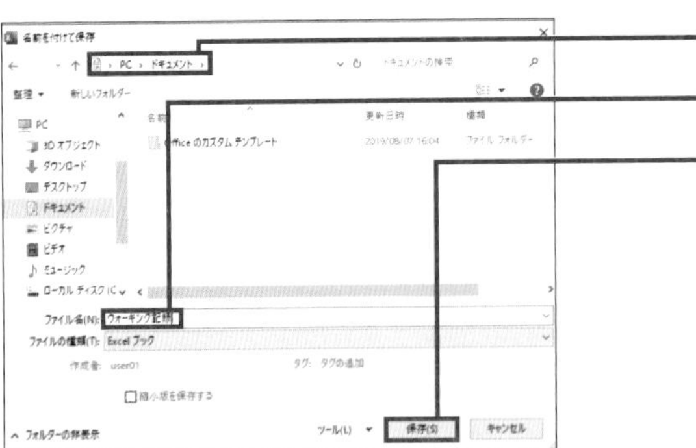

❷ 保存場所を指定し、

❸ ファイル名を入力して、

❹ <保存>をクリックします。

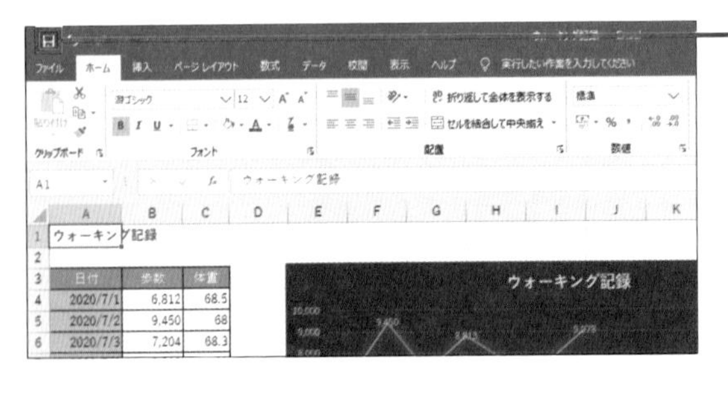

❺ その後は、クイックアクセスツールバーの<上書き保存>をクリックして、最新の内容に上書き保存します。

MEMO ショートカットキーの操作

Ctrl+Sキーを押して上書き保存することもできます。

SECTION
017
ファイル

ファイルをすばやく閉じる

複数のファイルを開いたままにしておくと、目的のファイルが探しづらかったり、間違ったファイルを操作してしまったりする場合があります。Ctrl+Wキーを押すと、作業中のファイルだけが閉じてExcel画面は残ります。

ファイルを閉じる

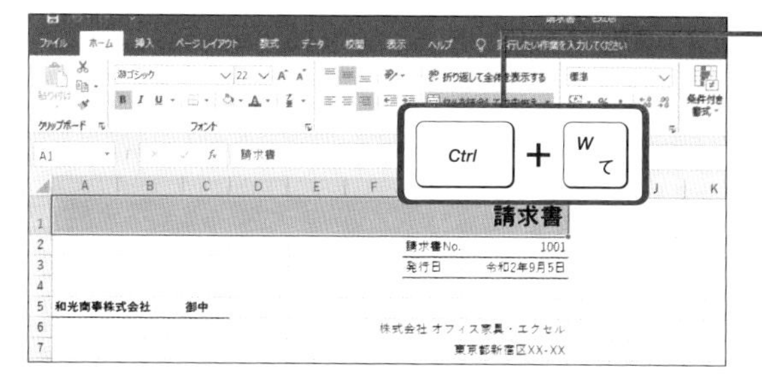

❶ Ctrl+W キーを押すと、

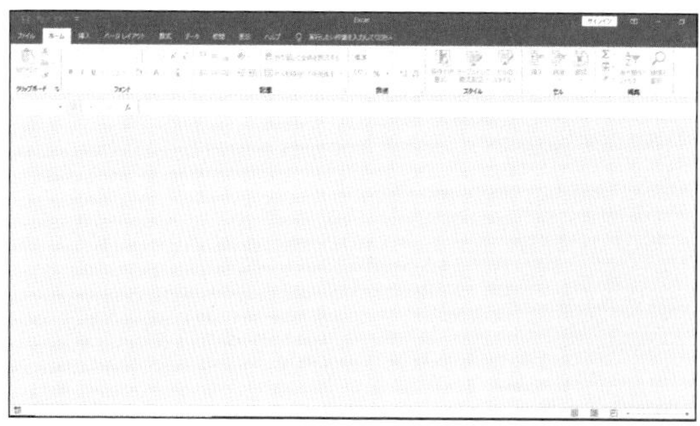

❷ 作業中のファイルが閉じます。

MEMO ＜ファイル＞タブから閉じる

ここではショートカットキーを使ってすばやく操作する方法を紹介しましたが、＜ファイル＞タブを使って閉じることもできます。＜ファイル＞タブから＜閉じる＞をクリックすると、作業中のファイルが閉じます。

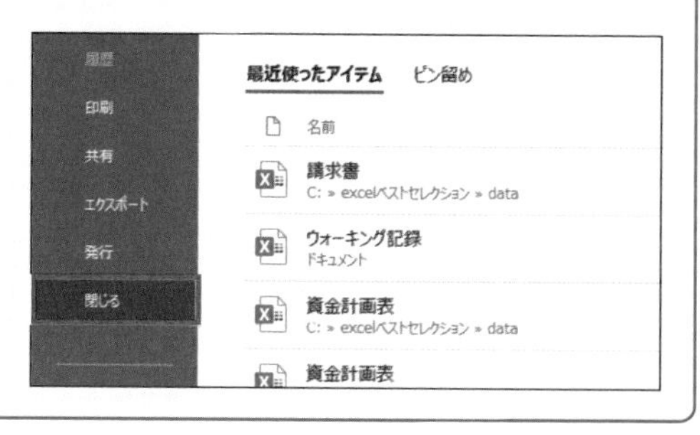

SECTION 018
繰り返し・取り消し

同じ操作を繰り返す

直前に行った操作を繰り返して行うときは、F4キーを使うと便利です。たとえば、直前に付けた書式を他のセルにも付けたいときなどに使います。書式の設定を繰り返すだけでなく、ワークシートの操作や文字入力など、いろいろなシーンで利用できます。

直前の操作を繰り返す

❶A5セル～D5セルをドラッグし、

❷<ホーム>タブの<塗りつぶしの色>ボタン右側の▼をクリックして、

❸<緑、アクセント6、白+基本色80%>をクリックします。

❹A7セル～D7セルをドラッグし、

❺F4キーを押すと、

❻直前の操作が繰り返されて、セルの色が変化します。

SECTION 019

繰り返し・取り消し

直前の操作を取り消す

うっかりセルのデータを消してしまった、間違えてデータを移動してしまったというときは、クイックアクセスツールバーの<元に戻す>をクリックしましょう。<元に戻す>をクリックするたびに、1段階ずつ操作を行う前に状態に戻ります。

操作前の状態に戻す

❶ A4 セル～ A13 セルをドラッグし、

❷ Delete キーを押すと、

❸ A4 セル～ A13 セルのデータが消去されます。

❹ <元に戻す>をクリックすると、

❺ 消去したデータが再表示されます。

MEMO　ショートカットキーの操作

Ctrl+Zキーを押して、操作を戻すこともできます。

MEMO　操作をやり直す

<元に戻す>をクリックするたびに、1段階ずつ操作が戻ります。戻しすぎてしまった場合は、クイックアクセスツールバーの<やり直し>をクリックします。また、やり直しはCtrl+Yキーでも行えます。

SECTION 020 エラー

エラーの内容を確認する

セルに入力したデータや数式が間違っている可能性があると、セルの左上隅に緑の三角（エラーインジケーター）が表示されます。このセルをクリックした時に表示される<エラーチェックオプション>から、エラーの内容や対処方法を選べます。

エラーの意味を確認する

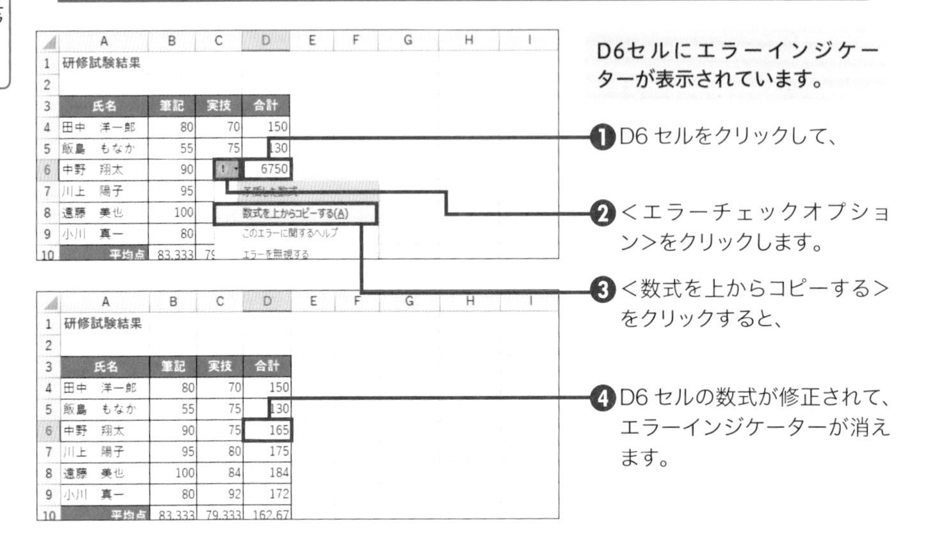

D6セルにエラーインジケーターが表示されています。

❶D6 セルをクリックして、

❷<エラーチェックオプション>をクリックします。

❸<数式を上からコピーする>をクリックすると、

❹D6 セルの数式が修正されて、エラーインジケーターが消えます。

MEMO エラーチェックオプション

<エラーチェックオプション>から実行できる内容は次のとおりです。

数値に変換する	文字として入力されている値を数値に変換します。
矛盾した数式	エラーの原因として、数式に間違いがある可能性を示しています。
数式を上からコピーする	エラーインジケーターの上のセルの数式をコピーします。
このエラーに関するヘルプ	このエラーに関するヘルプを表示します。
エラーを無視する	エラーインジケーターを消します。
数式バーで編集	数式バーで編集します。
エラーチェックオプション	< Excel のオプション>ダイアログボックスの<数式>グループが表示されます。<エラーチェックルール>でエラー表示をカスタマイズできます。

SECTION 021 カスタマイズ

保存先のフォルダーを変更する

ファイルをいつも同じフォルダーに保存する場合は、＜Excelのオプション＞ダイアログボックスでフォルダーの場所を登録しておきましょう。すると、＜名前を付けて保存＞ダイアログボックスの保存先に自動的にそのフォルダーが表示されます。

既定の保存先を変更する

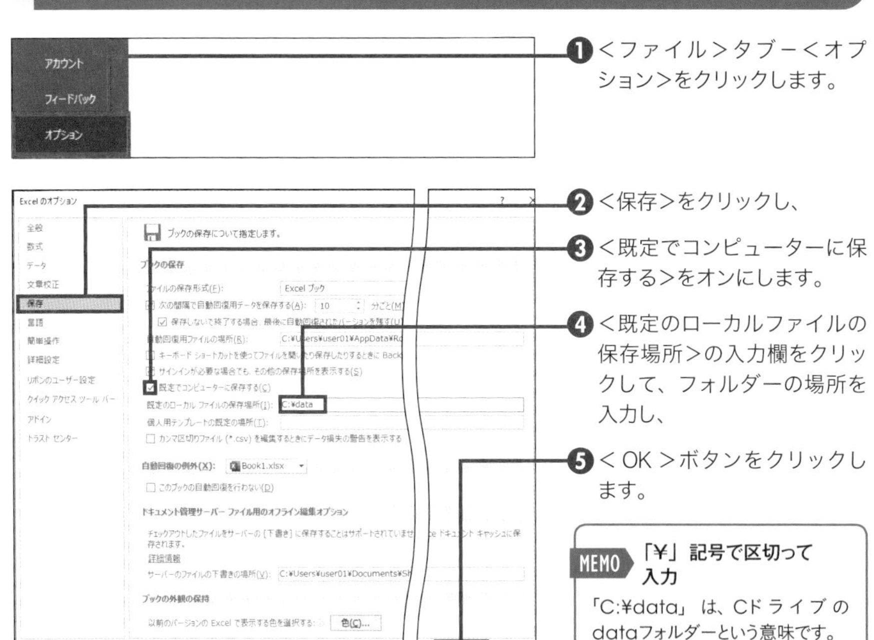

❶＜ファイル＞タブ－＜オプション＞をクリックします。

❷＜保存＞をクリックし、

❸＜既定でコンピューターに保存する＞をオンにします。

❹＜既定のローカルファイルの保存場所＞の入力欄をクリックして、フォルダーの場所を入力し、

❺＜OK＞ボタンをクリックします。

MEMO　「¥」記号で区切って入力

「C:¥data」は、Cドライブのdataフォルダーという意味です。

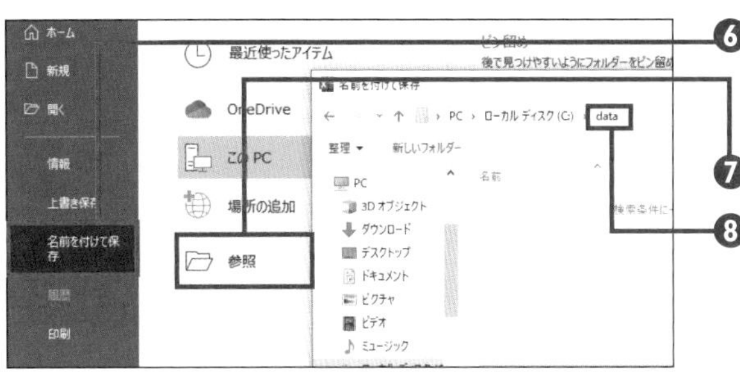

❻＜ファイル＞タブ－＜名前を付けて保存＞（もしくは＜コピーを保存＞）をクリックし、

❼＜参照＞をクリックすると、

❽保存先に手順❹で指定したフォルダーが表示されます。

SECTION 022 カスタマイズ

URLやメールアドレスにリンクを設定しない

セルにWebページのURLやメールアドレスを入力すると、文字の色が青く変わり、クリックするとWebページやメールアプリに切り替わるハイパーリンクが設定されます。ハイパーリンクが付いてないほうがよければ解除できます。

ハイパーリンクを解除する

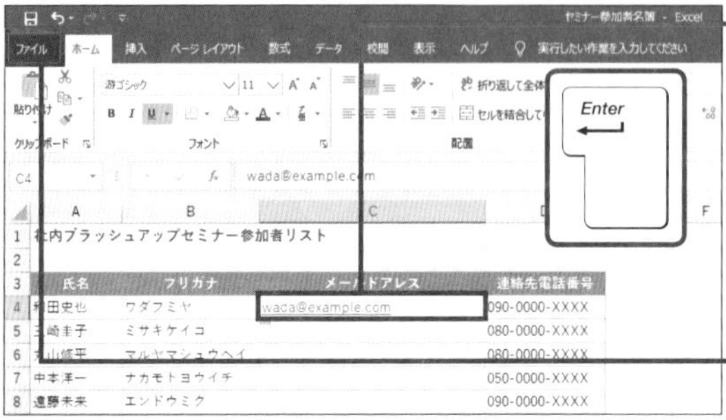

❶ C4 セルにメールアドレスを入力して Enter キーを押すと、ハイパーリンクが設定されます。

❷ <ファイル>タブをクリックします。

❸ <オプション>をクリックします。

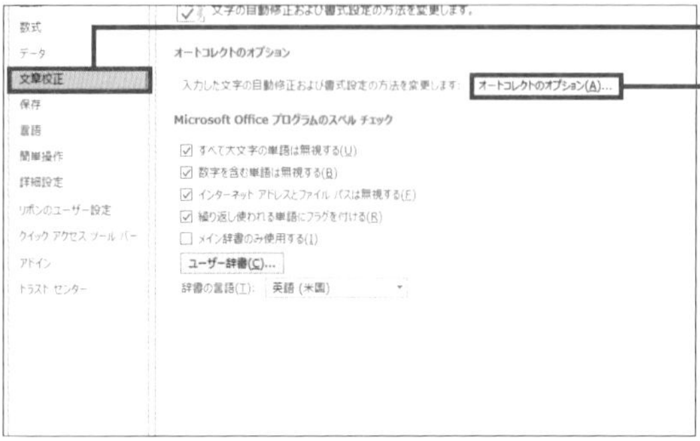

❹ <文章校正>をクリックし、

❺ <オートコレクトのオプション>をクリックします。

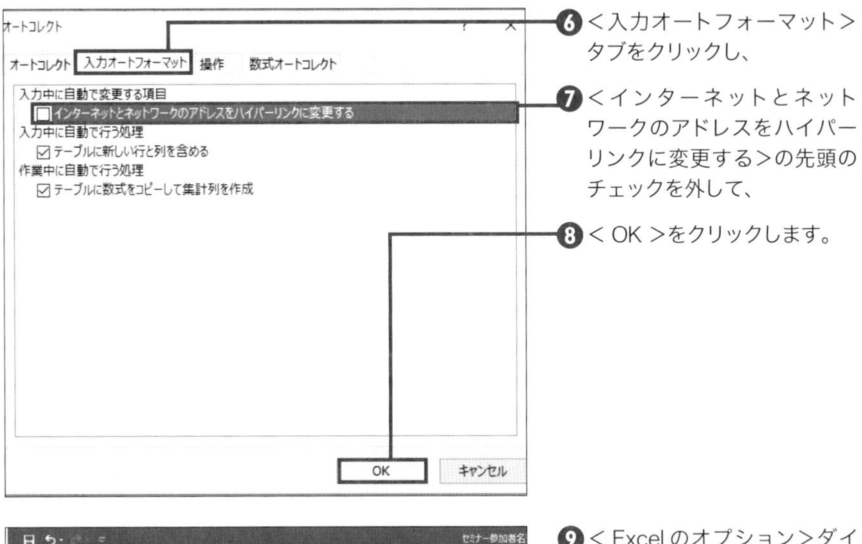

❻ <入力オートフォーマット>タブをクリックし、

❼ <インターネットとネットワークのアドレスをハイパーリンクに変更する>の先頭のチェックを外して、

❽ < OK >をクリックします。

❾ < Excel のオプション>ダイアログボックスに戻ったら< OK >をクリックします。

❿ C5 セルにメールアドレスを入力すると、ハイパーリンクが設定されないことが確認できます。

COLUMN

入力済みのハイパーリンクを解除する

この設定を実行しても、C4セルのハイパーリンクは解除されません。入力済みのハイパーリンクを解除するには、セルを右クリックしたときに表示されるメニューの<ハイパーリンクの削除>をクリックします。

SECTION 023

カスタマイズ

よく使うボタンを登録する

画面左上のクイックアクセスツールバーには、最初は＜上書き保存＞＜元に戻す＞＜やり直し＞の3つのボタンが登録されていますが、よく使うボタンをあとから自由に追加できます。ここでは、＜開く＞ボタンを追加してみましょう。

クイックアクセスツールバーにボタンを追加する

❶＜クイックアクセスツールバーのユーザー設定＞をクリックします。

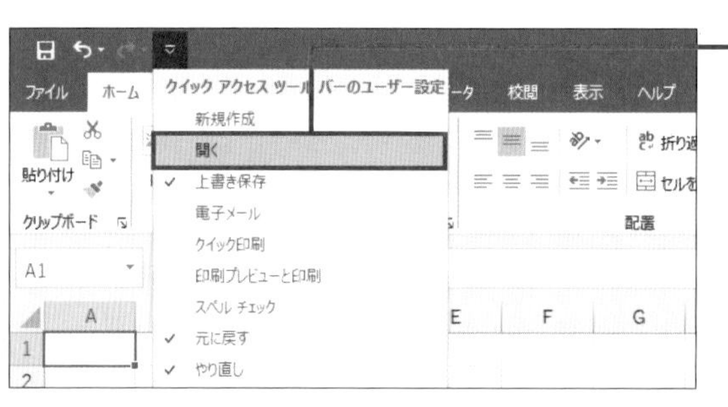

❷＜開く＞をクリックします。

MEMO 一覧にない機能の追加

追加したい機能が一覧にない場合は、＜その他のコマンド＞をクリックします。

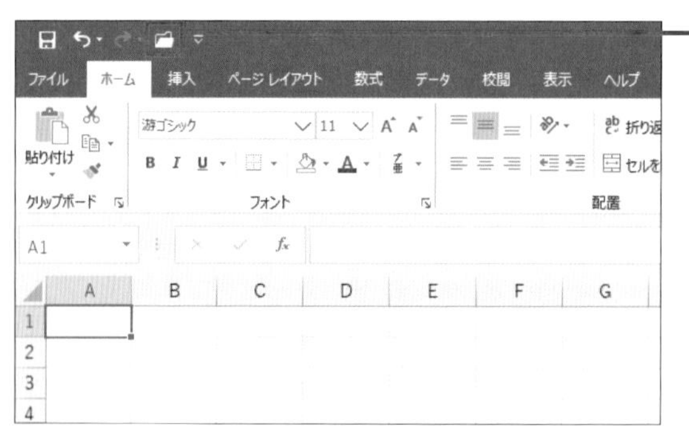

❸＜開く＞ボタンが追加されます。

MEMO ボタンの削除

クイックアクセスツールバーに追加したボタンを削除するには、ボタンを右クリックして表示されるメニューの＜クイックアクセスツールバーから削除＞をクリックします。

第2章

入力&表作成のプロ技

セルの中で改行する

セルに文字を入力している途中でEnterキーを押すと、次のセルに移動します。1つのセルの中で思い通りの位置で改行するには、Alt+Enterキーを押します。すると、すべての文字が表示される行の高さに自動的に調整されます。

セルの中で改行する

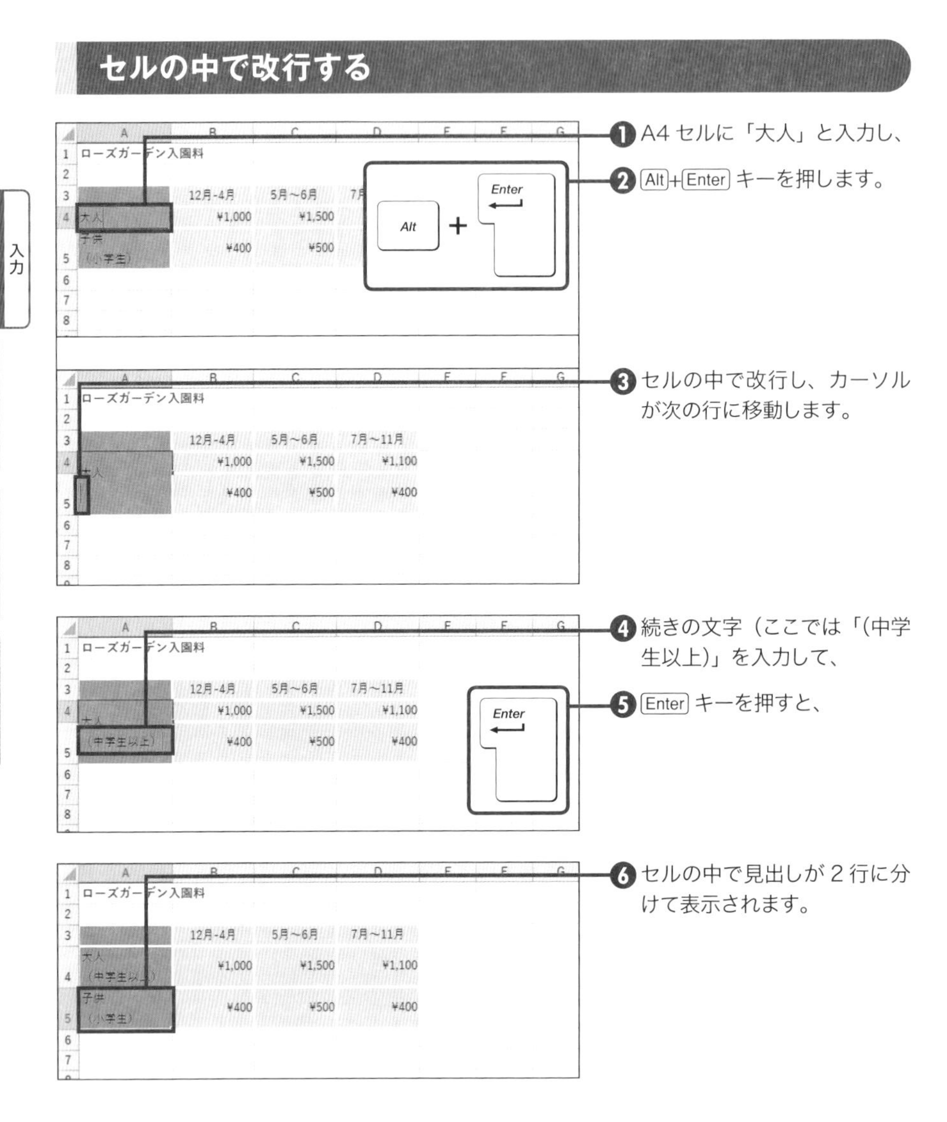

SECTION 025 入力

セルの内容を修正する

セルの入力済みのデータを修正する方法は2つあります。1つは、新しいデータに丸ごと上書きする方法です。もう1つは、F2キーを押してセルのデータを部分的に修正する方法です。長い文章や複雑な数式は、部分的に修正する方法を知っておくと便利です。

データを部分的に修正する

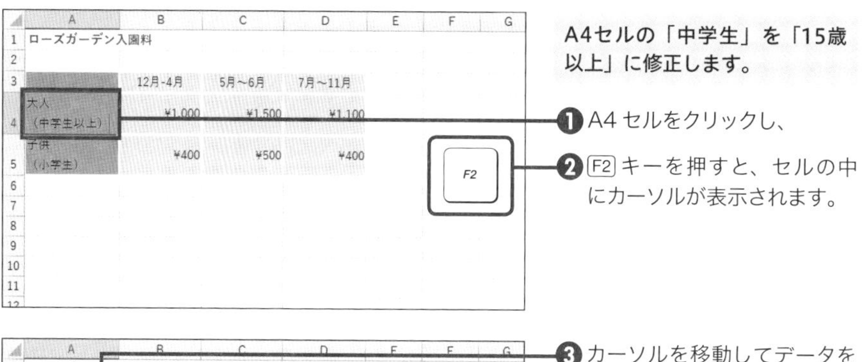

A4セルの「中学生」を「15歳以上」に修正します。

❶ A4セルをクリックし、

❷ F2 キーを押すと、セルの中にカーソルが表示されます。

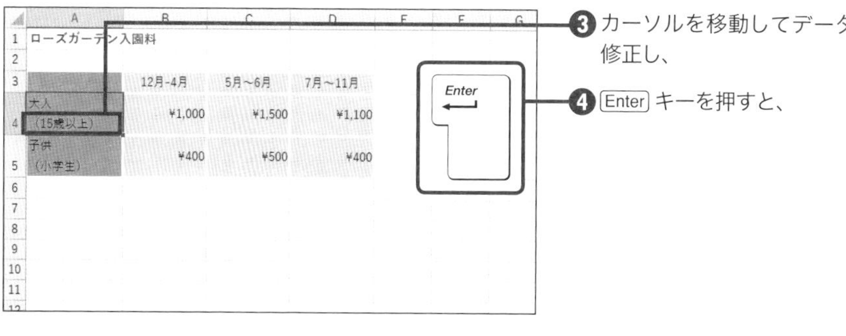

❸ カーソルを移動してデータを修正し、

❹ Enter キーを押すと、

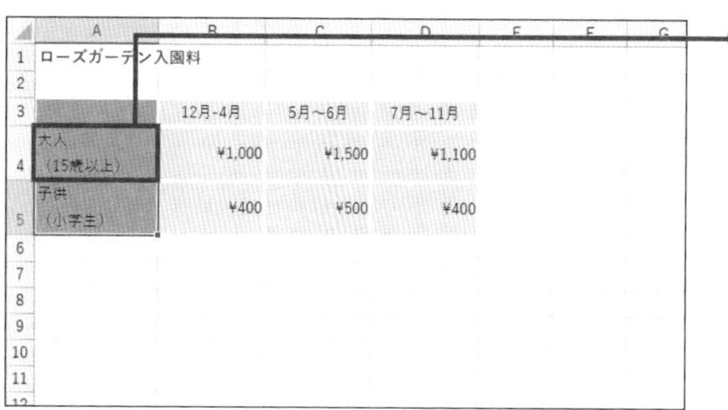

❺ セルのデータを部分的に修正できます。

MEMO 数式バーでの修正

修正したいデータが入力されているセルをクリックしてから数式バーをクリックすると、数式バー内にカーソルが表示されます。この状態でデータを修正することもできます。

SECTION 026 入力

左や上のセルと同じデータを入力する

売上台帳や会員名簿などを作成するときに、同じデータを繰り返して入力することがあります。隣接するセルと同じデータを入力する時は、Ctrl+Rキーで左側のセルのデータ、Ctrl+Dキーで上側のセルデータをコピーできます。

左や上のセルのデータをコピーする

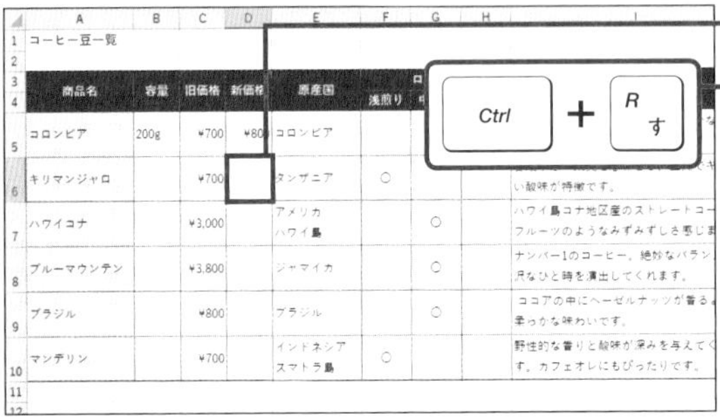

❶ D6 セルをクリックし、

❷ Ctrl+R キーを押すと、

Ctrl + R

MEMO　RはRightの頭文字

Rキーを押すのは、データを右側にコピーするという意味です。RはRight（右）を表しています。

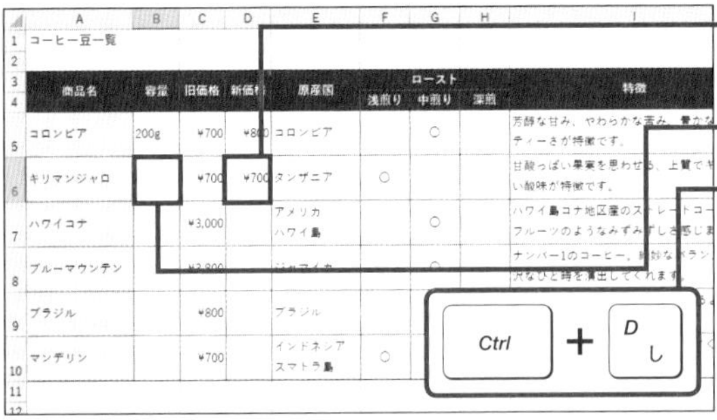

❸ 左側の C6 セルと同じデータが表示されます。

❹ B6 セルをクリックし、

❺ Ctrl+D キーを押すと、

Ctrl + D

MEMO　DはDownの頭文字

Dキーを押すのは、データを下側にコピーするという意味です。DはDown（下）を表しています。

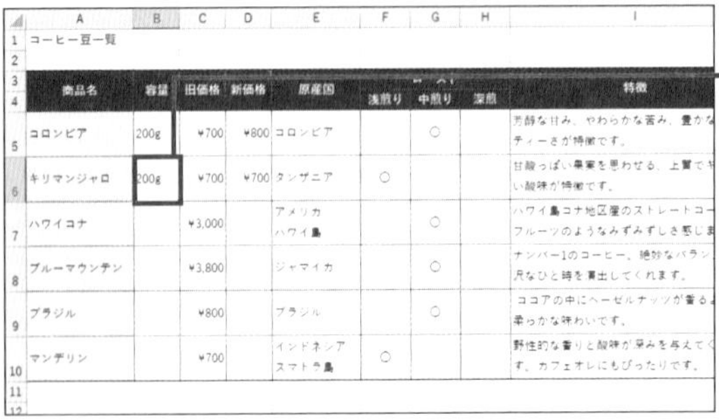

❻ 上側の B5 セルと同じデータが表示されます。

複数のセルに同じデータを入力する

複数のセルに同じデータを入力する方法はいろいろありますが、最初に同じデータを入力したいすべてのセルを選択しておくと、一度にまとめて入力できます。このとき、データを入力したあとでCtrl+Enterキーを押すのがポイントです。

複数のセルに同じデータを入力する

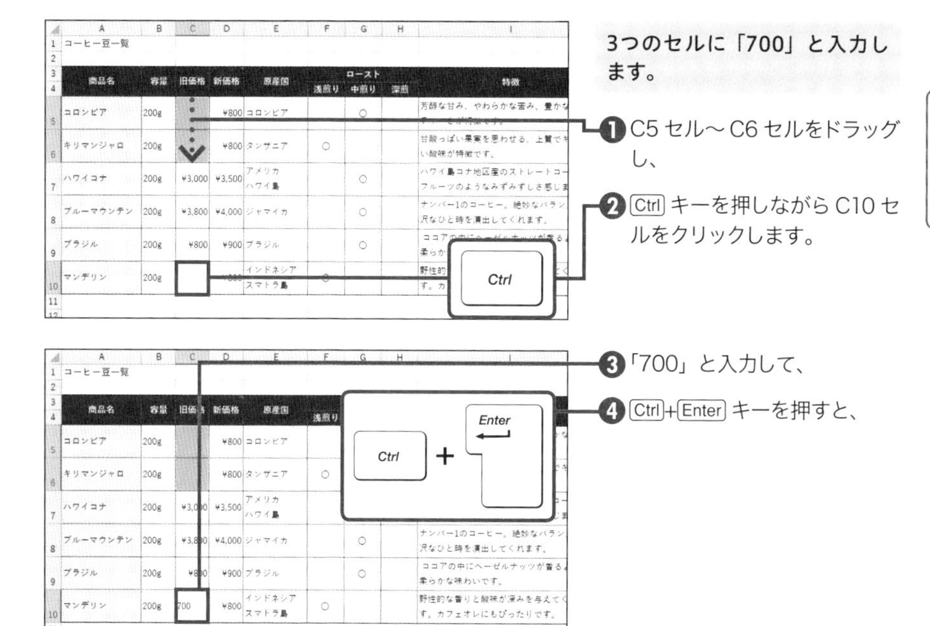

3つのセルに「700」と入力します。

❶ C5セル～C6セルをドラッグし、

❷ Ctrlキーを押しながらC10セルをクリックします。

❸「700」と入力して、

❹ Ctrl+Enterキーを押すと、

❺ 3つのセルに同じデータを入力できます。

SECTION 028 入力

「0」から始まる数字を入力する

セルに「001」の数値を入力すると、「0」が省略されて「1」だけが表示されます。商品番号のように「0」が省略されては困る場合は、先頭に半角の「'」（アポストロフィ）記号を付けて文字として入力します。なお、文字として入力した数字は計算できません。

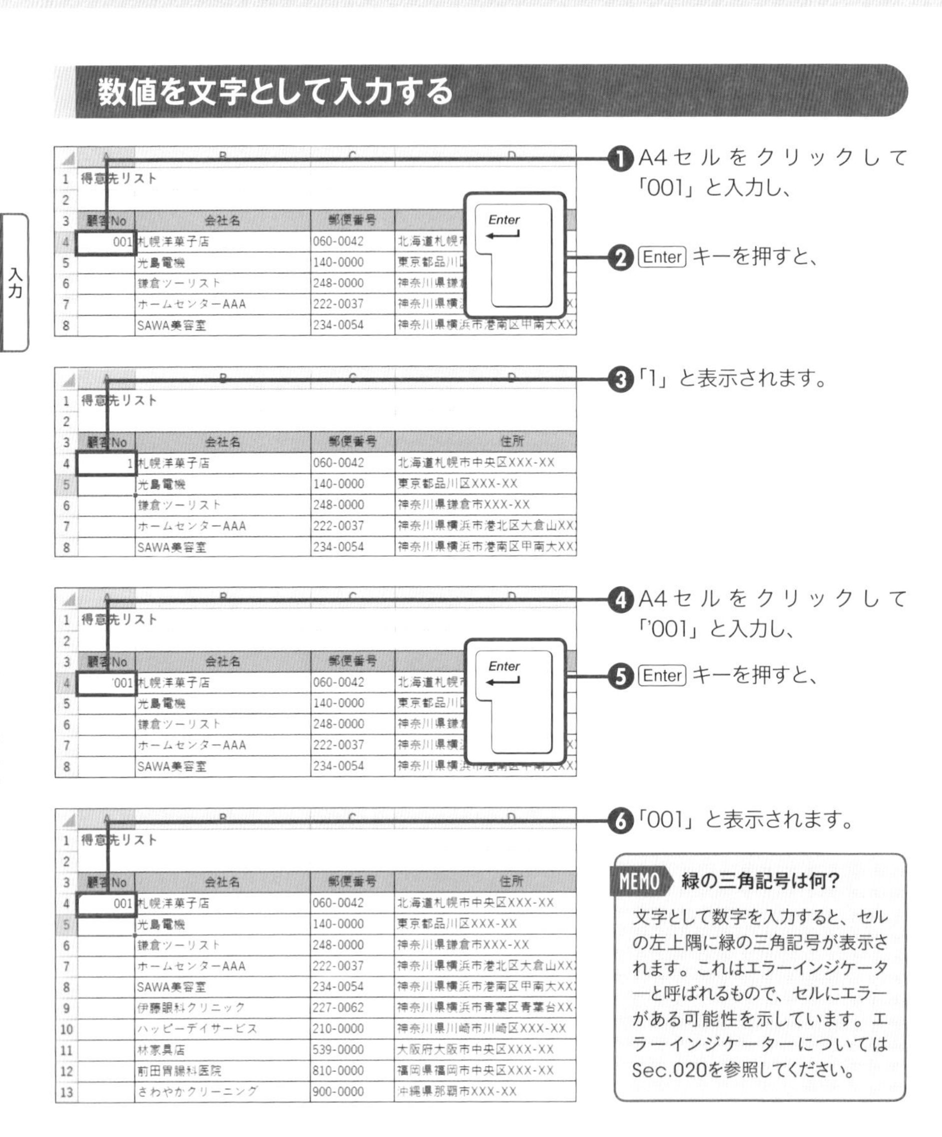

❶ A4セルをクリックして「001」と入力し、

❷ Enter キーを押すと、

❸「1」と表示されます。

❹ A4セルをクリックして「'001」と入力し、

❺ Enter キーを押すと、

❻「001」と表示されます。

MEMO　緑の三角記号は何？

文字として数字を入力すると、セルの左上隅に緑の三角記号が表示されます。これはエラーインジケーターと呼ばれるもので、セルにエラーがある可能性を示しています。エラーインジケーターについてはSec.020を参照してください。

SECTION 029 入力

今日の日付を入力する

Excelでは、「2020/7/10」のように数字を半角の「/」（スラッシュ）記号で区切って入力すると日付と認識されますが、今日の日付はもっとかんたんに入力できます。Ctrl+;キーを押すと、パソコンが管理している今日の日付が瞬時に表示されます。

今日の日付を入力する

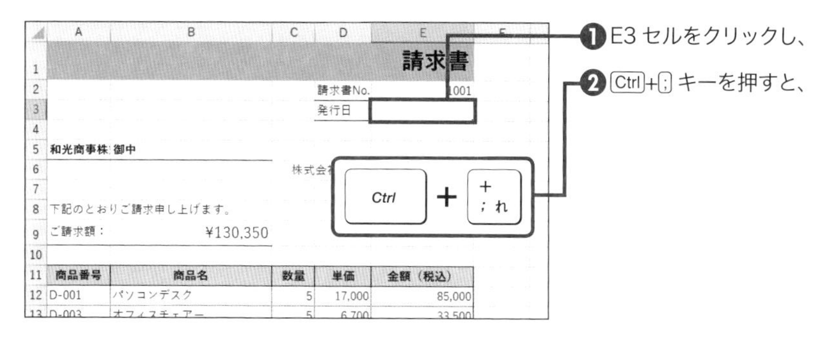

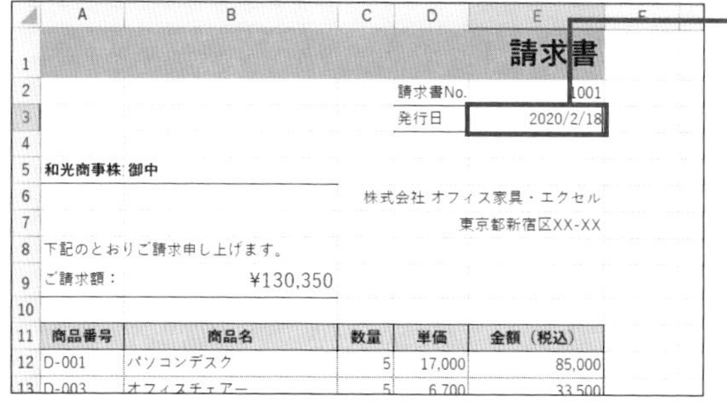

MEMO 時刻の表示

Ctrl+:キーを押すと、パソコンが管理している現在の時刻が表示されます。日付や時刻が間違っている場合は、パソコンのカレンダーを確認しましょう。

第1章　第2章 入力　第3章　第4章　第5章

COLUMN

日付の表示形式を変更する

<ホーム>タブの<数値>グループ右下にある<表示形式>をクリックして表示される<セルの書式設定>ダイアログボックスで、あとから日付を和暦や短縮形などに変更できます。

SECTION 030 入力

入力済みのデータを一覧表示する

同じ列に入力したデータを[Alt]+[↓]キーを押してリストとして表示すると、リストをクリックするだけで入力できます。データをクリックするだけで入力できるので、入力時間を短縮できるだけなく、入力ミスを防ぐこともできます。

列に入力したデータをリスト化する

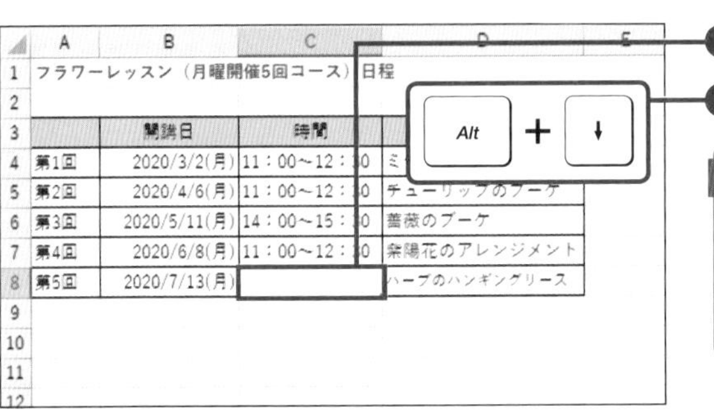

❶ C8 セルをクリックし、

❷ [Alt]+[↓]キーを押すと、

MEMO 右クリックでリストを表示

セルを右クリックして表示されるメニューから<ドロップダウンリストから選択>をクリックしてリストを表示することもできます。

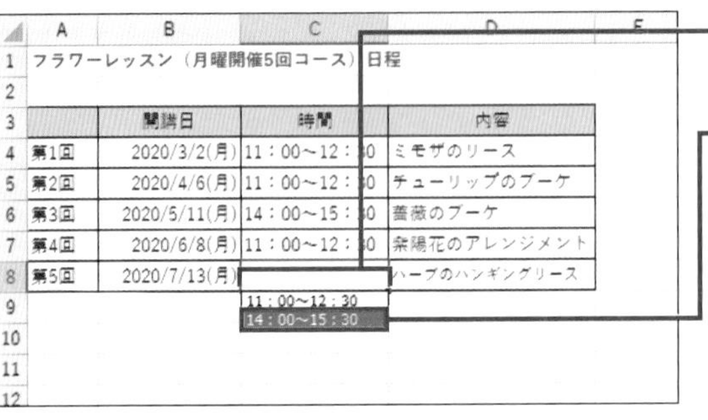

❸ C 列に入力したデータがリスト化されます。

❹「14：00～15：30」をクリックすると、

	A	B	C	D
1	フラワーレッスン（月曜開催5回コース）日程			
2				
3		開講日	時間	内容
4	第1回	2020/3/2(月)	11：00～12：30	ミモザのリース
5	第2回	2020/4/6(月)	11：00～12：30	チューリップのブーケ
6	第3回	2020/5/11(月)	14：00～15：30	薔薇のブーケ
7	第4回	2020/6/8(月)	11：00～12：30	紫陽花のアレンジメント
8	第5回	2020/7/13(月)	14：00～15：30	ハーブのハンギングリース

❺ データを入力できます。

MEMO 表に空白行がある場合

表の途中に空白行があると、空白行から上のデータはリストに反映されません。

SECTION 031 入力

曜日や日付などの連続データを入力する

予定表や出勤簿など、連続する日付を1つずつ入力すると時間がかかります。オートフィル機能を使うと、先頭のセルの右下にある■（フィルハンドル）をドラッグするだけで、あっという間に連続した日付や曜日を表示できます。

オートフィルで連続した日付を入力する

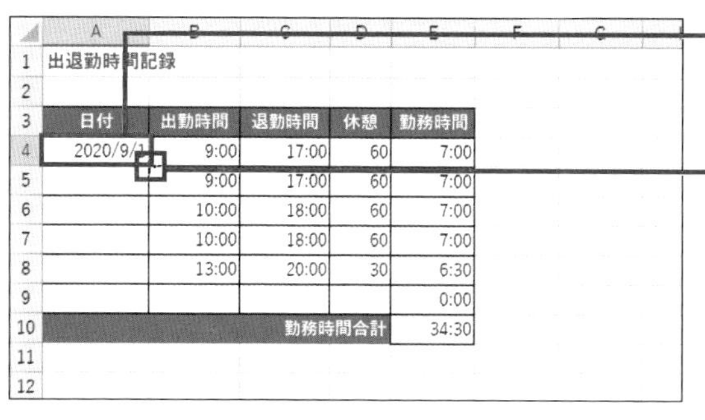

	A	B	C	D	E
1	出退勤時間記録				
2					
3	日付	出勤時間	退勤時間	休憩	勤務時間
4	2020/9/1	9:00	17:00	60	7:00
5		9:00	17:00	60	7:00
6		10:00	18:00	60	7:00
7		10:00	18:00	60	7:00
8		13:00	20:00	30	6:30
9					0:00
10				勤務時間合計	34:30

❶A4セルをクリックし、日付（ここでは「2020/9/1」）を入力します。

❷A4セル右下の■にマウスポインターを移動します。

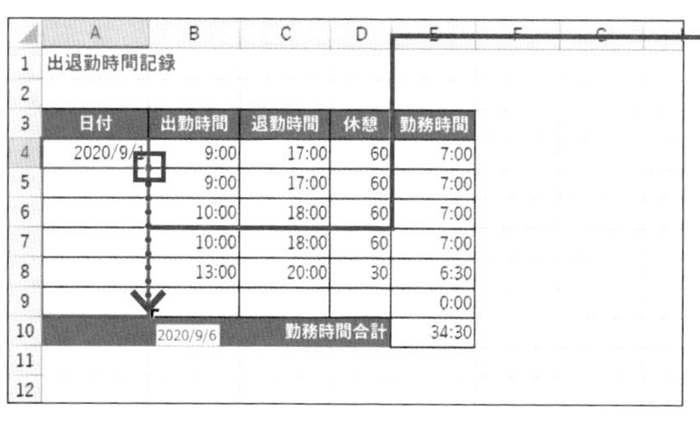

	A	B	C	D	E
1	出退勤時間記録				
2					
3	日付	出勤時間	退勤時間	休憩	勤務時間
4	2020/9/1	9:00	17:00	60	7:00
5		9:00	17:00	60	7:00
6		10:00	18:00	60	7:00
7		10:00	18:00	60	7:00
8		13:00	20:00	30	6:30
9					0:00
10		2020/9/6		勤務時間合計	34:30

❸マウスポインターが十字の形に変わったことを確認し、そのままA9セルまでドラッグすると、

	A	B	C	D	E
1	出退勤時間記録				
2					
3	日付	出勤時間	退勤時間	休憩	勤務時間
4	2020/9/1	9:00	17:00	60	7:00
5	2020/9/2	9:00	17:00	60	7:00
6	2020/9/3	10:00	18:00	60	7:00
7	2020/9/4	10:00	18:00	60	7:00
8	2020/9/5	13:00	20:00	30	6:30
9	2020/9/6				0:00
10				勤務時間合計	34:30

❹1日ずつずれた日付が表示されます。

MEMO 連続した曜日の入力

「2020年」「1月」「Jan」「1日」「月」「月曜日」「Monday」などの年度や日付、曜日のデータもオートフィル機能を使って連続データを表示できます。

SECTION 032 入力

日付や数値を同じ間隔で入力する

偶数や奇数の数値を表示したい、2日おきの日付を表示したいといったように、一定の間隔で連続するデータはオートフィル機能を使って入力できます。このとき、先頭のデータと次のデータの2つを入力してからドラッグするのがポイントです。

オートフィルで毎週月曜日の日付を表示する

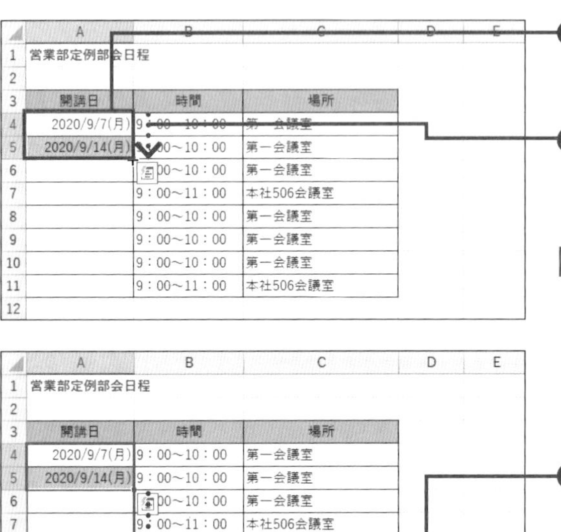

❶ A4セルに「2020/9/7」、A5セルに「2020/9/14」と入力します。

❷ A4セル～A5セルをドラッグし、A5セル右下の■にマウスポインターを移動します。

MEMO 同じセルに曜日を表示

ここでは、毎週月曜日であることがわかるように、日付と曜日を同じセルに表示しています。表示形式の設定方法はSec.090を参照してください。

❸ マウスポインターが十字の形に変わったことを確認し、そのままA11セルまでドラッグすると、

❹ 毎週月曜日の日付が表示されます。

MEMO 同じ差分を繰り返す

2020/9/7と2020/9/14の日付の差分を計算し、同じ差分で連続データを表示します。

	A	B	C	D	E
1	営業部定例部会日程				
2					
3	開講日	時間	場所		
4	2020/9/7(月)	9：00～10：00	第一会議室		
5	2020/9/14(月)	9：00～10：00	第一会議室		
6	2020/9/21(月)	9：00～10：00	第一会議室		
7	2020/9/28(月)	9：00～11：00	本社506会議室		
8	2020/10/5(月)	9：00～10：00	第一会議室		
9	2020/10/12(月)	9：00～10：00	第一会議室		
10	2020/10/19(月)	9：00～10：00	第一会議室		
11	2020/10/26(月)	9：00～11：00	本社506会議室		
12					

SECTION 033 入力

土日を除いた連続した日付を入力する

オートフィル機能を使って連続した日付を表示すると、土曜と日曜も表示されます。会社の予定表や仕事の工程表を作成するときは土日を除いた日付が表示されると便利です。＜オートフィルオプション＞を使うと、週日単位で日付を表示できます。

オートフィルで平日の日付を表示する

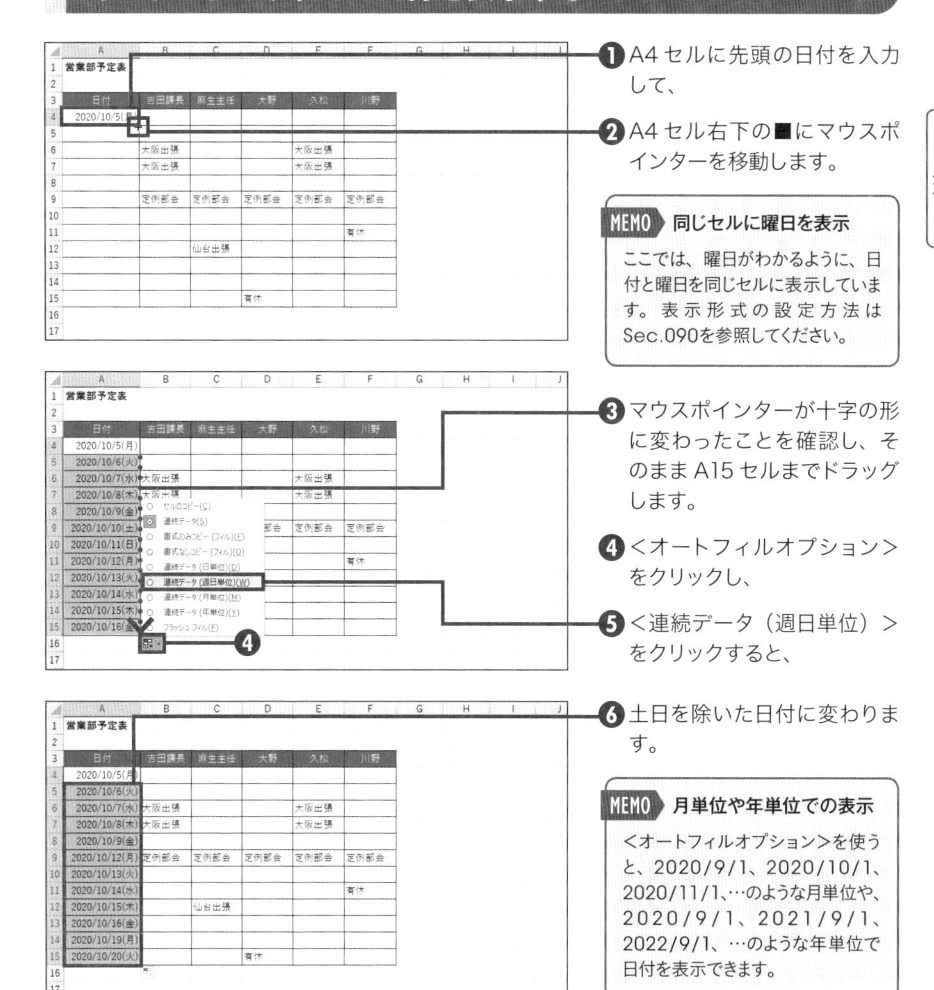

❶ A4セルに先頭の日付を入力して、

❷ A4セル右下の■にマウスポインターを移動します。

MEMO 同じセルに曜日を表示

ここでは、曜日がわかるように、日付と曜日を同じセルに表示しています。表示形式の設定方法はSec.090を参照してください。

❸ マウスポインターが十字の形に変わったことを確認し、そのままA15セルまでドラッグします。

❹ ＜オートフィルオプション＞をクリックし、

❺ ＜連続データ（週日単位）＞をクリックすると、

❻ 土日を除いた日付に変わります。

MEMO 月単位や年単位での表示

＜オートフィルオプション＞を使うと、2020/9/1、2020/10/1、2020/11/1、…のような月単位や、2020/9/1、2021/9/1、2022/9/1、…のような年単位で日付を表示できます。

SECTION
034 オリジナルの順番でデータを自動入力する

入力

支店名や商品名など、いつも同じ順番で入力するデータは、その順番を<ユーザー設定リスト>として登録しましょう。すると、オートフィル機能を使って、マウスのドラッグ操作だけで登録した順番通りにデータを表示できます。

オリジナルの順番でデータを表示する

A列の支店名の順番を登録します。

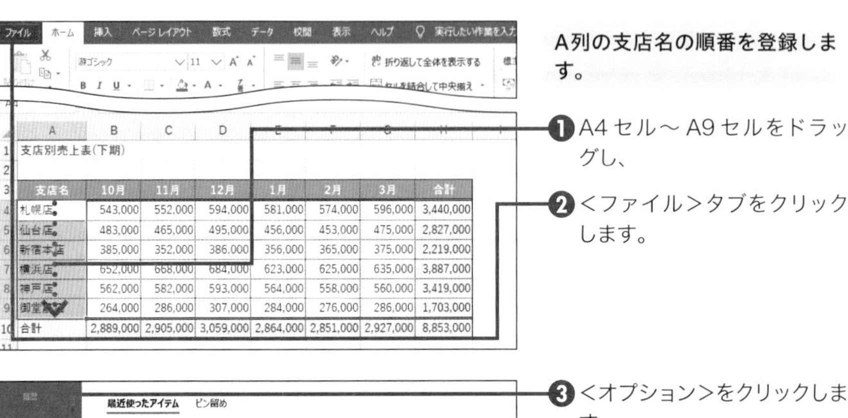

支店名	10月	11月	12月	1月	2月	3月	合計
札幌店	543,000	552,000	594,000	581,000	574,000	596,000	3,440,000
仙台店	483,000	465,000	495,000	456,000	453,000	475,000	2,827,000
新宿本店	385,000	352,000	386,000	356,000	365,000	375,000	2,219,000
横浜店	652,000	668,000	684,000	623,000	625,000	635,000	3,887,000
神戸店	562,000	582,000	593,000	564,000	558,000	560,000	3,419,000
御堂筋店	264,000	286,000	307,000	284,000	276,000	286,000	1,703,000
合計	2,889,000	2,905,000	3,059,000	2,864,000	2,851,000	2,927,000	8,853,000

❶ A4セル～A9セルをドラッグし、

❷ <ファイル>タブをクリックします。

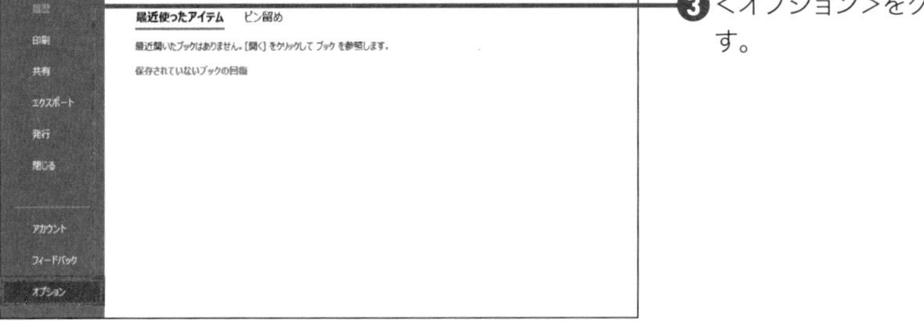

❸ <オプション>をクリックします。

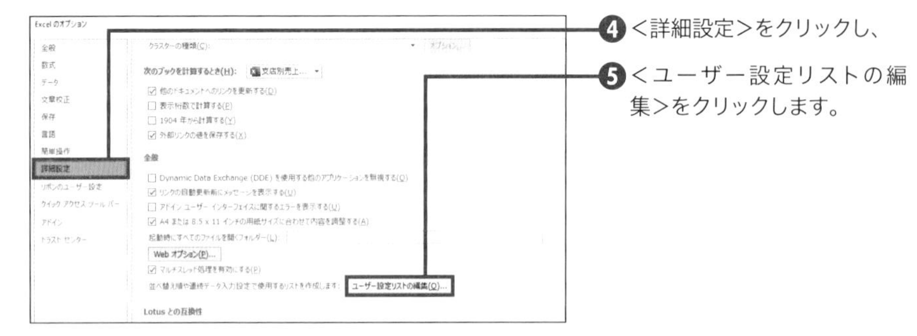

❹ <詳細設定>をクリックし、

❺ <ユーザー設定リストの編集>をクリックします。

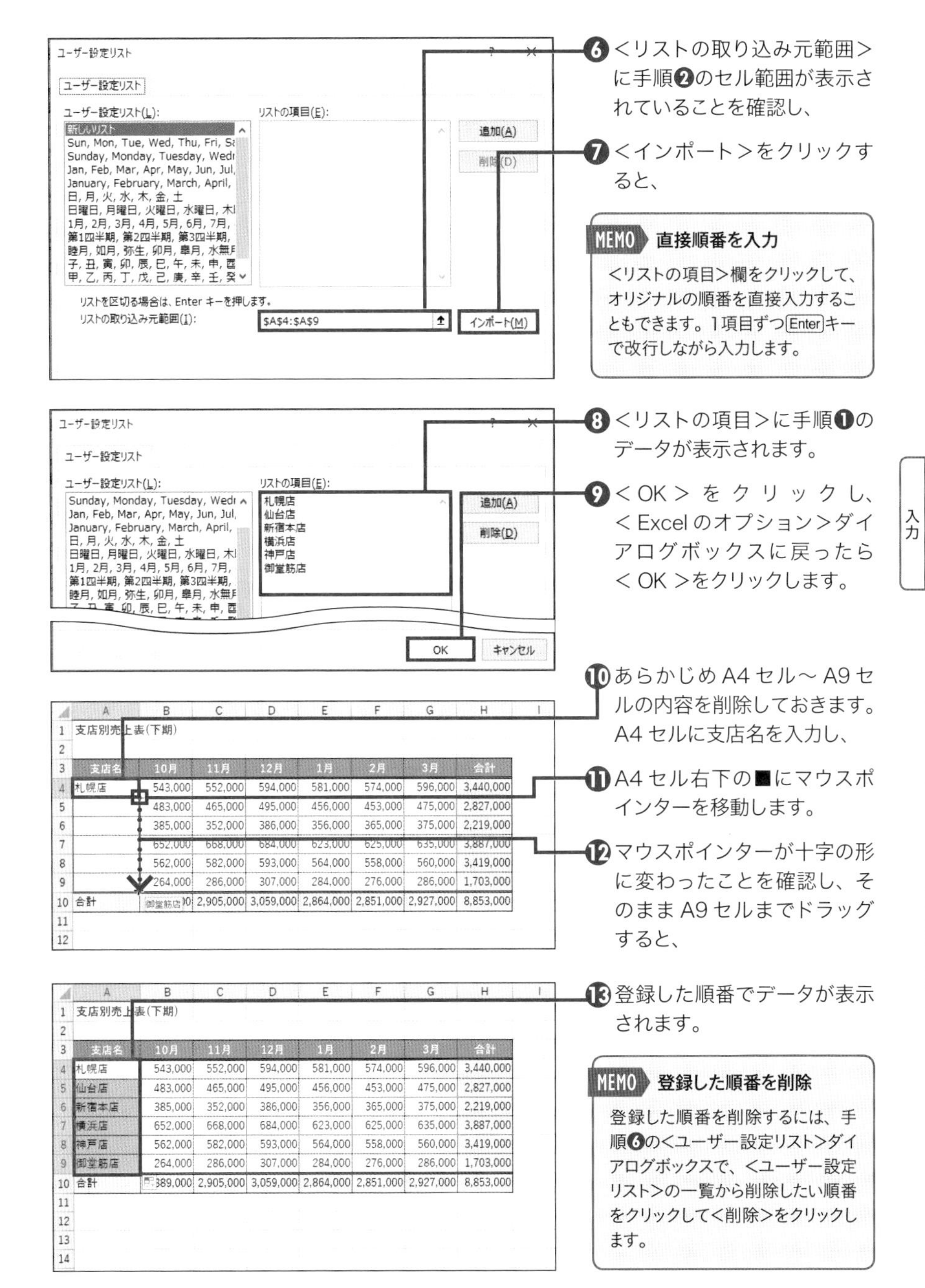

❻ <リストの取り込み元範囲>に手順❷のセル範囲が表示されていることを確認し、

❼ <インポート>をクリックすると、

MEMO 直接順番を入力

<リストの項目>欄をクリックして、オリジナルの順番を直接入力することもできます。1項目ずつEnterキーで改行しながら入力します。

❽ <リストの項目>に手順❶のデータが表示されます。

❾ <OK>をクリックし、<Excelのオプション>ダイアログボックスに戻ったら<OK>をクリックします。

❿ あらかじめA4セル～A9セルの内容を削除しておきます。A4セルに支店名を入力し、

⓫ A4セル右下の■にマウスポインターを移動します。

⓬ マウスポインターが十字の形に変わったことを確認し、そのままA9セルまでドラッグすると、

⓭ 登録した順番でデータが表示されます。

MEMO 登録した順番を削除

登録した順番を削除するには、手順❻の<ユーザー設定リスト>ダイアログボックスで、<ユーザー設定リスト>の一覧から削除したい順番をクリックして<削除>をクリックします。

SECTION 035 入力

郵便番号のハイフンを一瞬で入力する

7桁の郵便番号を入力し終わった後に、「-」（ハイフン）記号を1つずつ入れるのは大変です。選択したセルに、<表示形式>に用意されている<郵便番号>を設定すると、入力済みの郵便番号にまとめてハイフンを表示できます。

郵便番号にハイフンを表示する

	A	B	C	D
1	得意先リスト			
2				
3	会社名	郵便番号	住所	都道府県名
4	札幌洋菓子店	600042	北海道札幌市中央区XXX-XX	北海道
5	光島電機	1400000	東京都品川区XXX-XX	東京都
6	鎌倉ツーリスト	2480000	神奈川県鎌倉市XXX-XX	神奈川県
7	ホームセンターAAA	2220037	神奈川県横浜市港北区大倉山XXX-XX	神奈川県
8	SAWA美容室	2340054	神奈川県横浜市港南区甲南大XXX-XX	神奈川県
9	伊勝眼科クリニック	2270062	神奈川県横浜市青葉区青葉台XX-XX	神奈川県
10	ハッピーデイサービス	2100000	神奈川県川崎市川崎区XXX-XX	神奈川県
11	林家具店	5390000	大阪府大阪市中央区XXX-XX	大阪府
12	前田胃腸科医院	8100000	福岡県福岡市中央区XXX-XX	福岡県
13	さわやかクリーニング	9000000	沖縄県那覇市XXX-XX	沖縄県
14				

❶ B4 セル～ B13 セルをドラッグし、

❷ <ホーム>タブー<数値>グループ右下にある<表示形式>をクリックします。

MEMO　ショートカットキーの操作

手順❸の<セルの書式設定>ダイアログボックスは、Ctrl+1キーを押すことでも表示できます（Sec. 072）。

❸ <表示形式>の<その他>をクリックして、

❹ <郵便番号>をクリックし、

❺ < OK >をクリックすると、

	A	B	C	D
1	得意先リスト			
2				
3	会社名	郵便番号	住所	都道府県名
4	札幌洋菓子店	060-0042	北海道札幌市中央区XXX-XX	北海道
5	光島電機	140-0000	東京都品川区XXX-XX	東京都
6	鎌倉ツーリスト	248-0000	神奈川県鎌倉市XXX-XX	神奈川県
7	ホームセンターAAA	222-0037	神奈川県横浜市港北区大倉山XXX-XX	神奈川県
8	SAWA美容室	234-0054	神奈川県横浜市港南区甲南大XXX-XX	神奈川県
9	伊勝眼科クリニック	227-0062	神奈川県横浜市青葉区青葉台XX-XX	神奈川県
10	ハッピーデイサービス	210-0000	神奈川県川崎市川崎区XXX-XX	神奈川県
11	林家具店	539-0000	大阪府大阪市中央区XXX-XX	大阪府
12	前田胃腸科医院	810-0000	福岡県福岡市中央区XXX-XX	福岡県
13	さわやかクリーニング	900-0000	沖縄県那覇市XXX-XX	沖縄県
14				

❻ 手順❶で選択したセルにハイフンが表示されます。

MEMO　見た目だけを変更

この操作で表示したハイフンは実際に入力されたわけではありません。セルの見た目だけを変更しています。

SECTION 036 選択

離れたセルを選択する

複数のセルを選択しておくと、まとめて書式を設定できて便利です。連続したセルを選択するときは、対象となるセルをドラッグします。離れたセルを選択するときは、Ctrlキーを押しながら対象のセルをクリックしたりドラッグしたりします。

離れたセルをまとめて選択する

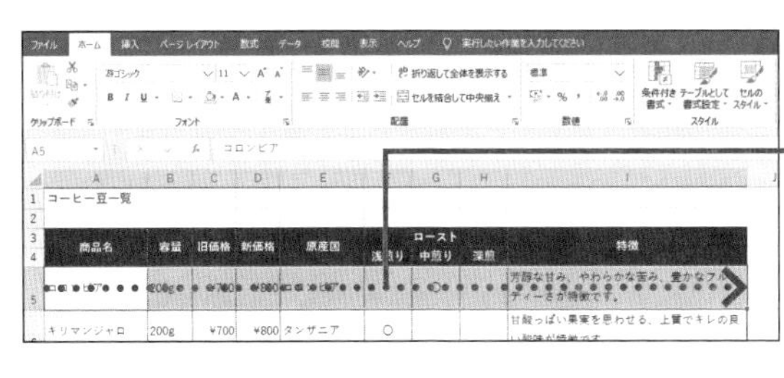

1行おきに色を付けます。

❶ A5セル～I5セルをドラッグします。

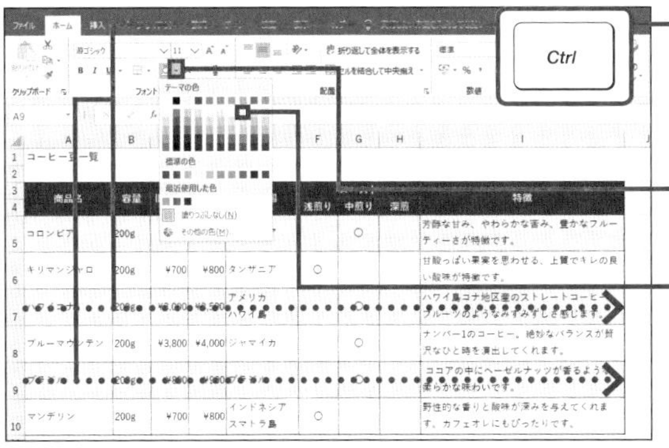

❷ 続けて、Ctrlキーを押しながらA7セル～I7セル、A9セル～I9セルを順番にドラッグします。

❸ <ホーム>タブ－<塗りつぶしの色>の▼をクリックし、

❹ セルの色をクリックすると、

❺ 離れたセルに同時に塗りつぶしの色を設定できます。

MEMO セルを間違えた場合

選択するセルを間違えた場合は、別のセルをクリックして選択を解除します。その後、最初からやり直します。

SECTION 037 選択

表全体を選択する

表全体に罫線を引いたり表全体のフォントを変更したりするなど、表全体を選択するときに便利なショートカットキーがあります。Ctrl+Shift+*キーを押すと、瞬時に表全体を選択できます。画面に収まらない大きな表もすぐに選択できます。

キー操作で表全体を選択する

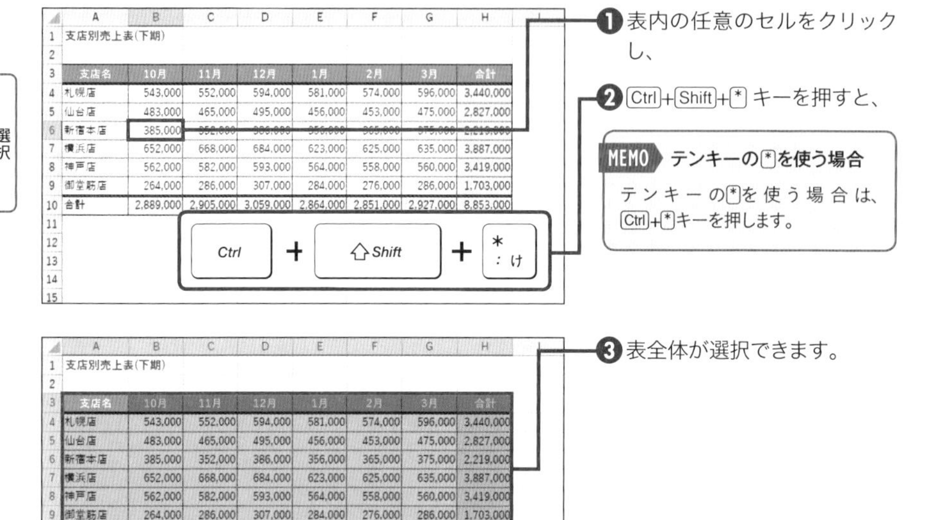

支店別売上表(下期)

支店名	10月	11月	12月	1月	2月	3月	合計
札幌店	543,000	552,000	594,000	581,000	574,000	596,000	3,440,000
仙台店	483,000	465,000	495,000	456,000	453,000	475,000	2,827,000
新宿本店	385,000	352,000	386,000	356,000	365,000	375,000	2,219,000
横浜店	652,000	668,000	684,000	623,000	625,000	635,000	3,887,000
神戸店	562,000	582,000	593,000	564,000	558,000	560,000	3,419,000
御堂筋店	264,000	286,000	307,000	284,000	276,000	286,000	1,703,000
合計	2,889,000	2,905,000	3,059,000	2,864,000	2,851,000	2,927,000	8,853,000

❶表内の任意のセルをクリックし、

❷Ctrl+Shift+* キーを押すと、

MEMO テンキーの*を使う場合

テンキーの*を使う場合は、Ctrl+*キーを押します。

❸表全体が選択できます。

COLUMN

データが連続しているセルが選択される

Ctrl+Shift+*キー（もしくはCtrl+*キー）を押すと、データが上下左右に連続して入力されているセルを選択します。そのため、A1セルのタイトルと表がくっついていると、A1セルを含めて選択されます。

SECTION 038 選択

表の最終行のセルを選択する

アクティブセルの下側をダブルクリックすると、その列の最終行のセルに一気にジャンプします。画面からはみ出るような大きな表の下のほうを見るときに、一度最終行までジャンプしてから上方向に微調整すると、何十行もドラッグする手間が省けます。

最終行のセルにジャンプする

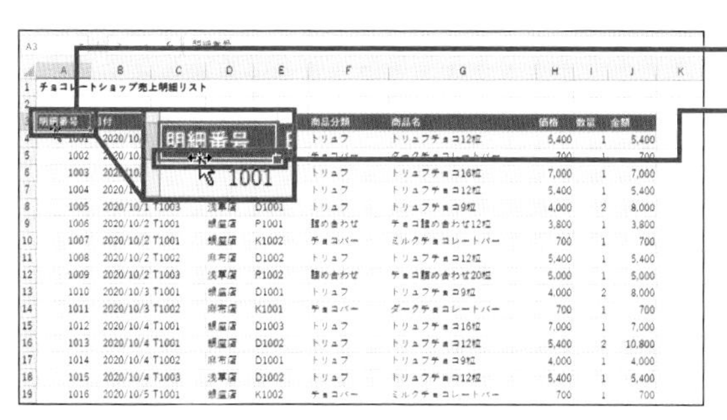

❶ A3セルをクリックします。

❷ アクティブセルの下側境界線をダブルクリックすると、

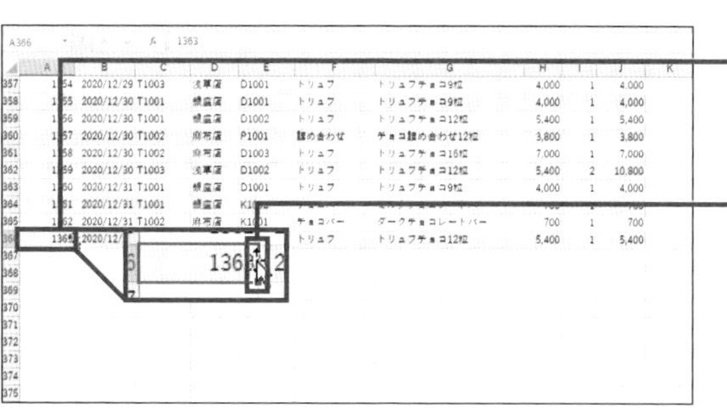

❸ A列の最終行（ここではA366セル）にジャンプします。

❹ 続けて、アクティブセルの右側境界線をダブルクリックすると、

❺ 右端の列（ここではJ366セル）にジャンプします。

MEMO　上端や左端にジャンプ

アクティブセルの上側境界線をダブルクリックすると上端のセル、左側境界線をダブルクリックすると左端のセルにジャンプします。また、End+上下左右の矢印キーを押して、表の端のセルにジャンプすることもできます。

SECTION
039
選択

大量のセルをまとめて選択する

画面からはみだすような大きな表をマウスでドラッグして選択すると、行きすぎたり戻りすぎたりして思うように選択できません。このようなときは、名前ボックスに選択したいセル範囲を入力するとよいでしょう。

名前ボックスにセル範囲を入力する

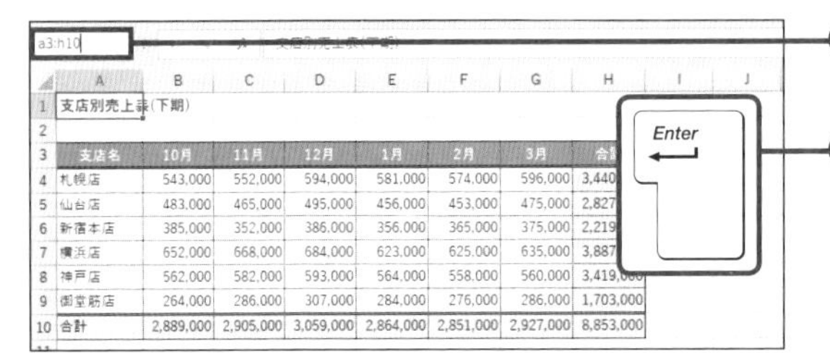

	A	B	C	D	E	F	G	H
1	支店別売上表(下期)							
2								
3	支店名	10月	11月	12月	1月	2月	3月	合計
4	札幌店	543,000	552,000	594,000	581,000	574,000	596,000	3,440
5	仙台店	483,000	465,000	495,000	456,000	453,000	475,000	2,827
6	新宿本店	385,000	352,000	386,000	356,000	365,000	375,000	2,219
7	横浜店	652,000	668,000	684,000	623,000	625,000	635,000	3,887
8	神戸店	562,000	582,000	593,000	564,000	558,000	560,000	3,419,000
9	御堂筋店	264,000	286,000	307,000	284,000	276,000	286,000	1,703,000
10	合計	2,889,000	2,905,000	3,059,000	2,864,000	2,851,000	2,927,000	8,853,000

❶名前ボックスをクリックし、「A3：H10」と入力して、

❷ Enter キーを押すと、

A3　支店名

	A	B	C	D	E	F	G	H
1	支店別売上表(下期)							
2								
3	支店名	10月	11月	12月	1月	2月	3月	合計
4	札幌店	543,000	552,000	594,000	581,000	574,000	596,000	3,440,000
5	仙台店	483,000	465,000	495,000	456,000	453,000	475,000	2,827,000
6	新宿本店	385,000	352,000	386,000	356,000	365,000	375,000	2,219,000
7	横浜店	652,000	668,000	684,000	623,000	625,000	635,000	3,887,000
8	神戸店	562,000	582,000	593,000	564,000	558,000	560,000	3,419,000
9	御堂筋店	264,000	286,000	307,000	284,000	276,000	286,000	1,703,000
10	合計	2,889,000	2,905,000	3,059,000	2,864,000	2,851,000	2,927,000	8,853,000

❸指定したセルが選択されます。

COLUMN

Shift キーを使って選択する

最初に選択したい範囲の先頭のセル（ここではA4セル）をクリックし、次に最後のセル（ここではG9セル）を Shift キーを押しながらクリックすると、先頭のセルから最後のセルまでをまとめて選択できます。

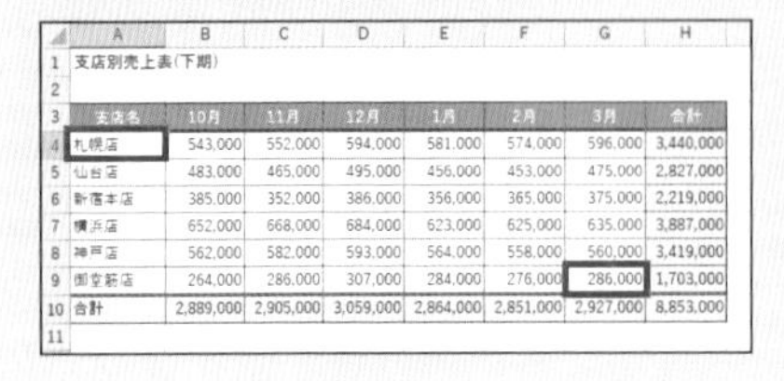

	A	B	C	D	E	F	G	H
1	支店別売上表(下期)							
2								
3	支店名	10月	11月	12月	1月	2月	3月	合計
4	札幌店	543,000	552,000	594,000	581,000	574,000	596,000	3,440,000
5	仙台店	483,000	465,000	495,000	456,000	453,000	475,000	2,827,000
6	新宿本店	385,000	352,000	386,000	356,000	365,000	375,000	2,219,000
7	横浜店	652,000	668,000	684,000	623,000	625,000	635,000	3,887,000
8	神戸店	562,000	582,000	593,000	564,000	558,000	560,000	3,419,000
9	御堂筋店	264,000	286,000	307,000	284,000	276,000	286,000	1,703,000
10	合計	2,889,000	2,905,000	3,059,000	2,864,000	2,851,000	2,927,000	8,853,000
11								

	A	B	C	D	E	F	G	H
1	支店別売上表(下期)							
2								
3	支店名	10月	11月	12月	1月	2月	3月	合計
4	札幌店	543,000	552,000	594,000	581,000	574,000	596,000	3,440,000
5	仙台店	483,000	465,000	495,000	456,000	453,000	475,000	2,827,000
6	新宿本店	385,000	352,000	386,000	356,000	365,000	375,000	2,219,000
7	横浜店	652,000	668,000	684,000	623,000	625,000	635,000	3,887,000
8	神戸店	562,000	582,000	593,000	564,000	558,000	560,000	3,419,000
9	御堂筋店	264,000	286,000	307,000	284,000	276,000	286,000	1,703,000
10	合計	2,889,000	2,905,000	3,059,000	2,864,000	2,851,000	2,927,000	8,853,000
11								

SECTION 040 コピー・貼り付け

過去にコピーした内容を貼り付ける

繰り返して入力するデータは、コピーして使いまわすと便利です。データをコピーするには、<コピー>と<貼り付け>を組み合わせて使います。コピーしたデータは「クリップボード」と呼ばれる場所に保管されるため、後から何度でも再利用できます。

クリップボードのデータをコピーする

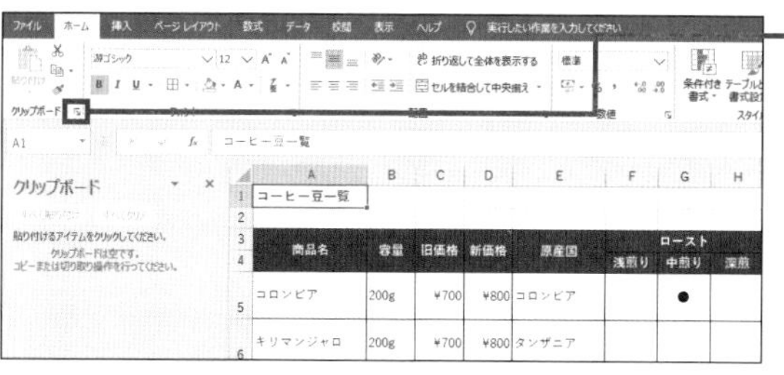

❶<ホーム>タブー<クリップボード>をクリックすると、<クリップボード>ウィンドウが表示されます。

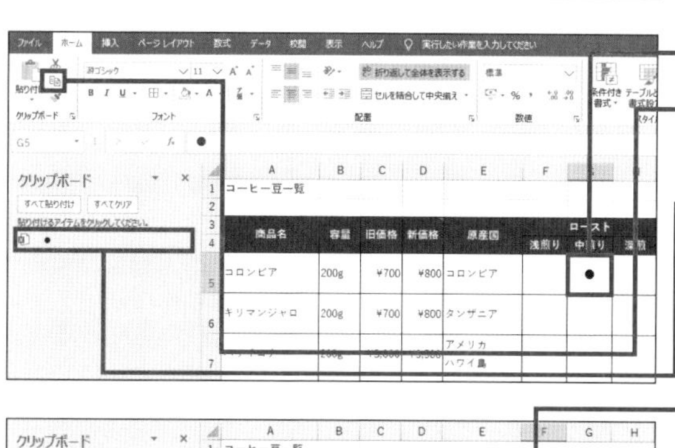

❷G5セルをクリックし、

❸<ホーム>タブー<コピー>をクリックすると、

❹<クリップボード>ウィンドウにコピーした内容が表示されます。データをコピーするたびに、<クリップボード>ウィンドウに追加されます。

❺F6セルをクリックし、

❻<クリップボード>ウィンドウに追加された項目をクリックすると、

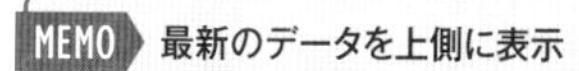

MEMO **最新のデータを上側に表示**

<クリップボード>ウィンドウでは、直近にコピーしたデータが上側に表示されます。

❼過去にコピーしたデータを利用できます。

SECTION 041 コピー・貼り付け

表の列幅を保持したままコピーする

セルをコピーして貼り付けると、コピー先のセルの幅で表示されるため、後から列幅の調整が必要になる場合があります。コピー元のセルの幅をコピー先でもそのまま利用したいときは、<貼り付け>を押したときに表示される<元の列幅を保持>を選びます。

元のセルの列幅をそのままコピーする

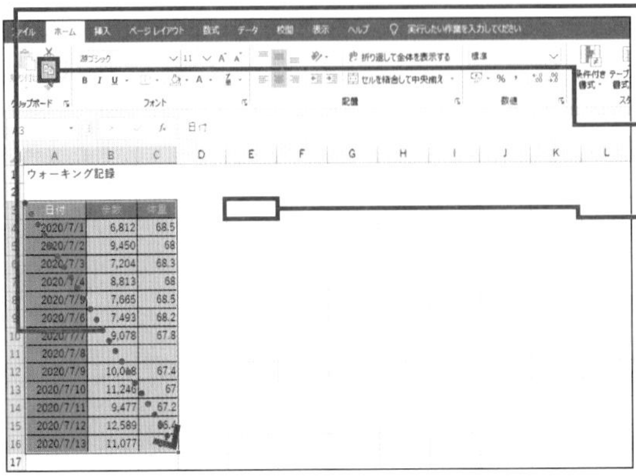

❶ A3 セル～ C16 セルをドラッグし、

❷ <ホーム>タブ－<コピー>をクリックして、

❸ コピー先の E3 セルをクリックします。

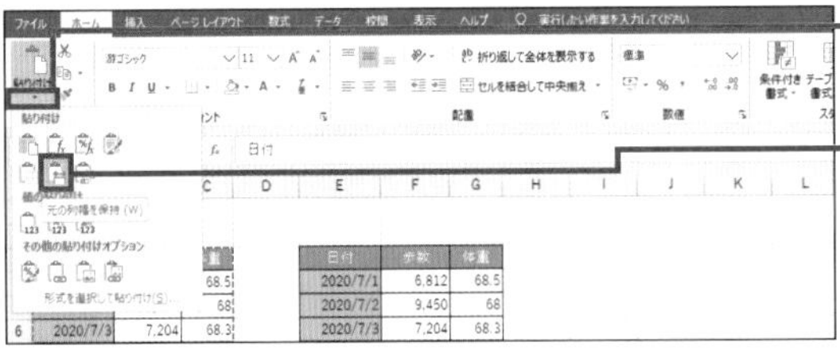

❹ <ホーム>タブ－<貼り付け>の▼をクリックし、

❺ <元の列幅を保持>をクリックすると、

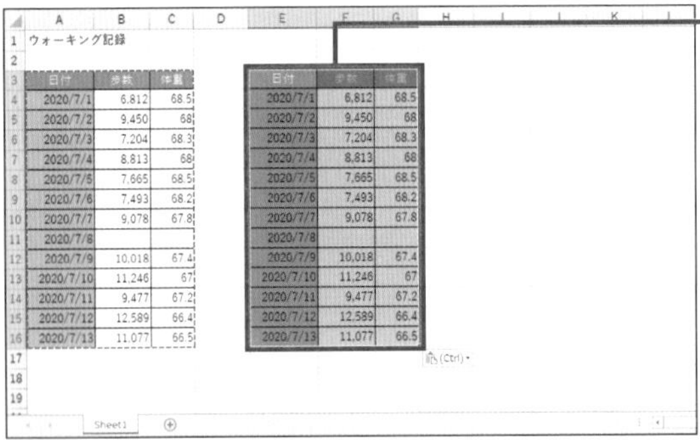

❻ コピー元の列幅を保持したまま貼り付きます。

MEMO 貼り付け方法の変更

手順❹で<貼り付け>を直接クリックすると、コピーしたセルの右下に<貼り付けのオプション>が表示されます。このボタンをクリックして表示される<元の列幅を保持>をクリックして後から列幅を変更することもできます。

SECTION 042 コピー・貼り付け

表の行列を入れ替えて貼り付ける

表を作成した後で行と列を入れ替えることになっても、1から表を作り直す必要はありません。<貼り付け>を押したときに表示される<行/列の入れ替え>を選ぶと、コピー先で行と列が入れ替わった状態で表を表示できます。

表の行と列を入れ替えてコピーする

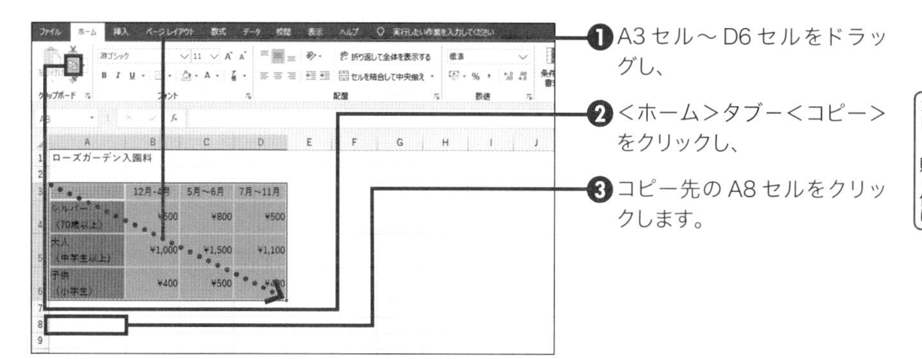

❶ A3 セル～ D6 セルをドラッグし、

❷ <ホーム>タブー<コピー>をクリックし、

❸ コピー先の A8 セルをクリックします。

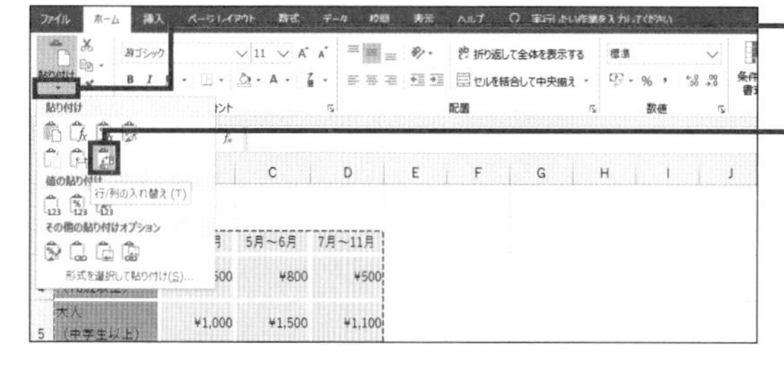

❹ <ホーム>タブー<貼り付け>の▼をクリックし、

❺ <行 / 列の入れ替え>をクリックすると、

❻ コピー元の行と列が入れ替わって表示されます。

MEMO 貼り付け方法の変更

手順❹で<貼り付け>を直接クリックすると、コピーしたセルの右下に<貼り付けのオプション>が表示されます。このボタンをクリックして表示される<行 / 列の入れ替え>をクリックして後から変更することもできます。

SECTION
043 複数の列幅を揃える

行・列の操作

列幅を変更するには列番号の境界線をドラッグしますが、「10月」「11月」「12月」のように関連する見出しは列幅が揃っていたほうが見栄えがあがります。複数の列を選択した状態で列幅を調整すると、常に同じ列幅に広げたり狭めたりできます。

複数の列幅を同時に変更する

支店別売上表

支店名	10月	11月	12月	合計
札幌店	543,000	552,000	594,000	1,689,000
仙台店	483,000	465,000	495,000	1,443,000
新宿本店	385,000	352,000	386,000	1,123,000
横浜店	652,000	668,000	684,000	2,004,000
神戸店	562,000	582,000	593,000	1,737,000
御堂筋店	264,000	286,000	307,000	857,000
合計	#######	#######	#######	8,853,000

❶B列～D列の列番号をドラッグし、

❷いずれかの列番号の境界線にマウスポインターを移動します。

MEMO <#>記号の意味

B10セル～D10セルに表示されている<#>記号は、数値を表示する列幅が不足していることを示しています。

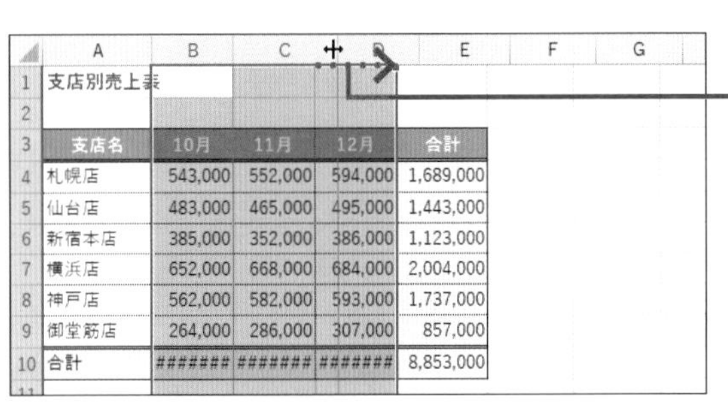

支店別売上表

支店名	10月	11月	12月	合計
札幌店	543,000	552,000	594,000	1,689,000
仙台店	483,000	465,000	495,000	1,443,000
新宿本店	385,000	352,000	386,000	1,123,000
横浜店	652,000	668,000	684,000	2,004,000
神戸店	562,000	582,000	593,000	1,737,000
御堂筋店	264,000	286,000	307,000	857,000
合計	#######	#######	#######	8,853,000

❸マウスポインターの形状が変わったら、そのまま右方向にドラッグします。

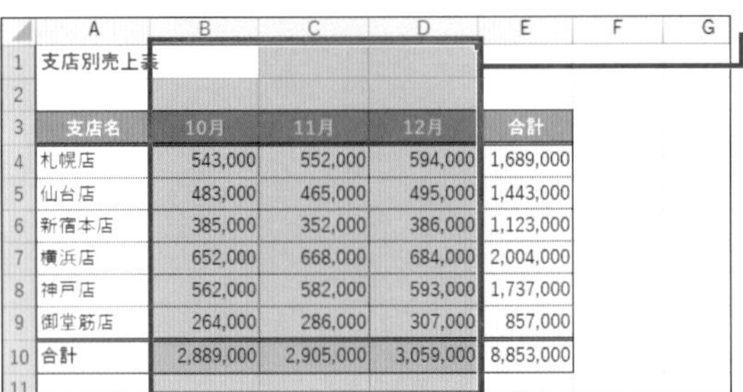

支店別売上表

支店名	10月	11月	12月	合計
札幌店	543,000	552,000	594,000	1,689,000
仙台店	483,000	465,000	495,000	1,443,000
新宿本店	385,000	352,000	386,000	1,123,000
横浜店	652,000	668,000	684,000	2,004,000
神戸店	562,000	582,000	593,000	1,737,000
御堂筋店	264,000	286,000	307,000	857,000
合計	2,889,000	2,905,000	3,059,000	8,853,000

❹B列～D列の列幅が同時に広がります。

MEMO 複数の行の高さを変更

複数の行番号をドラッグした状態で、いずれかの行番号の境界線を上下にドラッグすると、複数の行の高さをまとめて変更できます。

SECTION 044 行・列の操作

文字数に合わせて列幅を調整する

入力した数値がセルからはみ出るときは、<#>記号で表示されます。また、文字数が多いと、セルからはみ出したり途中で欠けたりすることもあります。<列の幅の自動調整>を使うと、文字数に合わせて表全体の列幅をまとめて変更できます。

表全体の列幅を自動調整する

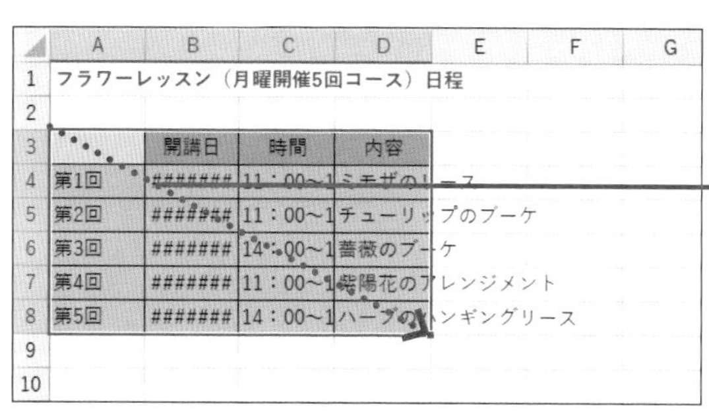

	A	B	C	D	E	F	G
1	フラワーレッスン（月曜開催5回コース）日程						
2							
3		開講日	時間	内容			
4	第1回	#######	11：00～1	ミモザのリース			
5	第2回	#######	11：00～1	チューリップのブーケ			
6	第3回	#######	14：00～1	薔薇のブーケ			
7	第4回	#######	11：00～1	紫陽花のアレンジメント			
8	第5回	#######	14：00～1	ハーブのハンギングリース			
9							
10							

B列、C列、D列のデータが正しく表示されていません。

❶ A3セル～D8セルをドラッグします。

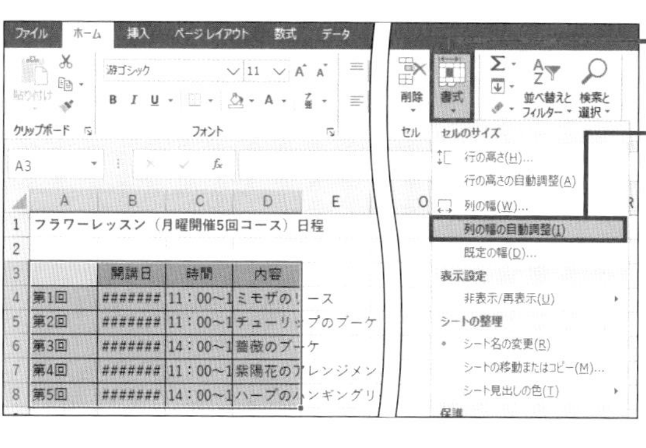

❷ <ホーム>タブー<書式>をクリックし、

❸ <列の幅の自動調整>をクリックすると、

> **MEMO 行の高さの自動調整**
> <行の高さの自動調整>をクリックすると、選択した行のデータが正しく表示できる高さに自動的に調整できます。

	A	B	C	D
1	フラワーレッスン（月曜開催5回コース）日程			
2				
3		開講日	時間	内容
4	第1回	2020/3/2(月)	11：00～12：30	ミモザのリース
5	第2回	2020/4/6(月)	11：00～12：30	チューリップのブーケ
6	第3回	2020/5/11(月)	14：00～15：30	薔薇のブーケ
7	第4回	2020/6/8(月)	11：00～12：30	紫陽花のアレンジメント
8	第5回	2020/7/13(月)	14：00～15：30	ハーブのハンギングリース

❹ A～D列の文字数に合わせて、列幅が調整されます。

SECTION 045 行・列の操作

行や列を挿入・削除する

表を作成した後で行や列が不足していたことに気付いたり、余分な行や列があったりしても心配は不要です。指定した位置に行や列を後から自在に挿入できます。また、不要な行や列を削除すると、下側の行や右側に列が詰まって表示されます。

表の途中に空白行を挿入する

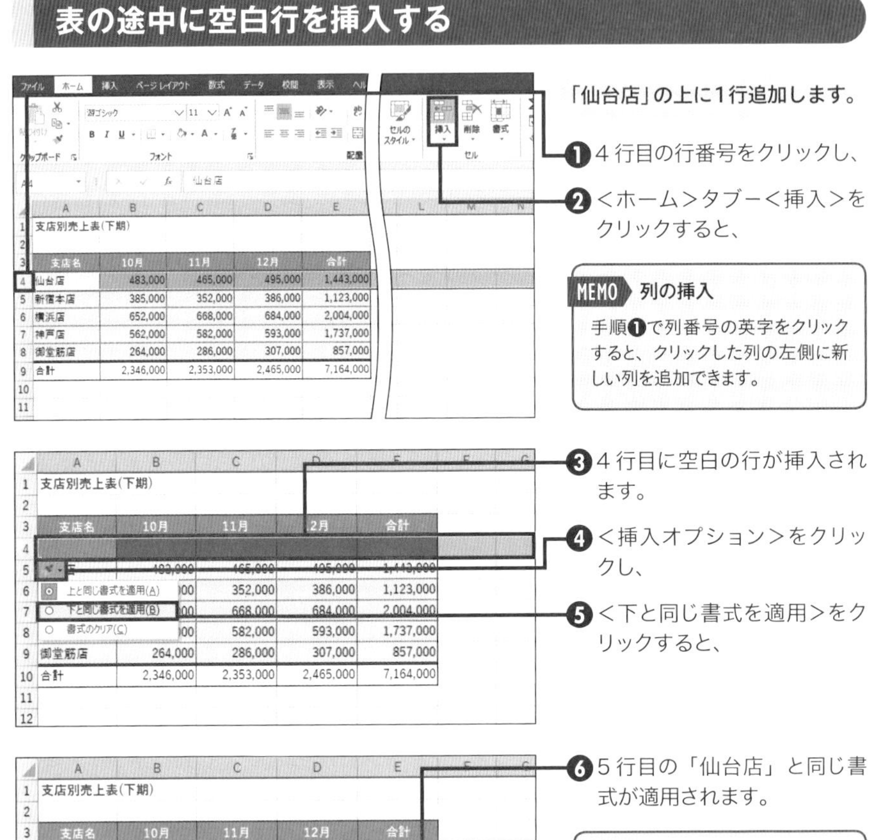

「仙台店」の上に1行追加します。

❶4行目の行番号をクリックし、

❷<ホーム>タブー<挿入>をクリックすると、

MEMO 列の挿入

手順❶で列番号の英字をクリックすると、クリックした列の左側に新しい列を追加できます。

❸4行目に空白の行が挿入されます。

❹<挿入オプション>をクリックし、

❺<下と同じ書式を適用>をクリックすると、

❻5行目の「仙台店」と同じ書式が適用されます。

	A	B	C	D	E
1	支店別売上表(下期)				
2					
3	支店名	10月	11月	12月	合計
4					
5	仙台店	483,000	465,000	495,000	1,443,000
6	新宿本店	385,000	352,000	386,000	1,123,000
7	横浜店	652,000	668,000	684,000	2,004,000
8	神戸店	562,000	582,000	593,000	1,737,000
9	御堂筋店	264,000	286,000	307,000	857,000
10	合計	2,346,000	2,353,000	2,465,000	7,164,000
11					
12					

MEMO 行や列の削除

削除したい行番号や列番号をクリックして、<ホーム>タブの<削除>をクリックすると、行全体や列全体を削除できます。

SECTION
046
行・列の操作

複数の行や列を一度に挿入・削除する

Sec.045では、行や列を1行ずつ挿入したり削除したりする操作を解説しました。最初に複数の行や列を選択してから<挿入>や<削除>を実行すると、まとめて5行分を挿入したり、2列分を一度に削除したりすることができます。

複数の列をまとめて挿入する

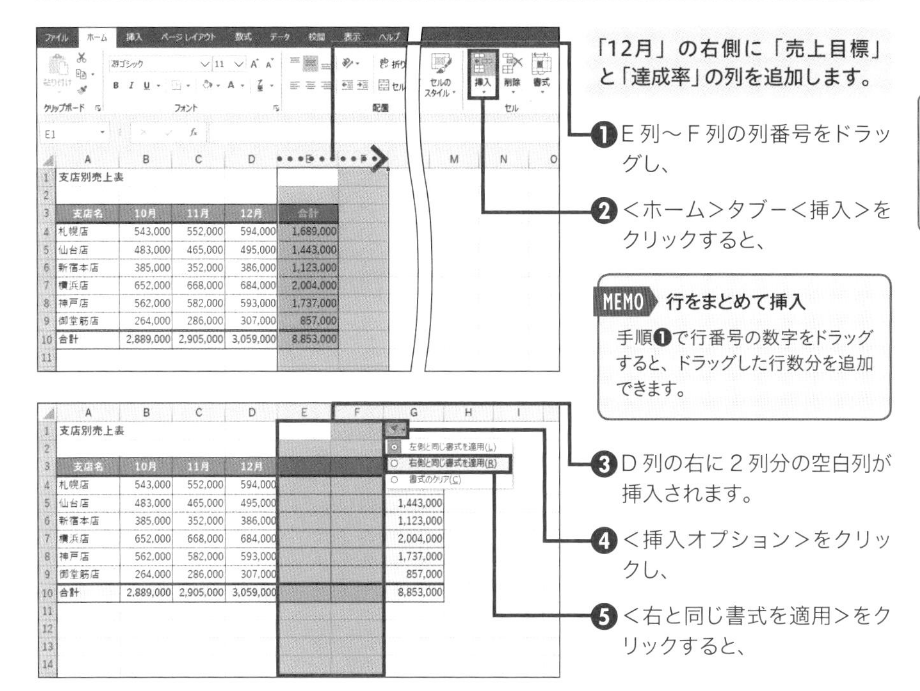

「12月」の右側に「売上目標」と「達成率」の列を追加します。

❶E列～F列の列番号をドラッグし、

❷<ホーム>タブー<挿入>をクリックすると、

MEMO 行をまとめて挿入

手順❶で行番号の数字をドラッグすると、ドラッグした行数分を追加できます。

❸D列の右に2列分の空白列が挿入されます。

❹<挿入オプション>をクリックし、

❺<右と同じ書式を適用>をクリックすると、

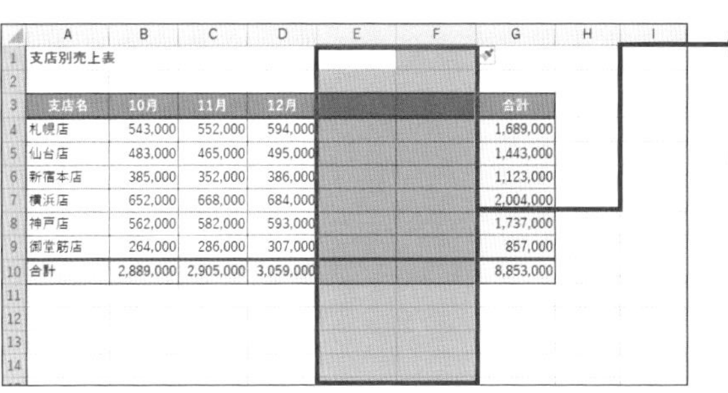

❻G列の「合計」と同じ書式が適用されます。

MEMO 複数の行や列の削除

削除したい行番号や列番号をドラッグしてから<ホーム>タブの<削除>をクリックすると、ドラッグした分の行数や列数を削除できます。

SECTION 047 行・列の操作

行や列を入れ替える・コピーする

行や列の表示順を間違えて入力したときは、後から順番を入れ替えます。それには、<切り取り>と<挿入>を組み合わせて行や列を移動します。<コピー>と<挿入>を組み合わせると、行や列をコピーして指定した位置に丸ごと挿入できます。

行の順番を入れ替える

5行目の札幌店を4行目の仙台店の上に移動します。

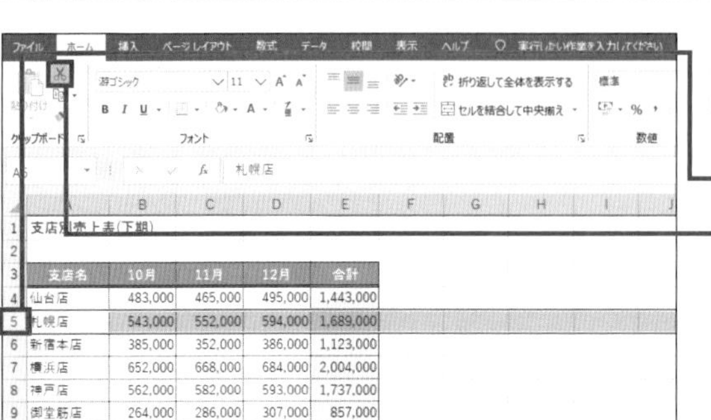

❶ 5行目の行番号をクリックし、

❷ <ホーム>タブー<切り取り>をクリックします。

MEMO 列の移動

列を移動するには、手順❶で列番号の英字をクリックします。

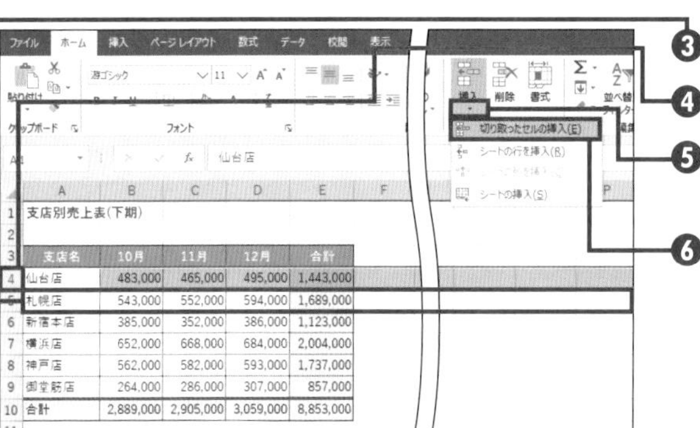

❸ 5行目に点線枠が点滅します。

❹ 4行目の行番号をクリックし、

❺ <ホーム>タブー<挿入>の▼をクリックして、

❻ <切り取ったセルの挿入>をクリックすると、

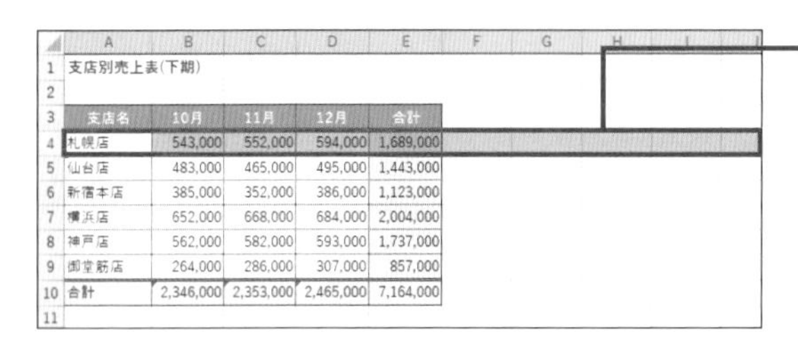

❼ 5行目の札幌店が4行目の仙台店の上に移動しました。

SECTION
048 行や列を非表示にする

行・列の操作

売上表の明細データを隠して合計だけを会議で報告するといったように、常にすべてのデータが必要とは限りません。一時的にデータを隠すには、データを非表示にします。非表示にした行や列は折りたたんで隠しているだけなので、いつでも再表示できます。

複数の列を非表示にする

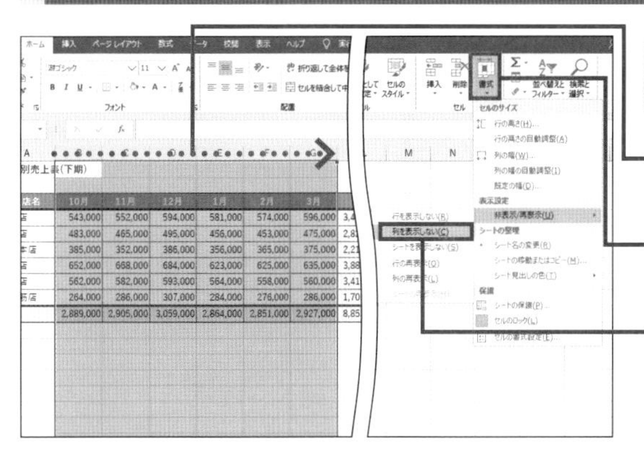

「10月」から「3月」の列を非表示にします。

❶ B列～G列の列番号をドラッグします。

❷ ＜ホーム＞タブ－＜書式＞をクリックし、

❸ ＜非表示 / 再表示＞－＜列を表示しない＞をクリックすると、

MEMO 右クリックでの操作

ドラッグしたいずれかの列番号を右クリックして表示されるメニューの＜非表示＞をクリックしても非表示にできます。

❹ B列からG列が非表示になります。

❺ A列からH列の列番号をドラッグします。

❻ ＜ホーム＞タブ－＜書式＞をクリックし、

❼ ＜非表示 / 再表示＞－＜列の再表示＞をクリックすると、

❽ B列からG列が再表示されます。

SECTION

049 複数のセルを1つにまとめる

セルの操作

複数のセルを1つにまとめることを「結合」と呼び、Excelには<セルを結合して中央揃え><横方向に結合><セルの結合>が用意されています。ここでは、<セルを結合して中央揃え>を使って、タイトルを表の横幅の中央に表示します。

セルを結合して文字を中央に揃える

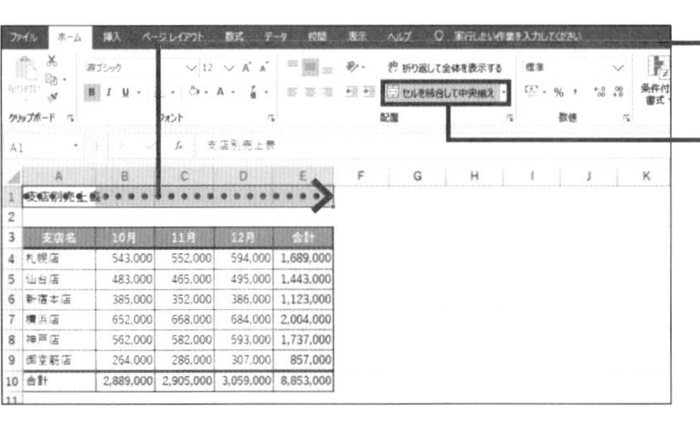

❶ A1セル～E1セルをドラッグし、

❷ <ホーム>タブー<セルを結合して中央揃え>をクリックすると、

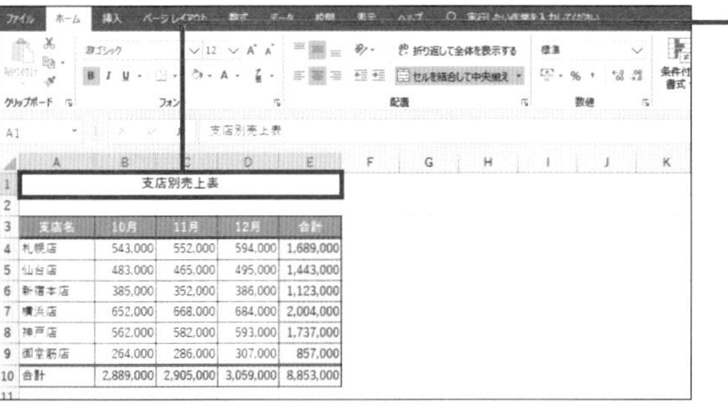

❸ A1セル～E1セルの5つのセルが1つになり、文字が中央揃えになります。

MEMO セル結合の解除

結合したセルを解除するには、もう一度<セルを結合して中央揃え>をクリックします。

COLUMN

縦方向にも結合できる

縦方向に連続するセルをドラッグしてから<セルを結合して中央揃え>をクリックすると、縦方向のセルを結合できます。さらに、<ホーム>タブー<方向>から<縦書き>をクリックすると、結合したセル内で文字が縦書きになります。

SECTION
050
セルの操作

セルを挿入・削除する

行単位や列単位だけでなく、セル単位で挿入したり削除したりできます。異なる2つの表が横に並んでいるときは、片方の表で行単位の挿入や削除を行うと、もう片方の表にも影響が出ます。セル単位なら片方の表の中だけで操作できます。

セル単位で削除する

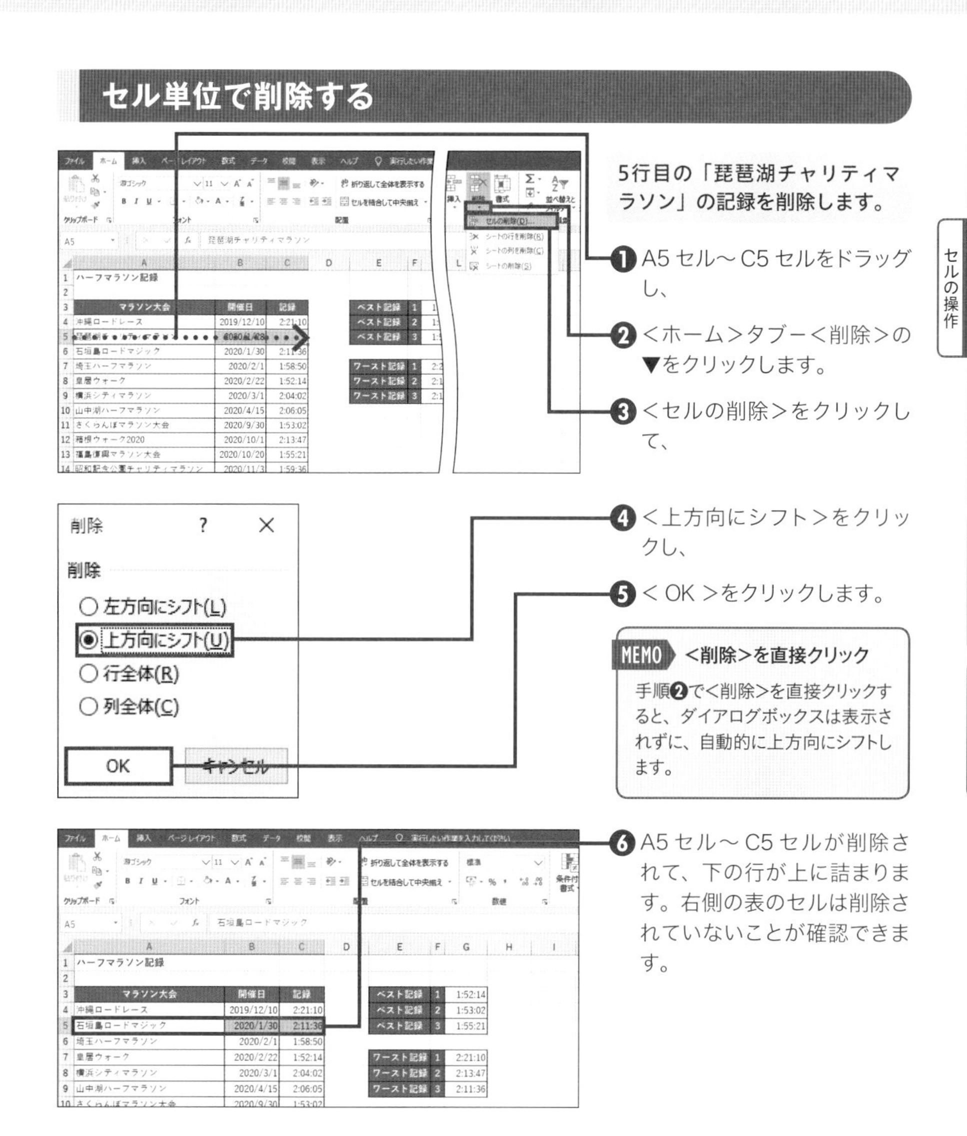

5行目の「琵琶湖チャリティマラソン」の記録を削除します。

❶ A5 セル〜 C5 セルをドラッグし、

❷ ＜ホーム＞タブ－＜削除＞の▼をクリックします。

❸ ＜セルの削除＞をクリックして、

❹ ＜上方向にシフト＞をクリックし、

❺ ＜ OK ＞をクリックします。

MEMO ＜削除＞を直接クリック

手順❷で＜削除＞を直接クリックすると、ダイアログボックスは表示されずに、自動的に上方向にシフトします。

❻ A5 セル〜 C5 セルが削除されて、下の行が上に詰まります。右側の表のセルは削除されていないことが確認できます。

SECTION 051

検索・置換

表のデータを検索する

商品台帳や名簿などで特定の商品や人物を検索するには、<検索>を使ってキーワードを入力して検索します。このとき、ワイルドカードと呼ばれる半角の「*」（アスタリスク）を使ってキーワードを入力すると、部分的にキーワードに一致したデータを検索できます。

あいまいな条件でデータを検索する

❶ A1セルをクリックします。

❷ <ホーム>タブー<検索と選択>をクリックし、

❸ <検索>をクリックします。

❹ <検索する文字列>欄に「*クリニック」と入力し、

❺ <すべて検索>をクリックすると、

MEMO <*>はワイルドカード

「*クリニック」は、データの末尾が「クリニック」ならばそれより前の文字は何でもよいという意味です。半角の<*>はワイルドカードと呼ばれ、あいまいな条件で検索するときに使います。

❻ 検索結果の一覧が表示されます。

❼ 一覧の文字をクリックすると、

❽ ワークシートの該当セルにアクティブセルが移動します。

SECTION 052
検索・置換

表の文字を別の文字に置き換える

担当者が変わったときや「出張所」が「支店」に変わったときなどは、入力済みのデータを変更する必要があります。手作業で修正すると時間もかかるし修正ミスも発生します。<置換>を使うと、置換前の文字と置換後の文字を指定するだけで置換できます。

文字を置換する

会社名の「クリニック」を「病院」に置換します。

❶ A1セルをクリックし、

❷ <ホーム>タブ－<検索と選択>をクリックし、

❸ <置換>をクリックします。

❹ <検索する文字列>欄に「クリニック」と入力し、

❺ <置換後の文字列>欄に「病院」を入力して、

❻ <すべて置換>をクリックします。

MEMO　1つずつ確認して置換

手順❻で<置換>をクリックすると、条件に一致したセルが順番に表示され、置換するかどうかをそのつど指定できます。

❼ メッセージが表示されたら< OK >をクリックすると、

❽ ワークシートの「クリニック」がすべて「病院」に置換されます。

SECTION 053 検索・置換

不要な空白をまとめて削除する

苗字と名前の間に空白があったりなかったりすると、見た目が悪いだけでなく、データの統一性が保てません。空白の削除方法はいくつかありますが、<置換>を使うとかんたんな操作で削除できます。<置換後の文字列>に何も指定しないのがポイントです。

不要な空白を削除する

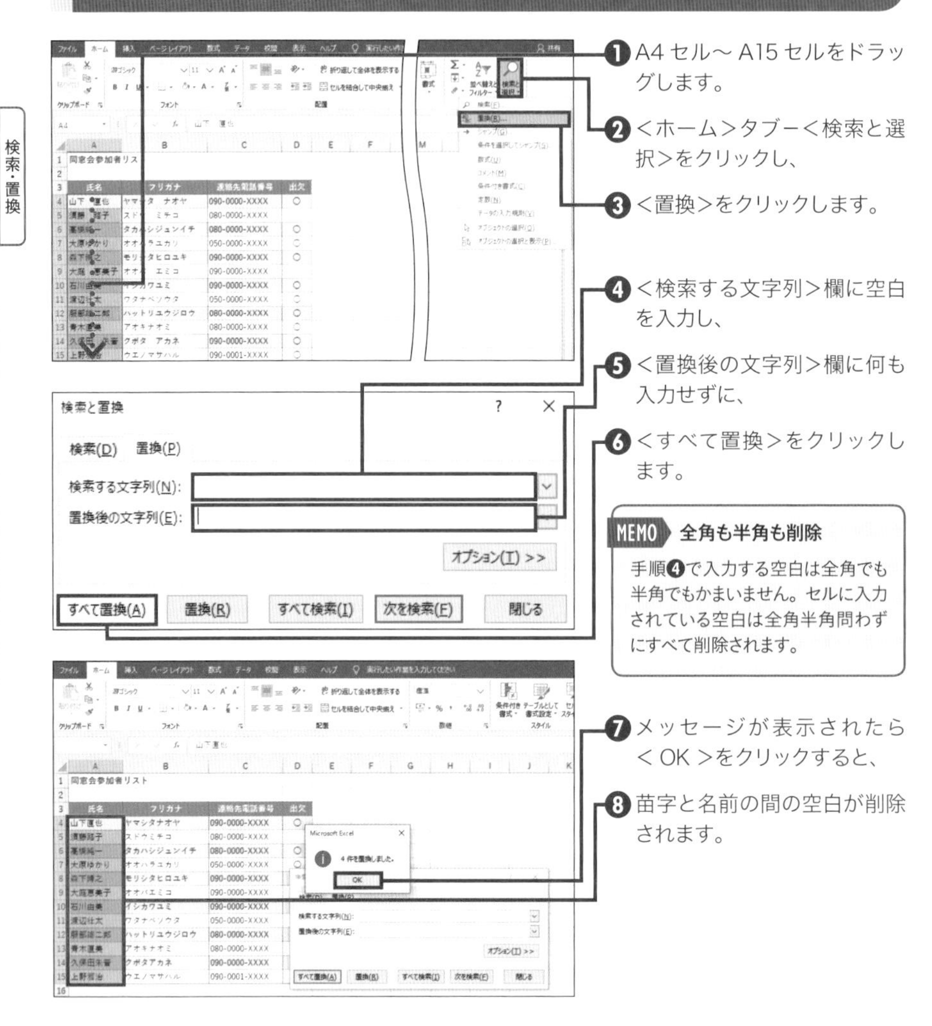

MEMO 全角も半角も削除

手順❹で入力する空白は全角でも半角でもかまいません。セルに入力されている空白は全角半角問わずにすべて削除されます。

SECTION
054
検索・置換

不要な改行をまとめて削除する

Sec.024では、セル内で改行する操作を解説しました。この改行をあとからまとめて削除するには＜置換＞を実行します。＜検索する文字列＞欄でCtrl+Jキーを押し、＜置換後の文字列＞欄に何も指定しないのがポイントです。

改行をまとめて削除する

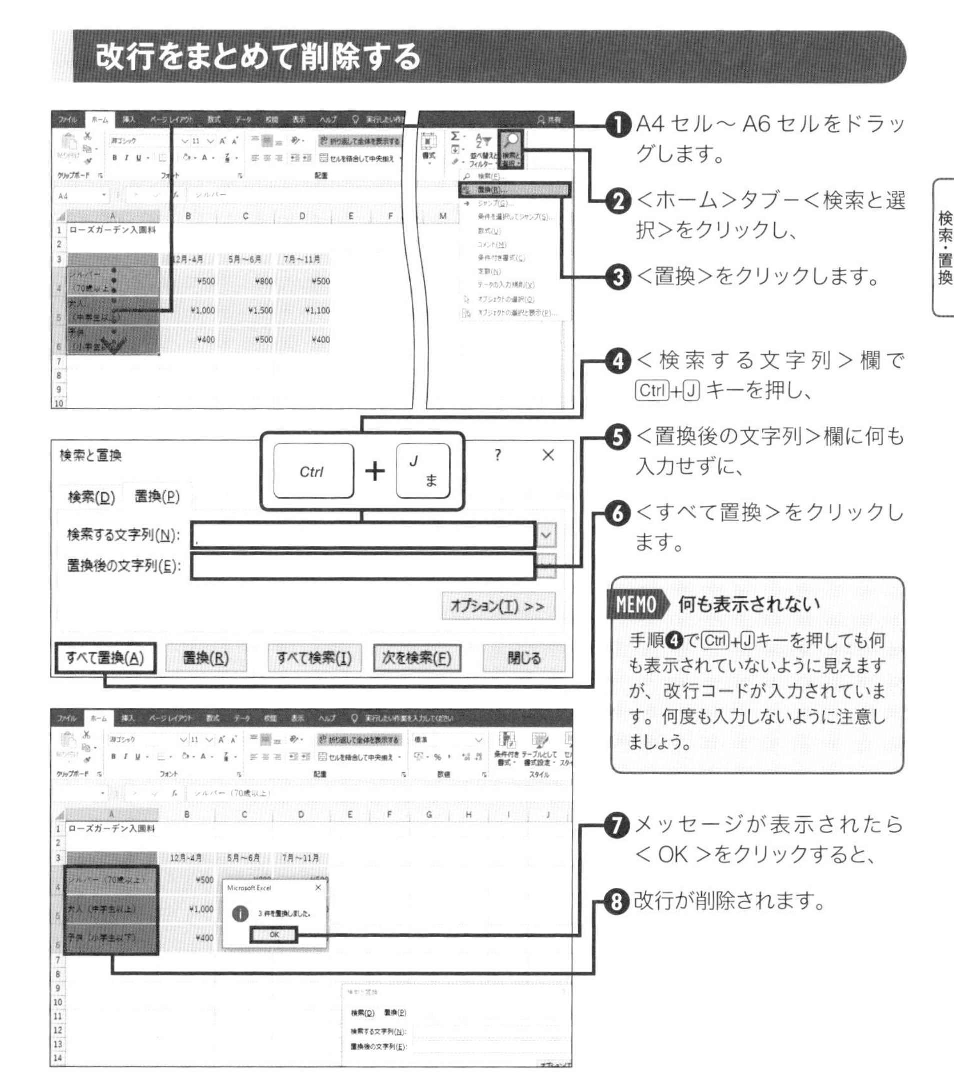

❶ A4セル〜A6セルをドラッグします。

❷ ＜ホーム＞タブ−＜検索と選択＞をクリックし、

❸ ＜置換＞をクリックします。

❹ ＜検索する文字列＞欄でCtrl+Jキーを押し、

❺ ＜置換後の文字列＞欄に何も入力せずに、

❻ ＜すべて置換＞をクリックします。

MEMO　何も表示されない

手順❹でCtrl+Jキーを押しても何も表示されていないように見えますが、改行コードが入力されています。何度も入力しないように注意しましょう。

❼ メッセージが表示されたら＜OK＞をクリックすると、

❽ 改行が削除されます。

SECTION
055
コメント

セルにコメントを追加する

コメント機能を使うと、作成した表をプロジェクトメンバーや上司に見てもらうときに、セルに伝言を添えることができます。複数のメンバーで回覧するときも、コメント欄に名前が表示されるので、誰からのメッセージなのかがひと目でわかります。

セルにコメントを追加する

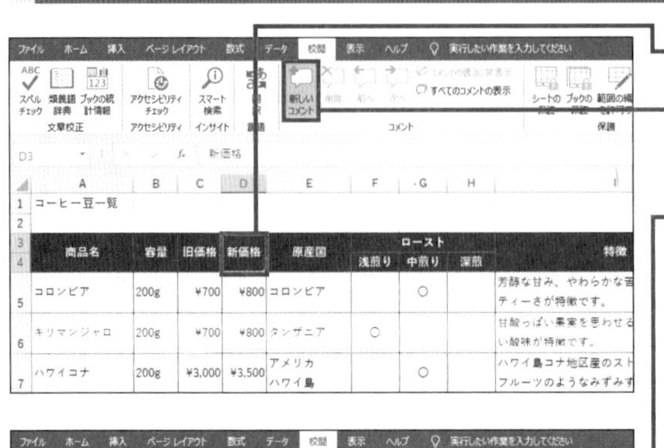

❶ D3 セルをクリックし、

❷ <校閲>タブー<新しいコメント>をクリックします。

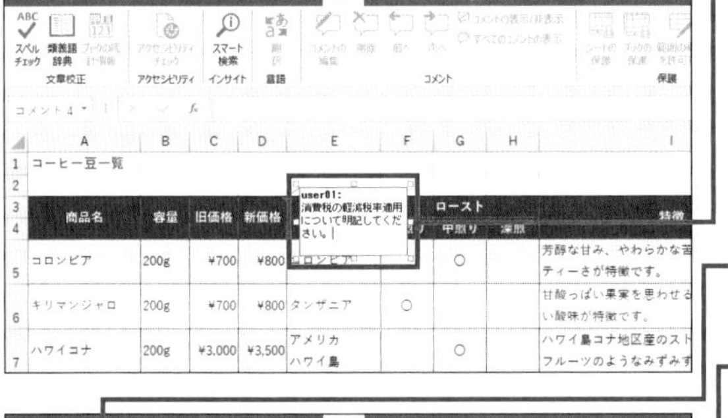

❸ コメント用の吹き出しが表示されたらコメントを入力します。

MEMO　Microsoft 365の操作

Microsoft 365では、コメント用の吹き出しの左下の<投稿>をクリックすると、コメントに対する返信を入力できます。

❹ いずれかのセルをクリックすると、

❺ コメント用の吹き出しが消えて、D3 セルの右上隅に赤い三角記号が表示されます。

MEMO　赤い三角はコメントがある印

セルの右上隅に赤い三角記号（Microsoft 365では紫の三角記号）があるときは、コメントが追加されている合図です。そのセルにマウスポインターを移動すると、コメントが表示されます。

SECTION
056
コメント

コメントの表示・非表示を切り替える

Sec.055の操作でセルに付けたコメントは、よく見ないと気付かないことがあります。コメントの見落としを防ぐには、常にコメントを表示した状態にしておくとよいでしょう。この状態で保存すると、ファイルを開いたときに自動でコメントが表示されます。

すべてのコメントを表示する

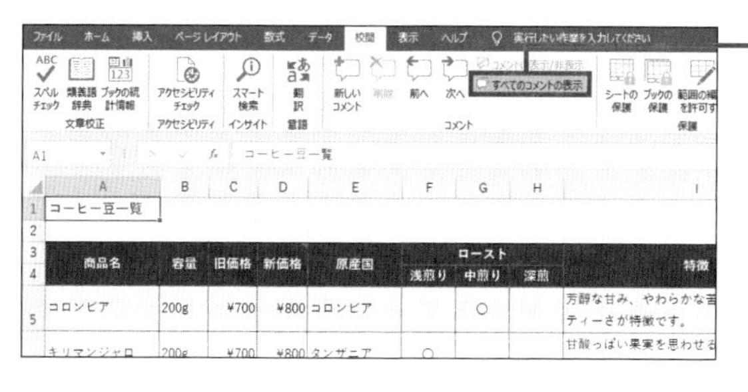

❶ ＜校閲＞タブ－＜すべてのコメントの表示＞をクリックすると、

MEMO　Microsoft 365の操作

Microsoft 365では、＜校閲＞タブ－＜コメントの表示＞をクリックします。

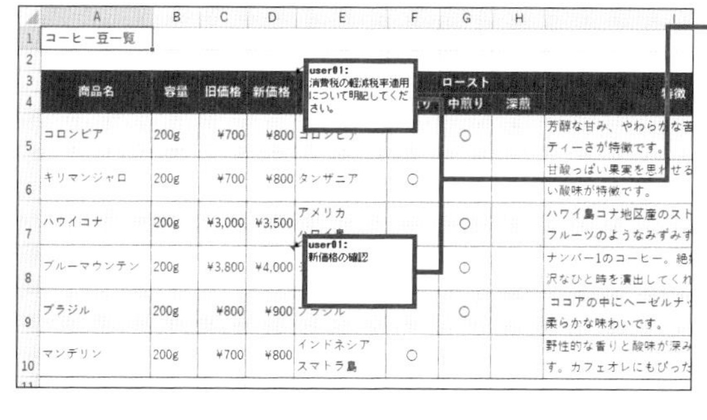

❷ ワークシート上のコメントがまとめて表示されます。

MEMO　Microsoft 365の操作

Microsoft 365では、画面右側の＜コメント＞画面にまとめて表示されます。

❸ もう一度＜すべてのコメントの表示＞をクリックすると、

❹ ワークシート上のコメントがまとめて非表示になります。

MEMO　コメントの削除

コメントを削除するには、コメントを追加したセルを右クリックして表示されるメニューで＜コメントの削除＞をクリックします。

SECTION
057 氏名にふりがなを表示する

ふりがな

氏名のふりがなを表示する方法はいくつかあります。Sec.132の関数を使って他のセルにふりがなを表示することもできますが、＜ふりがなの表示/非表示＞を使うと、ボタンをクリックするだけで氏名と同じセルにふりがなを表示できます。

氏名のセルにふりがなを表示する

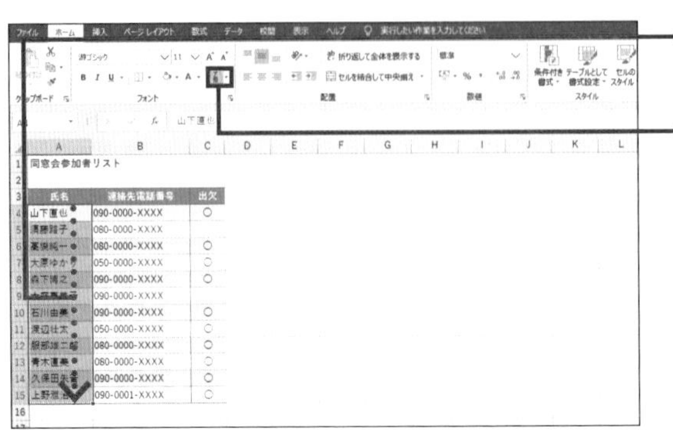

❶ A4セル～A15セルをドラッグし、

❷ ＜ホーム＞タブ－＜ふりがなの表示 / 非表示＞をクリックすると、

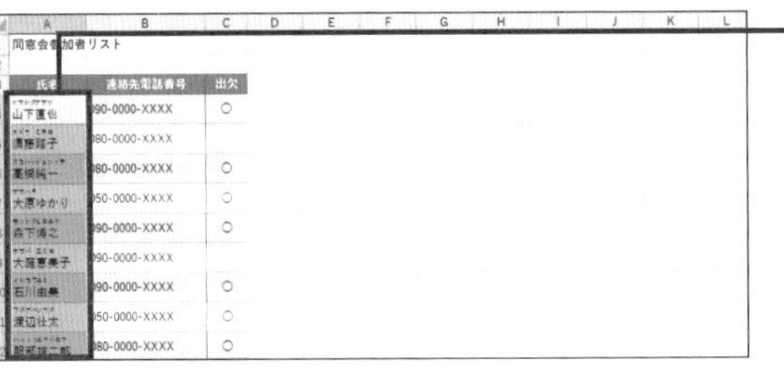

❸ 氏名と同じセルにふりがなが表示されます。

MEMO ふりがなの削除

ふりがなを削除するには、もう一度＜ふりがなの表示/非表示＞をクリックします。

COLUMN

ふりがなを修正する

ふりがなは、元になる氏名を入力して変換したときの「読み」を表示しています。ふりがなが間違って表示されたときは、修正したいセルをクリックしてから＜ふりがなの表示/非表示＞の▼をクリックし、＜ふりがなの編集＞をクリックします。カーソルが表示されたら、正しいふりがなに修正します。

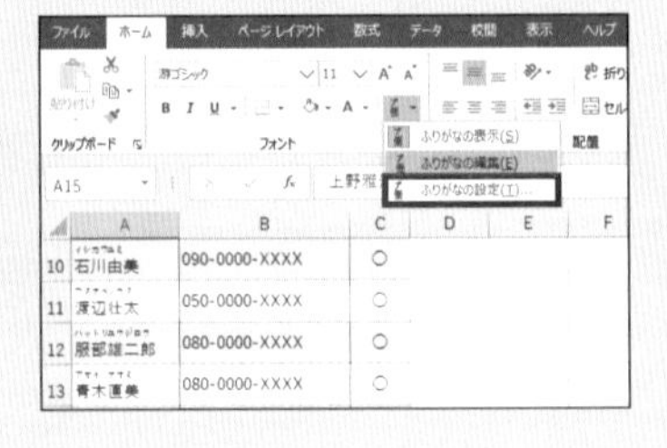

SECTION
058
罫線

表全体に罫線を引く

ワークシートに最初から表示されているグリッド線は画面上だけのもので印刷はされません。印刷時にも線が必要なときは罫線を引きます。罫線は後から引いたものが上書きされるので、最初に格子罫線を引いてから部分的に変更するとよいでしょう。

表に罫線を引く

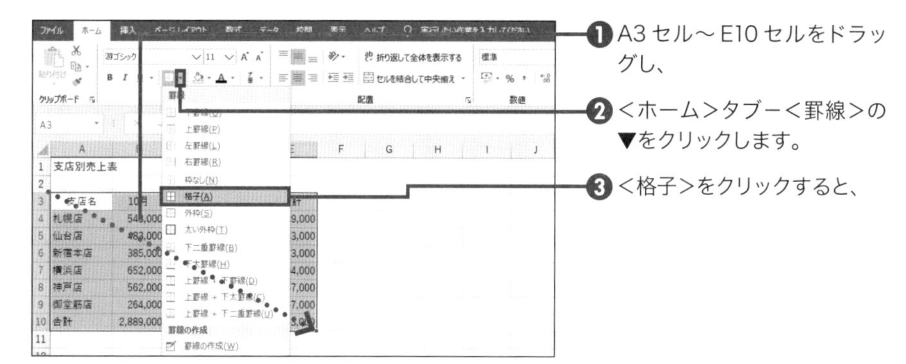

❶ A3セル～E10セルをドラッグし、

❷ <ホーム>タブ－<罫線>の▼をクリックします。

❸ <格子>をクリックすると、

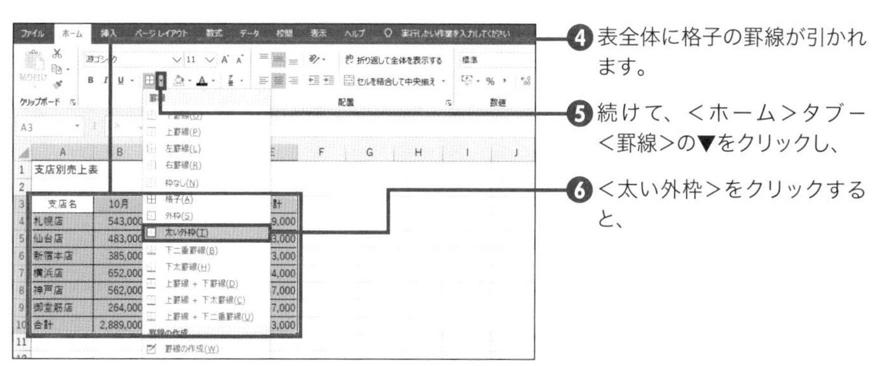

❹ 表全体に格子の罫線が引かれます。

❺ 続けて、<ホーム>タブ－<罫線>の▼をクリックし、

❻ <太い外枠>をクリックすると、

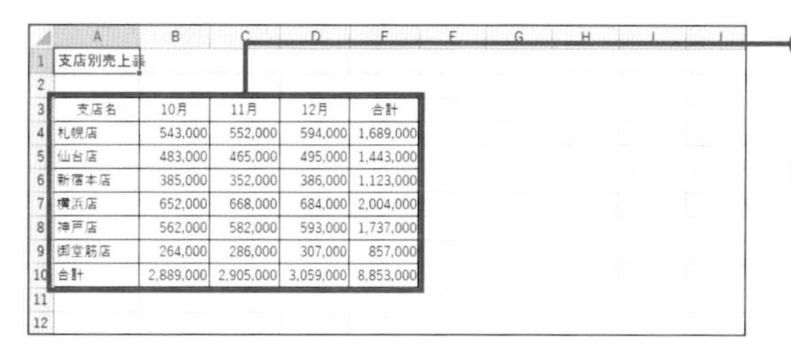

支店名	10月	11月	12月	合計
札幌店	543,000	552,000	594,000	1,689,000
仙台店	483,000	465,000	495,000	1,443,000
新宿本店	385,000	352,000	386,000	1,123,000
横浜店	652,000	668,000	684,000	2,004,000
神戸店	562,000	582,000	593,000	1,737,000
御堂筋店	264,000	286,000	307,000	857,000
合計	2,889,000	2,905,000	3,059,000	8,853,000

❼ 表の外枠が太罫線に上書きされます。

MEMO 罫線の削除

罫線を削除するには、削除したいセルを選択し、罫線の一覧から<枠なし>をクリックします。

セルに斜めの罫線を引く

縦横の見出しが交差するセルや、データがないセルに斜線を引くことがあります。ただし、<ホーム>タブの<罫線>をクリックしても斜線は表示されません。斜線を引くには<セルの書式設定>ダイアログボックスで、右上がりの斜線か右下がりの斜線かを選びます。

セルに斜線を引く

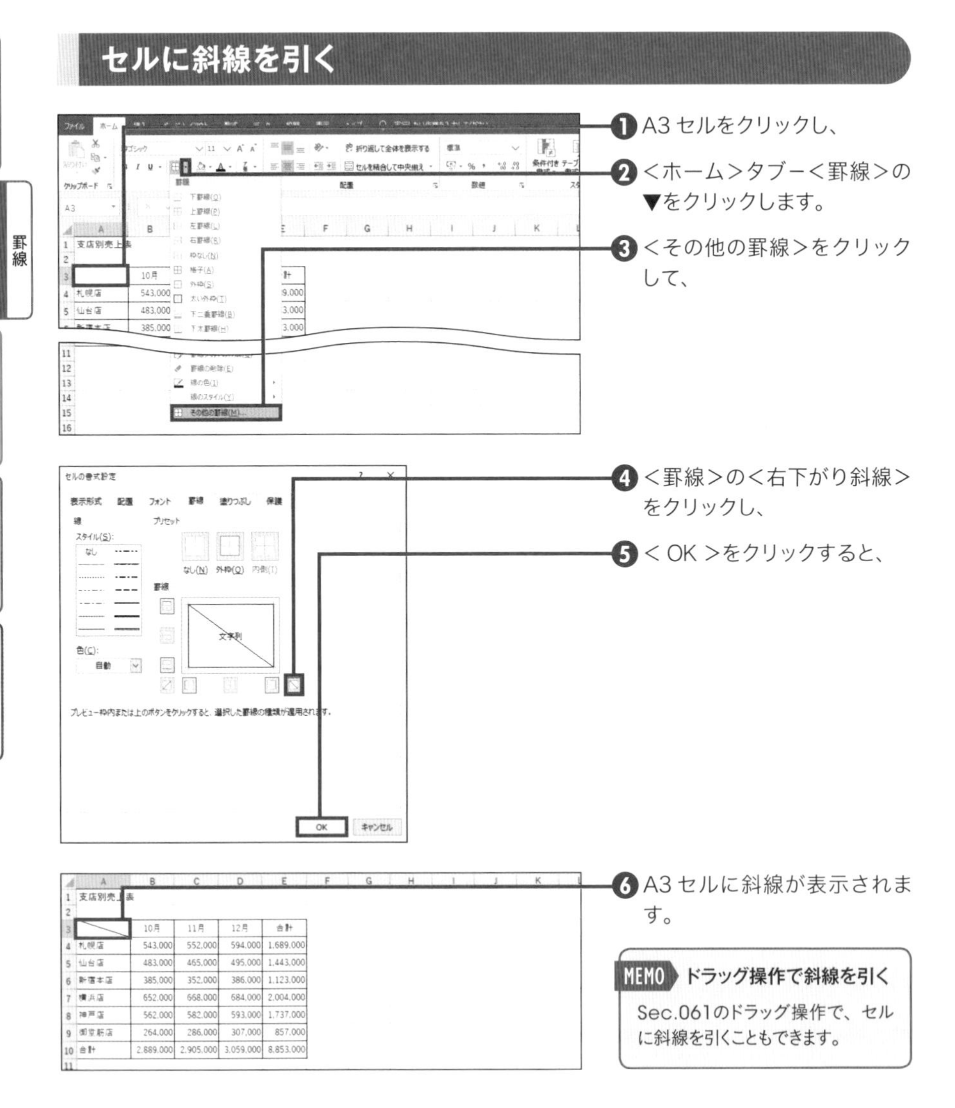

❶ A3 セルをクリックし、

❷ <ホーム>タブー<罫線>の▼をクリックします。

❸ <その他の罫線>をクリックして、

❹ <罫線>の<右下がり斜線>をクリックし、

❺ < OK >をクリックすると、

❻ A3 セルに斜線が表示されます。

MEMO　ドラッグ操作で斜線を引く

Sec.061のドラッグ操作で、セルに斜線を引くこともできます。

罫線の種類や色を変更する

<セルの書式設定>ダイアログボックスを使うと、罫線の色や太さ、種類を指定して罫線を引くことができます。複数のセルを選択したときは、部分的に色や種類を変えることもできます。指定した内容をプレビュー画面で確認しながら操作するとよいでしょう。

罫線の種類と色を変更する

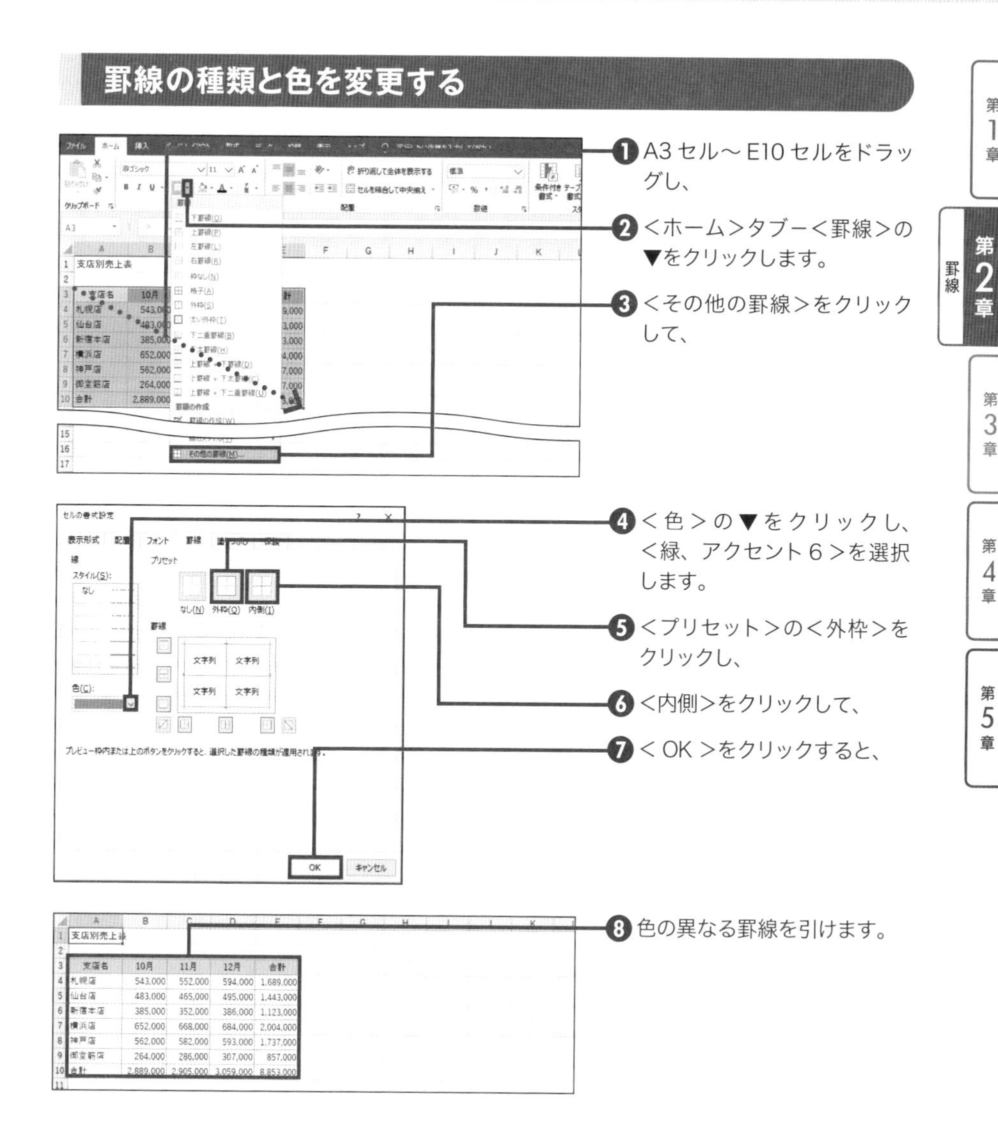

❶ A3 セル～ E10 セルをドラッグし、

❷ <ホーム>タブ－<罫線>の▼をクリックします。

❸ <その他の罫線>をクリックして、

❹ <色>の▼をクリックし、<緑、アクセント 6 >を選択します。

❺ <プリセット>の<外枠>をクリックし、

❻ <内側>をクリックして、

❼ < OK >をクリックすると、

❽ 色の異なる罫線を引けます。

第1章
罫線 第2章
第3章
第4章
第5章

SECTION 061 罫線

ドラッグ操作で罫線を引く

＜罫線の作成＞や＜線の色＞を使うとマウスポインターが鉛筆の形状に変化し、マウスでドラッグした通りに罫線が引けます。直感的に罫線が引けるので便利ですが、罫線を引く前に、罫線の色や種類などを設定しておくのを忘れないようにしましょう。

第1章
第2章 罫線
第3章
第4章
第5章

マウスでドラッグしながら罫線を引く

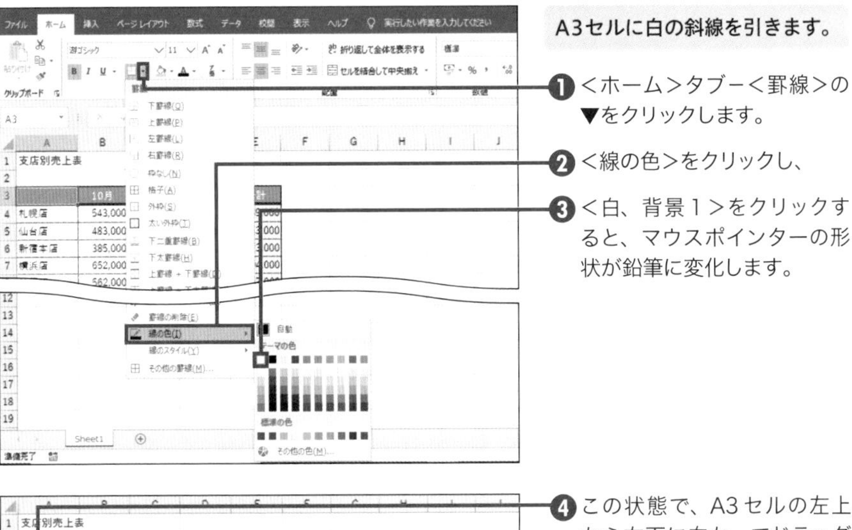

A3セルに白の斜線を引きます。

❶ ＜ホーム＞タブ－＜罫線＞の▼をクリックします。

❷ ＜線の色＞をクリックし、

❸ ＜白、背景１＞をクリックすると、マウスポインターの形状が鉛筆に変化します。

❹ この状態で、A3セルの左上から右下に向かってドラッグすると、

❺ ドラッグした通りに斜線が引けます。

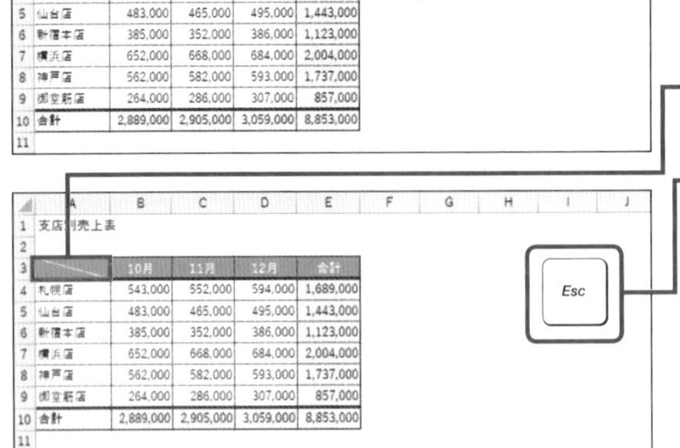

❻ Esc キーを押して罫線の作成を解除します。

MEMO 罫線機能の解除

斜線を引き終わってもマウスポインターは鉛筆のままです。罫線を引き終えたら、Escキーを押して強制的に罫線機能を解除します。

SECTION 062 罫線

ドラッグ操作で罫線を削除する

部分的に罫線を消したいときは、マウスで消したい線をなぞるようにドラッグすると便利です。<罫線の削除>を使うと、マウスポインターが消しゴムの形に変化し、マウス操作で罫線を削除できます。

マウスでドラッグしながら罫線を消す

A4セルの下側の罫線を消します。

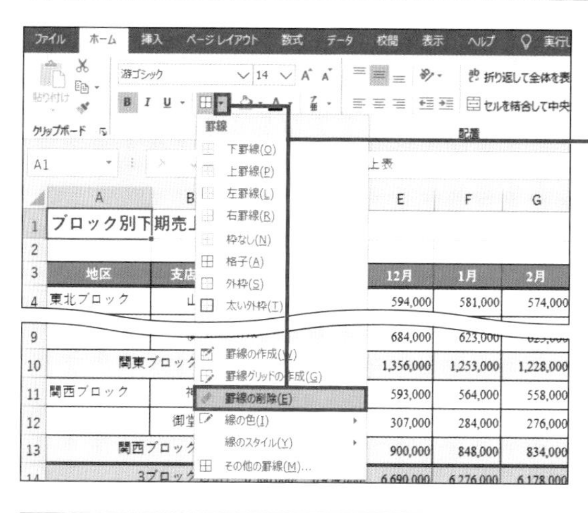

❶ <ホーム>タブ－<罫線>の▼をクリックし、<罫線の削除>をクリックすると、マウスポインターの形状が消しゴムに変化します。

	A	B	C	D	E	F	G
1	ブロック別下期売上表						
2							
3	地区	支店名	10月	11月	12月	1月	2月
4	東北ブロック	山形店	543,000	552,000	594,000	581,000	574,000
5		仙台店	483,000	465,000	495,000	456,000	453,000
6	東北ブロック小計		1,026,000	1,017,000	1,089,000	1,037,000	1,027,000
7	関東ブロック	新宿本店	385,000	352,000	386,000	356,000	365,000
8		お台場店	264,000	312,000	286,000	274,000	238,000

❷ この状態で、A4セルの下側の罫線をクリックすると、

MEMO ドラッグで削除

複数のセルにまたがる罫線を削除する場合は、消したい罫線をドラッグします。

❸ クリックした箇所の罫線が消えます。

❹ Esc キーを押して罫線の削除を解除します。

第1章
罫線 第2章
第3章
第4章
第5章

入力時のルールを設定する

セルに入力できるデータを4桁の数値だけに制限したい、特定の期間の日付だけを入力できるようにしたいといった場合は、<データの入力規則>を使います。データの種類や条件を指定しておけば、間違ったデータが入力されるのを事前に防ぐことができます。

データの入力規則を設定する

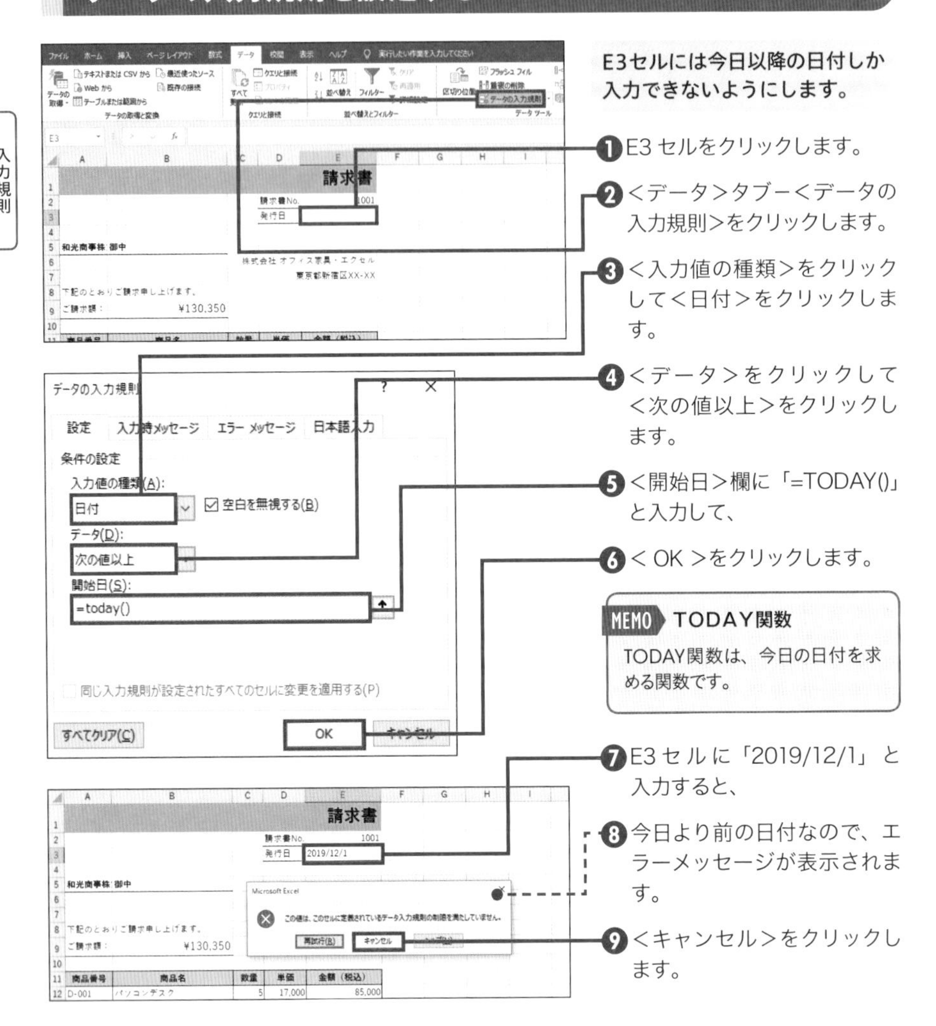

SECTION 064 入力規則

入力時にリストを表示する

「Yes」か「No」のどちらかを選ぶといったように、セルに入力するデータが決まっている場合は一覧から選べるようにすると便利です。＜データの入力規則＞を使うと、入力候補をリストとして表示し、クリックするだけでデータを入力できます。

データの入力規則を設定する

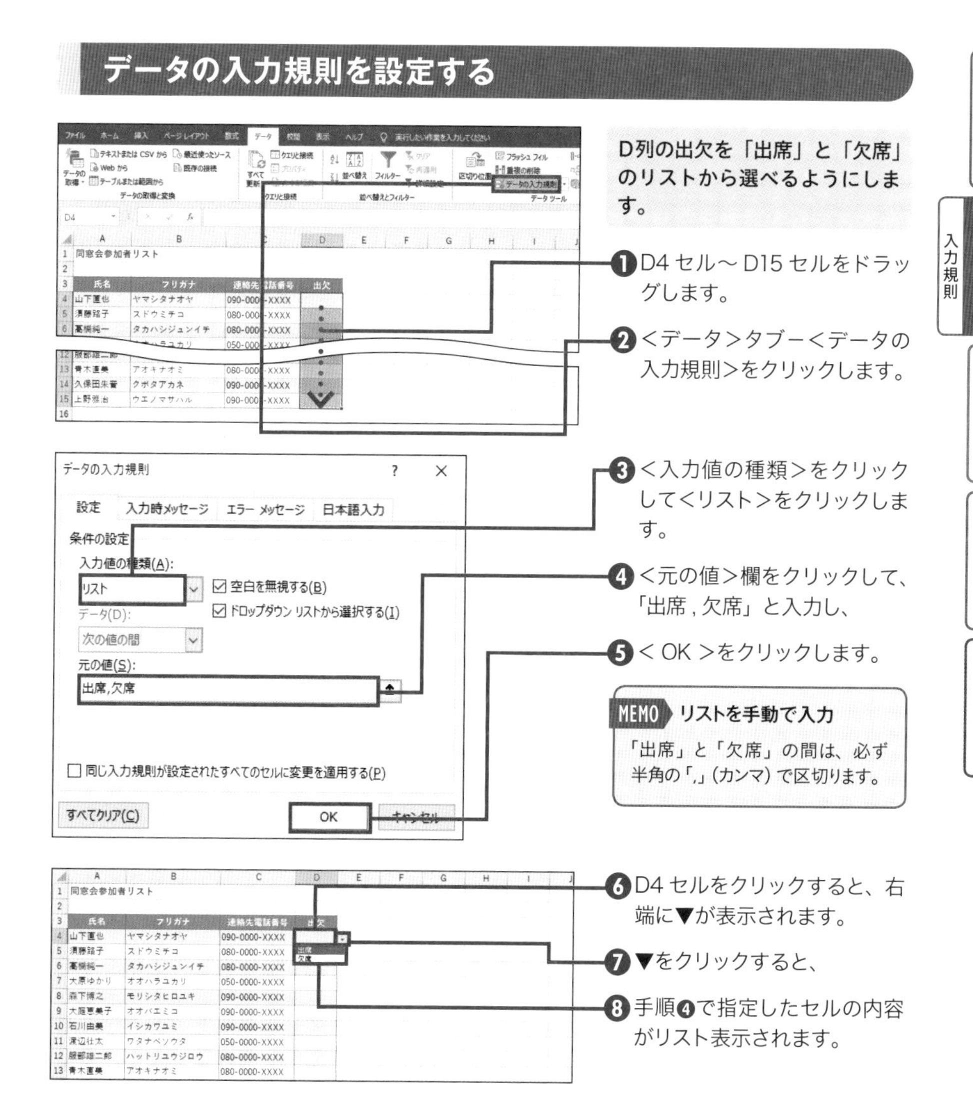

D列の出欠を「出席」と「欠席」のリストから選べるようにします。

1. D4セル～D15セルをドラッグします。
2. ＜データ＞タブ－＜データの入力規則＞をクリックします。
3. ＜入力値の種類＞をクリックして＜リスト＞をクリックします。
4. ＜元の値＞欄をクリックして、「出席,欠席」と入力し、
5. ＜OK＞をクリックします。

MEMO リストを手動で入力

「出席」と「欠席」の間は、必ず半角の「,」(カンマ)で区切ります。

6. D4セルをクリックすると、右端に▼が表示されます。
7. ▼をクリックすると、
8. 手順4で指定したセルの内容がリスト表示されます。

SECTION 065 入力規則

入力時に入力のヒントを表示する

Sec.063やSec.064の操作で設定したデータの入力規則は、実際にデータを入力する人に伝えておく必要があります。<入力時メッセージ>を使うと、該当セルをクリックしたときに操作を促すメッセージを吹き出し画面で表示できるので親切です。

入力時メッセージを設定する

Sec.063の操作で、E3セルに今日以降の日付しか入力できない入力規則を設定しておきます。

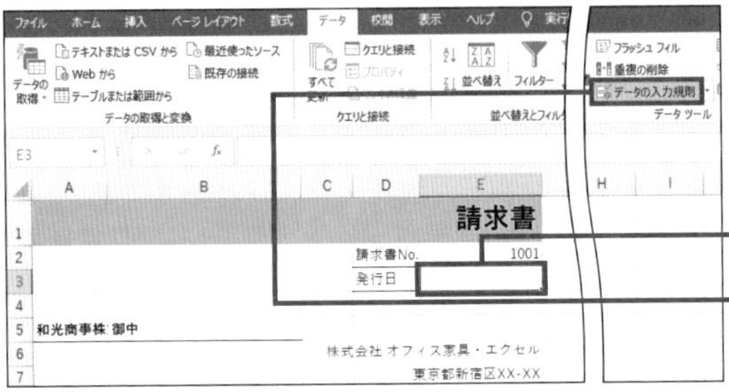

1. E3 セルをクリックし、
2. <データ>タブ−<データの入力規則>をクリックします。
3. <入力時メッセージ>タブをクリックし、
4. <入力時メッセージ>欄にメッセージを入力して、
5. < OK >をクリックします。
6. E3 セルをクリックすると、指定したメッセージが表示されます。

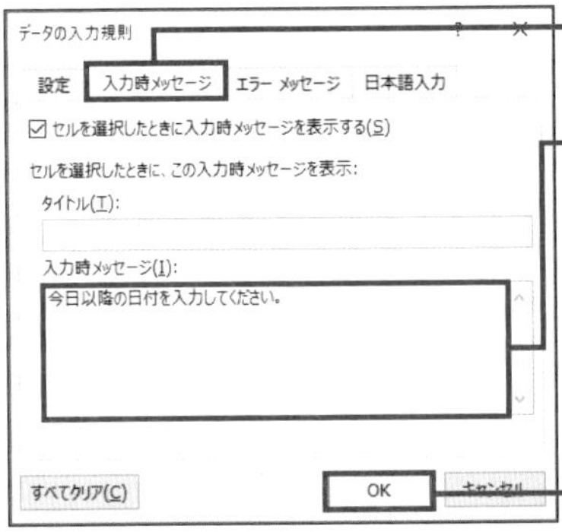

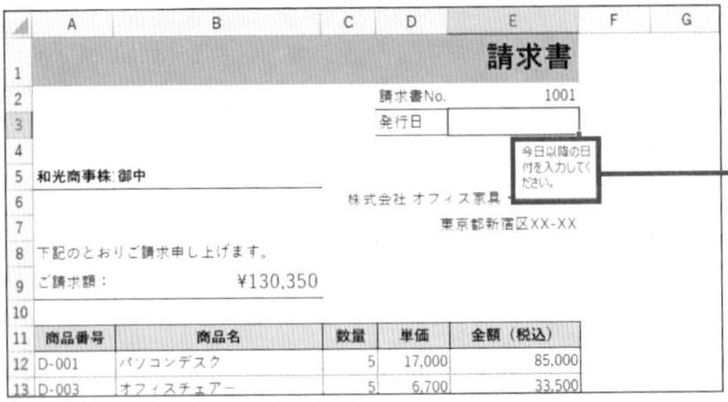

MEMO エラー時のメッセージ指定

<データの入力規則>ダイアログボックスの<エラーメッセージ>タブでは、入力規則に違反したときに表示するメッセージを指定できます。

SECTION 066 入力規則

日本語入力を自動的にオンにする

氏名を漢字、メールアドレスを半角英数字で入力したいときは、そのつど日本語入力のオンとオフを切り替える操作が必要です。<データの入力規則>の<日本語入力>を使うと、セルを選択するだけで自動的に日本語入力の状態が切り替わるように設定できます。

データの入力規則を設定する

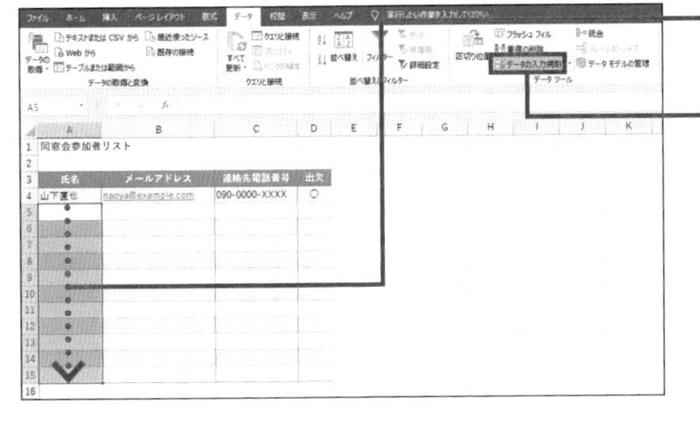

❶ A5 セル〜 A15 セルをドラッグし、

❷ <データ>タブ−<データの入力規則>をクリックします。

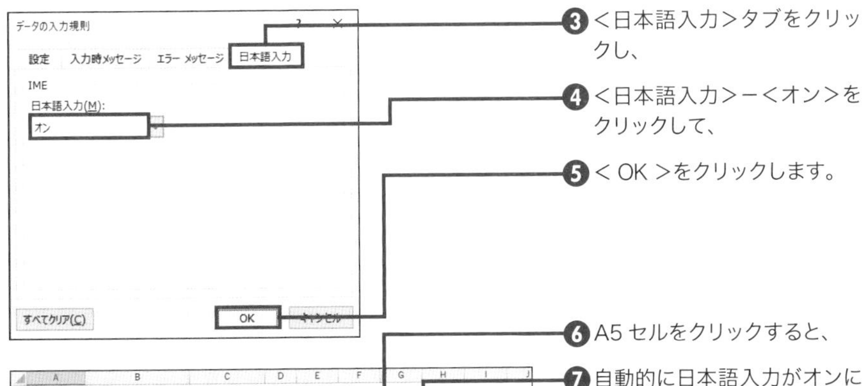

❸ <日本語入力>タブをクリックし、

❹ <日本語入力>−<オン>をクリックして、

❺ < OK >をクリックします。

❻ A5 セルをクリックすると、

❼ 自動的に日本語入力がオンになります。

MEMO 日本語入力オフの設定

手順❹で、<オフ(英語モード)>をクリックすると、そのセルをクリックしたときに、自動的に日本語入力がオフになります。

SECTION
067
入力規則

入力時のルールを解除する

セルに設定した入力規則を解除するには、入力規則を設定したセルを選択してから<データの入力規則>ダイアログボックスで<すべてクリア>を選びます。セル単位で解除する以外にも、ワークシート全体を選択してすべての入力規則を解除することもできます。

データの入力規則をクリアする

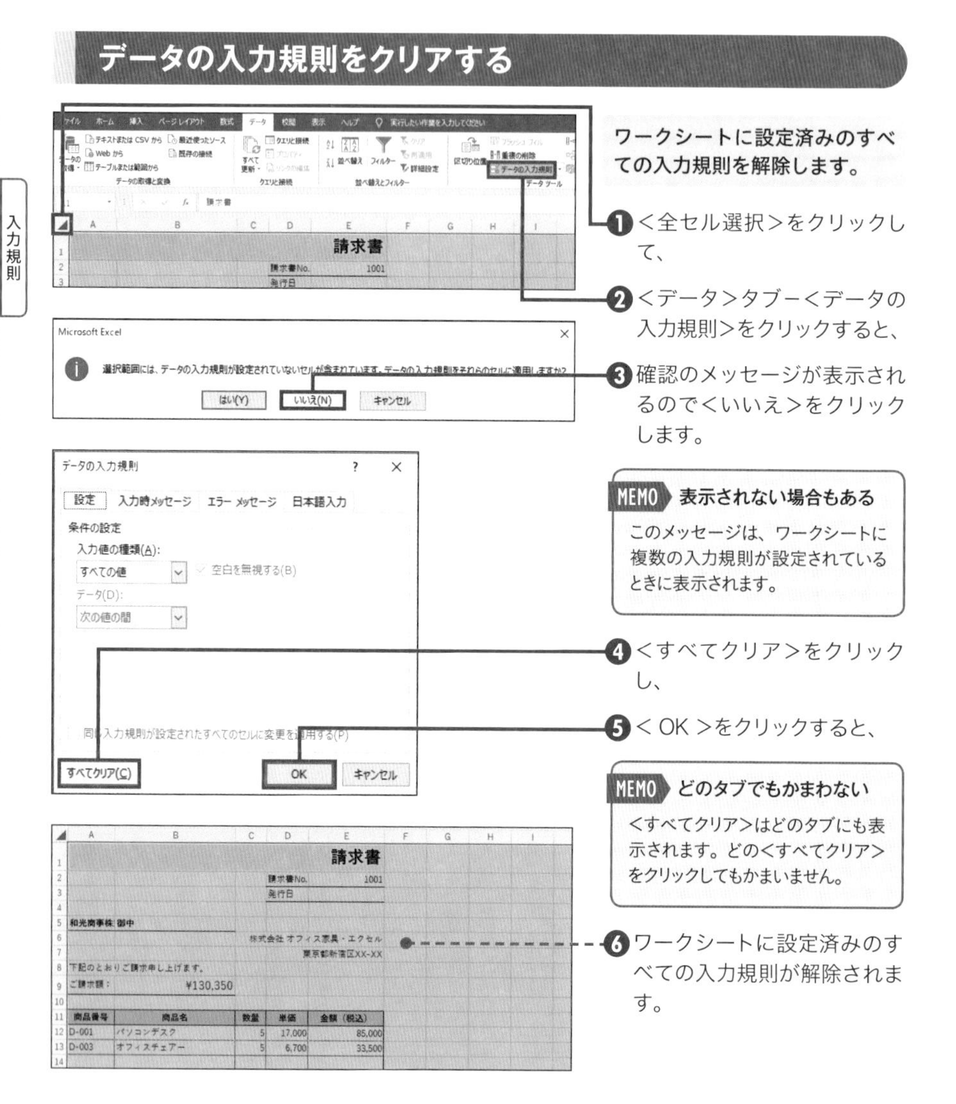

ワークシートに設定済みのすべての入力規則を解除します。

❶ <全セル選択>をクリックして、

❷ <データ>タブ－<データの入力規則>をクリックすると、

❸ 確認のメッセージが表示されるので<いいえ>をクリックします。

MEMO 表示されない場合もある

このメッセージは、ワークシートに複数の入力規則が設定されているときに表示されます。

❹ <すべてクリア>をクリックし、

❺ < OK >をクリックすると、

MEMO どのタブでもかまわない

<すべてクリア>はどのタブにも表示されます。どの<すべてクリア>をクリックしてもかまいません。

❻ ワークシートに設定済みのすべての入力規則が解除されます。

第3章

書式設定のプロ技

SECTION 068 フォント

文字の色を変更する

セルに入力した文字は最初は黒色で表示されますが、<フォントの色>を使って後から変更できます。Sec.073の操作でセルに濃い色を付けたときは、文字の色を白色などの薄い色に変更すると、コントラストがはっきりして文字を読みやすくなります。

フォントの色を変える

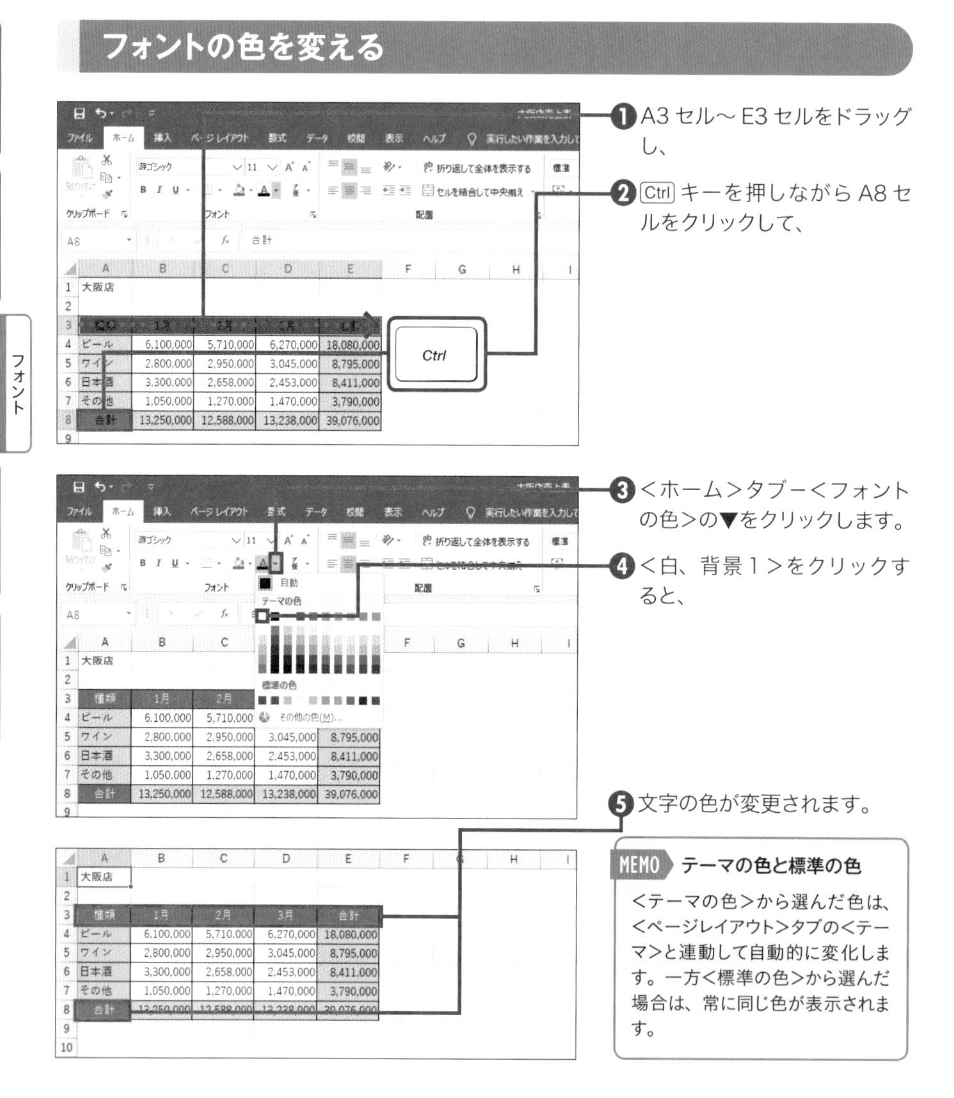

❶ A3 セル～ E3 セルをドラッグし、

❷ Ctrl キーを押しながら A8 セルをクリックして、

❸ <ホーム>タブ－<フォントの色>の▼をクリックします。

❹ <白、背景 1 >をクリックすると、

❺ 文字の色が変更されます。

MEMO テーマの色と標準の色

<テーマの色>から選んだ色は、<ページレイアウト>タブの<テーマ>と連動して自動的に変化します。一方<標準の色>から選んだ場合は、常に同じ色が表示されます。

SECTION 069

フォント

標準で設定されているフォントやフォントサイズを変更する

セルに文字や数値を入力すると、標準では「游ゴシック」のフォントで「11pt」のフォントサイズで表示されます。いつも使うフォントやフォントサイズが決まっている場合は、<Excelのオプション>画面で標準の設定を変更しましょう。

標準の設定を変更する

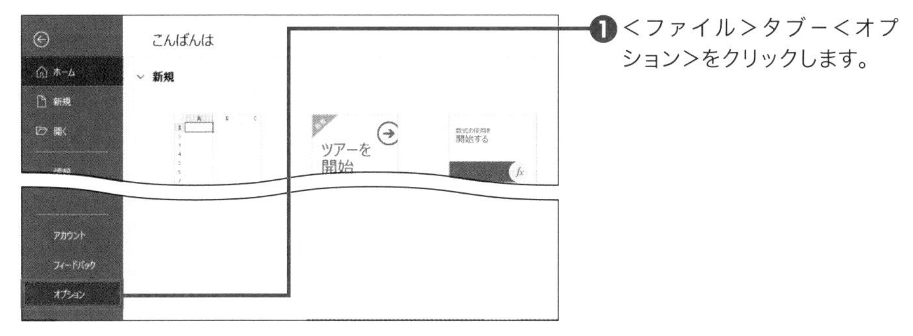

❶ <ファイル>タブ－<オプション>をクリックします。

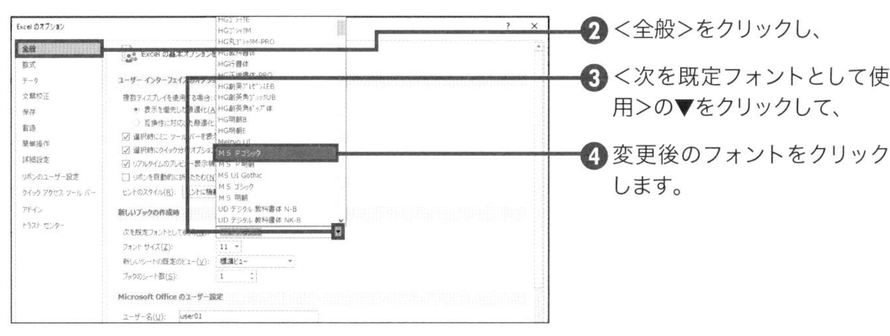

❷ <全般>をクリックし、

❸ <次を既定フォントとして使用>の▼をクリックして、

❹ 変更後のフォントをクリックします。

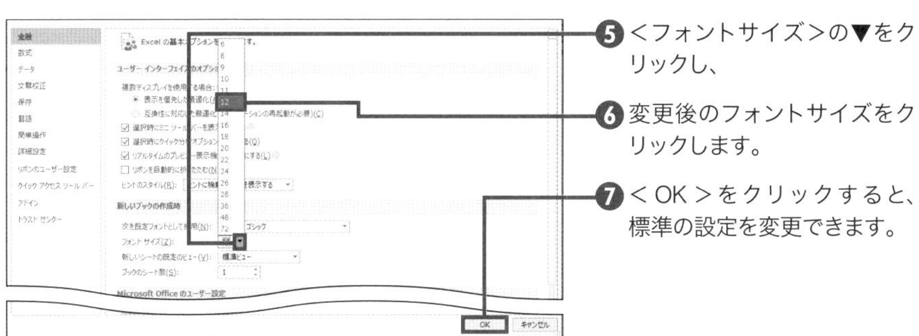

❺ <フォントサイズ>の▼をクリックし、

❻ 変更後のフォントサイズをクリックします。

❼ < OK >をクリックすると、標準の設定を変更できます。

SECTION 070 フォント

文字に太字／斜体／下線の飾りを付ける

表のタイトルや見出しなど、目立たせたい文字には飾りを付けると効果的です。<ホーム>タブには、文字を「太字」「斜体」「下線」にするボタンが揃っており、クリックするだけで飾りが付きます。また、複数の飾りを組み合わせて使うこともできます。

文字に太字や下線を設定する

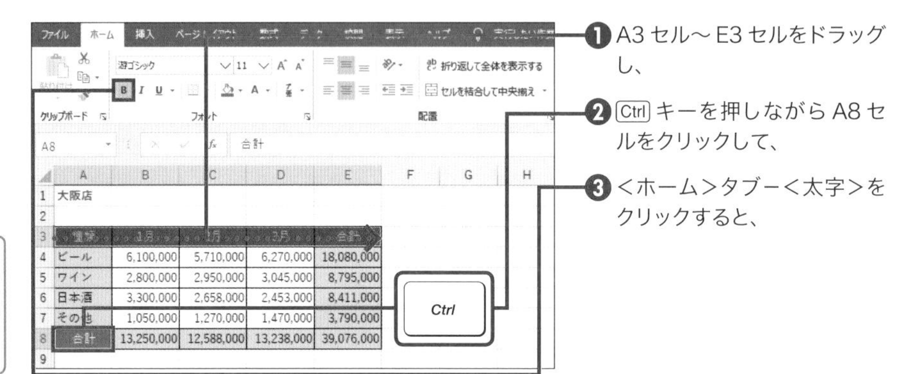

❶ A3 セル～ E3 セルをドラッグし、

❷ Ctrl キーを押しながら A8 セルをクリックして、

❸ <ホーム>タブー<太字>をクリックすると、

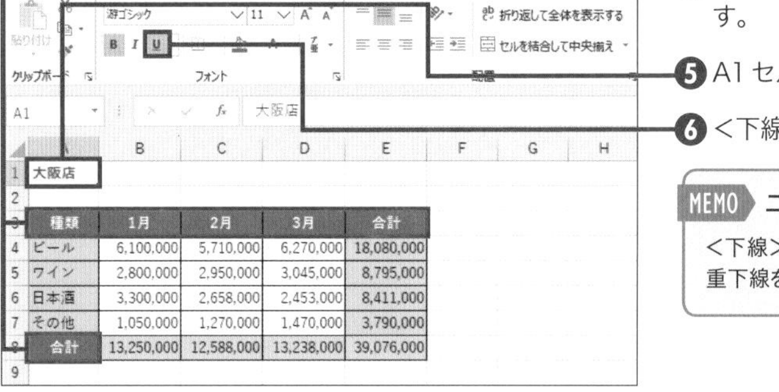

❹ 選択した文字が太字になります。

❺ A1 セルをクリックし、

❻ <下線>をクリックします。

MEMO 二重下線も選べる

<下線>の▼をクリックすると、二重下線を引くこともできます。

	A	B	C	D	E
1	大阪店				
2					
3	種類	1月	2月	3月	合計
4	ビール	6,100,000	5,710,000	6,270,000	18,080,000
5	ワイン	2,800,000	2,950,000	3,045,000	8,795,000
6	日本酒	3,300,000	2,658,000	2,453,000	8,411,000
7	その他	1,050,000	1,270,000	1,470,000	3,790,000
8	合計	13,250,000	12,588,000	13,238,000	39,076,000

❼ 文字の下側に下線が引かれます。

MEMO 太字や下線を解除する

太字や下線を解除するには、もう一度<太字>や<下線>をクリックします。

SECTION 071 フォント

文字に取り消し線を引く

お店のセールのときに値段に取り消し線を引くように、セルに入力した文字や数値にも取り消し線を引くことができます。取り消し線を引く機能は、<ホーム>タブにはありません。<セルの書式設定>ダイアログボックスを開いて設定します。

<セルの書式設定>を使って取り消し線を引く

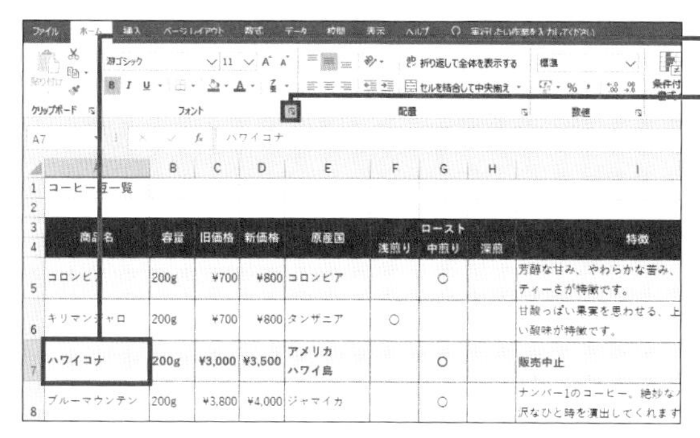

❶ A7セルをクリックし、

❷ <ホーム>タブー<フォント>グループ右下にある<フォントの設定>をクリックします。

❸ <文字飾り>の<取り消し線>をクリックしてチェックを付け、

❹ < OK >をクリックすると、

❺ 取り消し線が引かれます。

MEMO 取り消し線の色

取り消し線は、セルに入力済みの文字の色と同じ色で引かれます。取り消し線の色を個別に設定することはできません。

SECTION 072 フォント

＜セルの書式設定＞ダイアログボックスをすばやく開く

Sec.071で解説した取り消し線のように、＜ホーム＞タブにない機能は＜セルの書式設定＞ダイアログボックスを開いて設定します。リボンから操作するよりも、ショートカットキーを使うほうが断然早くダイアログボックスを開くことができます。

ショートカットキーで＜セルの書式設定＞ダイアログボックスを開く

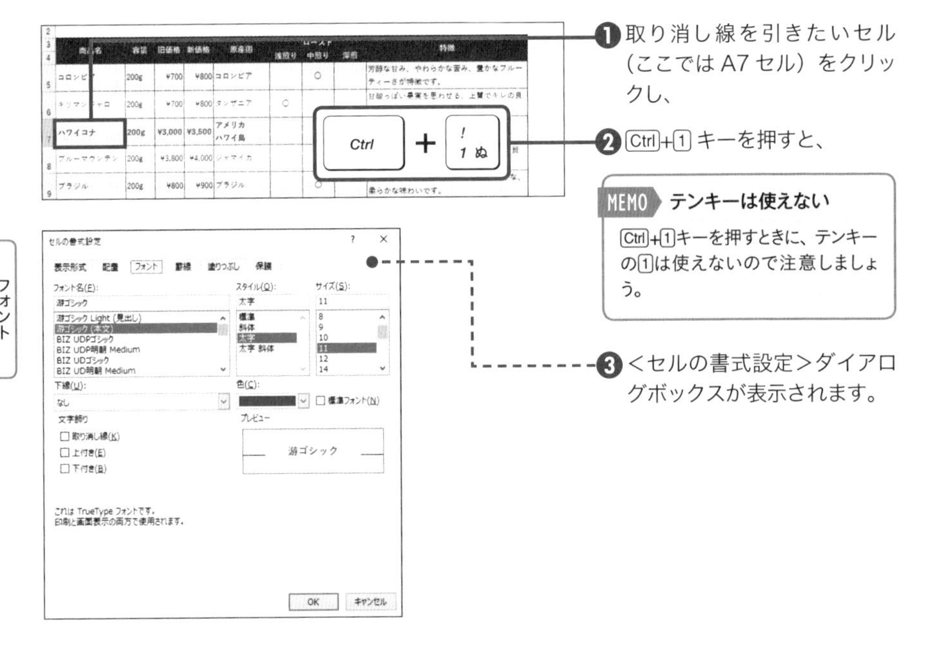

❶取り消し線を引きたいセル（ここではA7セル）をクリックし、

❷Ctrl+1キーを押すと、

❸＜セルの書式設定＞ダイアログボックスが表示されます。

MEMO テンキーは使えない

Ctrl+1キーを押すときに、テンキーの1は使えないので注意しましょう。

COLUMN

一発で＜フォント＞タブを表示するには

＜セルの書式設定＞ダイアログボックスには、＜表示形式＞＜配置＞＜フォント＞＜罫線＞＜塗りつぶし＞＜保護＞の6つのタブがあります。Ctrl+1キーを押すと、直前に使ったタブが選択された状態で開きます。一発で＜フォント＞タブを表示するには、Ctrl+1キーの代わりにCtrl+Shift+Fキーを押します。

SECTION 073 セルの色

セルに色を付ける

表の上端や左端の見出しのセルに色を付けると、実際のデータとの区切りが明確になります。<ホーム>タブの<塗りつぶしの色>を使うと、一覧に表示される色をクリックするだけで、セルに色を付けることができます。

塗りつぶしの色を設定する

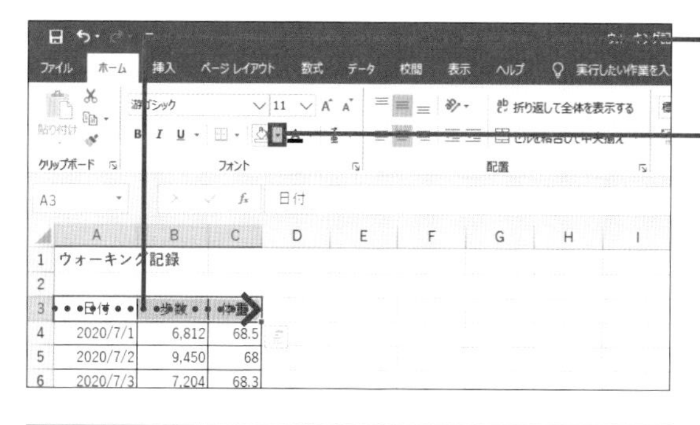

❶ A3セル～C3セルをドラッグし、

❷ <ホーム>タブー<塗りつぶしの色>の▼をクリックします。

❸ <ゴールド、アクセント4>をクリックすると、

MEMO テーマの色と標準の色

<テーマの色>から選んだ色は、<ページレイアウト>タブの<テーマ>と連動して自動的に変化します。一方<標準の色>から選んだ場合は、常に同じ色が表示されます。

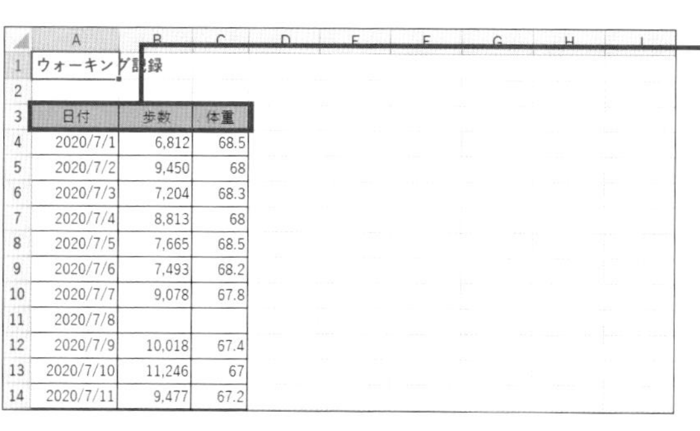

❹ セルに色が付きます。

MEMO セルのスタイル機能

Sec.082で解説している<セルのスタイル>機能を使って、セルや文字に色を付けることもできます。

1行おきに色を付ける

注文リストや売上台帳など、1行に1件のデータを入力する表は、1行おきにセルに色が付いていると見やすくなります。1行おきに色を付けるには、<書式のコピー/貼り付け>機能を使って、色の付いていない行と付いている行の2行分の書式をコピーします。

2行分の書式をコピーする

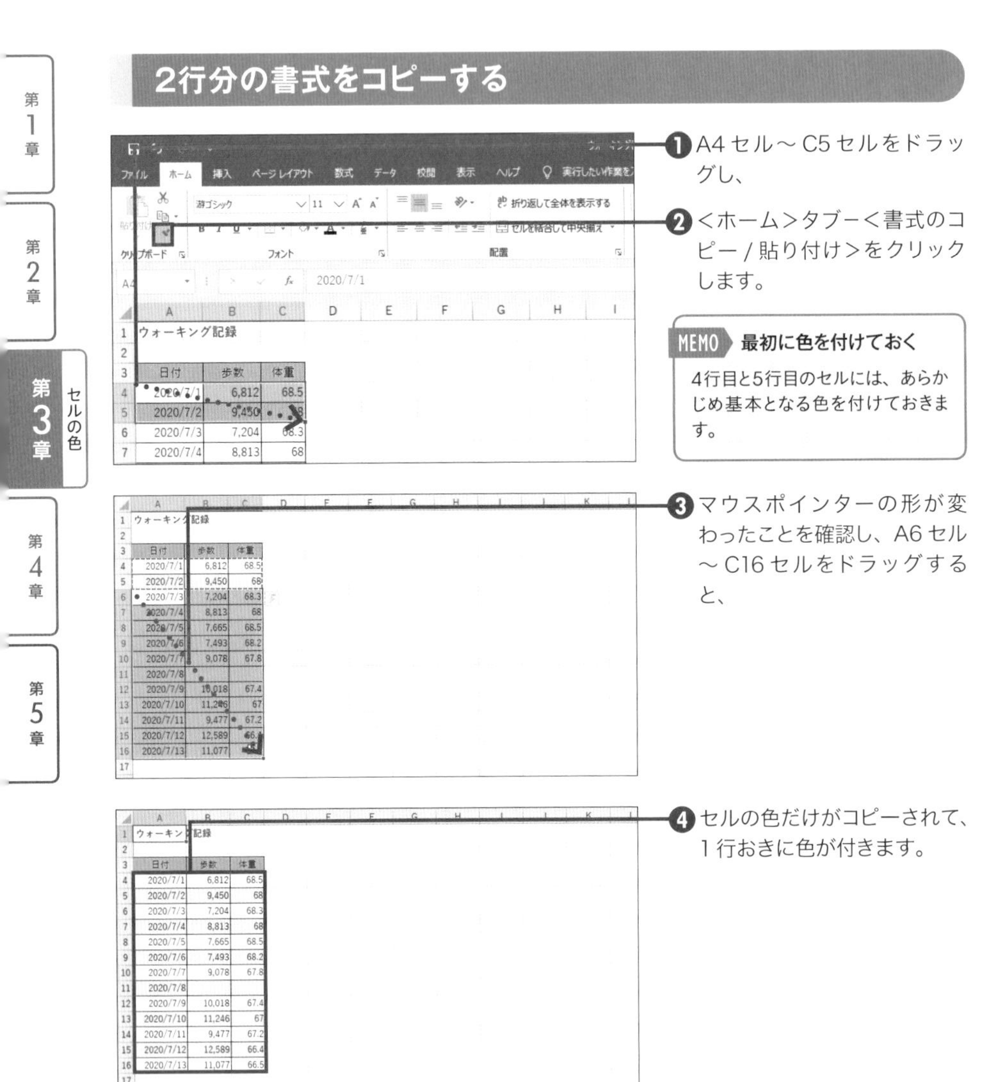

❶ A4セル～C5セルをドラッグし、

❷ <ホーム>タブー<書式のコピー/貼り付け>をクリックします。

MEMO 最初に色を付けておく

4行目と5行目のセルには、あらかじめ基本となる色を付けておきます。

❸ マウスポインターの形が変わったことを確認し、A6セル～C16セルをドラッグすると、

❹ セルの色だけがコピーされて、1行おきに色が付きます。

SECTION
075 文字をセルの中央に揃える

配置

セルにデータを入力すると、最初は文字は左揃え、数値は右揃えで表示されます。数値は右揃えのままのほうが桁が揃って見やすいですが、文字は必要に応じて配置を変更するとよいでしょう。ここでは、表の見出しの文字をセルの中央に配置します。

文字を中央揃えで表示する

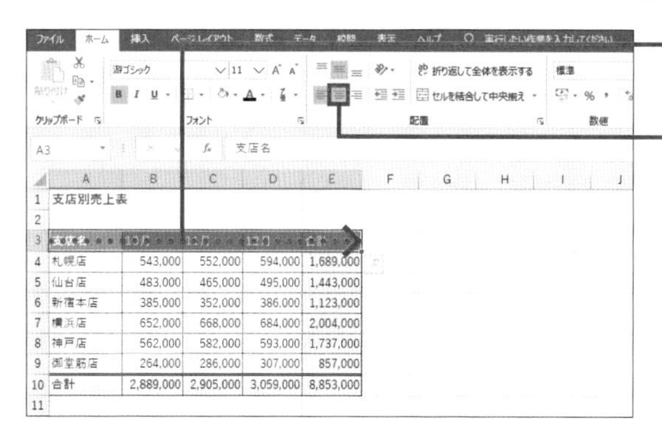

❶ A3 セル～ E3 セルをドラッグし、

❷ <ホーム>タブー<中央揃え>をクリックすると、

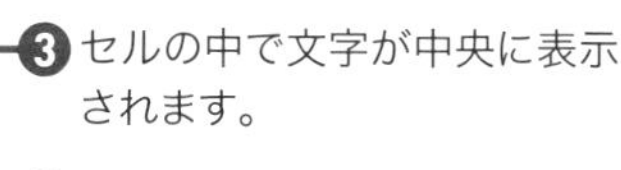

❸ セルの中で文字が中央に表示されます。

❹ A10 セルをクリックし、

❺ <右揃え>をクリックすると、

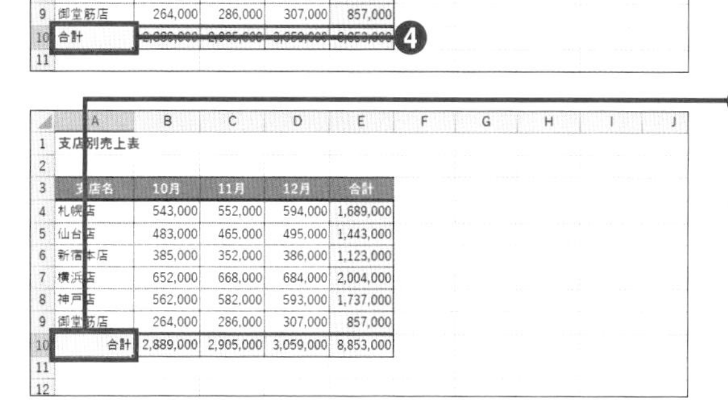

❻ セルの中で文字が右に表示されます。

MEMO 配置を元に戻す

中央揃えや右揃えを元に配置に戻すには、もう一度それぞれのボタンをクリックします。<左揃え>をクリックして元に戻すこともできます。

SECTION 076 配置

文字をセル内で均等に割り付ける

均等割り付けとは、一定の幅に文字を等間隔で配置することです。セルに入力した文字をセルの横幅に合わせて等間隔で配置するには、<セルの書式設定>ダイアログボックスを開いて、<横位置>を<均等割り付け>に設定します。

文字を均等割り付けで表示する

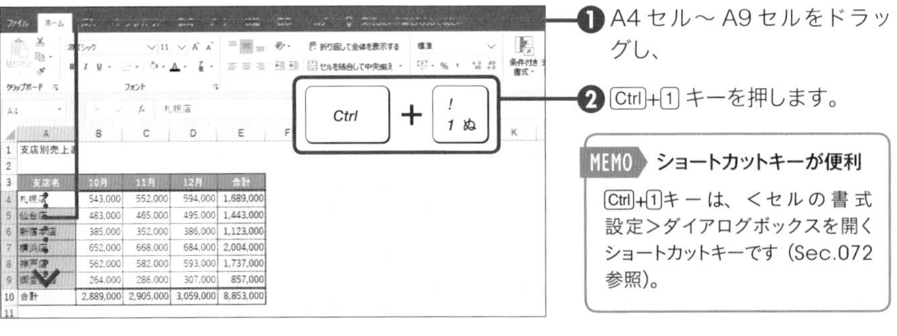

❶ A4セル～A9セルをドラッグし、

❷ Ctrl+1 キーを押します。

MEMO ショートカットキーが便利

Ctrl+1キーは、<セルの書式設定>ダイアログボックスを開くショートカットキーです（Sec.072参照）。

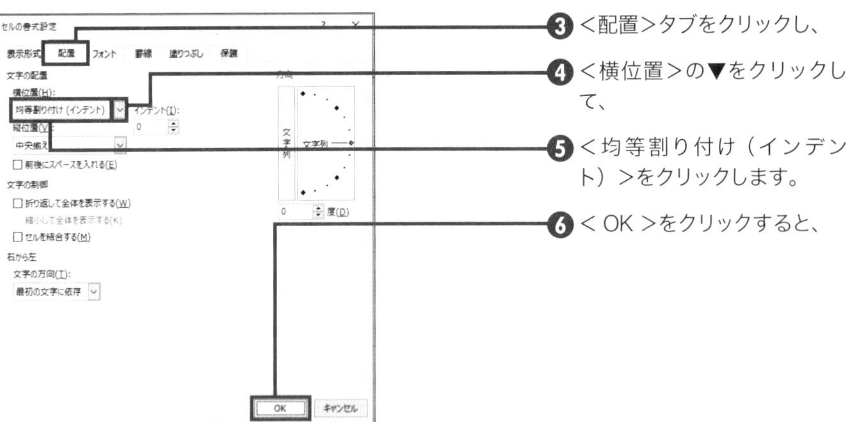

❸ <配置>タブをクリックし、

❹ <横位置>の▼をクリックして、

❺ <均等割り付け（インデント）>をクリックします。

❻ < OK >をクリックすると、

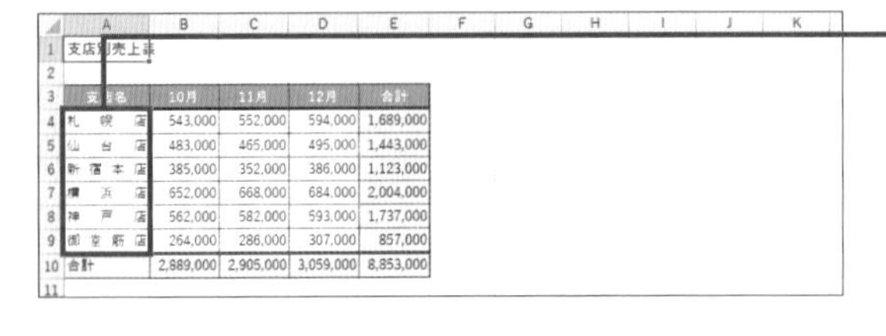

❼ A列の列幅に合わせて、文字が等間隔で表示されます。

SECTION 077 配置

文字の間隔を調整する

Sec.076の操作でセル内で均等割り付けを行うと、セルの左端と右端のぎりぎりまで文字が表示され、少々見づらい場合があります。均等割り付けの機能を残したまま、セルの左右に余白を作るには<インデントを増やす>を使います。

均等割り付けの左右の余白を調整する

Sec.076の操作で、A4セル～A9セルに均等割り付けを設定しておきます。

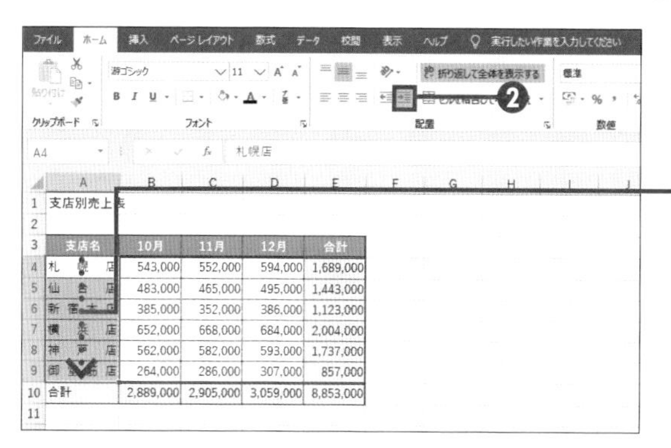

	A	B	C	D	E
1	支店別売上表				
2					
3	支店名	10月	11月	12月	合計
4	札　幌　店	543,000	552,000	594,000	1,689,000
5	仙　台　店	483,000	465,000	495,000	1,443,000
6	新　宿　本　店	385,000	352,000	386,000	1,123,000
7	横　浜　店	652,000	668,000	684,000	2,004,000
8	神　戸　店	562,000	582,000	593,000	1,737,000
9	御　堂　筋　店	264,000	286,000	307,000	857,000
10	合計	2,889,000	2,905,000	3,059,000	8,853,000

❶A4セル～A9セルをドラッグし、

❷<ホーム>タブ－<インデントを増やす>をクリックすると、

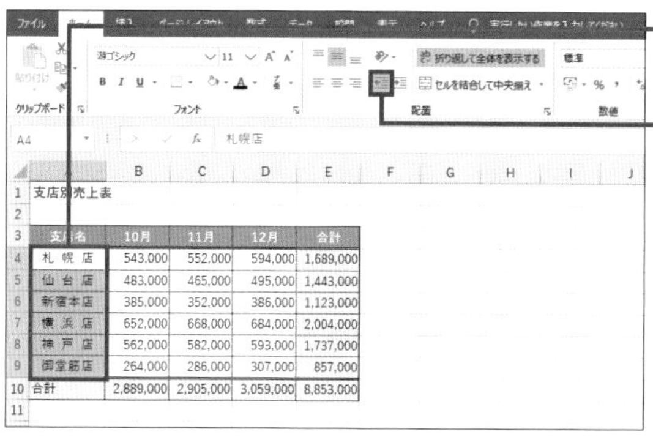

	A	B	C	D	E
1	支店別売上表				
2					
3	支店名	10月	11月	12月	合計
4	札　幌　店	543,000	552,000	594,000	1,689,000
5	仙　台　店	483,000	465,000	495,000	1,443,000
6	新宿本店	385,000	352,000	386,000	1,123,000
7	横　浜　店	652,000	668,000	684,000	2,004,000
8	神　戸　店	562,000	582,000	593,000	1,737,000
9	御堂筋店	264,000	286,000	307,000	857,000
10	合計	2,889,000	2,905,000	3,059,000	8,853,000

❸セル内の左右に余白が表示されます。

❹続けて<インデントを減らす>をクリックすると、

	A	B	C	D	E
1	支店別売上表				
2					
3	支店名	10月	11月	12月	合計
4	札　幌　店	543,000	552,000	594,000	1,689,000
5	仙　台　店	483,000	465,000	495,000	1,443,000
6	新　宿　本　店	385,000	352,000	386,000	1,123,000
7	横　浜　店	652,000	668,000	684,000	2,004,000
8	神　戸　店	562,000	582,000	593,000	1,737,000
9	御　堂　筋　店	264,000	286,000	307,000	857,000
10	合計	2,889,000	2,905,000	3,059,000	8,853,000

❺セル内の左右の余白が小さくなります。

SECTION 078
配置

セルに縦書き文字を入力する

複数の行にまたがる見出しは縦書きで表示するとよいでしょう。セルに入力した横書きの文字を後から縦書きにするには、<方向>を使います。なお、文字を入力する前に縦書きの設定をしておくと、縦書きで文字を直接入力できます。

横書きの文字を縦書きに変更する

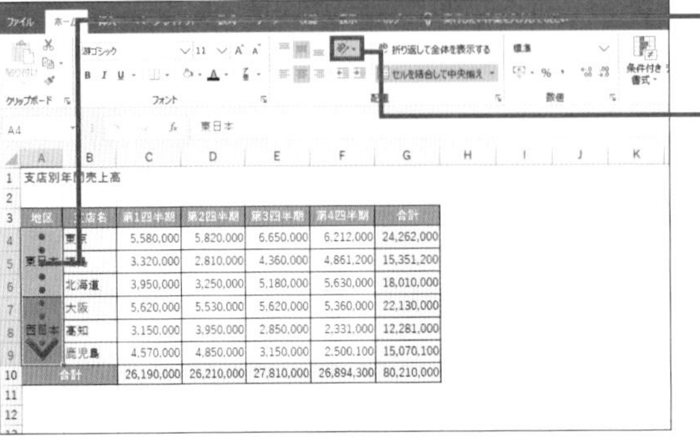

❶ A4セル～A9セルをドラッグし、

❷ <ホーム>タブー<方向>をクリックします。

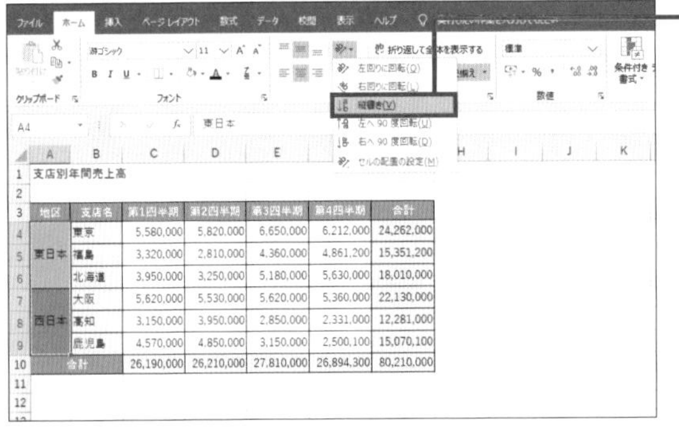

❸ <縦書き>をクリックすると、

	A	B	C	D	E	F	G
1	支店別年間売上高						
2							
3	地区	支店名	第1四半期	第2四半期	第3四半期	第4四半期	合計
4	東日本	東京	5,580,000	5,820,000	6,650,000	6,212,000	24,262,000
5		福島	3,320,000	2,810,000	4,360,000	4,861,200	15,351,200
6		北海道	3,950,000	3,250,000	5,180,000	5,630,000	18,010,000
7	西日本	大阪	5,620,000	5,530,000	5,620,000	5,360,000	22,130,000
8		高知	3,150,000	3,950,000	2,850,000	2,331,000	12,281,000
9		鹿児島	4,570,000	4,850,000	3,150,000	2,500,100	15,070,100
10	合計		26,190,000	26,210,000	27,810,000	26,894,300	80,210,000

❹ 文字が縦書きで表示されます。

MEMO 横書きに戻す

縦書きの文字を横書きに戻すには、もう一度<縦書き>をクリックします。

SECTION 079 配置

文字を字下げして表示する

文字の先頭位置を右にずらすことを「字下げ」とか「インデント」といいます。セルにデータを入力した直後は、文字がセルの左端にくっついています。セルの中で文字を字下げするには、<インデントを増やす>を使います。

インデントを設定する

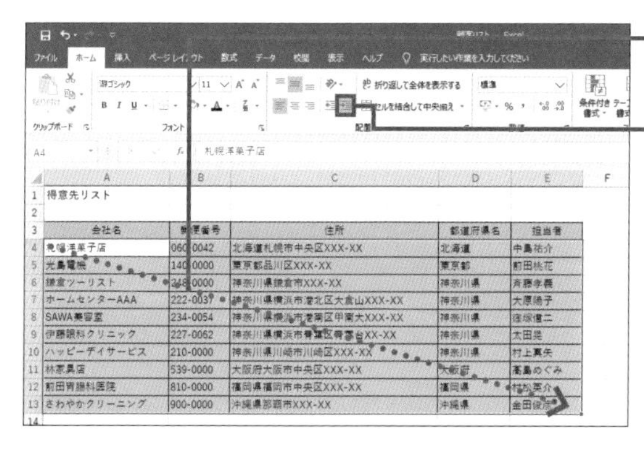

❶ A4 セル～ E13 セルをドラッグし、

❷ <ホーム>タブー<インデントを増やす>をクリックすると、

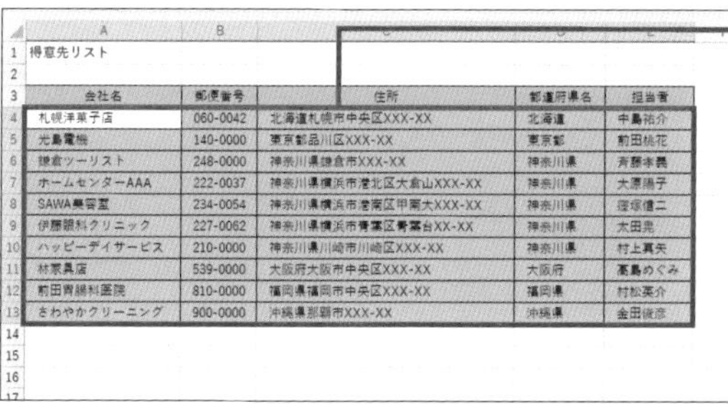

	A	B	C	D	E
1	得意先リスト				
2					
3	会社名	郵便番号	住所	都道府県名	担当者
4	札幌洋菓子店	060-0042	北海道札幌市中央区XXX-XX	北海道	中島祐介
5	光島電機	140-0000	東京都品川区XXX-XX	東京都	前田桃花
6	鎌倉ツーリスト	248-0000	神奈川県鎌倉市XXX-XX	神奈川県	斉藤孝義
7	ホームセンターAAA	222-0037	神奈川県横浜市港北区大倉山XXX-XX	神奈川県	大原陽子
8	SAWA美容室	234-0054	神奈川県横浜市港南区甲南大XXX-XX	神奈川県	窪塚健二
9	伊藤眼科クリニック	227-0062	神奈川県横浜市青葉区青葉台XX-XX	神奈川県	太田晃
10	ハッピーデイサービス	210-0000	神奈川県川崎市川崎区XXX-XX	神奈川県	村上真矢
11	林家具店	539-0000	大阪府大阪市中央区XXX-XX	大阪府	高島めぐみ
12	前田胃腸科医院	810-0000	福岡県福岡市中央区XXX-XX	福岡県	村松英介
13	さわやかクリーニング	900-0000	沖縄県那覇市XXX-XX	沖縄県	金田俊彦

❸ 各セルの先頭文字が字下げされます。

❹ 続けて、<インデントを増やす>をクリックすると、

❺ 各セルの先頭文字がさらに字下げされます。

MEMO　字下げの解除

インデントを解除するには、<ホーム>タブー<インデントを減らす>を必要な回数だけクリックします。

長い文字列を折り返して表示する

セルに長い文字列を入力すると、セルに表示し切れない文字が隠れてしまいます。あるいは右側のセルが空白のときは、右にはみだして表示されます。セルの横幅を変えずにすべての文字列をセル内に表示するには、＜折り返して全体を表示する＞を使います。

セル内で折り返して表示する

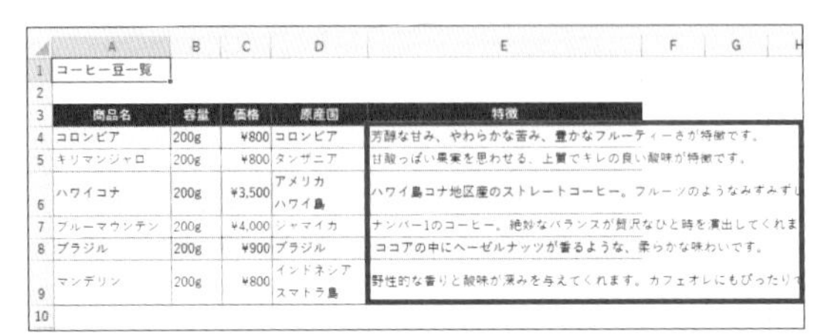

	A	B	C	D	E
1	コーヒー豆一覧				
2					
3	商品名	容量	価格	原産国	特徴
4	コロンビア	200g	¥800	コロンビア	芳醇な甘み、やわらかな苦み、豊かなフルーティーさが特徴です。
5	キリマンジャロ	200g	¥800	タンザニア	甘酸っぱい果実を思わせる、上質でキレの良い酸味が特徴です。
6	ハワイコナ	200g	¥3,500	アメリカ ハワイ島	ハワイ島コナ地区産のストレートコーヒー。フルーツのようなみずみずし
7	ブルーマウンテン	200g	¥4,000	ジャマイカ	ナンバー1のコーヒー。絶妙なバランスが贅沢なひと時を演出してくれま
8	ブラジル	200g	¥900	ブラジル	ココアの中にヘーゼルナッツが香るような、柔らかな味わいです。
9	マンデリン	200g	¥800	インドネシア スマトラ島	野性的な香りと酸味が深みを与えてくれます。カフェオレにもぴったりで
10					

E4セル～ E9セルの文字が右のセルにはみだしています。

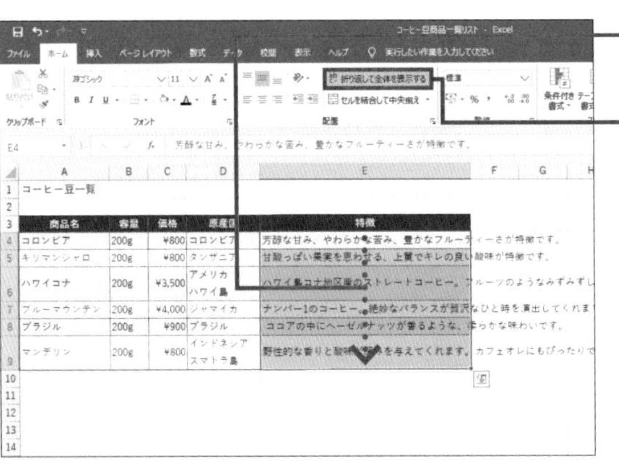

❶ E4 セル～ E9 セルをドラッグし、

❷ ＜ホーム＞タブ－＜折り返して全体を表示する＞をクリックすると、

	A	B	C	D	E
1	コーヒー豆一覧				
2					
3	商品名	容量	価格	原産国	特徴
4	コロンビア	200g	¥800	コロンビア	芳醇な甘み、やわらかな苦み、豊かなフルーティーさが特徴です。
5	キリマンジャロ	200g	¥800	タンザニア	甘酸っぱい果実を思わせる、上質でキレの良い酸味が特徴です。
6	ハワイコナ	200g	¥3,500	アメリカ ハワイ島	ハワイ島コナ地区産のストレートコーヒー。フルーツのようなみずみずしさ感じます。
7	ブルーマウンテン	200g	¥4,000	ジャマイカ	ナンバー1のコーヒー。絶妙なバランスが贅沢なひと時を演出してくれます。
8	ブラジル	200g	¥900	ブラジル	ココアの中にヘーゼルナッツが香るような、柔らかな味わいです。
9	マンデリン	200g	¥800	インドネシア スマトラ島	野性的な香りと酸味が深みを与えてくれます。カフェオレにもぴったりです。
10					
11					
12					
13					

❸ はみだしていた文字がセル内で自動的に改行されます。

MEMO 行の高さ

＜折り返して全体を表示する＞をクリックすると、セル内で文字が改行された分だけ行の高さが自動的に広がります。

SECTION 081 配置

文字サイズを縮小してセル内に収める

文字がセルからあふれたけれど、列幅も行の高さも変更したくないときには、<縮小して全体を表示する>を使います。すると、セルの横幅に収まるように文字サイズが自動的に縮小されます。ただし、あふれている文字数が多いと文字が小さくなるので注意しましょう。

文字を縮小して全体を表示する

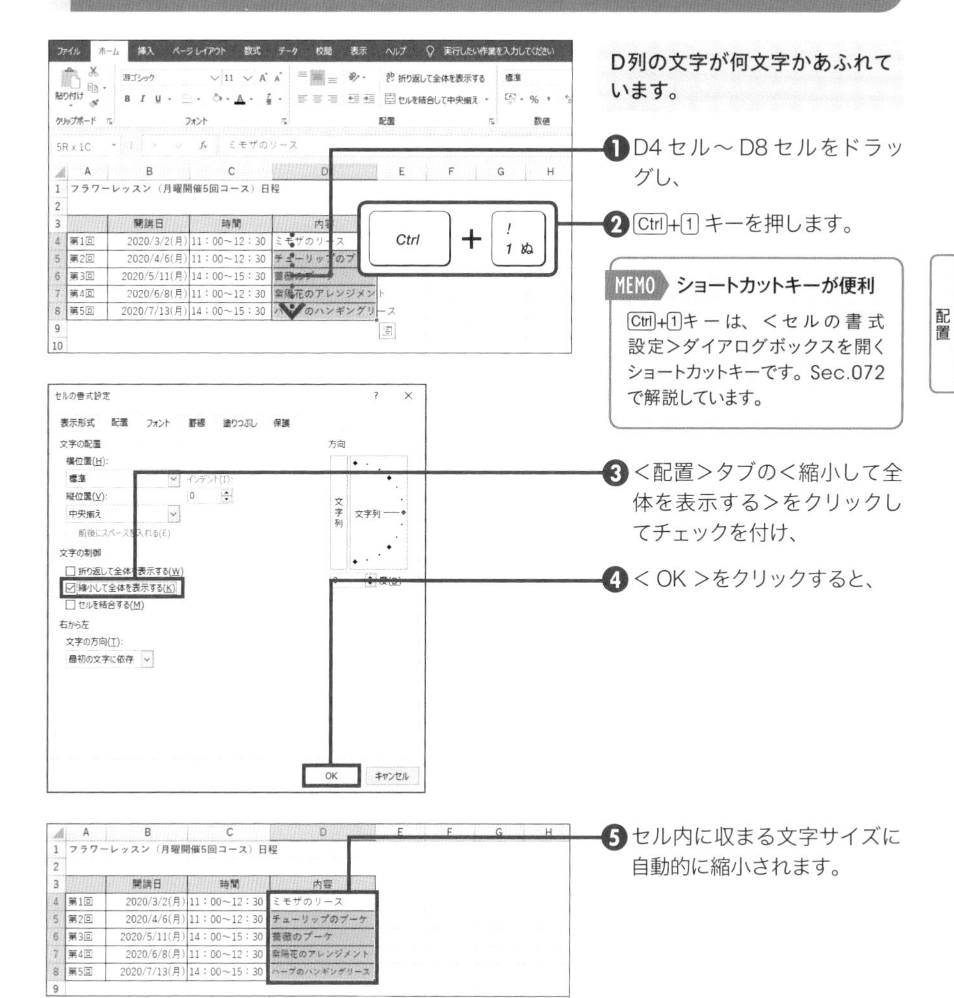

SECTION 082

スタイル

セルのスタイルを設定する

<塗りつぶしの色><フォント色><下線><太字>などを組み合わせ、文字に手動で飾りを付けることもできますが、<セルのスタイル>には飾りの組み合わせのパターンがいくつも登録されています。クリックするだけでかんたんに飾りを付けられます。

セルのスタイルを設定する

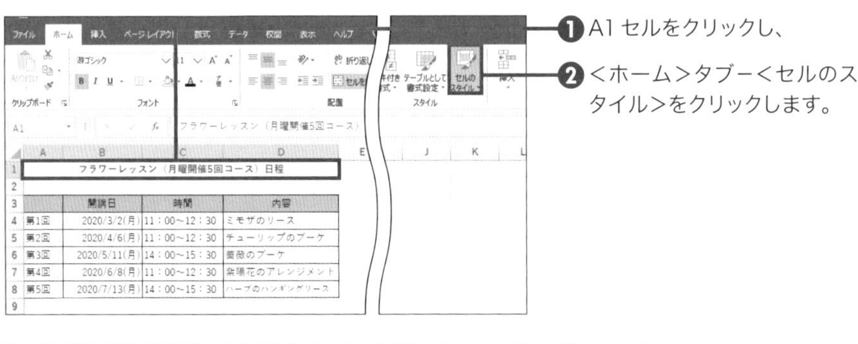

❶A1 セルをクリックし、

❷<ホーム>タブー<セルのスタイル>をクリックします。

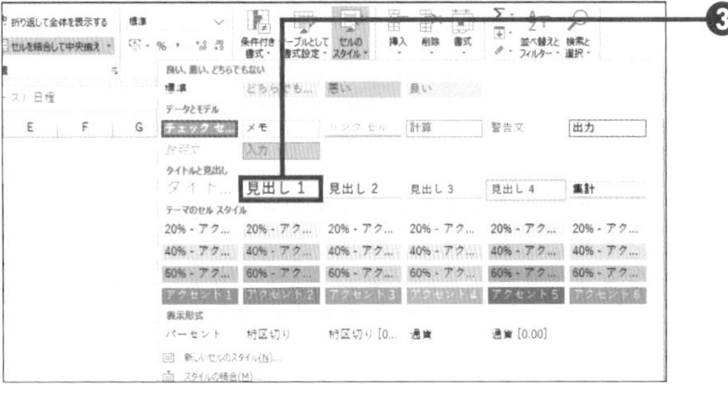

❸<見出し 1 >をクリックすると、

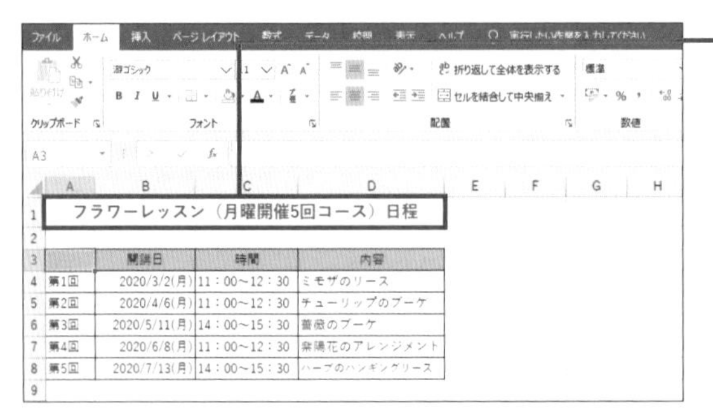

❹A1 セルの文字に複数の書式が付きます。

MEMO スタイルの解除

セルのスタイルを解除するには、手順❸の一覧から<標準>をクリックします。

SECTION 083 表示形式

3桁区切りのカンマを表示する

桁数の多い数値には3桁区切りのカンマを付けますが、セルに数値を入力する段階でカンマ記号を入力する必要はありません。<桁区切りスタイル>を使って、後から指定したセルにまとめてカンマを付けます。

桁区切りスタイルを設定する

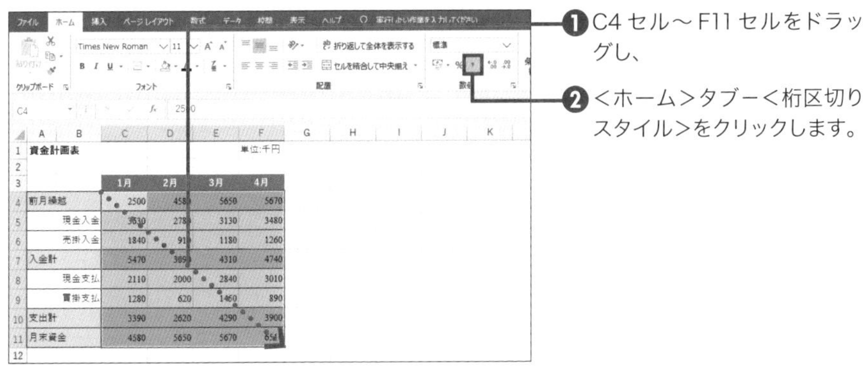

❶ C4セル～F11セルをドラッグし、

❷ <ホーム>タブ－<桁区切りスタイル>をクリックします。

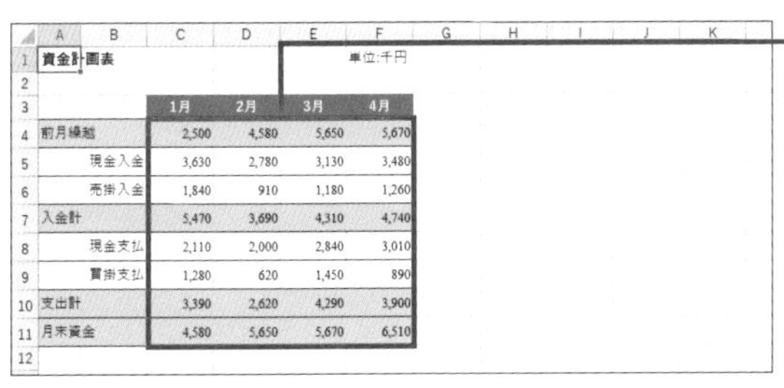

	1月	2月	3月	4月
前月繰越	2,500	4,580	5,650	5,670
現金入金	3,630	2,780	3,130	3,480
売掛入金	1,840	910	1,180	1,260
入金計	5,470	3,690	4,310	4,740
現金支払	2,110	2,000	2,840	3,010
買掛支払	1,280	620	1,450	890
支出計	3,390	2,620	4,290	3,900
月末資金	4,580	5,650	5,670	6,510

❸ 指定したセルに3桁区切りのカンマが表示されます。

COLUMN

カンマを外す

3桁区切りのカンマを外すには、<ホーム>タブの<数値の書式>の▼をクリックし、表示されるメニューから<標準>をクリックします。

数値を千円単位で表示する

数値の桁数が多いと、読み間違いや読みづらさが生じます。<表示形式>を設定すると、セルに入力済みの数値を後からまとめて千円単位に変更できます。このとき、表の右上などに、千円単位であることを示す説明を忘れずに入力しましょう。

数値を千円単位で表示する

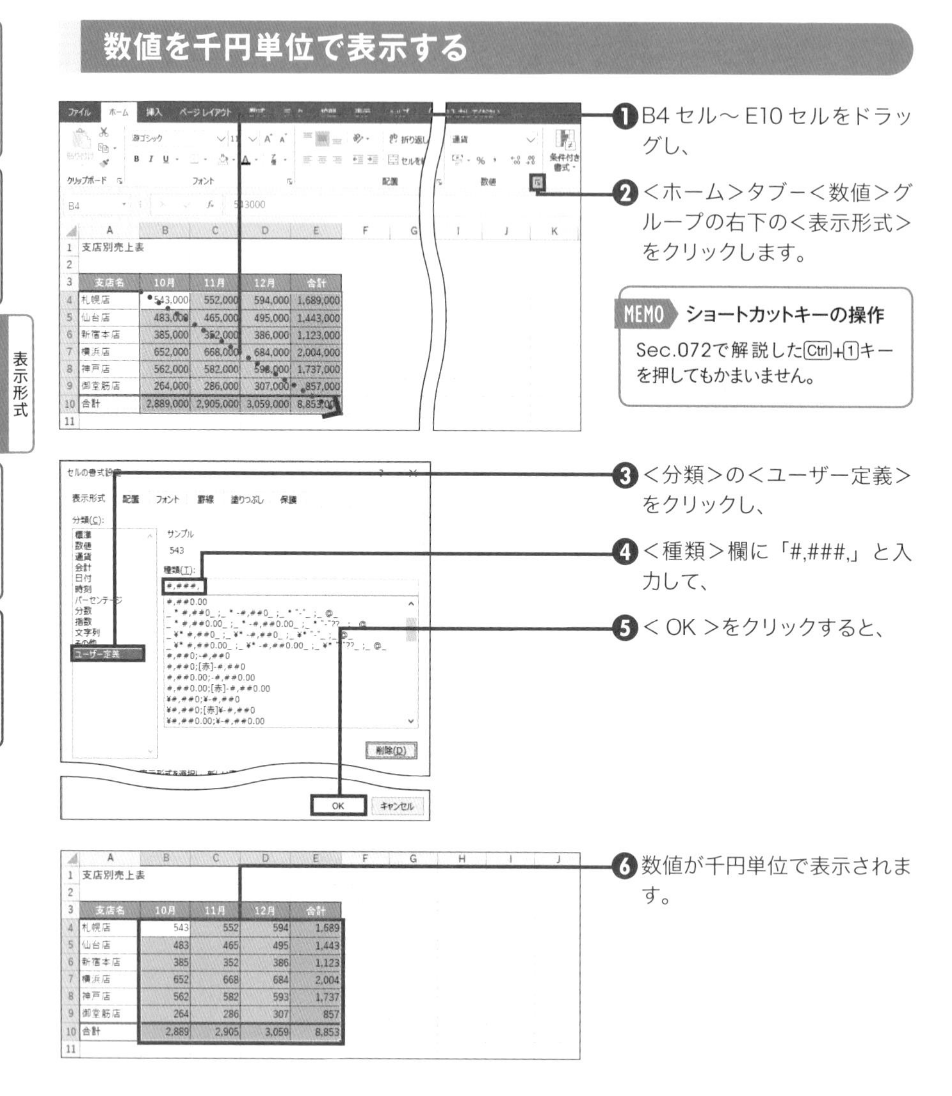

❶B4セル～E10セルをドラッグし、

❷<ホーム>タブー<数値>グループの右下の<表示形式>をクリックします。

MEMO ショートカットキーの操作

Sec.072で解説したCtrl+1キーを押してもかまいません。

❸<分類>の<ユーザー定義>をクリックし、

❹<種類>欄に「#,###,」と入力して、

❺< OK >をクリックすると、

❻数値が千円単位で表示されます。

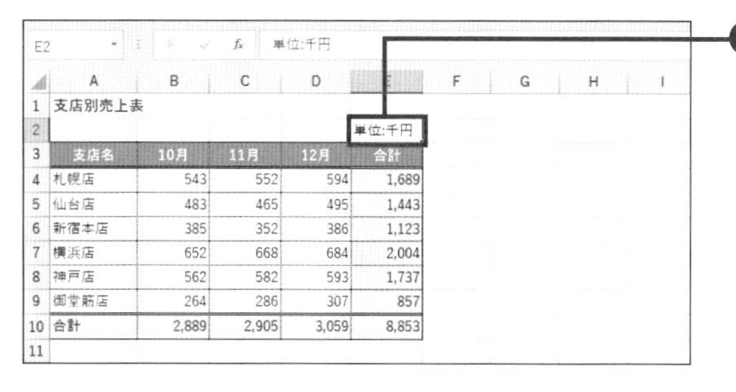

❼ E2セルをクリックし、「単位：千円」と入力します。

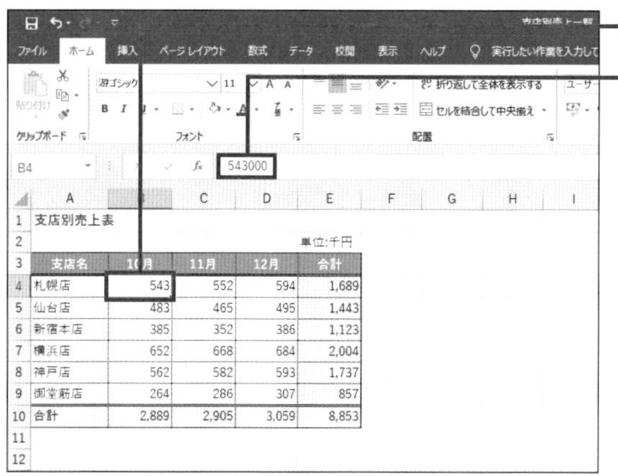

❽ B4セルをクリックすると、

❾ 数式バーには「543000」の数値がそのまま表示されます。

MEMO 見た目だけが変わる

<表示形式>を使うと、セルに入力した数値はそのままで、見せ方だけを変更できます。そのため、千円単位に表示した数値を使って計算すると、数式バーに表示されている元の数値を使って計算します。

COLUMN

「#,###,」の意味

手順❹で入力した「#,###,」は、数値を3桁区切りのカンマを付けて千円単位で表示しなさいと言う意味です。「#」は表示形式を設定するときに使う書式記号で、1つの#が1桁の数字を表します。「#,###」の部分で3桁区切りのカンマを付けることを指定し、最後に付けた「,」が千円単位で表示することを指定しています。

数値の書式記号には以下のようなものがあります。

書式記号	説明	例
#	1桁の数字を示します。#の数で表示する桁数を指定できます。	「###」と指定すると、「001」は「1」と表示されます。
0	1桁の数字を示します。0で指定した桁数だけ0が表示されます。	「000」と指定すると、「001」は「001」と表示されます。
,（カンマ）	3桁ごとの区切り記号を示します。	「#,###」と指定すると、「15000」は「15,000」と表示されます。
	数値を1000で割った結果、小数部を四捨五入して表示します。	「#,」と指定すると、「15000」は「15」と表示されます。

SECTION 085 表示形式

小数点以下の表示桁数を指定する

小数点以下の表示桁数を指定するときは、<小数点以下の表示桁数を増やす>と<小数点以下の表示桁数を減らす>を使います。それぞれのボタンをクリックするごとに1桁ずつ小数点以下の数値を増やしたり減らしたりすることができます。

小数点以下の表示桁数を増やす

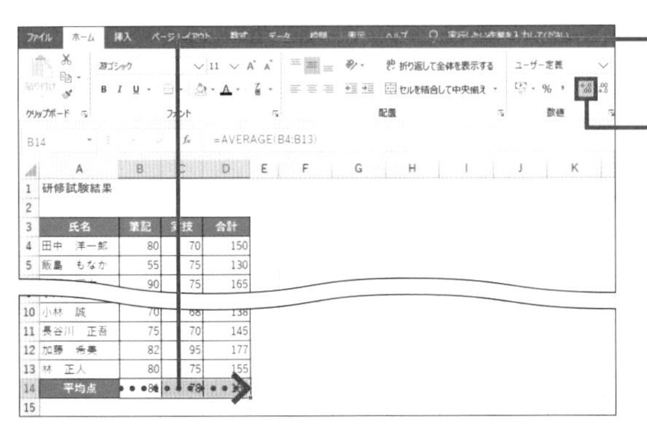

❶ B14セル〜D14セルをドラッグし、

❷ <ホーム>タブー<小数点以下の表示桁数を増やす>をクリックします。

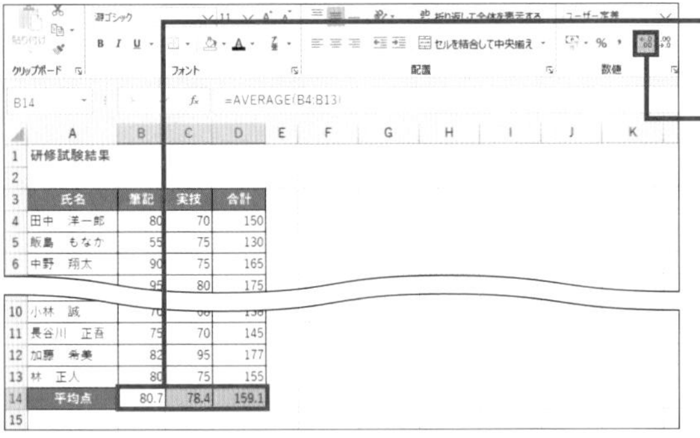

❸ 小数点以下第1位まで表示されます。

❹ 続けて、<小数点以下の表示桁数を増やす>をクリックします。

MEMO 四捨五入して表示

小数点以下第1位まで表示したときは、小数点以下第2位の数値を四捨五入して表示します。

	A	B	C	D
1	研修試験結果			
2				
3	氏名	筆記	実技	合計
4	田中 洋一郎	80	70	150
5	飯島 もなか	55	75	130
		90	75	165
10	小林 誠	70	68	138
11	長谷川 正吾	75	70	145
12	加藤 秀美	82	95	177
13	林 正人	80	75	155
14	平均点	80.70	78.40	159.10
15				

❺ 小数点以下第2位まで表示されます。

MEMO 桁数を減らす

小数点以下の桁数を減らすには、<小数点以下の表示桁数を減らす>をクリックします。

SECTION
086 数値をパーセントで表示する

表示形式

達成率や構成比などの数値は、「%」（パーセント）記号を付けて表示したほうが伝わりやすくなります。<パーセントスタイル>を使うと、数値を100倍した結果に%記号を付けて表示します。ここでは、数式で求めた構成比の数値に%記号を付けてみましょう。

パーセントスタイルを設定する

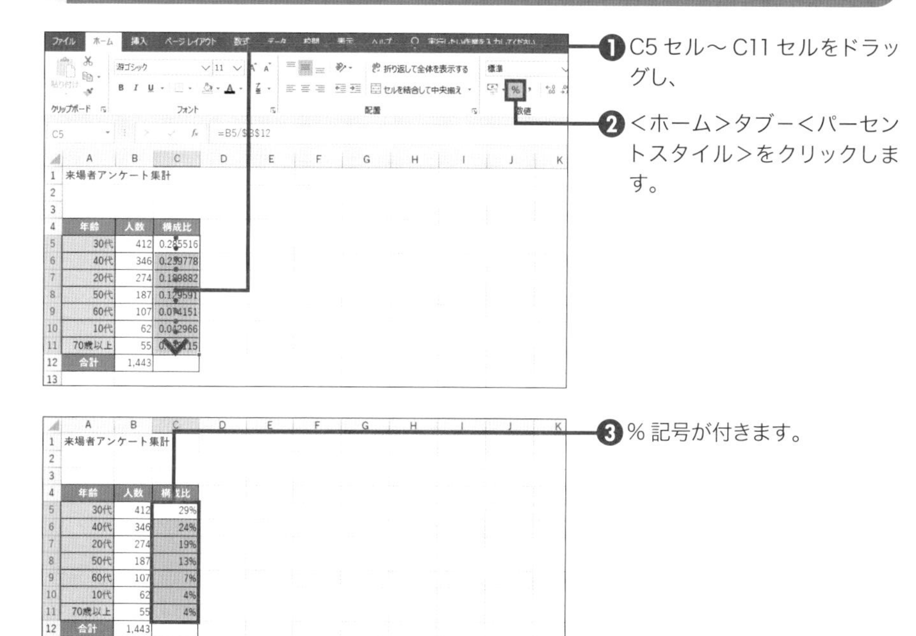

❶C5セル～C11セルをドラッグし、

❷<ホーム>タブー<パーセントスタイル>をクリックします。

❸%記号が付きます。

COLUMN

小数点以下の桁数を指定する

「%」記号を付けた後で、小数点以下の桁数を指定できます。Sec.085の操作で、<ホーム>タブの<小数点以下の表示桁数を増やす>をクリックするたびに、1桁ずつ小数点以下の数値が表示されます。

SECTION
087
表示形式

金額に「¥」を表示する

数値には数量や人数、金額、重さなど、さまざまな種類がありますが、数値を見ただけではわかりません。金額を示す数値には、<通貨表示形式>を使って数値の先頭に「¥」記号を付けるとよいでしょう。すると、3桁区切りのカンマも同時に付きます。

数値に通貨表示形式を設定する

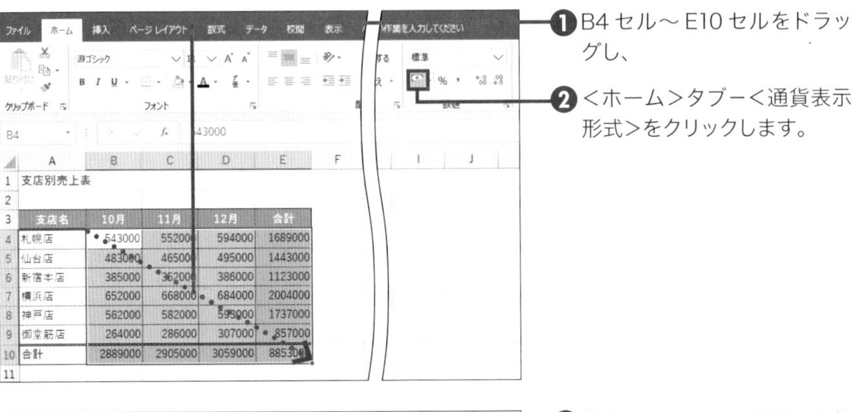

❶B4セル～E10セルをドラッグし、

❷<ホーム>タブ－<通貨表示形式>をクリックします。

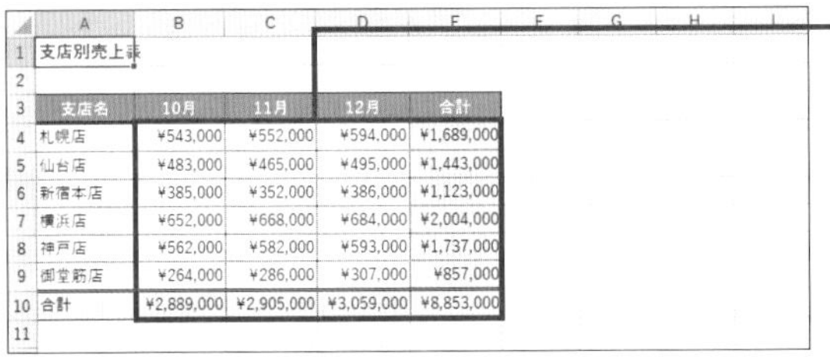

❸指定したセルに¥記号と3桁区切りのカンマが表示されます。

COLUMN

$記号や€記号も表示できる

<通貨表示形式>の▼をクリックすると、「$」記号や「€」記号などの¥記号以外の通貨記号が表示されます。クリックするだけで目的の通貨記号を表示できます。

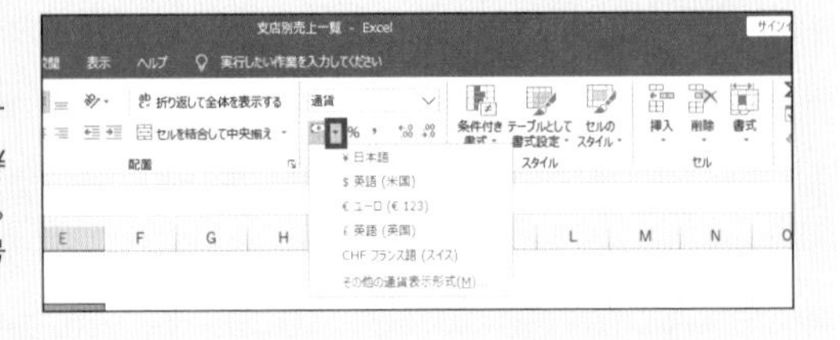

SECTION 088

表示形式

金額を「1,000円」と表示する

金額や人数など、種類の違う数値が混在するときは、「100円」や「5人」といった単位を付けるとよいでしょう。ただし、直接単位を入力すると文字として扱われて計算できません。<表示形式>を使って単位を付けると数値の見せ方だけを変更できます。

数値の単位を設定する

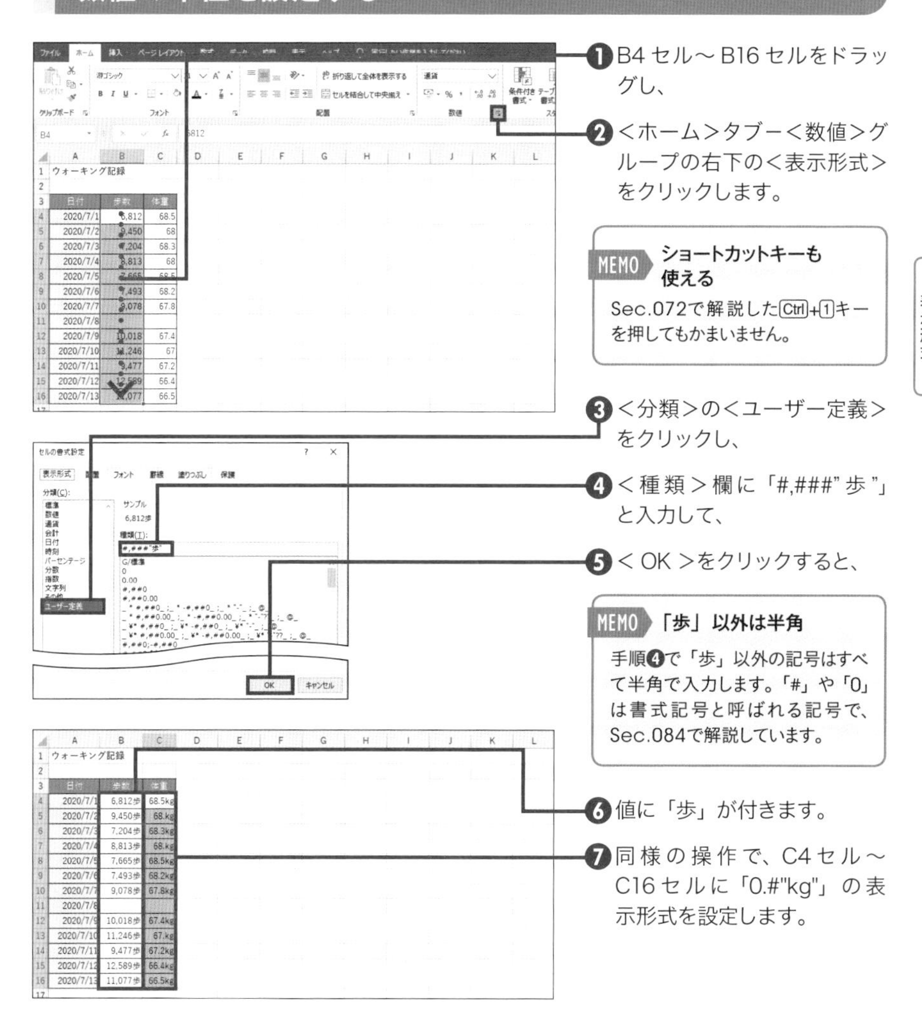

❶B4セル～B16セルをドラッグし、

❷<ホーム>タブー<数値>グループの右下の<表示形式>をクリックします。

MEMO ショートカットキーも使える

Sec.072で解説したCtrl+1キーを押してもかまいません。

❸<分類>の<ユーザー定義>をクリックし、

❹<種類>欄に「#,###"歩"」と入力して、

❺<OK>をクリックすると、

MEMO 「歩」以外は半角

手順❹で「歩」以外の記号はすべて半角で入力します。「#」や「0」は書式記号と呼ばれる記号で、Sec.084で解説しています。

❻値に「歩」が付きます。

❼同様の操作で、C4セル～C16セルに「0.#"kg"」の表示形式を設定します。

SECTION 089 表示形式

日付を和暦で表示する

「2020/9/5」のように数値を「/」（スラッシュ）記号で区切って入力すると、日付を入力できます。最初は西暦で表示されますが、後から<表示形式>を使って日付の見せ方を変更できます。ここでは、請求書の発行日を和暦で表示します。

日付を和暦で表示する

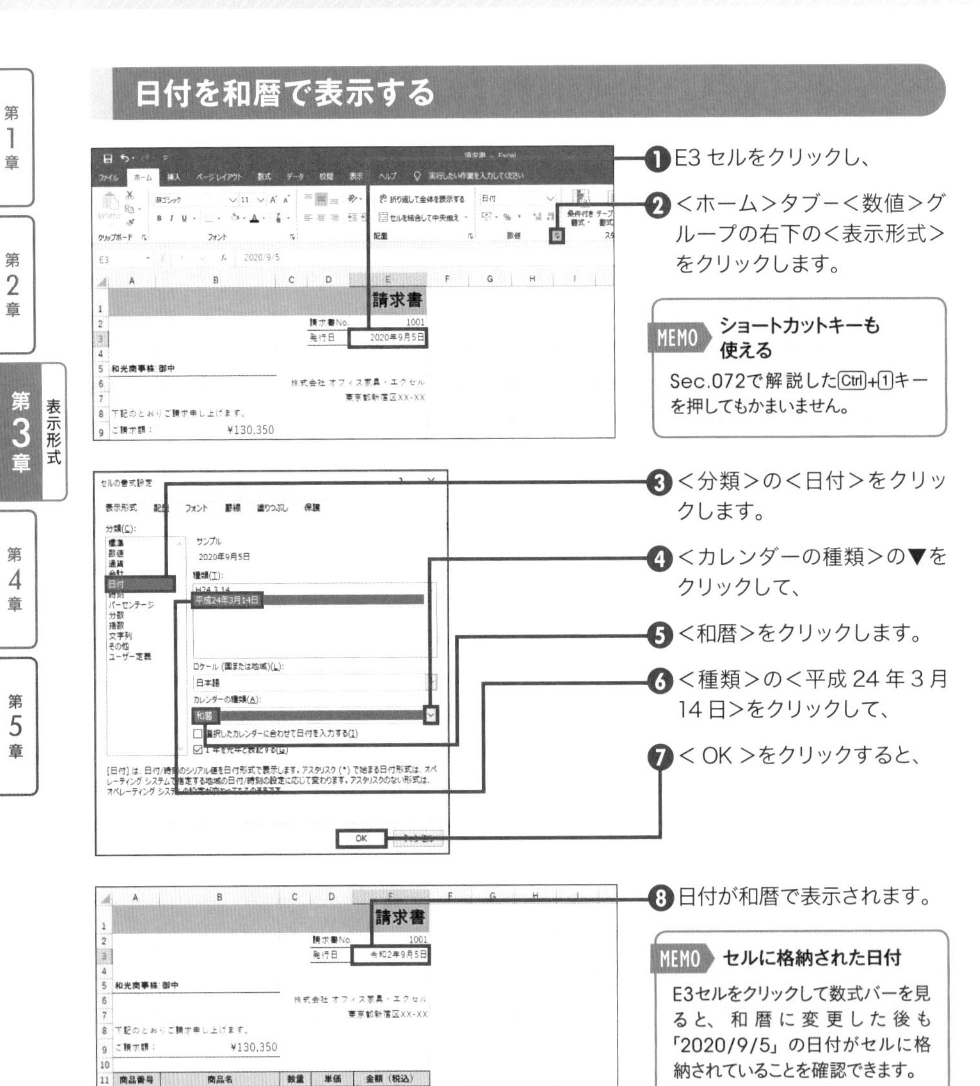

❶ E3セルをクリックし、

❷ <ホーム>タブー<数値>グループの右下の<表示形式>をクリックします。

MEMO ショートカットキーも使える

Sec.072で解説したCtrl+1キーを押してもかまいません。

❸ <分類>の<日付>をクリックします。

❹ <カレンダーの種類>の▼をクリックして、

❺ <和暦>をクリックします。

❻ <種類>の<平成24年3月14日>をクリックして、

❼ < OK >をクリックすると、

❽ 日付が和暦で表示されます。

MEMO セルに格納された日付

E3セルをクリックして数式バーを見ると、和暦に変更した後も「2020/9/5」の日付がセルに格納されていることを確認できます。

日付と同じセルに曜日を表示する

「○月○日は何曜日？」と聞かれても急には答えられないものです。実は、セルに入力した日付には曜日の情報が含まれており、<表示形式>を使って日付から曜日を表示できます。ここでは、日付のセルと同じセルに括弧付きの曜日を表示します。

日付から曜日を表示する

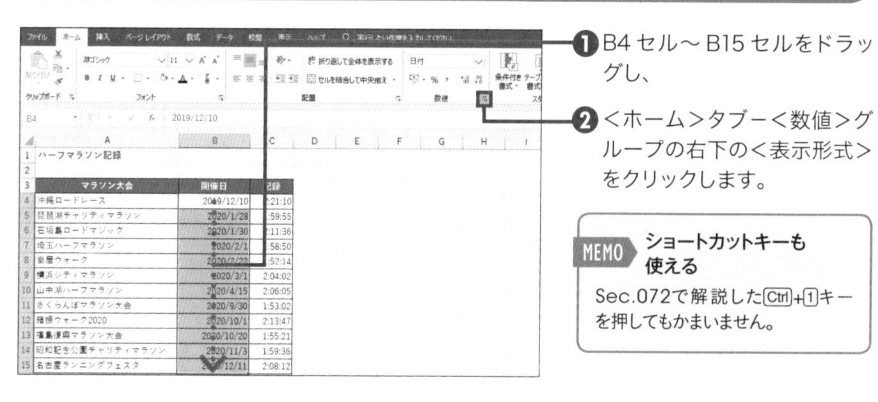

❶ B4セル〜B15セルをドラッグし、

❷ <ホーム>タブー<数値>グループの右下の<表示形式>をクリックします。

MEMO ショートカットキーも使える

Sec.072で解説したCtrl+1キーを押してもかまいません。

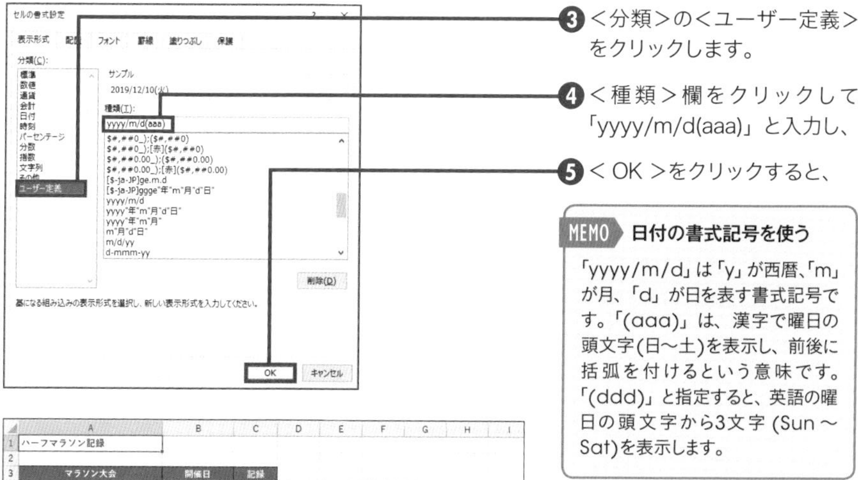

❸ <分類>の<ユーザー定義>をクリックします。

❹ <種類>欄をクリックして「yyyy/m/d(aaa)」と入力し、

❺ <OK>をクリックすると、

MEMO 日付の書式記号を使う

「yyyy/m/d」は「y」が西暦、「m」が月、「d」が日を表す書式記号です。「(aaa)」は、漢字で曜日の頭文字(日〜土)を表示し、前後に括弧を付けるという意味です。「(ddd)」と指定すると、英語の曜日の頭文字から3文字 (Sun〜Sat)を表示します。

	A	B	C
1	ハーフマラソン記録		
2			
3	マラソン大会	開催日	記録
4	沖縄ロードレース	2019/12/10(火)	2:21:10
5	琵琶湖チャリティマラソン	2020/1/28(火)	1:59:55
6	石垣島ロードマジック	2020/1/30(木)	2:11:36
7	埼玉ハーフマラソン	2020/2/1(土)	1:58:50
8	皇居ウォーク	2020/2/22(土)	1:52:14
9	横浜シティマラソン	2020/3/1(日)	2:04:02
10	山中湖ハーフマラソン	2020/4/15(水)	2:06:05

❻ 日付と同じセルに括弧付きの曜日が表示されます。

SECTION 091 表示形式

時刻の表示方法を変更する

勤務時間を合計するといったように、時間の足し算をするときには注意が必要です。単純に合計すると24時間を超える時間が表示されないため、間違った結果になるからです。24時間を超える時間を正しく表示するには<表示形式>を設定します。

24時間を超える時間を表示する

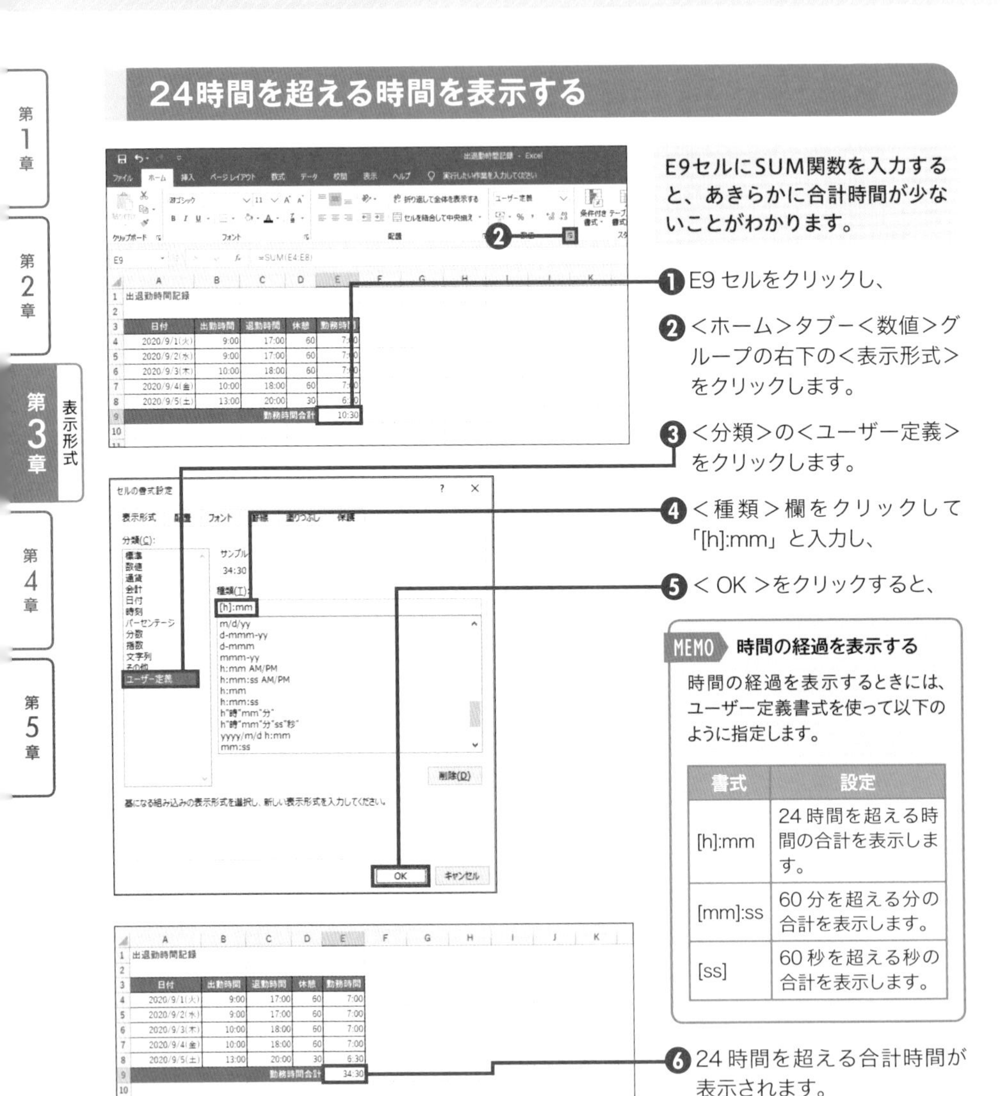

E9セルにSUM関数を入力すると、あきらかに合計時間が少ないことがわかります。

❶ E9セルをクリックし、

❷ <ホーム>タブー<数値>グループの右下の<表示形式>をクリックします。

❸ <分類>の<ユーザー定義>をクリックします。

❹ <種類>欄をクリックして「[h]:mm」と入力し、

❺ < OK >をクリックすると、

❻ 24時間を超える合計時間が表示されます。

MEMO 時間の経過を表示する

時間の経過を表示するときには、ユーザー定義書式を使って以下のように指定します。

書式	設定
[h]:mm	24時間を超える時間の合計を表示します。
[mm]:ss	60分を超える分の合計を表示します。
[ss]	60秒を超える秒の合計を表示します。

SECTION 092

書式のコピー・削除

書式をまとめて解除する

文字や数値に設定した複数の書式を解除するには、<書式のクリア>を使います。すると、フォントサイズやフォントの色、文字の配置、3桁区切りのカンマや罫線など、セルに設定されているすべての書式が一度に解除されます。

セルの書式をまとめて解除する

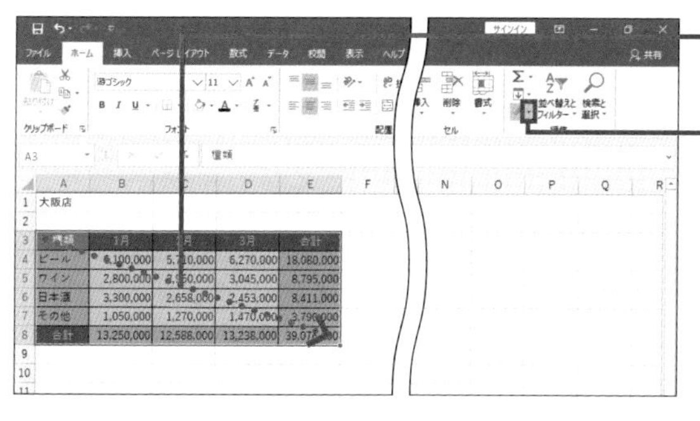

❶A3 セル～ E8 セルをドラッグします。

❷<ホーム>タブー<クリア>の▼をクリックし、

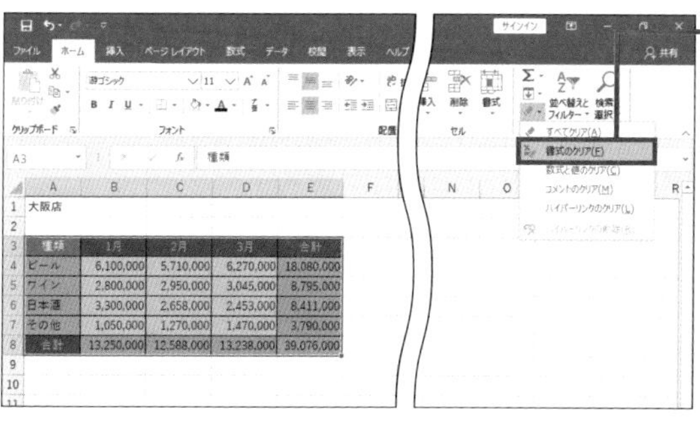

❸<書式のクリア>をクリックすると、

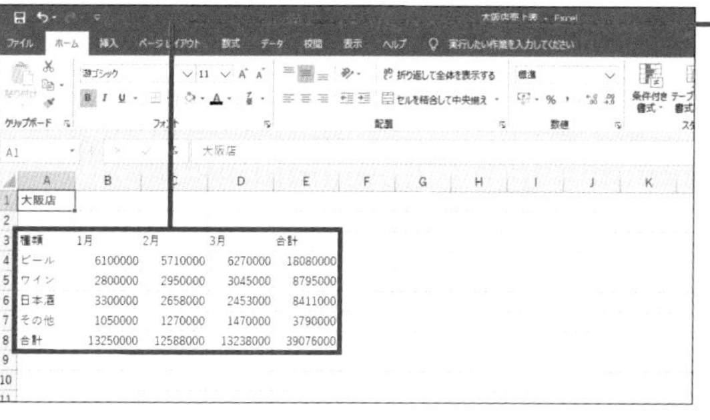

❹すべての書式が解除されます。

SECTION 093 書式のコピー・削除

書式だけを他のセルにコピーする

セルに設定済みの書式と同じ書式を他のセルにも設定するときは、<書式のコピー/貼り付け>を使うと便利です。セルの書式だけをまとめてコピーできるため、複数の書式が設定されていても、設定し忘れの心配がありません。

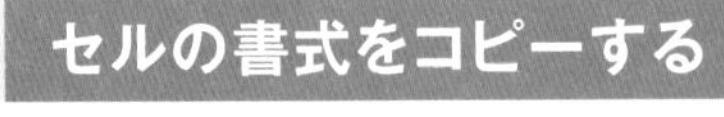

セルの書式をコピーする

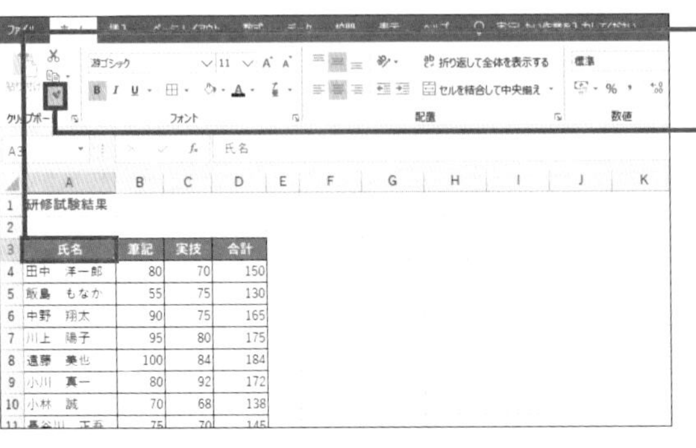

❶コピー元のセル（ここではA3セル）をクリックし、

❷<ホーム>タブ−<書式のコピー/貼り付け>をクリックします。

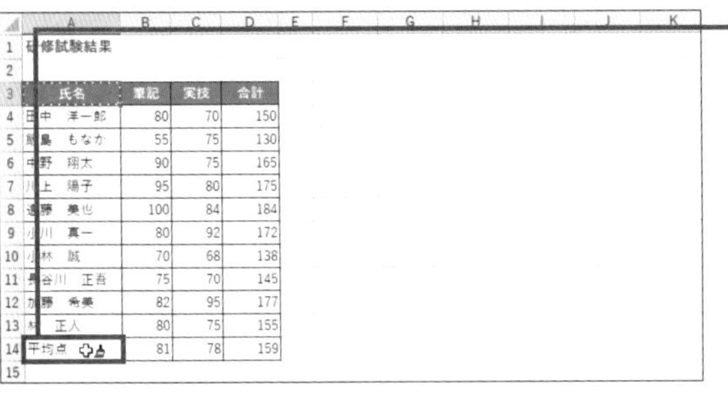

❸マウスポインターの形が変わったことを確認し、コピー先（ここではA14セル）をクリックすると、

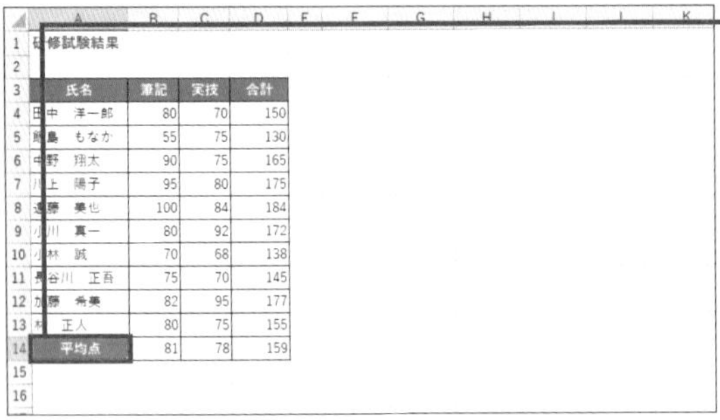

❹コピー元のセルと同じ書式が設定されます。

MEMO　書式を連続してコピー

何カ所にも続けて書式をコピーするときは、<書式のコピー/貼り付け>をダブルクリックします。すると、Escキーを押して強制的に解除するまで何度でも続けて書式をコピーできます。

SECTION
094 書式を除いて値だけをコピーする

書式のコピー・削除

<コピー>と<貼り付け>を使ってセルのデータをコピーすると、コピー元のセルの書式もコピーされます。セルのデータだけをコピーしたいときは、「値」だけを貼り付けます。ここでは、「東京」シートの商品名を「横浜」シートにコピーします。

セルの値をコピーする

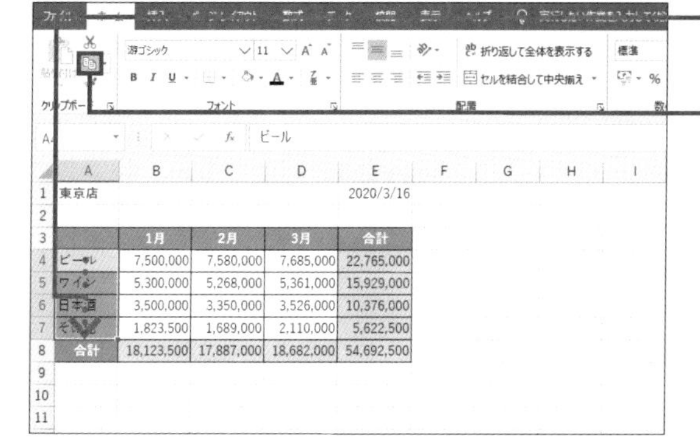

❶「東京」シートのA4セル～A7セルをドラッグし、

❷<ホーム>タブ－<コピー>をクリックします。

MEMO ショートカットキーも使える

Ctrl+Cキーを押してコピーすることもできます。

❸「横浜」シートのA4セルをクリックし、

❹<貼り付け>の▼をクリックして、

❺<値>をクリックすると、

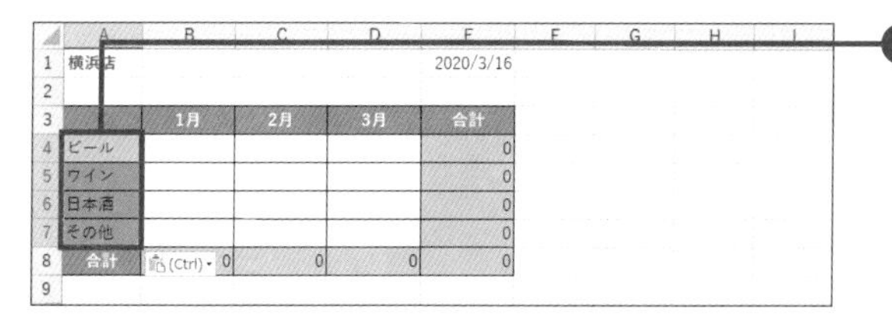

❻コピー元のセルの色はコピーされずに、項目名だけがコピーされます。

第1章 第2章 第3章 書式のコピー・削除 第4章 第5章

SECTION 095 書式の置換

指定したキーワードを赤字にする

＜置換＞を使うと、条件に合ったセルに色を付けたり、文字を太字にしたりするなどして目立たせることができます。置換機能は文字を別の文字に置き換える使い方が基本ですが、書式を別の書式に置き換えたり、文字を検索して書式を設定したりすることもできます。

指定した文字の書式を置き換える

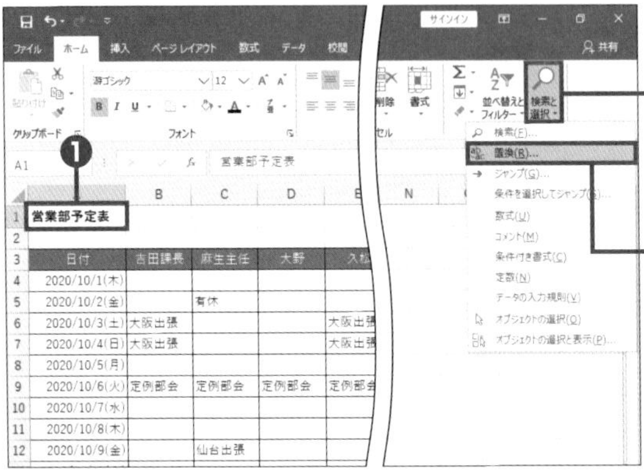

「有休」の文字を赤にします。

❶ A1 セルをクリックし、

❷ ＜ホーム＞タブー＜検索と選択＞をクリックして、

❸ ＜置換＞をクリックします。

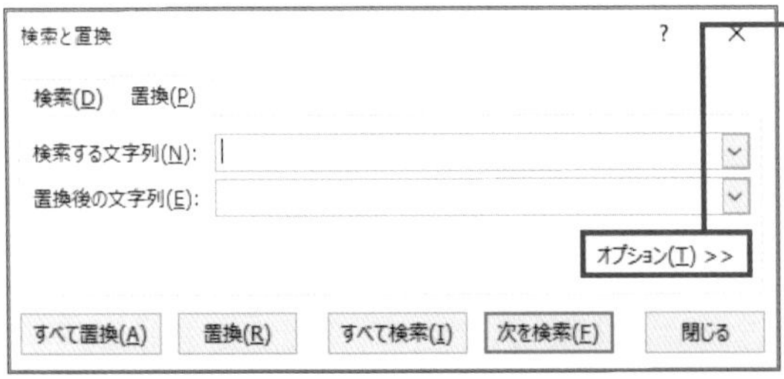

❹ ＜オプション＞をクリックして、

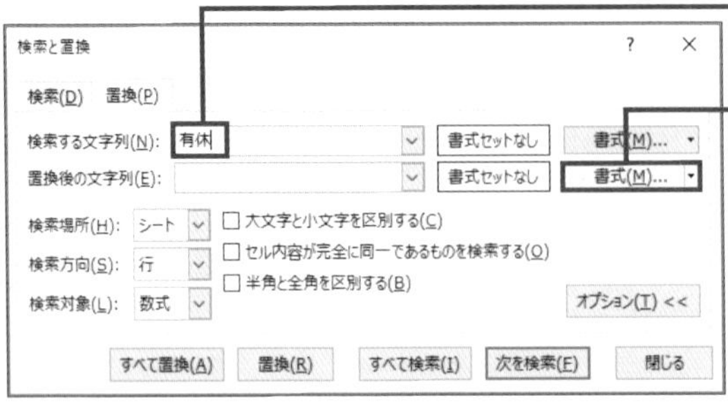

❺ ＜検索する文字列＞欄をクリックして「有休」と入力し、

❻ ＜置換後の文字列＞の＜書式＞をクリックします。

MEMO ＜置換後の文字列＞

書式だけを置き換える場合は、＜置換後の文字列＞欄は空欄にしておきます。すると、セルの文字はそのまま表示されます。

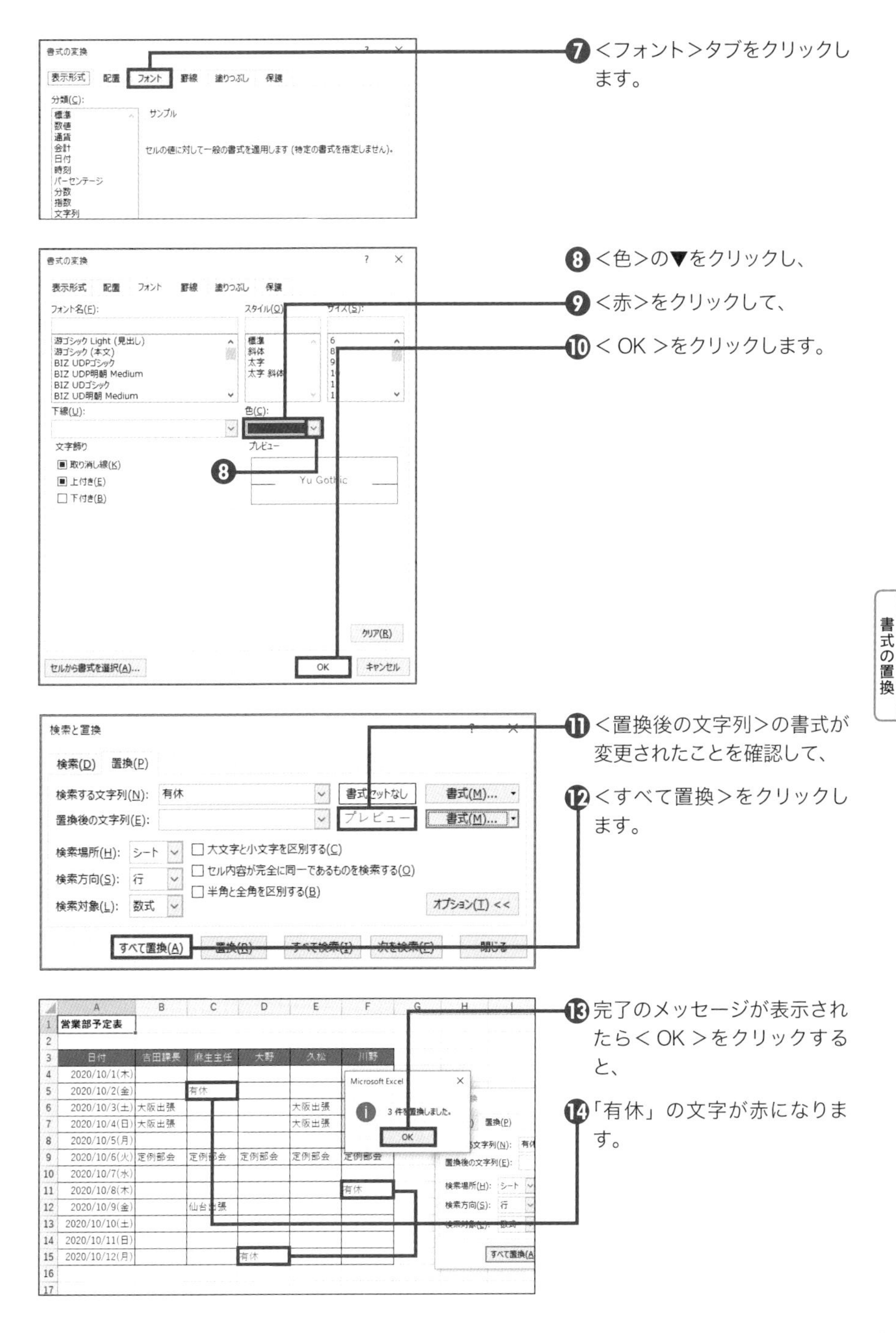

❼<フォント>タブをクリックします。

❽<色>の▼をクリックし、

❾<赤>をクリックして、

❿< OK >をクリックします。

⓫<置換後の文字列>の書式が変更されたことを確認して、

⓬<すべて置換>をクリックします。

⓭完了のメッセージが表示されたら< OK >をクリックすると、

⓮「有休」の文字が赤になります。

SECTION
096 別の書式に置き換える
書式の置換

<置換>を使って、セルに設定済みの書式を他の書式に変更します。<検索する文字列>と<置換後の文字列>に書式だけを指定すると、セルに入力済みの文字はそのままで書式だけを置き換えることができます。ここでは、薄い緑色のセルの色を赤色に置換します。

書式を置換する

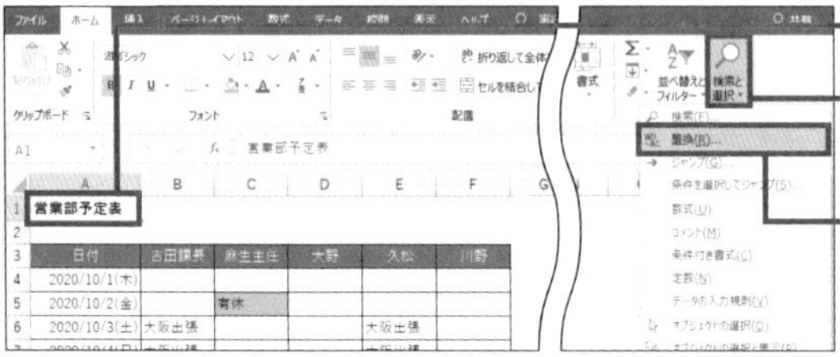

❶ A1セルをクリックし、
❷ <ホーム>タブー<検索と選択>をクリックして、
❸ <置換>をクリックします。

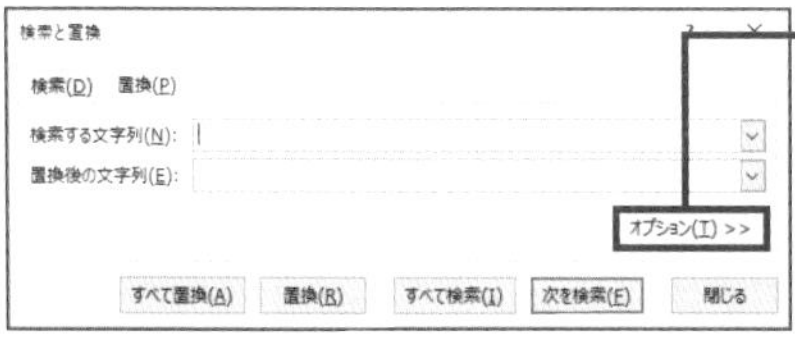

❹ <オプション>をクリックし、

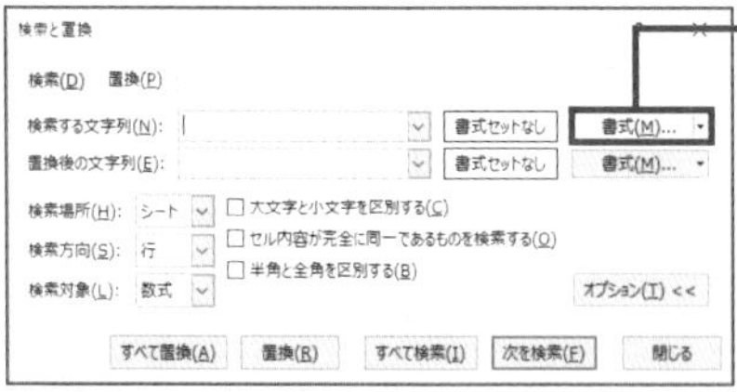

❺ <検索する文字列>の<書式>をクリックします。

MEMO <検索する文字列>

書式だけを置き換える場合は、<検索する文字列>欄は空欄にしておきます。すると、セルの文字はそのまま表示されます。

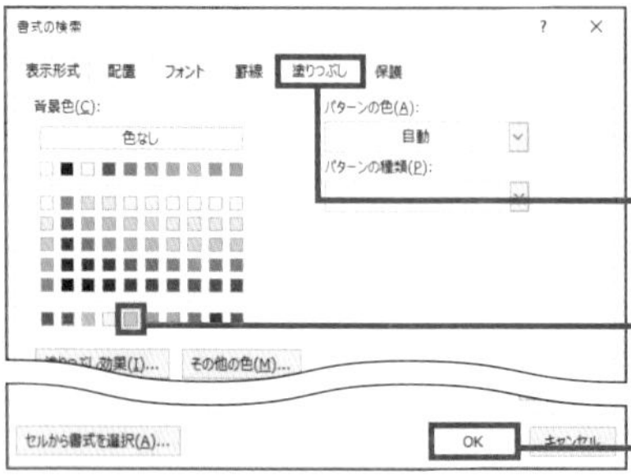

❻ <塗りつぶし>タブをクリックします。
❼ 検索する書式（ここでは「薄い緑」）をクリックして、
❽ < OK >をクリックします。

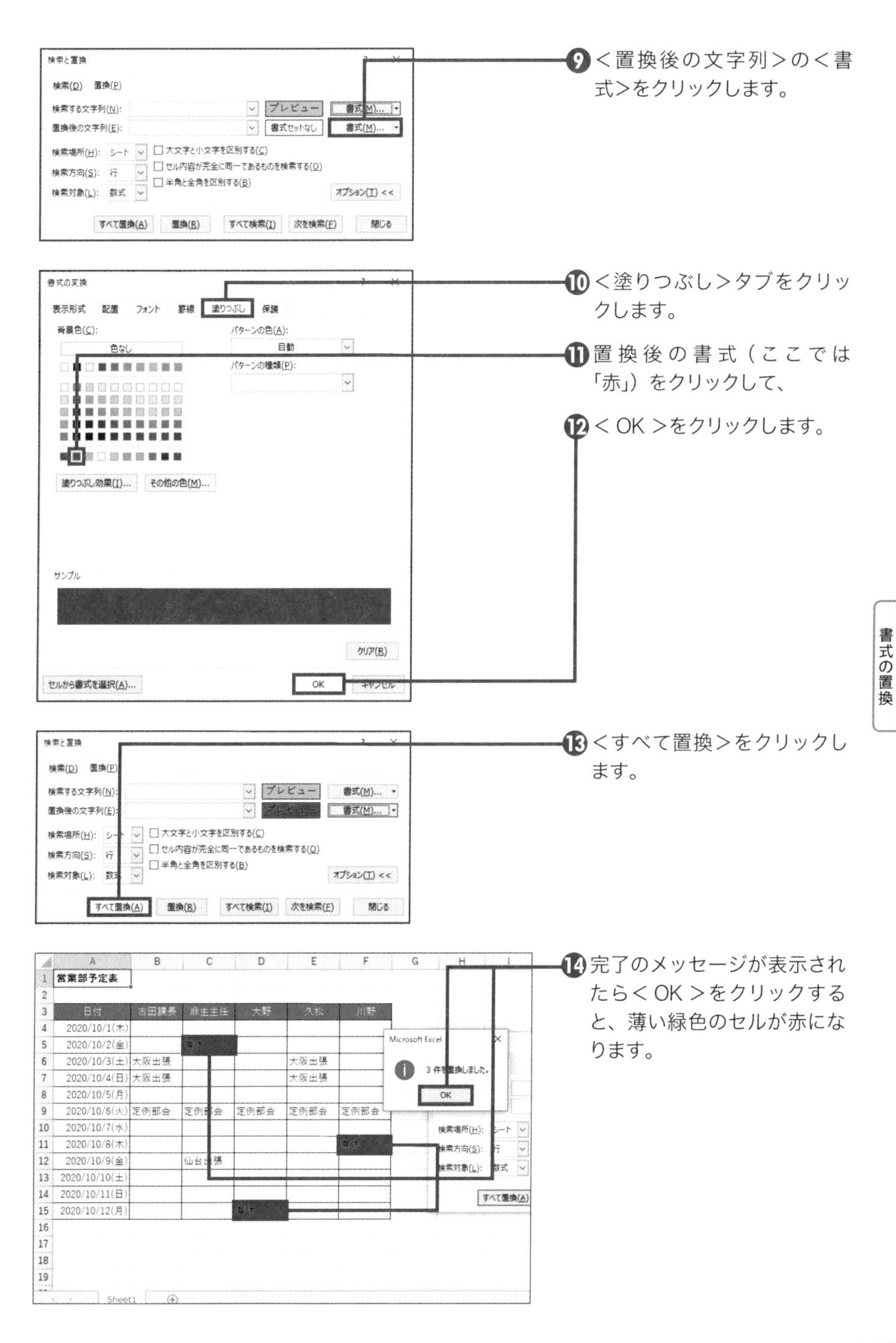

❾<置換後の文字列>の<書式>をクリックします。

❿<塗りつぶし>タブをクリックします。

⓫置換後の書式（ここでは「赤」）をクリックして、

⓬< OK >をクリックします。

⓭<すべて置換>をクリックします。

⓮完了のメッセージが表示されたら< OK >をクリックすると、薄い緑色のセルが赤になります。

SECTION
097
条件付き書式

条件に合ったセルを強調する

＜条件付き書式＞を使うと、指定した条件に一致したセルに書式を付けて強調することができます。条件には「指定の値より大きい」「指定の値より小さい」「指定の範囲内」「指定の値に等しい」などが用意されています。

条件付き書式を設定する

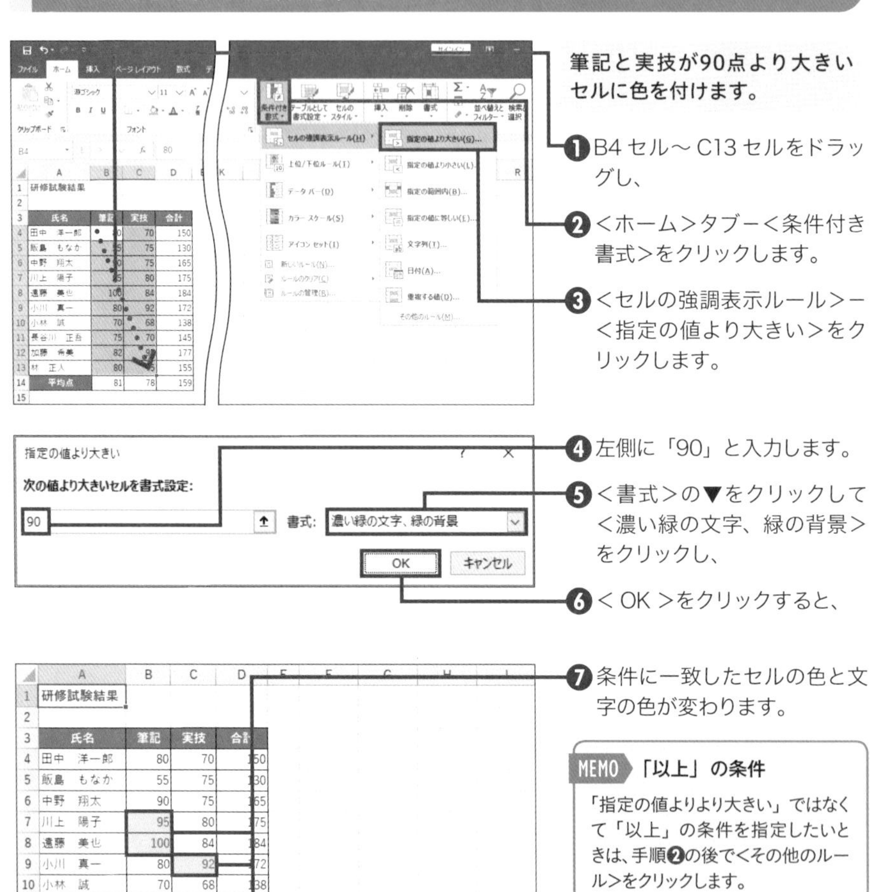

筆記と実技が90点より大きいセルに色を付けます。

❶ B4 セル～ C13 セルをドラッグし、

❷ ＜ホーム＞タブ－＜条件付き書式＞をクリックします。

❸ ＜セルの強調表示ルール＞－＜指定の値より大きい＞をクリックします。

❹ 左側に「90」と入力します。

❺ ＜書式＞の▼をクリックして＜濃い緑の文字、緑の背景＞をクリックし、

❻ ＜ OK ＞をクリックすると、

❼ 条件に一致したセルの色と文字の色が変わります。

MEMO 「以上」の条件

「指定の値よりより大きい」ではなくて「以上」の条件を指定したいときは、手順❷の後で＜その他のルール＞をクリックします。

SECTION 098 条件付き書式

指定した文字を含むセルを強調する

特定の文字が入力されたセルを強調するには、＜条件付き書式＞の＜文字列＞を使います。すると、指定した文字を含むセルが検索されて、指定した書式を付けられます。ここでは、住所に「横浜市」の文字を含むセルに色を付けます。

条件付き書式を設定する

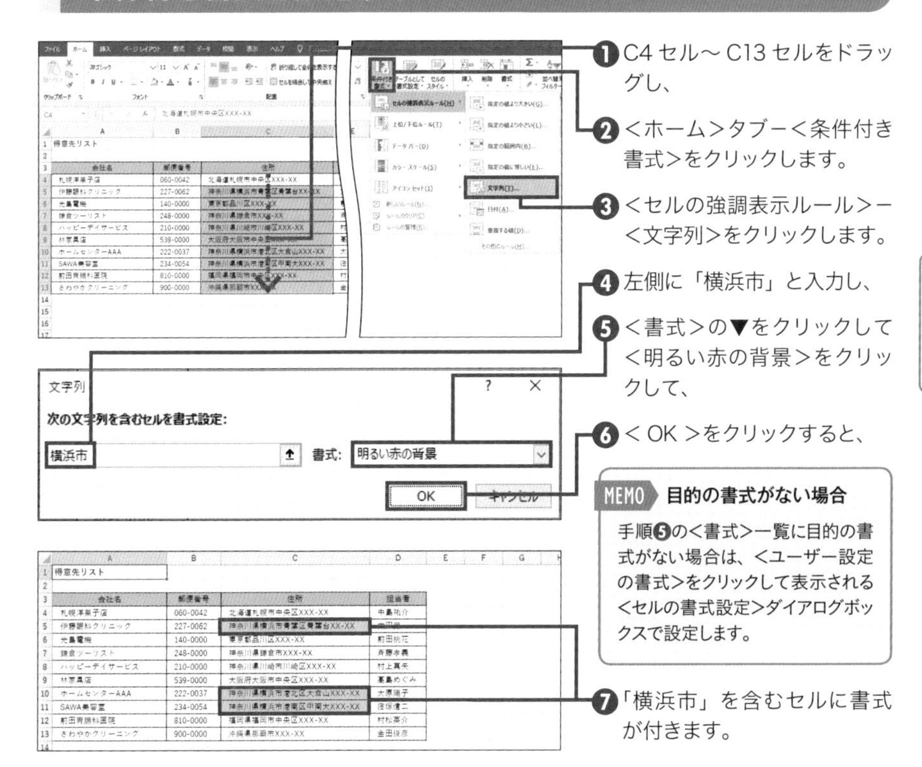

❶ C4 セル～ C13 セルをドラッグし、

❷ ＜ホーム＞タブ－＜条件付き書式＞をクリックします。

❸ ＜セルの強調表示ルール＞－＜文字列＞をクリックします。

❹ 左側に「横浜市」と入力し、

❺ ＜書式＞の▼をクリックして＜明るい赤の背景＞をクリックして、

❻ ＜ OK ＞をクリックすると、

❼「横浜市」を含むセルに書式が付きます。

MEMO 目的の書式がない場合

手順❺の＜書式＞一覧に目的の書式がない場合は、＜ユーザー設定の書式＞をクリックして表示される＜セルの書式設定＞ダイアログボックスで設定します。

COLUMN

文字が完全に一致するセルを探す

指定した文字と完全に一致するセルを探すには、手順❸で＜指定の値に等しい＞をクリックして、条件と書式を指定します。

SECTION 099 条件付き書式

上位や下位の数値を強調する

売上ベスト3やワースト3のように、上位や下位の数値を強調するには<条件付き書式>の<上位/下位ルール>を使います。指定した範囲の中で上位および下位からいくつの項目、あるいは何パーセントと指定したセルに書式を設定できます。

条件付き書式を設定する

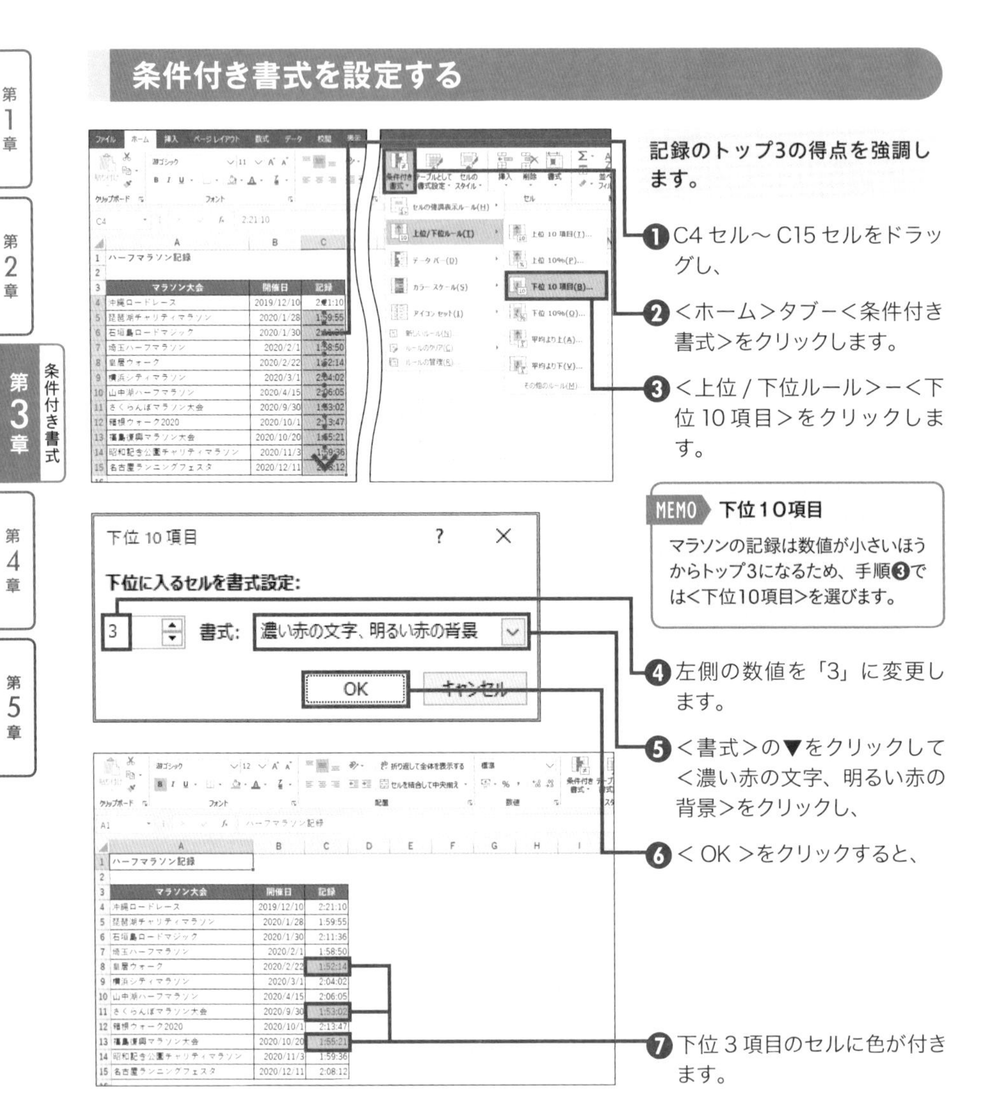

記録のトップ3の得点を強調します。

❶ C4 セル～ C15 セルをドラッグし、

❷ <ホーム>タブ－<条件付き書式>をクリックします。

❸ <上位 / 下位ルール>－<下位 10 項目>をクリックします。

MEMO 下位10項目

マラソンの記録は数値が小さいほうからトップ3になるため、手順❸では<下位10項目>を選びます。

❹ 左側の数値を「3」に変更します。

❺ <書式>の▼をクリックして<濃い赤の文字、明るい赤の背景>をクリックし、

❻ < OK >をクリックすると、

❼ 下位 3 項目のセルに色が付きます。

SECTION
100
条件付き書式

数値の大きさを棒の長さで示す

<条件付き書式>の<データバー>を使うと、数値の大きさを棒の長さで比較できます。わざわざグラフを作成しなくても、数値が入力されているセル内に簡易的な横棒グラフが表示されるので、数値の大きさを把握しやすくなります。

データバーを表示する

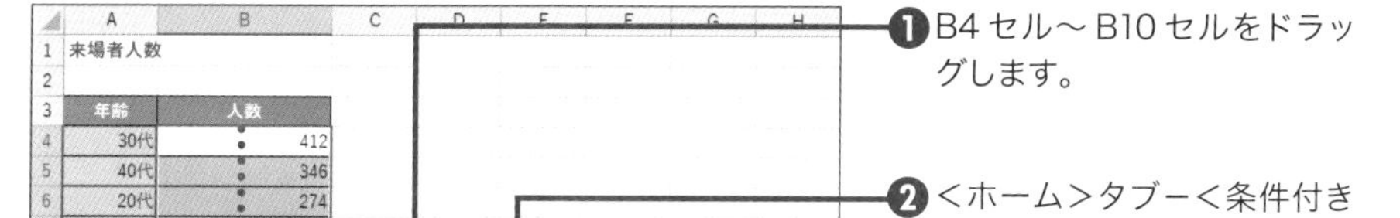

❶ B4セル〜B10セルをドラッグします。

❷ <ホーム>タブー<条件付き書式>をクリックします。

❸ <データバー>をクリックし、

❹ データバーの種類（ここでは「オレンジのデータバー」）をクリックすると、

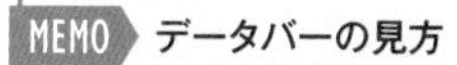

❺ セルの中にデータバーが表示されます。

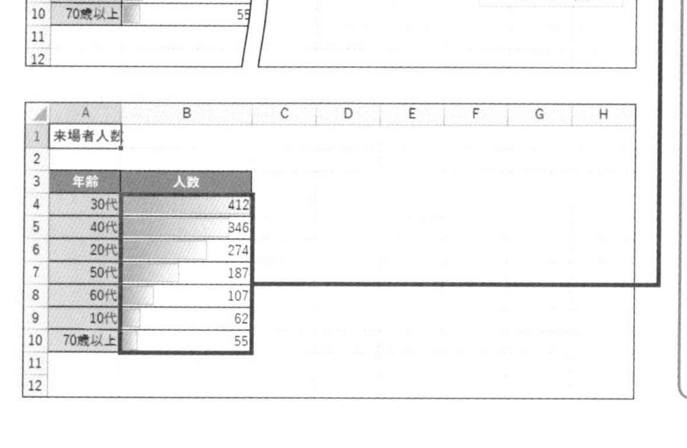

MEMO　データバーの見方

データバーの長さは、選択したセル範囲の中での最小値と最大値を基準にしています。最小値と最大値を手動で設定するには、手順❸の後で<その他のルール>をクリックし、<新しい書式ルール>ダイアログボックスで最小値と最大値の種類と値を指定します。

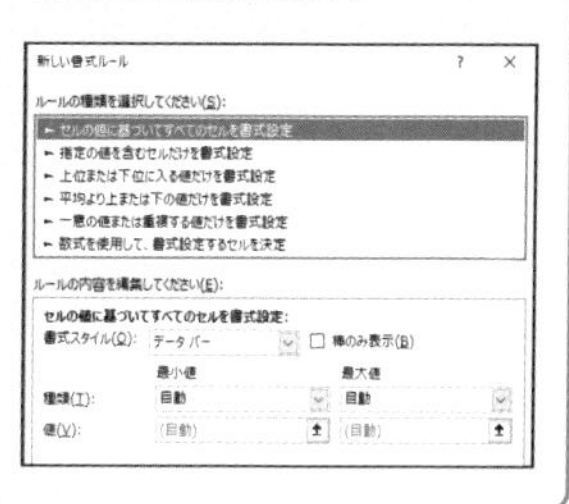

SECTION 101

条件付き書式

数値の大きさを色で示す

<条件付き書式>の<カラースケール>を使うと、数値の大きさをセルの色や濃淡で比較できます。たとえば、数値が大きいほど緑色が濃くなるカラースケールを設定すると、色の濃さを見ただけで数値の大小を直感的に把握できます。

カラースケールを表示する

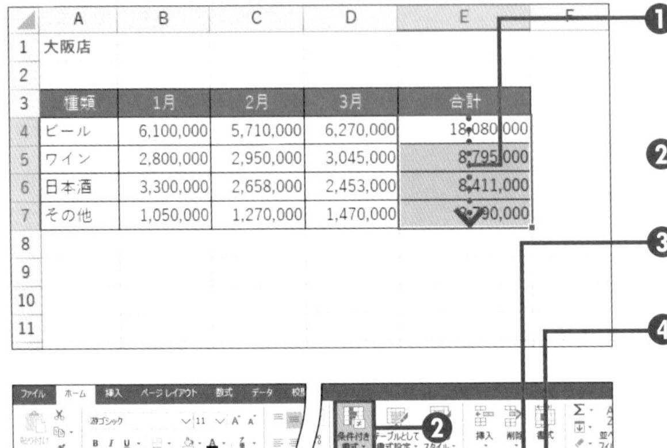

❶ E4セル～E7セルをドラッグします。

❷ <ホーム>タブ－<条件付き書式>をクリックします。

❸ <カラースケール>をクリックし、

❹ カラースケールの種類（ここでは「緑、白のカラースケール」）をクリックすると、

❺ 数値の大小でセルが色分けされます。

	A	B	C	D	E
1	大阪店				
2					
3	種類	1月	2月	3月	合計
4	ビール	6,100,000	5,710,000	6,270,000	18,080,000
5	ワイン	2,800,000	2,950,000	3,045,000	8,795,000
6	日本酒	3,300,000	2,658,000	2,453,000	8,411,000
7	その他	1,050,000	1,270,000	1,470,000	3,790,000

MEMO カラースケールの見方

カラースケールは、選択したセル範囲の中で最大値と最小値のセルに表示する色を決め、他のセルのデータが両者の間のどの辺りに位置するかを色の濃淡で表します。ここでは、数値の大小を表す2色のカラースケールを設定しましたが、中央の値も強調したいときには3色のカラースケールを使うと効果的です。

SECTION 102 条件付き書式

数値の大きさをアイコンで示す

<条件付き書式>の<アイコンセット>を使うと、数値を3～5種類の絵柄を使ってグループ分けすることができます。ここでは、体重の前日差によって「→」「↓」「↑」の3つの絵柄を表示します。グループ分けの区切りは後から手動で変更できます。

アイコンセットを表示する

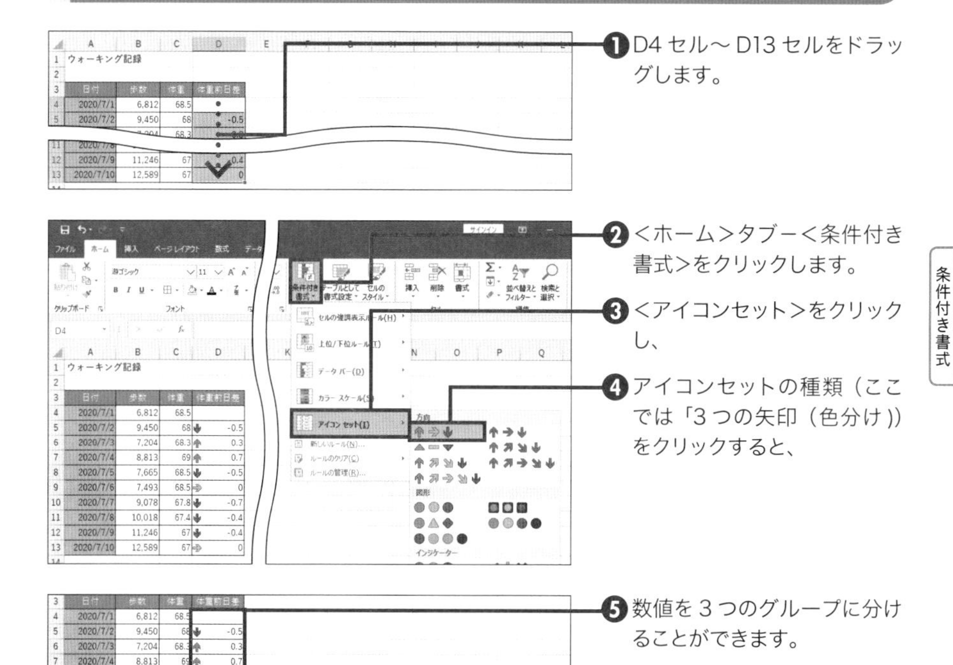

❶ D4セル～D13セルをドラッグします。

❷ <ホーム>タブ－<条件付き書式>をクリックします。

❸ <アイコンセット>をクリックし、

❹ アイコンセットの種類（ここでは「3つの矢印（色分け）」）をクリックすると、

❺ 数値を3つのグループに分けることができます。

MEMO **区切り位置の変更**

前日差がプラスなら「↑」、マイナス0.5までは「→」、マイナス0.6以上は「↓」が表示されるようにするには、手動で区切り位置を変更します。手順❸の後で<その他のルール>をクリックし、<新しい書式ルール>ダイアログボックスで、右図のように指定します。

セルの値に基づいてすべてのセルを書式設定:
書式スタイル(O): アイコン セット　アイコンの順序を逆にする(D)
アイコン スタイル(C):　アイコンのみ表示(I)
次のルールに従って各アイコンを表示:
アイコン(N)　値(V)　種類(T)
値　>=　67　パーセント
値 < 67 および　>=　33　パーセント
値 < 33

SECTION 103 条件付き書式

条件付き書式を解除する

Sec.97 ～ 102までで解説した<条件付き書式>が正しく設定できなかったときや、目的とは違うセルに設定してしまったときは、いったん解除してからやり直します。条件付き書式を解除するには、<ルールのクリア>を使います。

条件付き書式を解除する

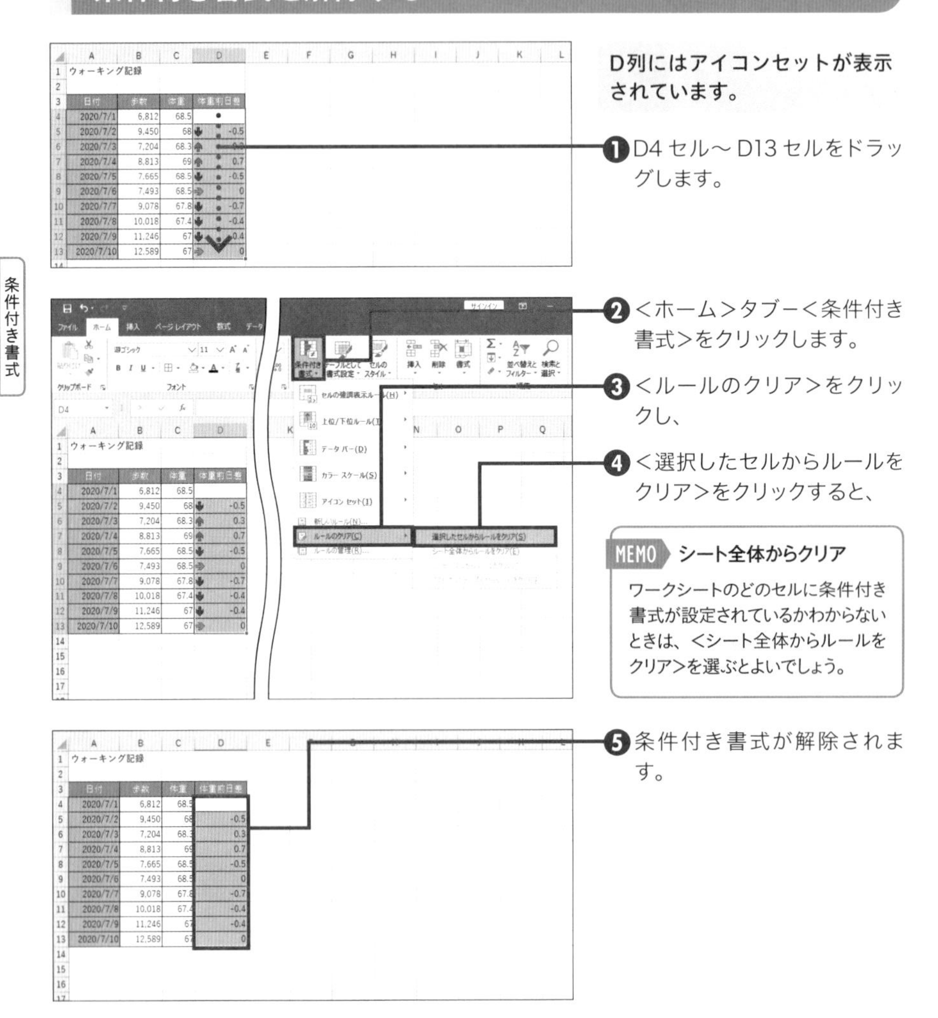

D列にはアイコンセットが表示されています。

❶ D4 セル～ D13 セルをドラッグします。

❷ <ホーム>タブー<条件付き書式>をクリックします。

❸ <ルールのクリア>をクリックし、

❹ <選択したセルからルールをクリア>をクリックすると、

MEMO シート全体からクリア

ワークシートのどのセルに条件付き書式が設定されているかわからないときは、<シート全体からルールをクリア>を選ぶとよいでしょう。

❺ 条件付き書式が解除されます。

第4章

数式&関数のプロ技

SECTION
104
数式

四則演算の数式を作成する

足し算、引き算、掛け算、割り算の四則演算の数式を入力します。数式を入力するときは、最初に結果を表示したいセルをクリックして「=」記号を入力します。その後、計算対象の数値が入力されているセルを指定して数式を作成します。

掛け算の数式を作成する

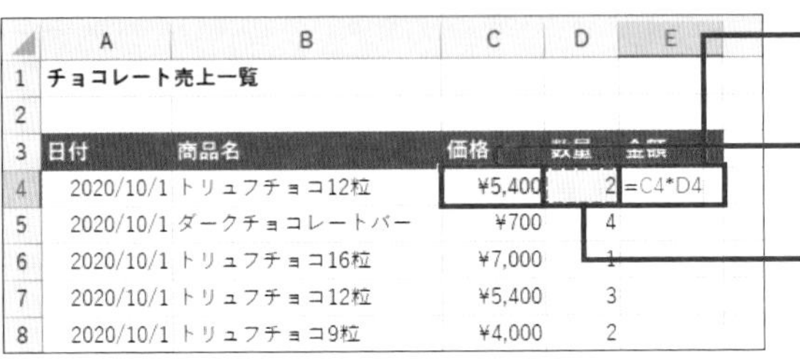

❶ E4セルをクリックして「=」を入力します。

❷ C4セルをクリックし、E4セルに「*」を入力します。

❸ D4セルをクリックし、E4セルに「=C4*D4」と入力されていることを確認します。

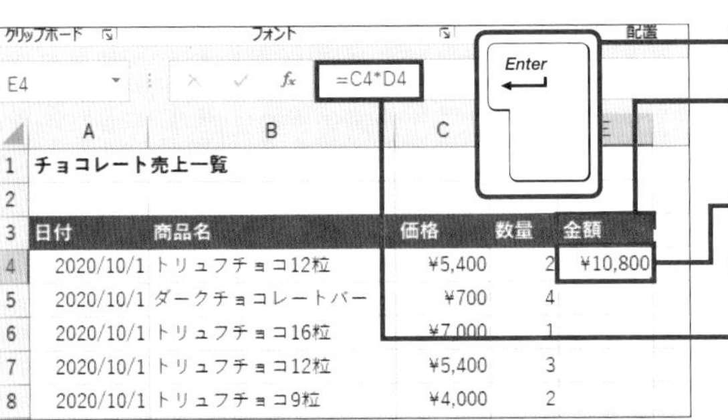

❹ Enter キーを押すと、

❺「単価」×「数量」の計算結果が表示されます。

❻ E4セルをクリックすると、

❼ 数式バーで数式の内容（ここでは「=C4*D4」）を確認できます。

MEMO　セル番地で数式を作る

数式を作成するときは、計算対象の数値が入力されているセルをクリックしながら数式を組み立てるのが基本です。こうすれば、指定したセルの数値が変更されたときも連動して計算結果も変わります。なお、「=10+5」のように数値を直接指定して計算することもできます。

COLUMN

算術演算子

四則演算などを行う算術演算子には、次のようなものがあります。

算術演算子	計算方法
+	足し算
-	引き算
*	掛け算

算術演算子	計算方法
/	割り算
%	パーセント
^	べき乗

SECTION

105

数式

数式をコピーする

同じ行や列に同じ内容の計算式を入力する場合は、1つずつのセルに数式を入力するのではなく、元になる数式をコピーします。数式をコピーすると、数式で参照しているセル番地がコピー先のセルに合わせて自動的に変わります。

数式を下方向にコピーする

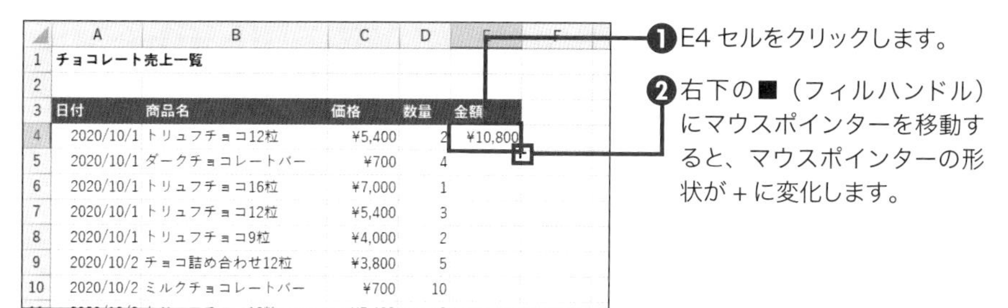

	A	B	C	D	E	F
1	チョコレート売上一覧					
2						
3	日付	商品名	価格	数量	金額	
4	2020/10/1	トリュフチョコ12粒	¥5,400	2	¥10,800	
5	2020/10/1	ダークチョコレートバー	¥700	4		
6	2020/10/1	トリュフチョコ16粒	¥7,000	1		
7	2020/10/1	トリュフチョコ12粒	¥5,400	3		
8	2020/10/1	トリュフチョコ9粒	¥4,000	2		
9	2020/10/2	チョコ詰め合わせ12粒	¥3,800	5		
10	2020/10/2	ミルクチョコレートバー	¥700	10		

❶E4 セルをクリックします。

❷右下の■（フィルハンドル）にマウスポインターを移動すると、マウスポインターの形状が＋に変化します。

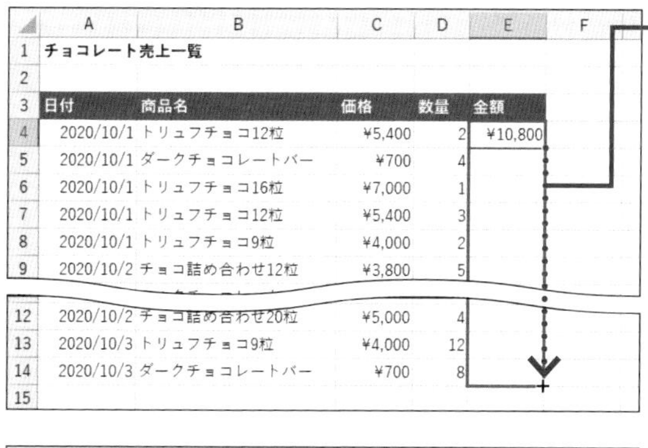

	A	B	C	D	E	F
1	チョコレート売上一覧					
2						
3	日付	商品名	価格	数量	金額	
4	2020/10/1	トリュフチョコ12粒	¥5,400	2	¥10,800	
5	2020/10/1	ダークチョコレートバー	¥700	4		
6	2020/10/1	トリュフチョコ16粒	¥7,000	1		
7	2020/10/1	トリュフチョコ12粒	¥5,400	3		
8	2020/10/1	トリュフチョコ9粒	¥4,000	2		
9	2020/10/2	チョコ詰め合わせ12粒	¥3,800	5		
12	2020/10/2	チョコ詰め合わせ20粒	¥5,000	4		
13	2020/10/3	トリュフチョコ9粒	¥4,000	12		
14	2020/10/3	ダークチョコレートバー	¥700	8		
15						

❸そのまま、表の最終行（ここでは E14 セル）までドラッグすると、

	A	B	C	D	E	F
1	チョコレート売上一覧					
2						
3	日付	商品名	価格	数量	金額	
4	2020/10/1	トリュフチョコ12粒	¥5,400	2	¥10,800	
5	2020/10/1	ダークチョコレートバー	¥700	4	¥2,800	
6	2020/10/1	トリュフチョコ16粒	¥7,000	1	¥7,000	
7	2020/10/1	トリュフチョコ12粒	¥5,400	3	¥16,200	
8	2020/10/1	トリュフチョコ9粒	¥4,000	2	¥8,000	
9	2020/10/2	チョコ詰め合わせ12粒	¥3,800	5	¥19,000	
13	2020/10/3	トリュフチョコ9粒	¥4,000	12	¥48,000	
14	2020/10/3	ダークチョコレートバー	¥700	8	¥5,600	
15						

❹数式がコピーされます。

COLUMN

コピー先でセル番地が変化する

E4セルの「=C4*D4」の数式をコピーすると、コピー先のセルではセル番地の行数が自動的に変化します。

セル番地	数式
E4 セル	=C4*D4
E5 セル	=C5*D5
E6 セル	=C6*D6
·	·
E14 セル	=C14*D14

SECTION 106 数式

絶対参照と相対参照を知る

Sec.105の操作で数式をコピーすると、コピー先のセルに合わせて数式で参照しているセル番地が自動的に変わります。これを「相対参照」と呼びます。一方、コピー先のセルでも元のセル番地のまま固定するには、セル番地を「絶対参照」で指定します。

絶対参照でセルを指定する

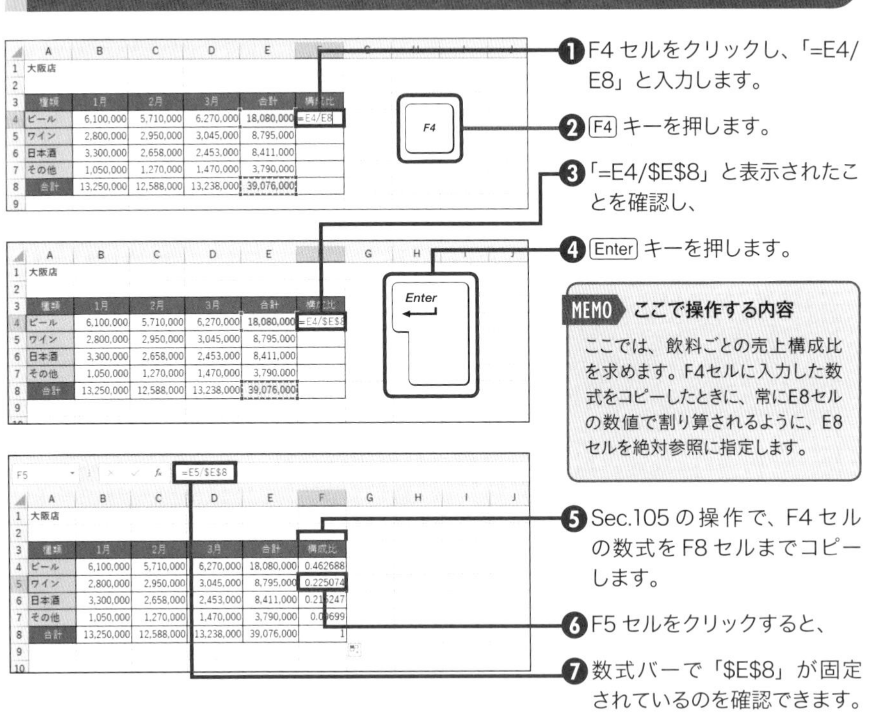

MEMO ここで操作する内容

ここでは、飲料ごとの売上構成比を求めます。F4セルに入力した数式をコピーしたときに、常にE8セルの数値で割り算されるように、E8セルを絶対参照に指定します。

COLUMN

絶対参照

セル番地の列番号と行番号の前に半角の$記号を付けると絶対参照になります。数式の作成中、セルをクリックした直後にF4キーを押すと、自動的に$記号が付きます。

セル番地	数式
F4セル	=E4/$E$8
F5セル	=E5/$E$8
F6セル	=E6/$E$8
F7セル	=E7/$E$8
F8セル	=E8/$E$8

SECTION 107 数式

参照元のセルを修正する

数式が入力されているセルをダブルクリックすると、参照元のセル番地やセル範囲に枠が付きます。この枠をドラッグすると参照元のセルの場所を変更できます。また、枠の四隅をドラッグすると参照元のセル範囲を変更できます。

参照元のセルを変更する

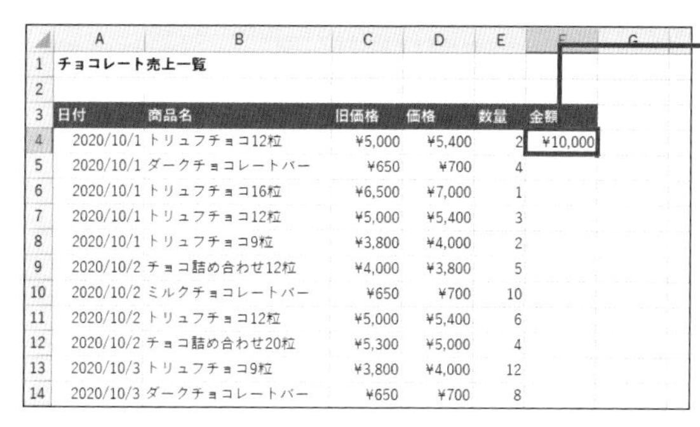

	A	B	C	D	E	F	G
1	チョコレート売上一覧						
2							
3	日付	商品名	旧価格	価格	数量	金額	
4	2020/10/1	トリュフチョコ12粒	¥5,000	¥5,400	2	¥10,000	
5	2020/10/1	ダークチョコレートバー	¥650	¥700	4		
6	2020/10/1	トリュフチョコ16粒	¥6,500	¥7,000	1		
7	2020/10/1	トリュフチョコ12粒	¥5,000	¥5,400	3		
8	2020/10/1	トリュフチョコ9粒	¥3,800	¥4,000	2		
9	2020/10/2	チョコ詰め合わせ12粒	¥4,000	¥3,800	5		
10	2020/10/2	ミルクチョコレートバー	¥650	¥700	10		
11	2020/10/2	トリュフチョコ12粒	¥5,000	¥5,400	6		
12	2020/10/2	チョコ詰め合わせ20粒	¥5,300	¥5,000	4		
13	2020/10/3	トリュフチョコ9粒	¥3,800	¥4,000	12		
14	2020/10/3	ダークチョコレートバー	¥650	¥700	8		

❶ F4セルをダブルクリックします。

MEMO ここで操作する内容

ここでは、F4セルの数式を修正して「価格」×「数量」の結果が正しく表示されるように「=D4*E4」に変更します。数式バーに表示される数式を直接修正することもできます。

	A	B	C	D	E	F	G
1	チョコレート売上一覧						
2							
3	日付	商品名	旧価格	価格	数量	金額	
4	2020/10/1	トリュフチョコ12粒	¥5,000	¥5,400	2	=C4*E4	
5	2020/10/1	ダークチョコレートバー	¥650	¥700	4		
6	2020/10/1	トリュフチョコ16粒	¥6,500	¥7,000	1		
7	2020/10/1	トリュフチョコ12粒	¥5,000	¥5,400	3		
8	2020/10/1	トリュフチョコ9粒	¥3,800	¥4,000	2		
9	2020/10/2	チョコ詰め合わせ12粒	¥4,000	¥3,800	5		
10	2020/10/2	ミルクチョコレートバー	¥650	¥700	10		
11	2020/10/2	トリュフチョコ12粒	¥5,000	¥5,400	6		
12	2020/10/2	チョコ詰め合わせ20粒	¥5,300	¥5,000	4		
13	2020/10/3	トリュフチョコ9粒	¥3,800	¥4,000	12		
14	2020/10/3	ダークチョコレートバー	¥650	¥700	8		

❷ 参照元のセルに枠が付きます。

❸ C4セルの外枠にマウスポインターを移動するとマウスポインターの形状が変わるので、そのまま、D4セルまでドラッグします。

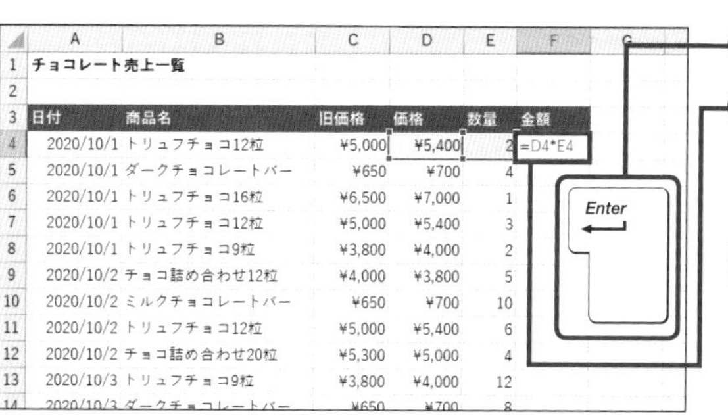

	A	B	C	D	E	F	G
1	チョコレート売上一覧						
2							
3	日付	商品名	旧価格	価格	数量	金額	
4	2020/10/1	トリュフチョコ12粒	¥5,000	¥5,400	2	=D4*E4	
5	2020/10/1	ダークチョコレートバー	¥650	¥700	4		
6	2020/10/1	トリュフチョコ16粒	¥6,500	¥7,000	1		
7	2020/10/1	トリュフチョコ12粒	¥5,000	¥5,400	3		
8	2020/10/1	トリュフチョコ9粒	¥3,800	¥4,000	2		
9	2020/10/2	チョコ詰め合わせ12粒	¥4,000	¥3,800	5		
10	2020/10/2	ミルクチョコレートバー	¥650	¥700	10		
11	2020/10/2	トリュフチョコ12粒	¥5,000	¥5,400	6		
12	2020/10/2	チョコ詰め合わせ20粒	¥5,300	¥5,000	4		
13	2020/10/3	トリュフチョコ9粒	¥3,800	¥4,000	12		
14	2020/10/3	ダークチョコレートバー	¥650	¥700	8		

❹ Enter キーを押すと、

❺ 数式の参照元のセルをC4セルからD4セルに変更できます。

MEMO セル範囲を変更する

参照元のセル範囲を拡大／縮小するには、参照元セル範囲の枠の四隅に表示される■をドラッグします。

SECTION 108 数式

参照元／参照先のセルを確認する

数式の参照元セルや参照先セルをひと目で把握するには、<参照先のトレース>や<参照元のトレース>を使うとよいでしょう。トレースには計算過程を追跡するという意味があり、数式で参照しているセルに青い矢印が表示されます。

参照元のトレースを表示する

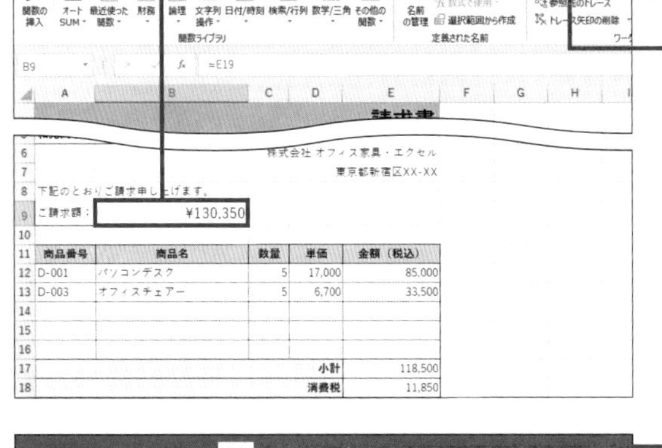

❶ B9 セルをクリックします。

❷ <数式>タブをクリックし、

❸ <参照元のトレース>をクリックします。

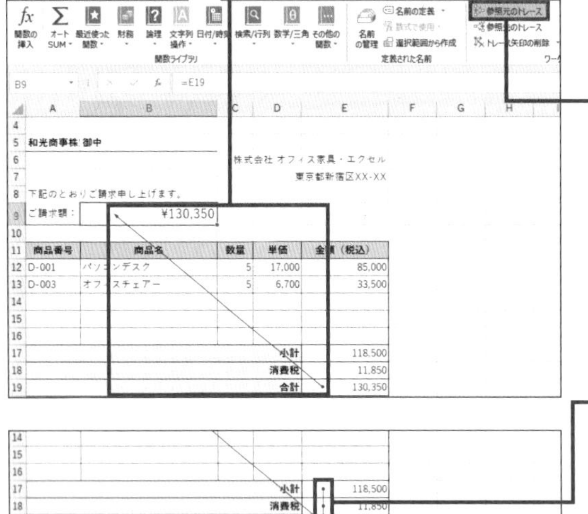

❹ 参照元セルに矢印が表示され、E19 セルの数値を参照していることが確認できます。

❺ 続けて、<参照元のトレース>をクリックすると、

❻ 参照元セルが参照しているセルに矢印が表示され、E17 セルと E18 セルを参照していることが確認できます。

参照先のトレースを表示する

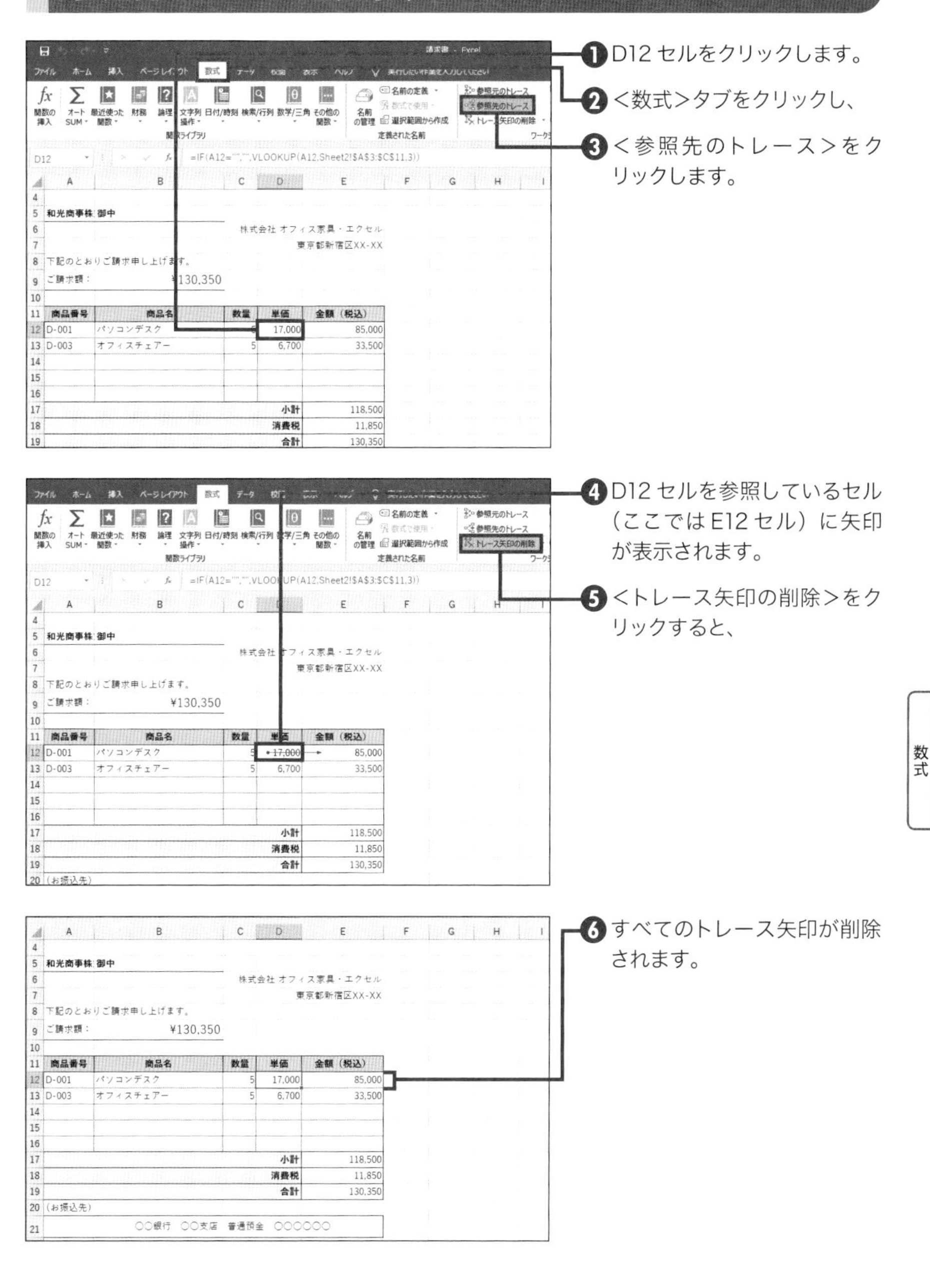

SECTION 109

循環参照のエラーを解消する

数式

数式の中で、数式を入力しているセルそのもののセル番地を指定すると、循環参照のエラーが表示されます。このようなときは、<数式>タブの<エラーチェック>を使って、エラーが発生しているセルを確認してから対応しましょう。

循環参照エラーの原因のセルを探す

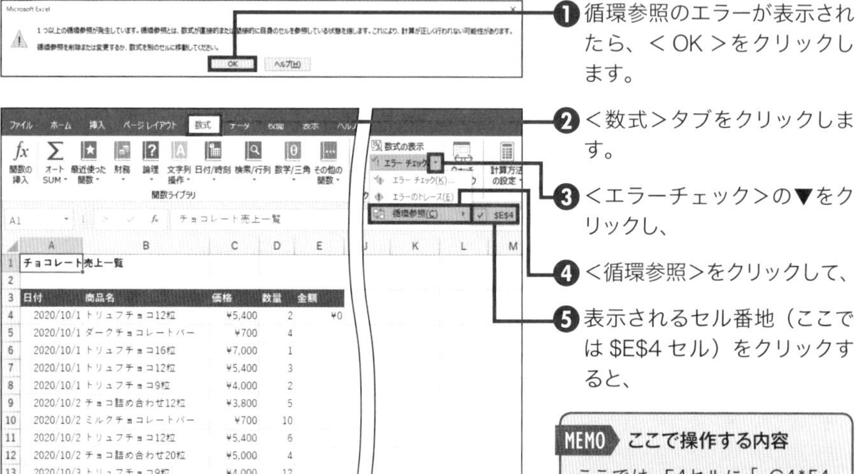

❶ 循環参照のエラーが表示されたら、< OK >をクリックします。

❷ <数式>タブをクリックします。

❸ <エラーチェック>の▼をクリックし、

❹ <循環参照>をクリックして、

❺ 表示されるセル番地（ここでは $E$4 セル）をクリックすると、

MEMO　ここで操作する内容

ここでは、E4セルに「=C4*E4」の数式が入力されています。計算結果を表示するセルと同じセル番地が数式に指定されているため、循環参照エラーが表示されます。

❻ エラーの原因であるE4セルにアクティブセルが移動します。

❼「=C4*E4」の数式を「=C4*D4」に修正して、

❽ Enter キーを押すと、正しい計算結果が表示されます。

SECTION 110
数式

計算結果をすばやく確認する

<オートカルク>を使うと、数式を作成しなくても合計や平均、データの個数などの計算結果を確認できます。計算対象のセル範囲をドラッグしただけでステータスバーに計算結果が表示されるので、一時的に計算結果を確認したいときに便利です。

オートカルクで計算結果を表示する

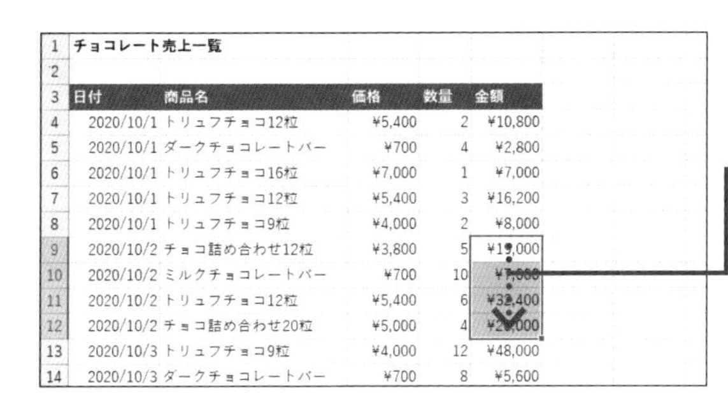

	日付	商品名	価格	数量	金額
1	チョコレート売上一覧				
2					
3	日付	商品名	価格	数量	金額
4	2020/10/1	トリュフチョコ12粒	¥5,400	2	¥10,800
5	2020/10/1	ダークチョコレートバー	¥700	4	¥2,800
6	2020/10/1	トリュフチョコ16粒	¥7,000	1	¥7,000
7	2020/10/1	トリュフチョコ12粒	¥5,400	3	¥16,200
8	2020/10/1	トリュフチョコ9粒	¥4,000	2	¥8,000
9	2020/10/2	チョコ詰め合わせ12粒	¥3,800	5	¥19,000
10	2020/10/2	ミルクチョコレートバー	¥700	10	¥7,000
11	2020/10/2	トリュフチョコ12粒	¥5,400	6	¥32,400
12	2020/10/2	チョコ詰め合わせ20粒	¥5,000	4	¥20,000
13	2020/10/3	トリュフチョコ9粒	¥4,000	12	¥48,000
14	2020/10/3	ダークチョコレートバー	¥700	8	¥5,600

「10/2」の売上の合計金額を表示します。

❶ 合計を求めるセル（ここではE9セル～E12セル）をドラッグすると、

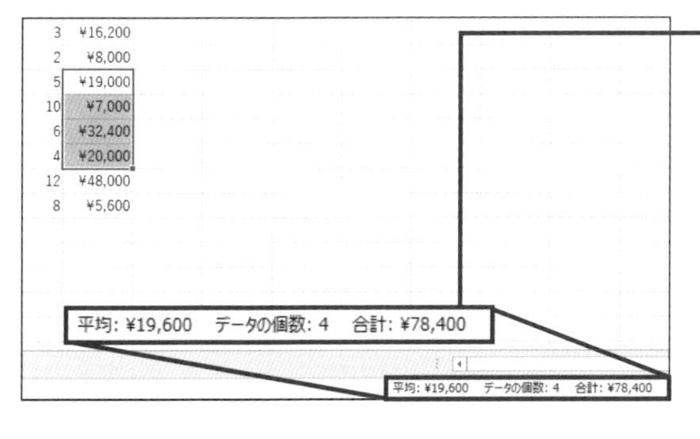

❷ データの個数や合計金額などが表示されます。

COLUMN

計算の種類を変更する

ステータスバーに表示する計算の種類は、ステータスバーを右クリックしたときに表示されるメニューから変更できます。表示する項目をクリックしてチェックを付けます。

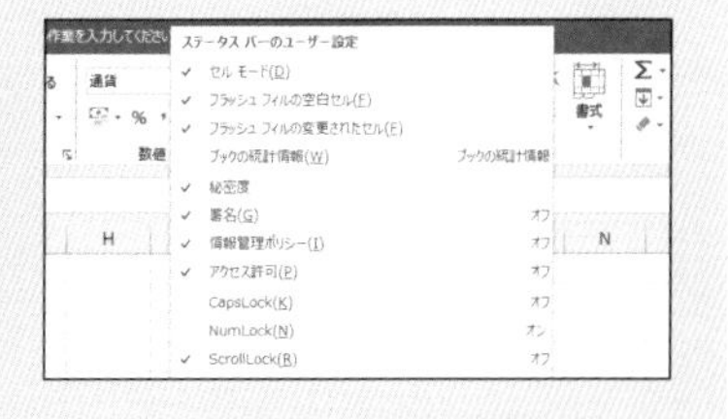

計算結果の値だけをコピーする

計算結果が表示されているセルを他のセルにコピーすると、数式そのものがコピーされます。そのため、数式で参照しているセルがコピー先にないとエラーになります。このようなときは、＜貼り付けのオプション＞を使って、計算結果の値だけをコピーします。

値をコピーする

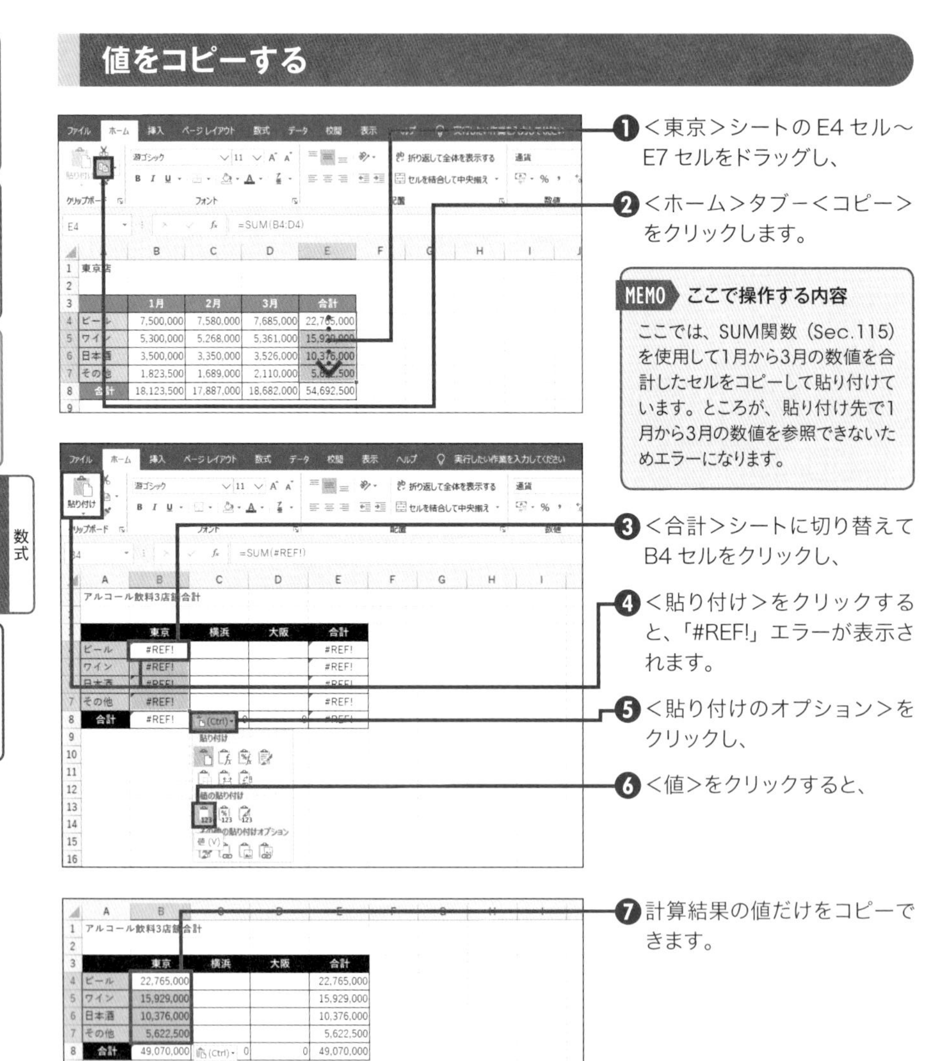

❶＜東京＞シートのE4セル〜E7セルをドラッグし、

❷＜ホーム＞タブ−＜コピー＞をクリックします。

MEMO　ここで操作する内容

ここでは、SUM関数（Sec.115）を使用して1月から3月の数値を合計したセルをコピーして貼り付けています。ところが、貼り付け先で1月から3月の数値を参照できないためエラーになります。

❸＜合計＞シートに切り替えてB4セルをクリックし、

❹＜貼り付け＞をクリックすると、「#REF!」エラーが表示されます。

❺＜貼り付けのオプション＞をクリックし、

❻＜値＞をクリックすると、

❼計算結果の値だけをコピーできます。

SECTION 112

数式

数式の内容をセルに表示する

数式を入力したセルを選択すると、数式バーに数式の内容が表示されますが、<数式の表示>を使って、セル内に直接数式を表示することもできます。<数式の表示>をクリックするたびに、数式の表示と非表示が交互に切り替わります。

数式をセルに表示する

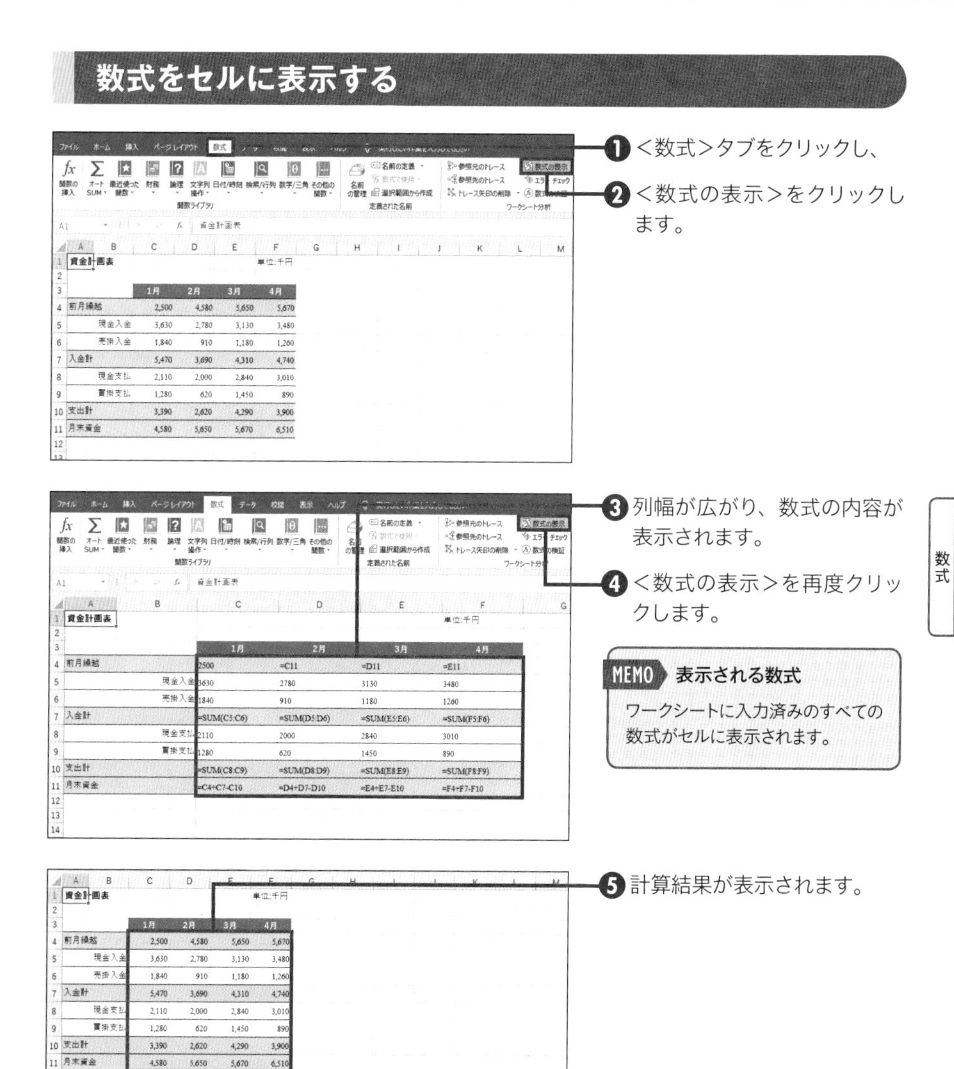

❶ <数式>タブをクリックし、

❷ <数式の表示>をクリックします。

❸ 列幅が広がり、数式の内容が表示されます。

❹ <数式の表示>を再度クリックします。

❺ 計算結果が表示されます。

MEMO 表示される数式

ワークシートに入力済みのすべての数式がセルに表示されます。

SECTION 113 関数

関数について知る

関数とはあらかじめ定義された数式のことで、ルールに沿って入力すると、複雑な計算をかんたんに行うことができます。Excelには400以上の関数が用意されており、目的に合わせて使うことができます。関数を入力する際に必要な用語を理解しましょう。

第1章 第2章 第3章 第4章 関数 第5章

関数名と引数を指定する

関数を入力するときは、「=」の後に「関数名」を入力し、関数で計算するために必要な「引数」（ひきすう）を () の中に指定します。たとえば、以下の図で示す SUM 関数は、引数で指定したセル範囲の合計を求めます（Sec.115）。

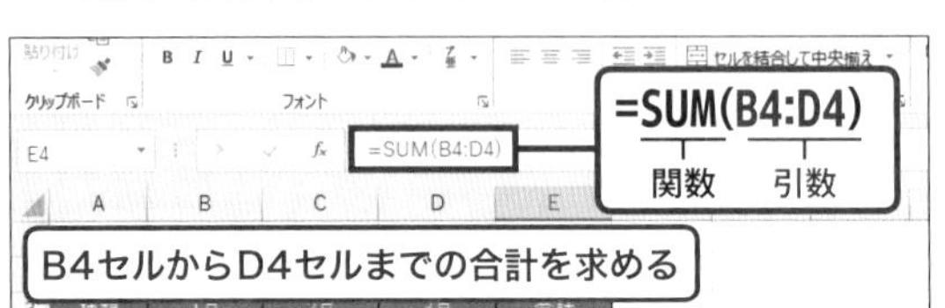

MEMO 引数

引数とは、関数で計算するために指定する内容で、関数によって数や指定する内容が異なります。

COLUMN

関数の分類

主な関数は以下の通りです。<数式>タブには、関数の分類別にボタンが表示されます。

関数	説明
財務	財務計算に使う関数。
日付 / 時刻	日時に関連するデータを計算する関数。
数学 / 三角	基本的な計算や三角関数などを行う関数。
統計	平均、最大値、最小値、標準偏差など、統計計算をするための関数。
検索 / 行列	他のセルの値を参照したり、データの行と列を入れ替えたりする関数。
データベース	指定した条件に一致するデータの抽出や集計を行う関数。
文字列操作	文字列の連結や置換など、文字を使って計算を行う関数。

関数	説明
論理	条件によって処理を分岐する IF 関数と、論理式が用意されている関数。
情報	セルやシートについての情報を得るための関数。
エンジニアリング	数値の単位を変換したりベッセル関数の値を求めたりするなど、特殊な計算をするための関数。
キューブ	データベースからデータを取りだして分析するための関数。
互換性	Excel 2007 以前のバージョンと互換性を持ち、Excel 2010 以降に名前が変更になった関数。
Web	Web サービスから目的の数値や文字列を取りだす関数。

SECTION 114 関数

関数の入力方法を知る

使い慣れた関数はキーボードから直接入力するのが早いですが、引数の設定方法がわからないときには、<関数の挿入>ダイアログボックスを利用するとよいでしょう。<関数の挿入>ダイアログボックスには、引数の指定方法のヒントが表示されます。

<関数の挿入>画面で関数を入力する

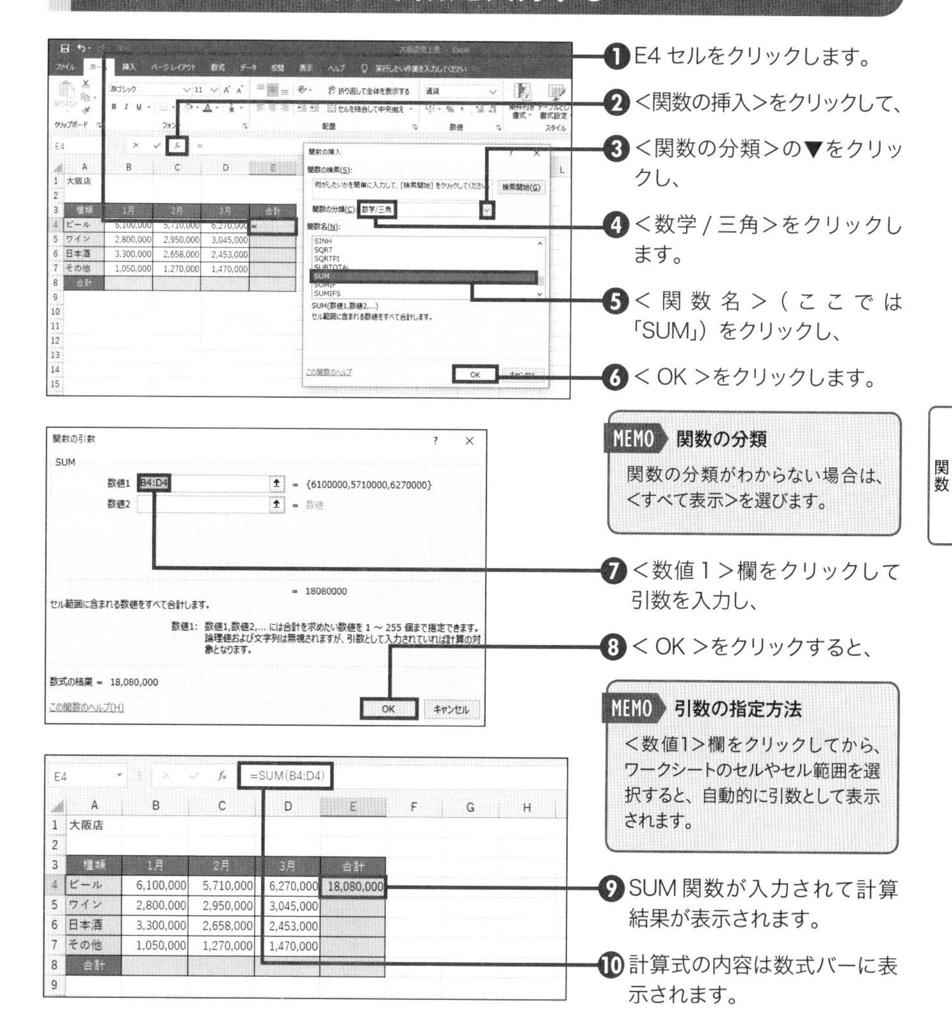

SUM関数

合計を表示する

合計を求めるにはSUM（サム）関数を使います。<ホーム>タブの<オートSUM>を使うと、SUM関数をワンクリックで入力できます。ただし、常に正しく引数が指定されるとは限りません。表示された引数をしっかりチェックしましょう。

SUM関数で合計を求める

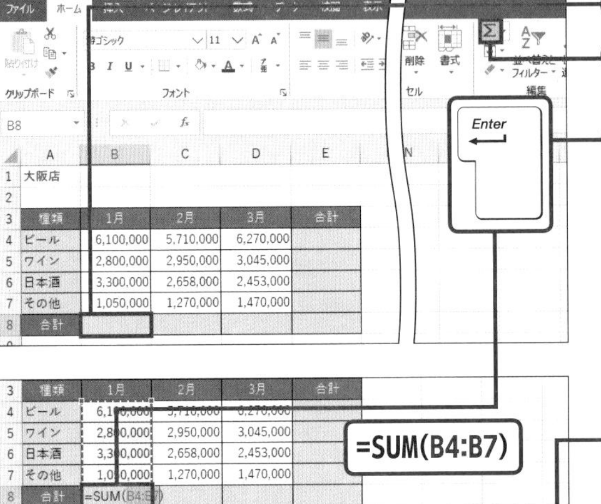

❶ B8セルをクリックして、

❷ <ホーム>タブー<オートSUM>をクリックすると、

❸ SUM関数が表示されます。引数のセル範囲を確認して Enter キーを押すと、

❹ 合計の計算結果が表示されます。

❺ Sec.105の操作で数式をコピーすると、C8セルとD8セルの合計も表示されます。

MEMO セル範囲を修正する

引数が間違って表示された場合は、正しいセル範囲をドラッグし直します。

書式 =SUM(数値1,[数値2],…)

引数

数値1 **必須** 合計を求める数値や、数値が入力されたセル範囲

数値2 **任意** 合計を求める数値や、数値が入力されたセル範囲（最大255個まで指定可能）

説明 引数で指定した数値やセル範囲の合計を求めます。隣接するセル範囲は「:(コロン)」、離れた場所のセルは「,(カンマ)」で区切って指定します。両方を組み合わせて使うこともできます。

入力例	意味
=SUM(B5:B9)	B5セルからB9セルの合計
=SUM(A1,A3,A5)	A1セルとA3セルとA5セルの合計
=SUM(A1,B5:B9)	A1セルと、B5セルからB9セルの合計

SECTION 116 関数

AVERAGE関数

平均を表示する

数値の平均を求めるにはAVERAGE（アベレージ）関数を使います。よく使う関数は<オートSUM>から選べるようになっており、AVERAGE関数もその1つです。<オートSUM>の▼をクリックして<平均>を選ぶと、AVERAGE関数が自動入力されます。

<オートSUM>でAVERAGE関数を入力する

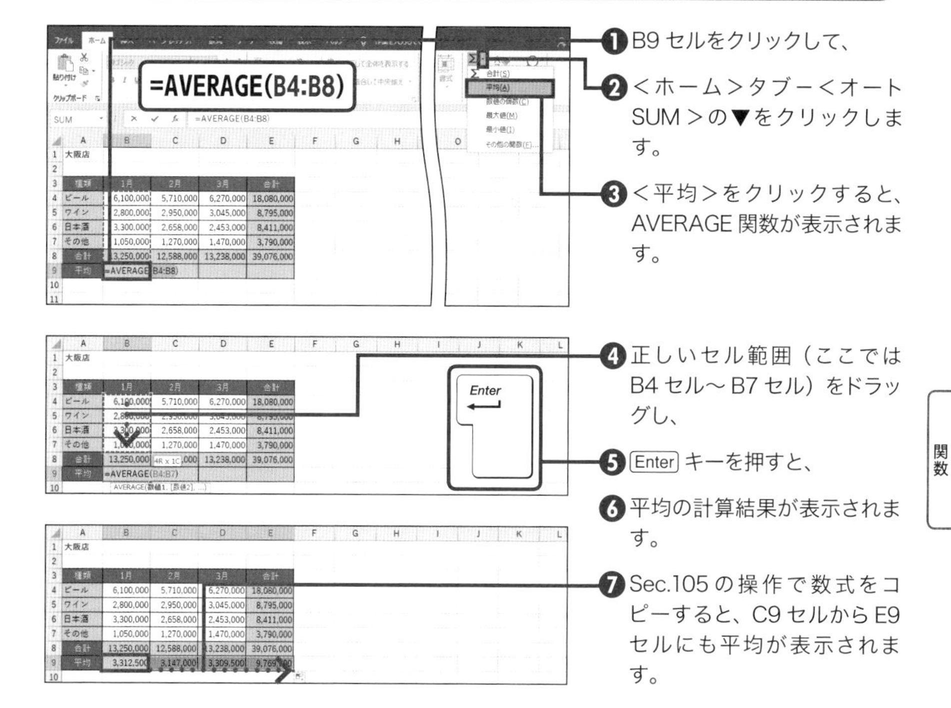

❶ B9セルをクリックして、

❷ <ホーム>タブ－<オートSUM>の▼をクリックします。

❸ <平均>をクリックすると、AVERAGE関数が表示されます。

❹ 正しいセル範囲（ここではB4セル～B7セル）をドラッグし、

❺ Enter キーを押すと、

❻ 平均の計算結果が表示されます。

❼ Sec.105の操作で数式をコピーすると、C9セルからE9セルにも平均が表示されます。

書式　=AVERAGE(数値1,[数値2],…)

引数

数値1	必須	平均を求める数値や、数値が入力されたセル範囲
数値2	任意	平均を求める数値や、数値が入力されたセル範囲（最大255個まで指定可能）

説明　引数で指定した数値やセル範囲の数値の平均を求めます。引数の指定方法は、SUM関数と同様です（Sec.115）。

数値の個数を表示する

COUNT関数

数値の個数を求めるにはCOUNT(カウント)関数を使います。<オートSUM>の▼をクリックして<数値の個数>を選ぶと、COUNT関数が自動入力されます。COUNT関数では、セルに数値が入力されているセルの数を数えます。

<オートSUM>でCOUNT関数を入力する

D4セル～D13セルに入力されている数値の個数を表示します。

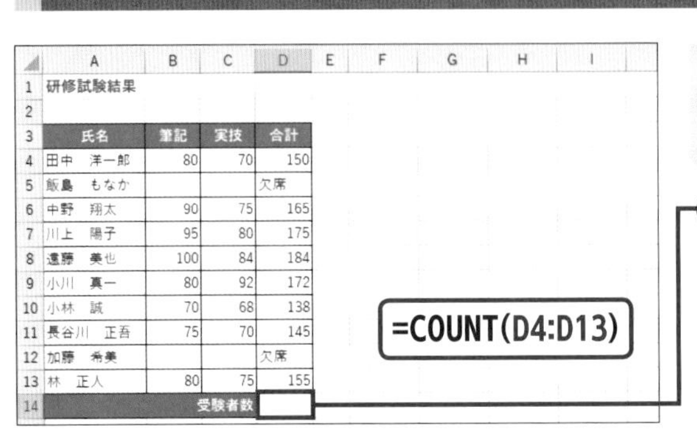

	A	B	C	D
1	研修試験結果			
2				
3	氏名	筆記	実技	合計
4	田中　洋一郎	80	70	150
5	飯島　もなか			欠席
6	中野　翔太	90	75	165
7	川上　陽子	95	80	175
8	遠藤　美也	100	84	184
9	小川　真一	80	92	172
10	小林　誠	70	68	138
11	長谷川　正吾	75	70	145
12	加藤　希美			欠席
13	林　正人	80	75	155
14			受験者数	

❶ Sec.116の手順を参考に、<オートSUM>の▼をクリックして表示されるメニューから<数値の個数>をクリックしてD14セルにCOUNT関数を入力します。

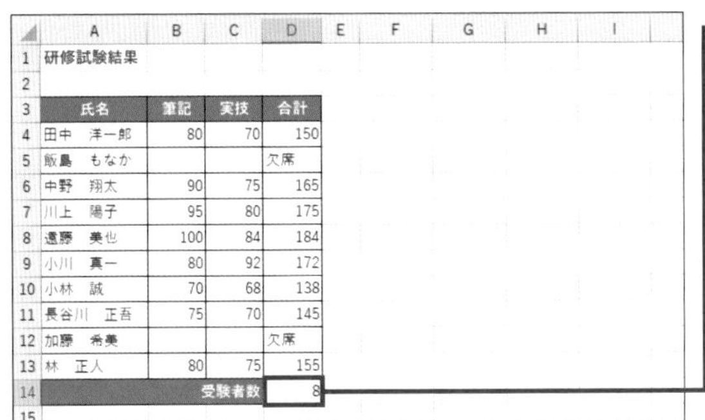

	A	B	C	D
1	研修試験結果			
2				
3	氏名	筆記	実技	合計
4	田中　洋一郎	80	70	150
5	飯島　もなか			欠席
6	中野　翔太	90	75	165
7	川上　陽子	95	80	175
8	遠藤　美也	100	84	184
9	小川　真一	80	92	172
10	小林　誠	70	68	138
11	長谷川　正吾	75	70	145
12	加藤　希美			欠席
13	林　正人	80	75	155
14			受験者数	8
15				

❷ D4セル～D13セルに入力されている数値の個数が表示されます。

書式　=COUNT(値1,[値2],…)

引数	数値1	必須	数値データの個数を求める項目や、数値が入力されたセル範囲
	数値2	任意	数値データの個数を求める項目や、数値が入力されたセル範囲（最大255個まで指定可能）
説明	引数で指定した数値やセル範囲に入力されている数値の個数を求めます。引数の指定方法は、SUM関数と同様です（Sec.115）。		

SECTION 118 関数

最大値や最小値を表示する

MAX関数
MIN関数

指定したセル範囲の中での数値の最大値はMAX（マックス）関数、最小値はMIN（ミニマム）関数で求められます。どちらの関数も、<オートSUM>の▼をクリックして表示されるメニューから、<最大値>や<最小値>をクリックすることで入力できます。

<オートSUM>でMAX関数とMIN関数を入力する

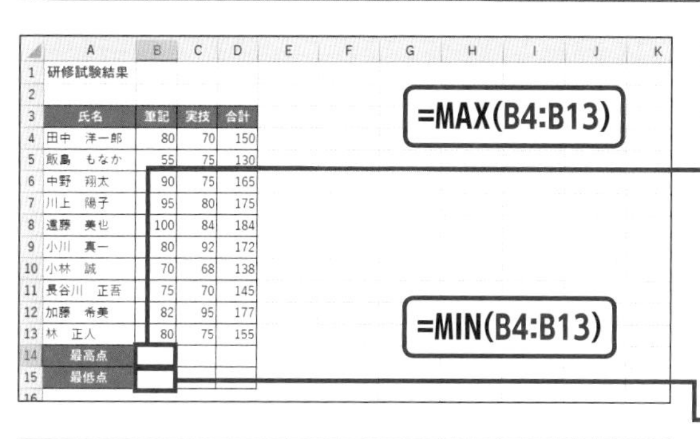

	A	B	C	D
1	研修試験結果			
2				
3	氏名	筆記	実技	合計
4	田中 洋一郎	80	70	150
5	飯島 もなか	55	75	130
6	中野 翔太	90	75	165
7	川上 陽子	95	80	175
8	遠藤 美也	100	84	184
9	小川 真一	80	92	172
10	小林 誠	70	68	138
11	長谷川 正吾	75	70	145
12	加藤 希美	82	95	177
13	林 正人	80	75	155
14	最高点			
15	最低点			

	A	B	C	D
1	研修試験結果			
2				
3	氏名	筆記	実技	合計
4	田中 洋一郎	80	70	150
5	飯島 もなか	55	75	130
6	中野 翔太	90	75	165
7	川上 陽子	95	80	175
8	遠藤 美也	100	84	184
9	小川 真一	80	92	172
10	小林 誠	70	68	138
11	長谷川 正吾	75	70	145
12	加藤 希美	82	95	177
13	林 正人	80	75	155
14	最高点	100		
15	最低点	55		

B4セル～B13セルの最大値と最小値を求めます。

1. Sec.116の手順を参考に、<オートSUM>の▼をクリックして表示されるメニューから<最大値>をクリックしてB14セルにMAX関数を入力します。
2. 同様に、<最小値>をクリックしてB15セルにMIN関数を入力します。
3. B14セルにB4セル～B13セルの最大値が、B15セルにB4セル～B13セルの最小値が表示されます。

書式 =MAX(数値1,[数値2],…)
=MIN(数値1,[数値2],…)

引数

数値1	必須	最大値（最小値）を求める数値や、数値が入力されたセル範囲
数値2	任意	最大値（最小値）を求める数値や、数値が入力されたセル範囲（最大255個まで指定可能）

説明 MAX関数は、引数で指定した数値やセル範囲に入力されている数値の最大値を求めます。MIN関数は、最小値を求めます。引数に数値が含まれていない場合は0です。引数の指定方法はSUM関数と同様です（Sec.115）。

SECTION 119 関数

縦横の合計を一度に表示する

SUM関数

SUM関数を使うと、表の縦横の合計を一度に求められます。最初に合計の元になる数値と計算結果を表示するセルをまとめて選択し、次に<オートSUM>をクリックします。何度も数式をコピーする手間が省けて便利です。

SUM関数で縦横の合計を一度に求める

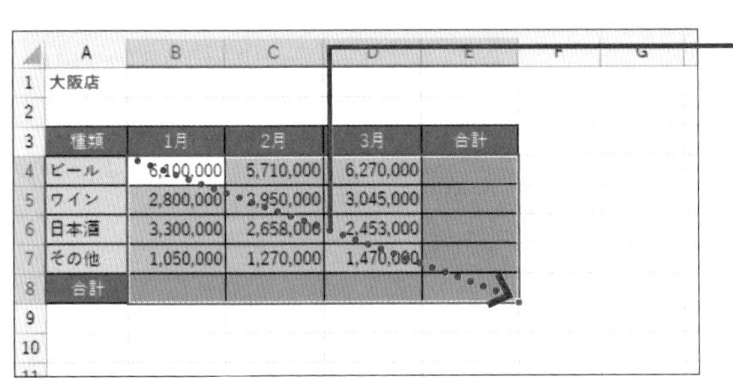

❶B4セル～E8セルをドラッグします。

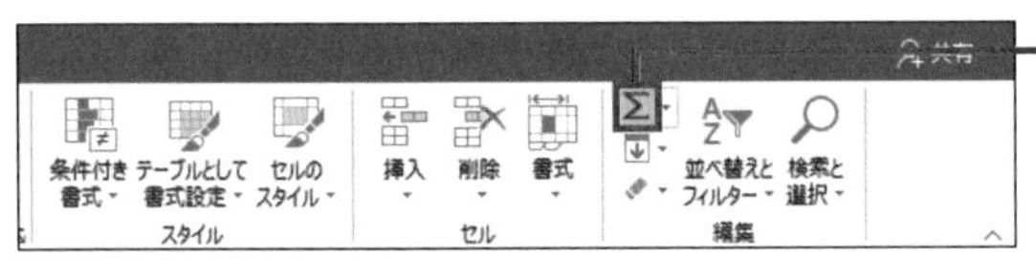

❷<ホーム>タブー<オートSUM>をクリックすると、

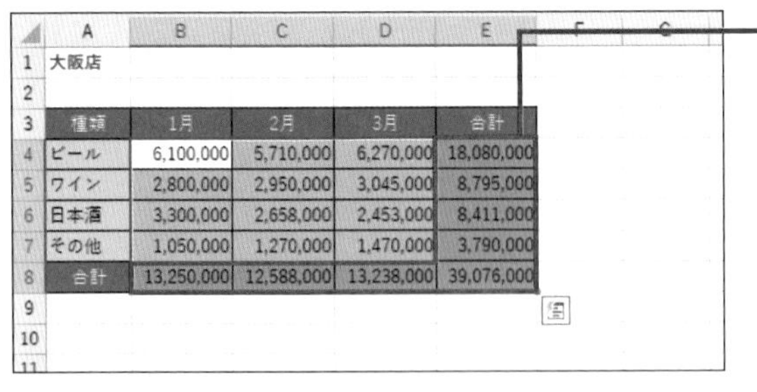

❸E列の合計と8行目の合計が同時に表示されます。

COLUMN

合計以外の縦横も計算できる

手順❷で<オートSUM>の▼をクリックして、<平均>や<最大値>などを選ぶと、AVERAGE関数やMAX関数が自動入力されて、縦横の計算結果を一度に求めることができます。

SECTION 120 関数

エラーの場合の処理を指定する

IFERROR関数

数式が正しくても、計算対象のセルが未入力のときにエラーが表示されることがあります。エラーが表示されたままでは見栄えが悪いので、IFERROR（イフエラー）関数を使ってエラーの場合の処理を指定するとよいでしょう。

IFERROR関数でエラーの処理をする

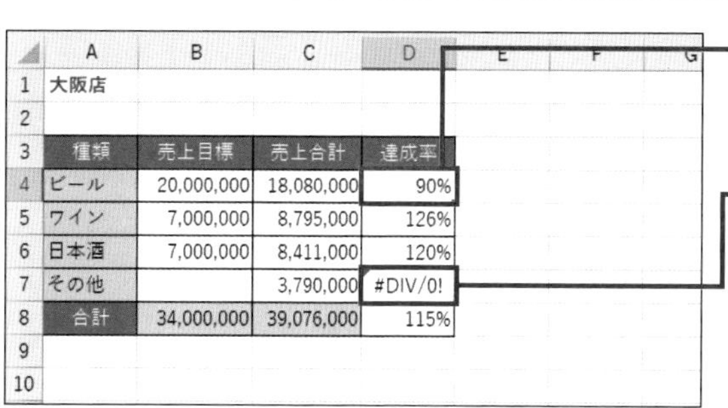

	A	B	C	D	E	F	G
1	大阪店						
2							
3	種類	売上目標	売上合計	達成率			
4	ビール	20,000,000	18,080,000	90%			
5	ワイン	7,000,000	8,795,000	126%			
6	日本酒	7,000,000	8,411,000	120%			
7	その他		3,790,000	#DIV/0!			
8	合計	34,000,000	39,076,000	115%			
9							
10							

❶D4セルに「=C4/B4」の数式を入力すると、達成率が求められます。

❷D4セルの数式をコピーすると、B7セルが空白なので、D7セルの計算結果がエラーになります。

	A	B	C	D	E	F	G
1	大阪店						
2							
3	種類	売上目標	売上合計	達成率			
4	ビール	20,000,000	18,080,000	90%			
5	ワイン	7,000,000	8,795,000	126%			
6	日本酒	7,000,000	8,411,000	120%			
7	その他		3,790,000	未入力			
8	合計	34,000,000	39,076,000	115%			
9							
10							
11							
12							

=IFERROR(C4/B4,"未入力")

❸D4セルに「=IFERROR(C4/B4,"未入力")」と入力します。

❹D4セルの数式をコピーすると、エラーのセルに「未入力」と表示されます。

MEMO 文字の指定

計算式の中で文字を指定する場合は、文字の前後を半角の「""（ダブルクォーテーション）」で囲みます。

書式 =IFERROR(値,エラーの場合の値)

引数

引数		説明
値	必須	エラーかどうかをチェックする式
エラーの場合の値	必須	エラーの場合に表示する内容

説明 引数の「値」に指定した内容にエラーが発生したときの処理を指定します。エラーには、「#N/A」「#VALUE!」「#REF!」「#DIV/0!」「#NUM!」「#NAME?」「#NULL!」があります。

SECTION 121 関数

○番目に大きい値を表示する

SMALL関数
LARGE関数

指定したセル範囲の中で○番目に大きい値を求めるにはLARGE（ラージ）関数、○番目に小さい値を求めるには、SMALL（スモール）関数を使用します。ランキングのトップ3の値やワースト3の値を求めるときなどに使用します。

第1章 第2章 第3章 第4章 関数 第5章

LARGE関数とSMALL関数を入力する

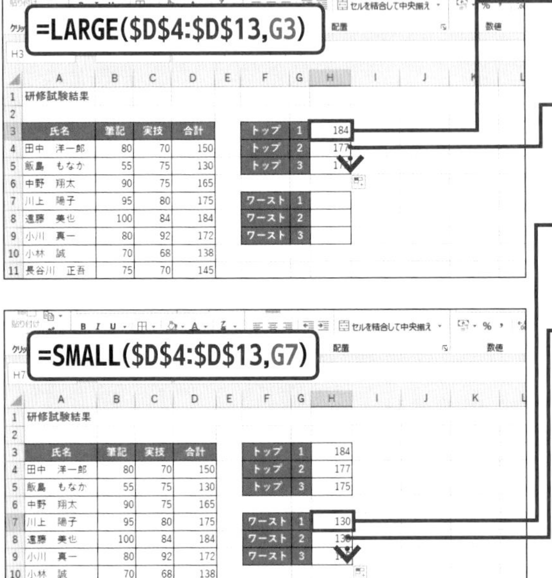

❶H3セルにLARGE関数を「=LARGE($D$4:$D$13,G3)」と入力します。

❷H3セルの数式をH5セルまでコピーすると、トップ3の数値が表示されます。

❸H7セルにSMALL関数を「=SMALL($D$4:$D$13,G7)」と入力します。

❹H7セルの数式をH9セルまでコピーすると、ワースト3の数値が表示されます。

MEMO 絶対参照で指定

引数で指定する合計点数のセル範囲は、数式をコピーしても参照先がずれないように絶対参照（Sec.106）で指定します。

書式	=LARGE(配列,順位) =SMALL(配列,順位)	
引数	配列 必須	データが含まれるセル範囲
	順位 必須	何番目に大きな値（LARGE関数）、または何番目に小さな値（SMALL関数）を調べるか
説明	引数の「配列」で指定したセル範囲に入力されている数値の中から、指定した順位の値を調べます。LARGE関数は○番目に大きい値、SMALL関数は○番目に小さい値が求められます。	

空白以外のデータの個数を数える

COUNTA関数

セル範囲の中で空白以外のセルの個数を求めるには、COUNTA（カウントエー）関数を使用します。Sec.117のCOUNT関数は、数値が入力されているセルの個数を求めますが、COUNTA関数は数値や文字、エラー値、空白文字が含まれるセルも対象になります。

COUNTA関数で空白以外の個数を求める

D4セル～D15セルの中で、空白以外のセルの個数を求めます。

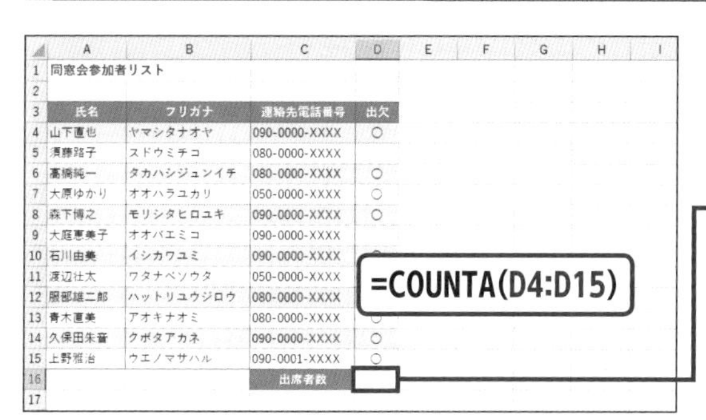

	A	B	C	D
1	同窓会参加者リスト			
2				
3	氏名	フリガナ	連絡先電話番号	出欠
4	山下直也	ヤマシタナオヤ	090-0000-XXXX	○
5	須藤路子	スドウミチコ	080-0000-XXXX	
6	高橋純一	タカハシジュンイチ	080-0000-XXXX	○
7	大原ゆかり	オオハラユカリ	050-0000-XXXX	○
8	森下博之	モリシタヒロユキ	090-0000-XXXX	○
9	大庭恵美子	オオバエミコ	090-0000-XXXX	
10	石川由美	イシカワユミ	090-0000-XXXX	
11	渡辺壮太	ワタナベソウタ	050-0000-XXXX	
12	服部雄二郎	ハットリユウジロウ	080-0000-XXXX	
13	青木直美	アオキナオミ	080-0000-XXXX	○
14	久保田朱音	クボタアカネ	090-0000-XXXX	○
15	上野雅治	ウエノマサハル	090-0001-XXXX	○
16			出席者数	
17				

❶ D16セルにCOUNTA関数を「=COUNTA(D4:D15)」と入力します。

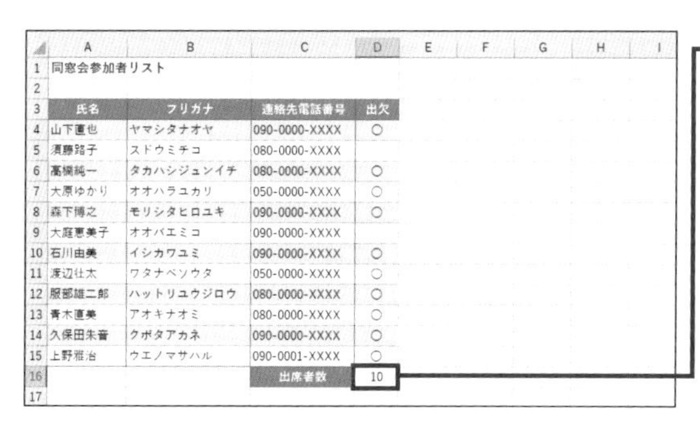

	A	B	C	D
1	同窓会参加者リスト			
2				
3	氏名	フリガナ	連絡先電話番号	出欠
4	山下直也	ヤマシタナオヤ	090-0000-XXXX	○
5	須藤路子	スドウミチコ	080-0000-XXXX	
6	高橋純一	タカハシジュンイチ	080-0000-XXXX	○
7	大原ゆかり	オオハラユカリ	050-0000-XXXX	○
8	森下博之	モリシタヒロユキ	090-0000-XXXX	○
9	大庭恵美子	オオバエミコ	090-0000-XXXX	
10	石川由美	イシカワユミ	090-0000-XXXX	○
11	渡辺壮太	ワタナベソウタ	050-0000-XXXX	○
12	服部雄二郎	ハットリユウジロウ	080-0000-XXXX	○
13	青木直美	アオキナオミ	080-0000-XXXX	○
14	久保田朱音	クボタアカネ	090-0000-XXXX	○
15	上野雅治	ウエノマサハル	090-0001-XXXX	○
16			出席者数	10
17				

❷ D16セルに、D4セル～D15セルの中で空白以外のセルの個数が表示されます。

書式 =COUNTA(値1,[値2],…)

引数	値1	必須	空白以外のデータの数を求めるセル範囲
	値2	必須	空白以外のデータの数を求めるセル範囲（最大255個まで指定可能）

説明 引数の「値」で指定したセル範囲に含まれる、空白以外のデータの個数を求めます。空白の文字が入力されているセルや、空白に見えるが実際には計算式が入っているセルも計算対象に含まれます。

端数を四捨五入する

ROUND関数
ROUNDUP関数
ROUNDDOWN関数

商品の割り引き後の価格計算で、小数点以下の端数が出る場合があります。四捨五入するにはROUND（ラウンド）関数、切り上げるにはROUNDUP（ラウンドアップ）関数、切り捨てるにはROUNDDOWN（ラウンドダウン）関数を使って端数の処理を行います。

ROUND関数で数値を四捨五入する

=ROUND(D5*85%,0)

	A	B	C	D	E
1	コーヒー豆一覧				
2					
3-4	商品名	原産国	容量	価格	割引価格 15%引き
5	コロンビア	コロンビア	200g	¥830	¥706.0
6	キリマンジャロ	タンザニア	200g	¥790	¥672.0
7	ハワイコナ	アメリカ ハワイ島	200g	¥3,170	¥2,695.0
8	ブルーマウンテン	ジャマイカ	200g	¥3,870	¥3,290.0
9	ブラジル	ブラジル	200g	¥830	¥706.0
10	マンデリン	インドネシア スマトラ島	200g	¥710	¥604.0
11					

15%割り引き後の価格を求める式（単価*85%）を入力し、計算結果を小数点以下第1位で四捨五入します。

❶ E5セルにROUND関数を「=ROUND(D5*85%,0)」と入力すると、小数点以下第1位で四捨五入された15%割引後の価格が表示されます。

❷ E5セルの数式をE10セルまでコピーします。

書式
=ROUND(数値,桁数)
=ROUNDUP(数値,桁数)
=ROUNDDOWN(数値,桁数)

引数
数値　必須　四捨五入する数値やセル
桁数　必須　どの桁を四捨五入するか

説明
引数の「数値」を、引数の「桁数」の桁で四捨五入します。引数の「桁数」に0を指定すると小数第1位を四捨五入します。引数の「桁数」が増えると小数側、減ると整数側の桁が移動します。

桁数	内容
2	小数第3位を四捨五入
1	小数第2位を四捨五入
0	小数第1位を四捨五入
-1	1の位を四捨五入
-2	10の位を四捨五入

SECTION 124 関数

今日の日付や時刻を表示する

TODAY関数
NOW関数

TODAY（トゥディ）関数を使うと、今日の日付を表示できます。また、今日の日付と時刻を表示するにはNOW(ナウ)関数を使います。どちらも引数はありませんが、「=TODAY()」や「=NOW()」のように括弧だけは入力する必要があります。

今日の日付を求める

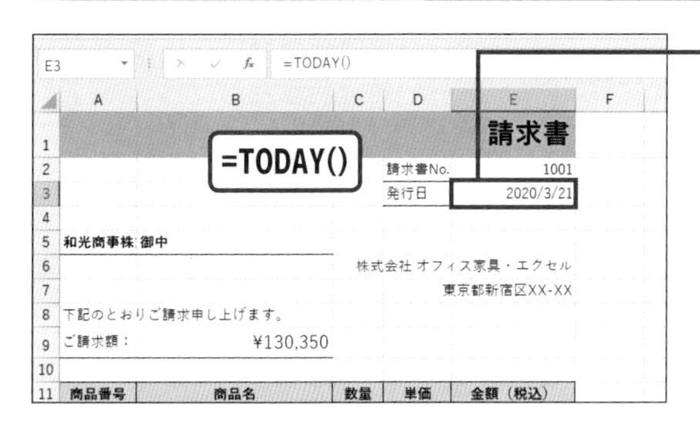

❶E3セルにTODAY関数を「=TODAY()」と入力すると、今日の日付が表示されます。

MEMO 固定の日付を入力する

自動的に日付が更新されては困る場合は、Sec.029の操作で日付データを入力します。
日付データとして入力した場合は、常に同じ日付が表示されます。

現在の時刻を求める

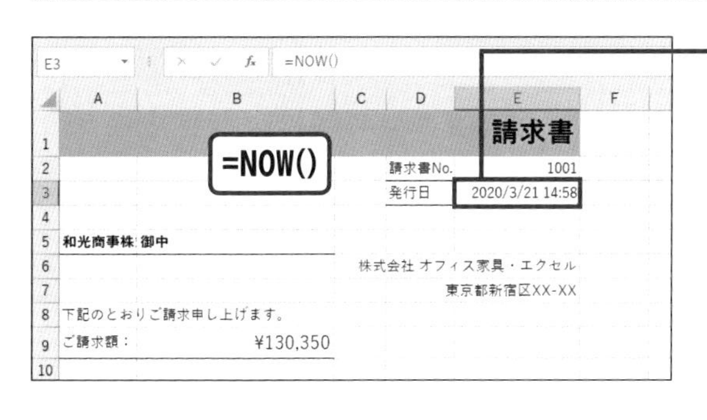

❶E3セルにNOW関数を「=NOW()」と入力すると、現在の時刻が表示されます。

MEMO #記号が表示された場合

E3セルに#記号が表示された場合は、列幅が不足しています。Sec.043の操作で列幅を広げると、日時が表示されます。

=TODAY()
=NOW()

説明 今日の日付を表示します。引数はありませんが、「=TODAY」のあとの括弧は入力する必要があります。今日の日付と時刻を表示にするには、NOW関数を使います。いずれも、ファイルを開いた日付や時刻に自動的に更新されます。

SECTION 125 関数

日付から年や月、日を表示する

YEAR関数
MONTH関数
DAY関数

Excelでは、「2020/9/10」などの日付から「年」「月」「日」の情報を個別に取り出すことができます。年の情報を取り出すにはYEAR（イヤー）関数、月の情報を取り出すにはMONTH（マンス）関数、日の情報を取り出すにはDAY（デイ）関数を使います。

第1章
第2章
第3章
第4章 関数
第5章

関数を使って年と月を取り出す

C4　=YEAR(B4)

	A	B	C	D
1	ハーフマラソン記録			
2				
3	マラソン大会	開催日	開催年	開催月
4	沖縄ロードレース	2019/12/10	2019	
5	琵琶湖チャリティマラソン	2020/1/28	2020	
6	石垣島ロードマジック	2020/1/30	2020	
7	埼玉ハーフマラソン	2020/2/1	2020	
8	皇居ウォーク	2020/2/22	2020	
9	横浜シティマラソン	2020/3/1	2020	
10	山中湖ハーフマラソン	2020/4/15	2020	
11	さくらんぼマラソン大会	2020/9/30	2020	
12	箱根ウォーク2020	2020/10/1	2020	
13	福島復興マラソン大会	2020/10/20	2020	
14	昭和記念公園チャリティマラソン	2020/11/3	2020	
15	名古屋ランニングフェスタ	2020/12/11	202	
16				

=YEAR(B4)

開催日（B列）から開催年を取り出します。

❶C4セルにYEAR関数を「=YEAR(B4)」と入力すると、開催年が表示されます。

❷C4セルの数式をC15セルまでコピーします。

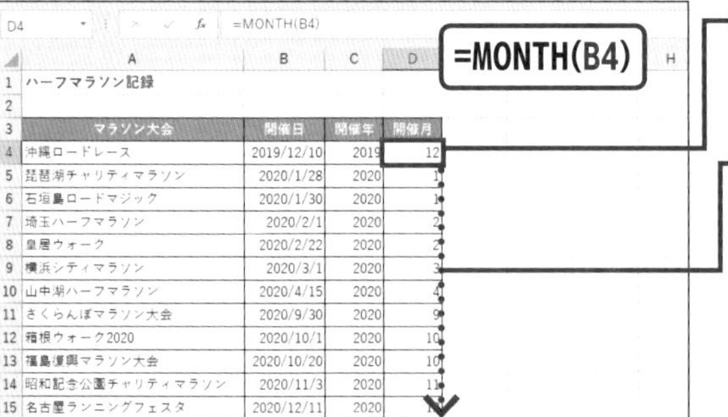

D4　=MONTH(B4)

	A	B	C	D
1	ハーフマラソン記録			
2				
3	マラソン大会	開催日	開催年	開催月
4	沖縄ロードレース	2019/12/10	2019	12
5	琵琶湖チャリティマラソン	2020/1/28	2020	1
6	石垣島ロードマジック	2020/1/30	2020	1
7	埼玉ハーフマラソン	2020/2/1	2020	2
8	皇居ウォーク	2020/2/22	2020	2
9	横浜シティマラソン	2020/3/1	2020	3
10	山中湖ハーフマラソン	2020/4/15	2020	4
11	さくらんぼマラソン大会	2020/9/30	2020	9
12	箱根ウォーク2020	2020/10/1	2020	10
13	福島復興マラソン大会	2020/10/20	2020	10
14	昭和記念公園チャリティマラソン	2020/11/3	2020	11
15	名古屋ランニングフェスタ	2020/12/11	2020	
16				

=MONTH(B4)

開催日（B列）から開催月を取り出します。

❸D4セルにMONTH関数を「=MONTH(B4)」と入力すると、開催日が表示されます。

❹D4セルの数式をD15セルまでコピーします。

MEMO　シリアル値

シリアル値とは、「1900/1/1」を「1」として、1日経つごとに1ずつ増える数値です。

書式　=YEAR(シリアル値)
=MONTH(シリアル値)
=DAY(シリアル値)

引数　シリアル値　**必須**　年（YEAR関数の場合）、月（MONTH関数の場合）、日（DAY関数の場合）を取り出す日付やセル

説明　YEAR関数では、引数で指定した日付の年を求めます。MONTH関数では、引数で指定した日付の月、DAY関数では、引数で指定した日付の日を求めます。

SECTION 126 関数

年や月、日から日付を表示する

DATE関数

年月日から日付データを求めるには、DATE（デート）関数を使います。他のアプリからExcelにデータを取り込んだときに、年月日が別々のセルに分かれてしまうことがあります。このままでは日付の計算ができないので、日付データとして扱えるようにしましょう。

日付データに変換する

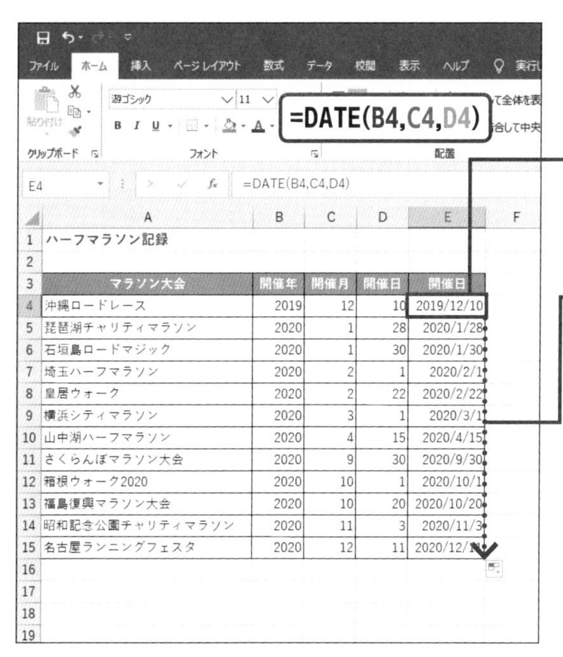

年（B列）月（C列）、日（D列）を元に、日付データを作成します。

❶ E4セルにDATE関数を「=DATE(B4,C4,D4)」と入力すると、日付データが表示されます。

❷ E4セルの数式をE15セルまでコピーします。

書式　=DATE(年,月,日)

引数	年	必須	日付の年の情報
	月	必須	日付の月の情報
	日	必須	日付の日の情報

説明　引数の「年」「月」「日」で指定した年月日を元に日付データを作成します。

SECTION 127 関数

文字をつなげて表示する

CONCATENATE関数

CONCATENATE関数を使うと、別々のセルの入力した文字をつなげて表示できます。ここでは、別々のセルに入力されている「姓」と「名」をCONCATENATE（コンキャティネイト）関数でつなげて、新しく「氏名」の項目を作成します。

CONCATENATE関数で複数の文字をつなげる

姓（A列）と名（B列）をつなげて氏名（C列）に表示します。

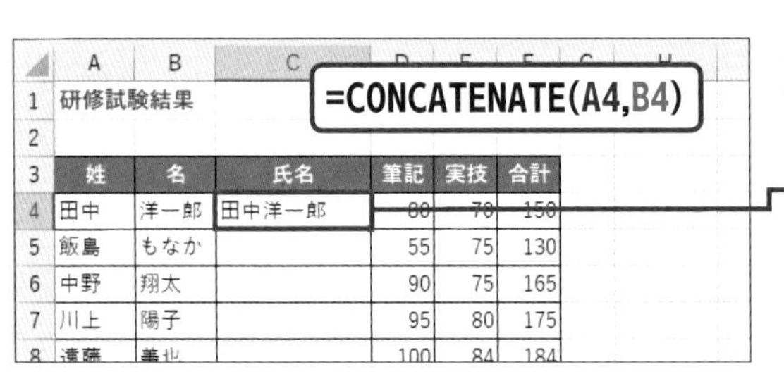

	A	B	C	D	E	F
1	研修試験結果					
2						
3	姓	名	氏名	筆記	実技	合計
4	田中	洋一郎	田中洋一郎	80	70	150
5	飯島	もなか		55	75	130
6	中野	翔太		90	75	165
7	川上	陽子		95	80	175
8	遠藤	美也		100	84	184

❶C4セルにCONCATENATE関数を「=CONCATENATE(A4,B4)」と入力すると、氏名がつながって表示されます。

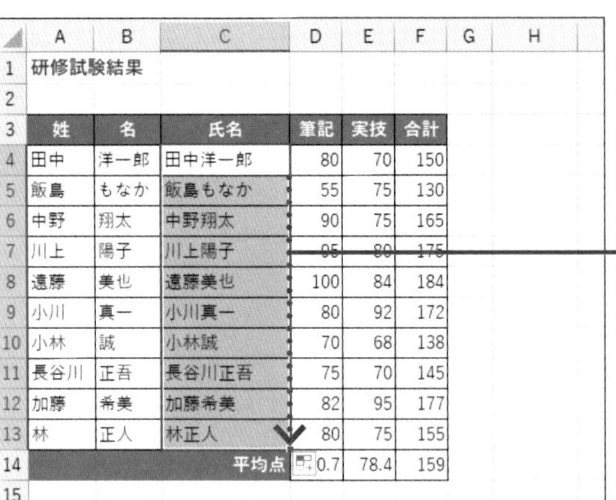

	A	B	C	D	E	F
1	研修試験結果					
2						
3	姓	名	氏名	筆記	実技	合計
4	田中	洋一郎	田中洋一郎	80	70	150
5	飯島	もなか	飯島もなか	55	75	130
6	中野	翔太	中野翔太	90	75	165
7	川上	陽子	川上陽子	95	80	175
8	遠藤	美也	遠藤美也	100	84	184
9	小川	真一	小川真一	80	92	172
10	小林	誠	小林誠	70	68	138
11	長谷川	正吾	長谷川正吾	75	70	145
12	加藤	希美	加藤希美	82	95	177
13	林	正人	林正人	80	75	155
14			平均点	0.7	78.4	159

❷C4セルの数式をC13セルまでコピーします。

MEMO 「&」演算子でつなげる

文字列をつなげて表示するには、「&」演算子を使う方法もあります。上の例であれば、「=A4&B4」のように指定します。

書式 =CONCATENATE(文字列1,[文字列2],…)

引数

文字列1	必須	最初の文字やセル
文字列2	任意	つなげて表示する文字を指定（最大255個まで指定可能）

説明 引数で指定した文字列をつなげて表示します。

SECTION 128 関数

文字の一部を取り出して表示する

LEFT関数 RIGHT関数

住所から先頭の都道府県名だけを取り出したり、商品コードの先頭2文字を取り出したりするなど、文字列の先頭から一部を取り出すにはLEFT(レフト)関数を使います。また、文字列の末尾の文字を取り出すには、RIGHT(ライト)関数を使用します。

LEFT関数で先頭の2文字を取り出す

社員番号(A列)の先頭2文字を取り出します。

=LEFT(A4,2)

	A	B	C	D	E	F
1	研修試験結果					
2						
3	社員番号	部署コード	氏名	筆記	実技	合計
4	S1-4512	S1	田中　洋一郎	80	70	150
5	KK-0355		飯島　もなか	55	75	130
6	SE-2078		中野　翔太	90	75	165

❶ B4セルにLEFT関数を「=LEFT(A4,2)」と入力すると、社員番号の先頭2文字が表示されます。

	A	B	C	D	E	F
1	研修試験結果					
2						
3	社員番号	部署コード	氏名	筆記	実技	合計
4	S1-4512	S1	田中　洋一郎	80	70	150
5	KK-0355	KK	飯島　もなか	55	75	130
6	SE-2078	SE	中野　翔太	90	75	165
7	S1-1108	S1	川上　陽子	95	80	175
8	AD-4788	AD	遠藤　美也	100	84	184
9	S1-3401	S1	小川　真一	80	92	172
10	S2-0405	S2	小林　誠	70	68	138
11	KK-0987	KK	長谷川　正吾	75	70	145
12	S2-1745	S2	加藤　希美	82	95	177
13	S1-3349	S1	林　正人	80	75	155
14			平均点	80.7	78.4	159

❷ B4セルの数式をB13セルまでコピーします。

書式 =LEFT(文字列,[文字数])
=RIGHT(文字列,[文字数])

引数
文字列 **必須** 文字を取り出す対象の文字列やセル
文字数 **任意** 取り出す文字数(省略時は1)

説明 LEFT関数では、引数の「文字列」から引数の「文字数」分の文字を左から取り出します。RIGHT関数では、引数の「文字列」から引数の「文字数」分の文字を右から取り出します。

SECTION 129 関数

余計な空白を削除する

TRIM関数

文字列の前後にある余計な空白を削除するには、TRIM（トリム）関数を使います。他のアプリからデータを取り込んだときに、文字列の前後に不要な空白などが含まれる場合があります。TRIM関数を使うと、空白をまとめて取り除くことができます。

指定したセルから余計な空白を削除する

氏名（A列）に含まれる前後の空白を取り除きます。

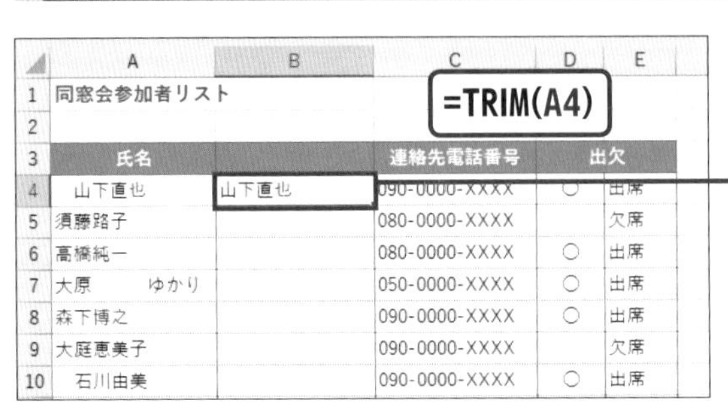

	A	B	C	D	E
1	同窓会参加者リスト				
2					
3	氏名		連絡先電話番号	出欠	
4	山下直也	山下直也	090-0000-XXXX	○	出席
5	須藤路子		080-0000-XXXX		欠席
6	高橋純一		080-0000-XXXX	○	出席
7	大原　　　ゆかり		050-0000-XXXX	○	出席
8	森下博之		090-0000-XXXX	○	出席
9	大庭恵美子		090-0000-XXXX		欠席
10	石川由美		090-0000-XXXX	○	出席

❶ B4セルにTRIM関数を「=TRIM(A4)」と入力すると、空白が取り除かれた氏名が表示されます。

	A	B	C	D	E
1	同窓会参加者リスト				
2					
3	氏名		連絡先電話番号	出欠	
4	山下直也	山下直也	090-0000-XXXX	○	出席
5	須藤路子	須藤路子	080-0000-XXXX		欠席
6	高橋純一	高橋純一	080-0000-XXXX	○	出席
7	大原　　　ゆかり	大原　ゆかり	050-0000-XXXX	○	出席
8	森下博之	森下博之	090-0000-XXXX	○	出席
9	大庭恵美子	大庭恵美子	090-0000-XXXX		欠席
10	石川由美	石川由美	090-0000-XXXX	○	出席
11	渡辺壮太	渡辺壮太	050-0000-XXXX	○	出席
12	服部雄二郎	服部雄二郎	080-0000-XXXX	○	出席
13	青木　　直美	青木　直美	080-0000-XXXX	○	出席
14	久保田朱音	久保田朱音	090-0000-XXXX	○	出席
15	上野雅治	上野雅治	090-0001-XXXX	○	出席
16					

❷ B4セルの数式をB15セルまでコピーします。

書式　=TRIM(文字列)

引数　文字列　必須　余計な空白を削除する文字列やセル

説明　引数の「文字列」のセルに含まれる、前後の空白を取り除きます。文字列の途中に空白がある場合は、1つの空白を残してその他の余計な空白を取り除きます。

SECTION 130 関数

セル内の余分な改行を削除する

CLEAN関数

セルの中で複数行に分かれて表示されているデータの改行を取り除いて1行にまとめるには、CLEAN（クリーン）関数を使います。他のアプリから取り込んだデータや、コピーして貼り付けたデータに余計な改行が含まれるときは、CLEAN関数で対処しましょう。

CLEAN関数で改行を削除する

D4 =CLEAN(C4)

	A	B	C	D
1	得意先リスト			
2				
3	会社名	郵便番号	住所	
4	札幌洋菓子店	060-0042	北海道札幌市 中央区XXX-XX	北海道札幌市中央区XXX-XX
5	光島電機	140-0000	東京都品川区XXX-XX	
6	鎌倉ツーリスト	248-0000	神奈川県鎌倉市XXX-XX	
7	ホームセンターAAA	222-0037	神奈川県横浜市港北区 大倉山XXX-XX	
8	SAWA美容室	234-0054	神奈川県横浜市港南区甲南大 XXX-XX	
9	伊藤眼科クリニック	227-0062	神奈川県横浜市青葉区青葉台 XX-XX	
10	ハッピーデイサービス	210-0000	神奈川県川崎市川崎区XXX-XX	
11	林家具店	539-0000	大阪府大阪市中央区XXX-XX	
12	前田胃腸科医院	810-0000	福岡県福岡市中央区XXX-XX	
13	さわやかクリーニング	900-0000	沖縄県那覇市XXX-XX	
14				
15				

Sheet1

=CLEAN(C4)

住所（C列）に含まれる改行を削除します。

❶ D4セルにCLEAN関数を「=CLEAN(C4)」と入力すると、改行が削除されて表示されます。

D4 =CLEAN(C4)

	A	B	C	D
1	得意先リスト			
2				
3	会社名	郵便番号	住所	
4	札幌洋菓子店	060-0042	北海道札幌市 中央区XXX-XX	北海道札幌市中央区XXX-XX
5	光島電機	140-0000	東京都品川区XXX-XX	東京都品川区XXX-XX
6	鎌倉ツーリスト	248-0000	神奈川県鎌倉市XXX-XX	神奈川県鎌倉市XXX-XX
7	ホームセンターAAA	222-0037	神奈川県横浜市港北区 大倉山XXX-XX	神奈川県横浜市港北区大倉山XXX-XX
8	SAWA美容室	234-0054	神奈川県横浜市港南区甲南大 XXX-XX	神奈川県横浜市港南区甲南大XXX-XX
9	伊藤眼科クリニック	227-0062	神奈川県横浜市青葉区青葉台 XX-XX	神奈川県横浜市青葉区青葉台XX-XX
10	ハッピーデイサービス	210-0000	神奈川県川崎市川崎区XXX-XX	神奈川県川崎市川崎区XXX-XX
11	林家具店	539-0000	大阪府大阪市中央区XXX-XX	大阪府大阪市中央区XXX-XX
12	前田胃腸科医院	810-0000	福岡県福岡市中央区XXX-XX	福岡県福岡市中央区XXX-XX
13	さわやかクリーニング	900-0000	沖縄県那覇市XXX-XX	沖縄県那覇市XXX-XX
14				
15				

Sheet1

❷ D4セルの数式をD13セルまでコピーします。

書式 =CLEAN(文字列)

引数 文字列 **必須** 改行などの印刷できない文字を削除する文字列やセル

説明 引数の「文字列」から、改行などの印刷できない文字を削除して表示します。

SECTION 131 関数

半角／全角を統一する

ASC関数
JIS関数

英字や数字、カタカナなどの全角文字を半角文字に統一するには、ASC（アスキー）関数を使います。反対に、半角文字を全角文字に統一するにはJIS（ジス）関数を使います。全角／半角の表記が混在してしまったときに、一発で表記を統一できます。

JIS関数で全角文字に変換する

E4　=JIS(D4)

=JIS(D4)

	A	B	C	D	E	F	G	H
1	チョコレートショップ売上明細リスト							
2								
3	明細番号	日付	商品番号	商品名		価格	数量	金額
4	1001	44105	DF1002	ﾄﾘｭﾌﾁｮｺ12粒	トリュフチョコ１２粒	5,400	1	5,400
5	1002	44105	KB1001	ダークチョコレートバー		700	1	700
6	1003	44105	DF1003	トリュフチョコ16粒		7,000	1	7,000
7	1004	44105	DF1002	トリュフチョコ12粒		5,400	1	5,400
8	1005	44105	DF1001	ﾄﾘｭﾌﾁｮｺ9粒		4,000	2	8,000
9	1006	44106	GB1001	ﾁｮｺ詰め合わせ12粒		3,800	1	3,800
10	1007	44106	KB1002	ミルクチョコレートバー		700	1	700
11	1008	44106	DF1002	トリュフチョコ12粒		5,400	1	5,400
12	1009	44106	GB1002	ﾁｮｺ詰め合わせ20粒		5,000	1	5,000
13	1010	44107	DF1001	トリュフチョコ9粒		4,000	2	8,000
14	1011	44107	KB1001	ダークチョコレートバー		700	1	700
15	1012	44108	DF1003	ﾄﾘｭﾌﾁｮｺ16粒		7,000	1	7,000
16								

商品名（D列）の文字を全角文字に統一します。

❶ E4セルにJIS関数を「=JIS(D4)」と入力すると、文字が全角文字に統一されます。

E4　=JIS(D4)

	A	B	C	D	E	F	G	H
1	チョコレートショップ売上明細リスト							
2								
3	明細番号	日付	商品番号	商品名		価格	数量	金額
4	1001	44105	DF1002	ﾄﾘｭﾌﾁｮｺ12粒	トリュフチョコ１２粒	5,400	1	5,400
5	1002	44105	KB1001	ダークチョコレートバー	ダークチョコレートバー	700	1	700
6	1003	44105	DF1003	トリュフチョコ16粒	トリュフチョコ１６粒	7,000	1	7,000
7	1004	44105	DF1002	トリュフチョコ12粒	トリュフチョコ１２粒	5,400	1	5,400
8	1005	44105	DF1001	ﾄﾘｭﾌﾁｮｺ9粒	トリュフチョコ９粒	4,000	2	8,000
9	1006	44106	GB1001	ﾁｮｺ詰め合わせ12粒	チョコ詰め合わせ１２粒	3,800	1	3,800
10	1007	44106	KB1002	ミルクチョコレートバー	ミルクチョコレートバー	700	1	700
11	1008	44106	DF1002	トリュフチョコ12粒	トリュフチョコ１２粒	5,400	1	5,400
12	1009	44106	GB1002	ﾁｮｺ詰め合わせ20粒	チョコ詰め合わせ２０粒	5,000	1	5,000
13	1010	44107	DF1001	トリュフチョコ9粒	トリュフチョコ９粒	4,000	2	8,000
14	1011	44107	KB1001	ダークチョコレートバー	ダークチョコレートバー	700	1	700
15	1012	44108	DF1003	ﾄﾘｭﾌﾁｮｺ16粒	トリュフチョコ１６粒	7,000	1	7,000
16								

❷ E4セルの数式をE15セルまでコピーします。

書式　**=ASC(文字列)**
=JIS(文字列)

引数　文字列　**必須**　半角（ASC関数の場合）または全角（JIS関数の場合）にする文字列やセル

説明　ASC関数は、引数の「文字列」を半角文字に統一します。JIS関数は、引数の「文字列」を全角文字に統一します。

SECTION 132 関数

PHONETIC関数

ふりがなを表示する

「氏名」のふりがなを表示するには、PHONETIC（フォネティック）関数を使います。PHONETIC関数では、漢字を変換したときの読みの情報をふりがなとして表示します。最初はカタカナで表示されますが、後からひらがなや半角カタカナに変更できます。

PHONETIC関数でふりがなを表示する

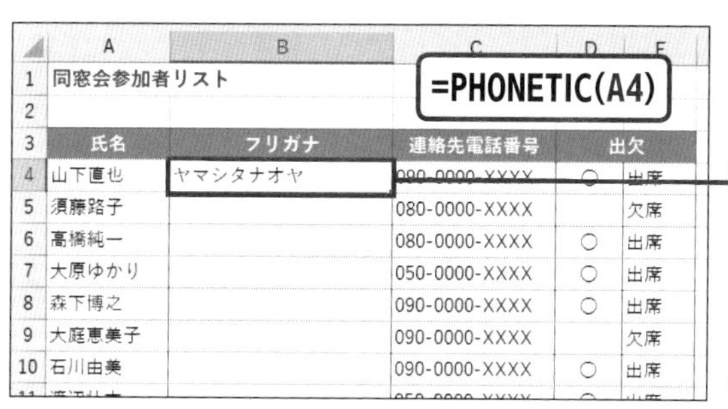

	A	B	C	D	E
1	同窓会参加者リスト				
2					
3	氏名	フリガナ	連絡先電話番号	出欠	
4	山下直也	ヤマシタナオヤ	090-0000-XXXX	○	出席
5	須藤路子		080-0000-XXXX		欠席
6	高橋純一		080-0000-XXXX	○	出席
7	大原ゆかり		050-0000-XXXX	○	出席
8	森下博之		090-0000-XXXX	○	出席
9	大庭恵美子		090-0000-XXXX		欠席
10	石川由美		090-0000-XXXX	○	出席

氏名（A列）のふりがなをB列に表示します。

❶ B4セルにPHONETIC関数を「=PHONETIC(A4)」と入力すると、ふりがなが表示されます。

❷ B4セルの数式をB15セルまでコピーします。

	A	B	C	D	E
1	同窓会参加者リスト				
2					
3	氏名	フリガナ	連絡先電話番号	出欠	
4	山下直也	ヤマシタナオヤ	090-0000-XXXX	○	出席
5	須藤路子	スドウミチコ	080-0000-XXXX		欠席
6	高橋純一	タカハシジュンイチ	080-0000-XXXX	○	出席
7	大原ゆかり	オオハラユカリ	050-0000-XXXX	○	出席
8	森下博之	モリシタヒロユキ	090-0000-XXXX	○	出席
9	大庭恵美子	オオバエミコ	090-0000-XXXX		欠席
10	石川由美	イシカワユミ	090-0000-XXXX	○	出席
11	渡辺壮太	ワタナベソウタ	050-0000-XXXX	○	出席
12	服部雄二郎	ハットリユウジロウ	080-0000-XXXX	○	出席
13	青木直美	アオキナオミ	080-0000-XXXX	○	出席
14	久保田朱音	クボタアカネ	090-0000-XXXX	○	出席
15	上野雅治	ウエノマサハル	090-0001-XXXX	○	出席
16					
17					

MEMO 文字の種類を変更する

ふりがなの文字の種類を変更するには、A列の「氏名」のセル範囲をドラッグし、<ホーム>タブ－<ふりがなの表示/非表示>の▼から<ふりがなの設定>をクリックします。

MEMO 間違って表示されたら

セルをクリックし、<ホーム>タブ－<ふりがなの表示/非表示>の▼から<ふりがなの編集>をクリックして修正します。

書式 =PHONETIC(参照)

引数 参照 **必須** ふりがなを表示する元の文字列やセル

説明 引数の「参照」に指定した文字列のふりがなを表示します。

姓と名を別のセルに表示する

LEFT関数
FIND関数
RIGHT関数
LEN関数

空白や特定の記号などで区切られた文字列を別々のセルに分けて表示するには、文字列を操作する関数を組み合わせて使います。ここでは、姓と名が空白で区切られた「氏名」を、「姓」と「名」に分けて別々のセルに表示します。

関数で空白の位置を検索する

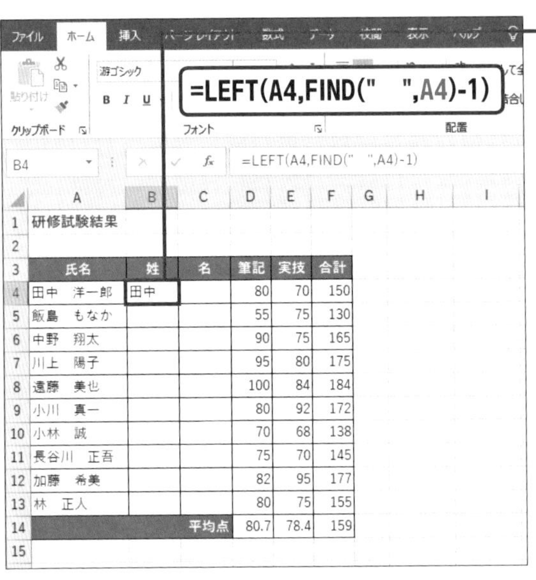

	A	B	C	D	E	F
1	研修試験結果					
2						
3	氏名	姓	名	筆記	実技	合計
4	田中　洋一郎	田中		80	70	150
5	飯島　もなか			55	75	130
6	中野　翔太			90	75	165
7	川上　陽子			95	80	175
8	遠藤　美也			100	84	184
9	小川　真一			80	92	172
10	小林　誠			70	68	138
11	長谷川　正吾			75	70	145
12	加藤　希美			82	95	177
13	林　正人			80	75	155
14			平均点	80.7	78.4	159

❶ B4 セルに、LEFT 関数（Sec. 128）で、「姓」を取り出す式を「= LEFT(A4,FIND("　", A4)-1)」と入力します。

MEMO 手順❶の関数の見方

FIND（ファインド）関数で「氏名」のセルの全角の空白の位置を検索し、空白の位置から1を引いた文字数をLEFT関数で取り出すと、「姓」が表示されます。

	A	B	C	D	E	F
1	研修試験結果					
2						
3	氏名	姓	名	筆記	実技	合計
4	田中　洋一郎	田中		80	70	150
5	飯島　もなか	飯島		55	75	130
6	中野　翔太	中野		90	75	165
7	川上　陽子	川上		95	80	175
8	遠藤　美也	遠藤		100	84	184
9	小川　真一	小川		80	92	172
10	小林　誠	小林		70	68	138
11	長谷川　正吾	長谷川		75	70	145
12	加藤　希美	加藤		82	95	177
13	林　正人	林		80	75	155
14			均点	80.7	78.4	159

❷ B4 セルの数式をコピーして姓を取り出します。

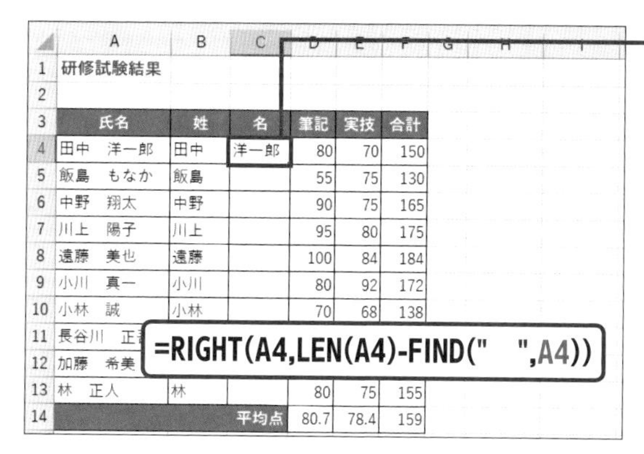

	A	B	C	D	E	F	G	H	I
1	研修試験結果								
2									
3	氏名	姓	名	筆記	実技	合計			
4	田中　洋一郎	田中	洋一郎	80	70	150			
5	飯島　もなか	飯島		55	75	130			
6	中野　翔太	中野		90	75	165			
7	川上　陽子	川上		95	80	175			
8	遠藤　美也	遠藤		100	84	184			
9	小川　真一	小川		80	92	172			
10	小林　誠	小林		70	68	138			
11	長谷川　正								
12	加藤　希美								
13	林　正人	林		80	75	155			
14			平均点	80.7	78.4	159			

❸ C4セルに、RIGHT関数（Sec.128）で、「名」を取り出す式を「= RIGHT(A4,LEN(A4)-FIND("　",A4))」と入力します。

	A	B	C	D	E	F	G	H	I
1	研修試験結果								
2									
3	氏名	姓	名	筆記	実技	合計			
4	田中　洋一郎	田中	洋一郎	80	70	150			
5	飯島　もなか	飯島	もなか	55	75	130			
6	中野　翔太	中野	翔太	90	75	165			
7	川上　陽子	川上	陽子	95	80	175			
8	遠藤　美也	遠藤	美也	100	84	184			
9	小川　真一	小川	真一	80	92	172			
10	小林　誠	小林	誠	70	68	138			
11	長谷川　正吾	長谷川	正吾	75	70	145			
12	加藤　希美	加藤	希美	82	95	177			
13	林　正人	林	正人	80	75	155			
14			平均点	0.7	78.4	159			

❹ C4セルの数式をコピーして名を取り出します。

MEMO　手順❸の関数の見方

LEN（レン）関数で「氏名」のセルの文字数を求め、その文字数から全角の空白の位置を引いた文字数をRIGHT関数で取り出すと、「名」が表示されます。

書式　**=LEN(文字列)**

引数　**文字列**　**必須**　文字数を数える文字列

説明　引数の「文字列」の文字数を求めます。

書式　**=FIND(検索文字列,対象,[開始位置])**

引数　**検索文字列**　**必須**　検索する文字列

対象　**必須**　検索文字列を含む文字列

開始位置　**任意**　検索を開始する位置（省略時は1）

説明　引数の「検索文字列」を探して最初に見つかった位置が、左から何文字目かを求めます。

SECTION 134 関数

別表から該当するデータを参照する

VLOOKUP関数

商品番号を入力して、該当する商品の「商品名」や「単価」などを自動的に表示するにはVLOOKUP（ブイルックアップ）関数を使います。この関数を使うためには、該当する「商品名」や「単価」などを検索するために別表を用意する必要があります。

VLOOKUP関数で別表のデータを参照する

量	単価	金額（税込）
5		0
5		0
	小計	0
	消費税	0
	合計	0

商品番号	商品名	単価
D-001	パソコンデスク	17,000
D-002	キャビネット	28,000
D-003	オフィスチェアー	6,700
D-004	ソファセット	40,000
D-005	会議テーブル	6,500
D-006	折りたたみチェアー	3,100
D-007	ホワイトボード	12,000
D-008	パーテーション	14,000

1列目　2列目　3列目

❶ G9セル～I17セルに別表を作成します。

MEMO 別表の作成場所

別表を異なるワークシートに作成してもかまいません。

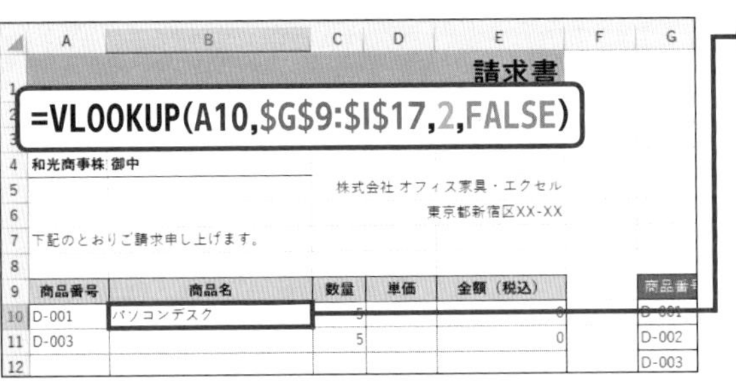

❷ B10セルにVLOOKUP関数を「=VLOOKUP(A10,$G$9:$I$17,2,FALSE)」と入力すると、別表に対応した商品名が表示されます。

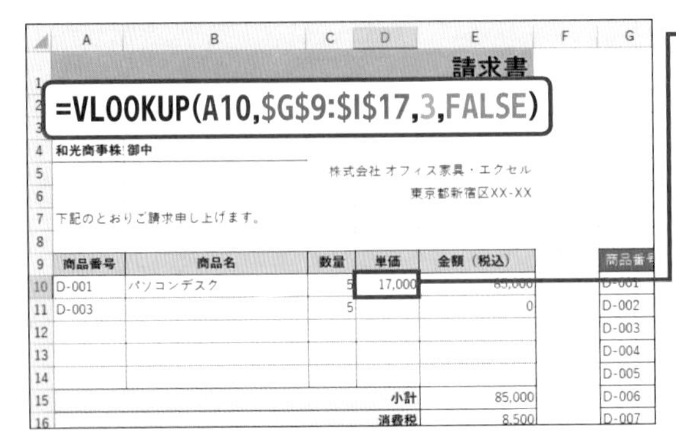

❸ D10セルにVLOOKUP関数を「=VLOOKUP(A10,$G$9:$I$17,3,FALSE)」と入力すると、別表に対応した価格が表示されます。

MEMO 関数の見方

A10セルの「商品番号」を元にして、該当する「商品名」を別表から探し出し、別表の左から2列目（または3列目）のデータを表示します。

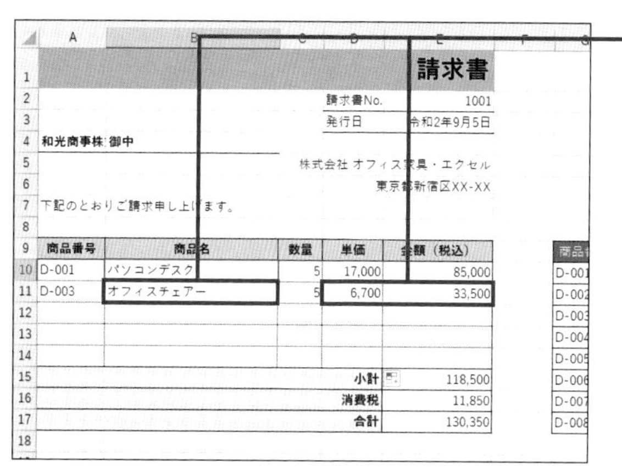

書式	=VLOOKUP(検索値,範囲,列番号,[検索の型])		
引数	検索値	必須	検索する値
	範囲	必須	別表のセル範囲。左端の列には引数の「検索値」で探すデータを入力する。数式をコピーして使用する場合は絶対参照で指定する
	列番号	必須	引数の「範囲」の左端の列に該当する値が見つかったときに、左から何列目の値を表示するかを指定する
	検索の型	任意	TRUEまたはFALSEを指定。 TRUEの場合は、検索値が見つからない場合に検索値未満の最大値を検索結果とみなす。FALSEを指定すると、完全に一致する値のみ検索結果とみなす（省略時はTRUE）
説明	引数の「検索値」に指定した値を、引数の「範囲」の左端の列から探し、該当する値が見つかったら、引数の「列番号」にあたるデータを返します。		

COLUMN

「#N/A」エラー

VLOOKUP関数の引数の「検索値」が空欄のときは、「#N/A」エラーが表示される場合があります。エラーを回避するには、IFERROR関数(Sec.120)やIF関数(Sec.137)と組み合わせます。

6					東京都新宿区XX-XX
7	下記のとおりご請求申し上げます。				
8					
9	商品番号	商品名	数量	単価	金額（税込）
10	D-001	パソコンデスク	5	17,000	85,000
11	D-003	オフィスチェアー	5	6,700	33,500
12		#N/A		#N/A	
13		#N/A		#N/A	
14		#N/A		#N/A	
15				小計	118,500
16				消費税	11,850
17				合計	130,350
18					

別表から該当するデータをよりすばやく参照する

XLOOKUP関数

VLOOKUP関数の拡張版がMicrosoft 365に搭載されたXLOOKUP(エックスルックアップ)関数です。別表からデータを参照するという目的は同じですが、引数の数が4つから3つに減り、指定方法もかんたんになりました。

XLOOKUP関数で別表のデータを参照する

商品番号	商品名	単価
D-001	パソコンデスク	17,000
D-002	キャビネット	28,000
D-003	オフィスチェアー	6,700
D-004	ソファセット	40,000
D-005	会議テーブル	6,500
D-006	折りたたみチェアー	3,100
D-007	ホワイトボード	12,000
D-008	パーテーション	14,000

ここでは、Sec.134と同じ操作をXLOOKUP関数で行います。

❶ G9セル～I17セルに別表を作成します。

MEMO 別表の作成場所

別表を異なるワークシートに作成してもかまいません。

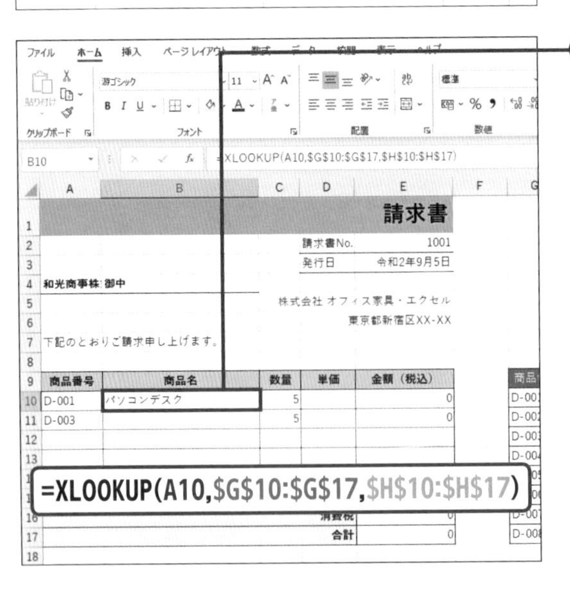

❷ B10セルにXLOOKUP関数を「=XLOOKUP(A10,$G$10:$G$17,$H$10:$H$17)」と入力すると、別表に対応した商品名が表示されます。

第1章
第2章
第3章
第4章 関数
第5章

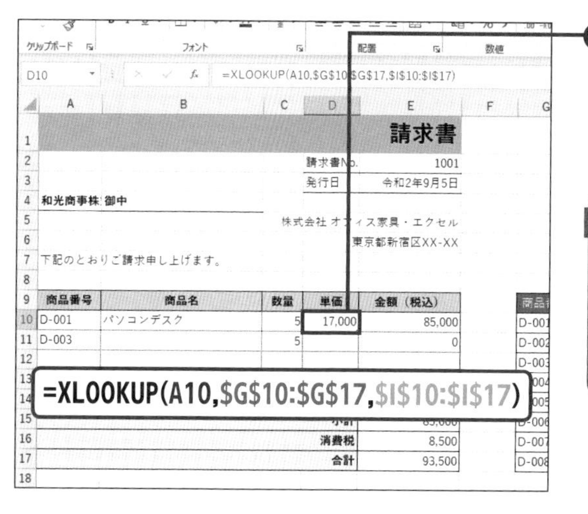

❸ D10セルにXLOOKUP関数を「=XLOOKUP(A10,$G$10:$G$17, $I$10:$I$17)」と入力すると、別表に対応した価格が表示されます。

MEMO 関数の見方

A10セルの「商品番号」を元にして、引数の「検索範囲」から該当する「商品名」を探し出し、引数の「戻り値の配置」から該当するデータを表示します。

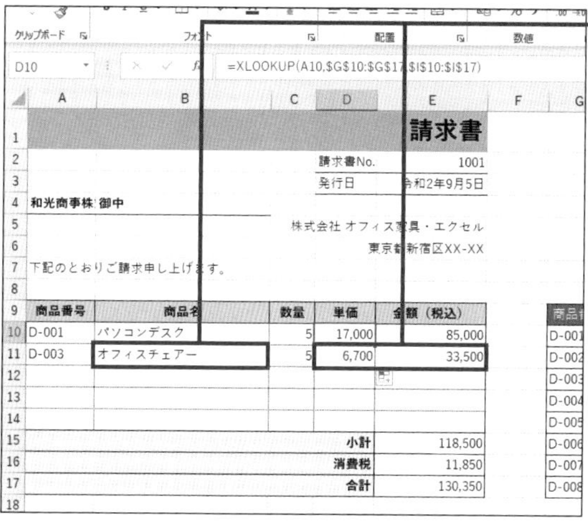

❹ 数式をコピーします。

書式 =XLOOKUP(検索値,検索範囲,戻り範囲)

引数			
	検索値	必須	検索する値
	検索範囲	必須	別表のセル範囲の中で、検索する範囲。VLOOKUP関数のように、別表全体を指定する必要はない。行方向でも列方向でも指定できる
	戻り範囲	必須	別表のセル範囲の中で、結果として元の表に表示したい範囲

説明 引数の「検索値」に指定した値を、引数の「検索範囲」から探し出し、該当する値が見つかると、引数で指定した「戻り範囲」にあたるデータを返します。

セル範囲に名前を付ける

セルやセル範囲に、わかりやすい名前を付けることができます。付けた名前を数式の中で利用すると、数式の内容がわかりやすくなります。なお、名前を付けたセルやセル範囲は、数式内で絶対参照で扱われます。

セル範囲に名前を付ける

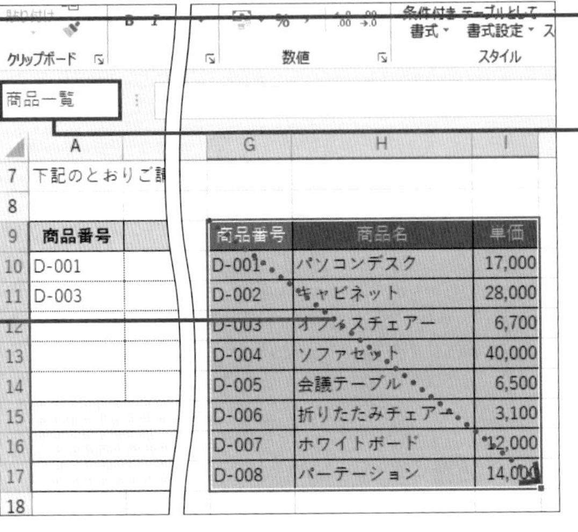

❶ 名前を付けるセル範囲（ここではG9セル～I17セル）をドラッグします。

❷ ＜名前＞ボックスをクリックし、名前（ここでは「商品一覧」）を入力します。

B10　=VLOOKUP(A10,商品一覧,2,FA

	A	B	C	D
7	下記のとおりご請求申し上げます。			
8				
9	商品番号	商品名	数量	単価
10	D-001	パソコンデスク	5	
11	D-003		5	

=VLOOKUP(A10,商品一覧,2,FALSE)

❸ B10セルをクリックし、VLOOKUP関数を「=VLOOKUP(A10,商品一覧,2,FALSE)」と入力します。

MEMO　関数の見方

Sec.134では、VLOOKUP関数の引数の「範囲」にセル範囲を指定しましたが、その代わりに「商品一覧」の名前を指定します。名前で指定すると自動的に絶対参照になるので、$記号を付ける必要はありません。

SECTION 137 関数

条件で処理を2つに分ける

IF関数

○点以上は「合格」、それ以外は「不合格」といった具合に、指定した条件に一致する場合とそうでない場合とで処理を分岐するには、IF（イフ）関数を使います。ここでは、合計が150点以上の場合は「合格」、それ以外は「不合格」の文字を表示します。

処理を2つに分岐する

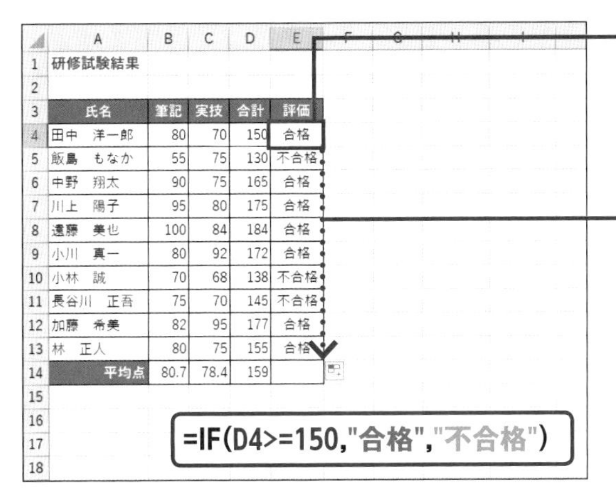

❶E4セルにIF関数を「=IF(D4>=150,"合格","不合格")」と入力すると、150点以上なら「合格」、それ以外は「不合格」と表示されます。

❷E4セルの数式をE13セルまでコピーします。

書式 =IF(論理式,真の場合,[偽の場合])

引数

引数		内容
論理式	必須	結果がTRUEまたはFALSEになるような条件式
真の場合	必須	条件式の結果がTRUEの場合の処理
偽の場合	任意	条件式の結果がFALSEの場合の処理

説明 引数の「論理式」を判定し、結果がTRUEの場合とFALSEの場合とで処理を分岐します。条件式は、次のような比較演算子などを使用して作成します。たとえば、C4セルが空欄かどうか調べるには、「C4=""」のように指定します。

演算子	意味
>	より大きい
<	より小さい
>=	以上
<=	以下
=	等しい
<>	等しくない

SECTION 138 関数

複数の条件を使って判定する

IF関数

IF関数を使うと、条件によって処理を2つに分岐できます。成績によって「A」「B」「C」の3ランクに分けたいといったように処理を3つ以上に分岐したいときは、IF関数の<偽の場合>に、さらにIF関数を指定します。

IF関数を組み合わせて処理を3つに分岐する

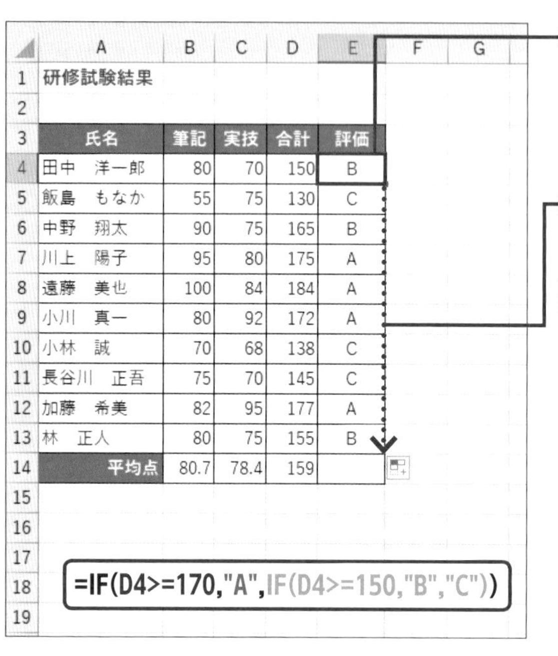

❶ E4セルにIF関数を「=IF(D4>=170,"A",IF(D4>=150,"B","C"))」と入力すると、条件に合わせた文字列が表示されます（MEMO参照）。

❷ E4セルの数式をE13セルまでコピーします。

MEMO　関数の見方

まず、合計（D列）の点数が170点以上の場合は「A」と表示します。条件に一致しない場合は、引数の<偽の場合>にIF関数を追加します。合計（D列）の点数が150点以上なら「B」、そうでない場合は「C」と表示します。

書式　=IF(論理式,真の場合,[偽の場合])

引数			
	論理式	必須	結果がTRUEまたはFALSEになるような条件式
	真の場合	必須	条件式の結果がTRUEの場合の処理
	偽の場合	任意	条件式の結果がFALSEの場合の処理

説明　引数の「論理式」を判定し、結果がTRUEの場合とFALSEの場合とで処理を分岐します。条件式は、「>」や「<=」などの比較演算子などを使用して作成します。

SECTION 139 関数

すべての条件を満たすかどうか判定する

IF関数
AND関数
OR関数

複数の条件のすべてを満たすかどうかを判定するにはAND（アンド）関数、複数の条件のいずれかを満たすかどうかを判定するにはOR（オア）関数を使用します。これらの関数は、単独で使用するよりもIF関数と組み合わせて利用することの多い関数です。

OR関数でどちらか一方の条件を満たすかを判定する

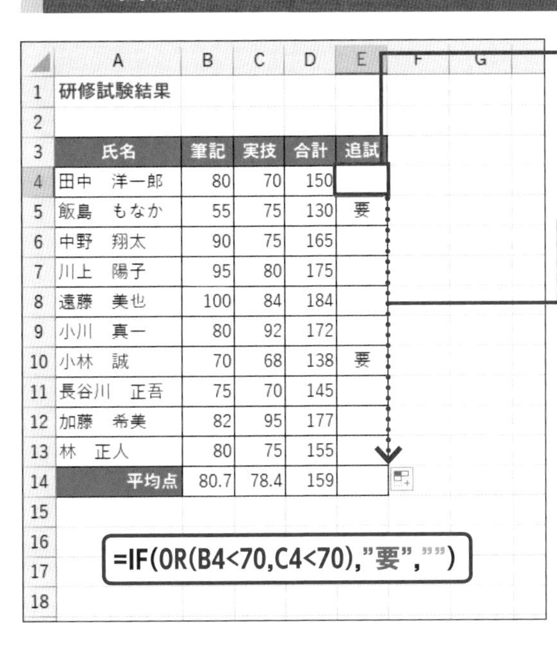

	A	B	C	D	E
1	研修試験結果				
2					
3	氏名	筆記	実技	合計	追試
4	田中　洋一郎	80	70	150	
5	飯島　もなか	55	75	130	要
6	中野　翔太	90	75	165	
7	川上　陽子	95	80	175	
8	遠藤　美也	100	84	184	
9	小川　真一	80	92	172	
10	小林　誠	70	68	138	要
11	長谷川　正吾	75	70	145	
12	加藤　希美	82	95	177	
13	林　正人	80	75	155	
14	平均点	80.7	78.4	159	

❶ E4セルにIF関数を「=IF(OR(B4<70,C4<70),"要","")」と入力すると、条件に合わせた文字列が表示されます（MEMO参照）。

❷ E4セルの数式をE13セルまでコピーします。

MEMO 関数の見方

B4セルの「筆記」とC4セルの「実技」の点数のどちらかが70点以下なら「要」の文字を表示し、2つの条件を満たさない場合は空白を表示します。空白は「""」で表します。

書式	=AND(論理式1,[論理式2],…) =OR(論理式1,[論理式2],…)	
引数	論理式1 必須	結果がTRUEまたはFALSEになるような条件式
	論理式2 任意	結果がTRUEまたはFALSEになるような条件式（最大255まで指定可能）
説明	AND関数は、引数で指定した「論理式」の判定結果がすべてTRUEの場合にTRUE、そうでない場合はFALSEを返します。OR関数は、引数で指定した「論理式」の判定結果のいずれか、またはすべてTRUEの場合にTRUE、すべてFALSEの場合はFALSEを返します。	

SECTION 140 関数

条件を満たす数値の合計を求める

SUMIF関数

1行1件のルールに沿って入力されたリスト形式のデータの中から、指定した条件に一致するデータの合計を求めるには、SUMIF（サムイフ）関数を使用します。合計を求めるSUM関数と、条件によって処理を分岐するIF関数を組み合わせた関数です。

条件に一致するデータの合計を求める

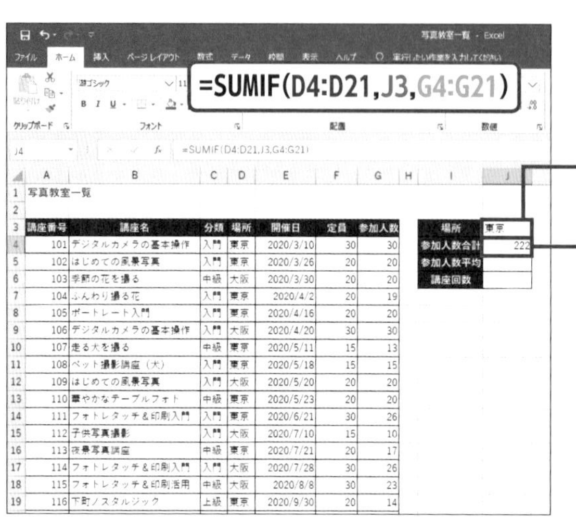

場所（D列）が「東京」の講座について、G列の参加人数の合計を求めます。

❶ J3セルに検索条件を入力しておきます。

❷ J4セルにSUMIF関数を「=SUMIF(D4:D21,J3,G4:G21)」と入力すると、参加人数が表示されます。

MEMO 条件が複数ある場合

複数の条件を指定するにはSUMIFS（サムイフズ）関数を使います。書式は、「=SUMIFS(合計対象範囲1,条件範囲1,条件1,…)です。

書式 =SUMIF(範囲,検索条件,[合計範囲])

引数

引数		内容
範囲	必須	検索対象のセル範囲
検索条件	必須	検索条件
合計範囲	任意	引数の「検索条件」に一致したデータの合計を求める範囲

説明 引数の「検索条件」を引数の「範囲」の中から検索し、該当するデータの「合計範囲」の値の合計を求めます。ここでは、検索条件がJ3セルに入力されています。引数の「合計範囲」を省略した場合は、引数の「範囲」で指定したセルの合計が表示されます。

SECTION 141 関数

条件を満たす値の平均を求める

AVERAGEIF関数

1行1件のルールに沿って入力されたリスト形式のデータの中から、指定した条件に一致するデータの平均を求めるには、AVERAGEIF（アベレージイフ）関数を使用します。平均を求めるAVERAGE関数と、条件によって処理を分岐するIF関数を組み合わせた関数です。

条件に一致するデータの平均を求める

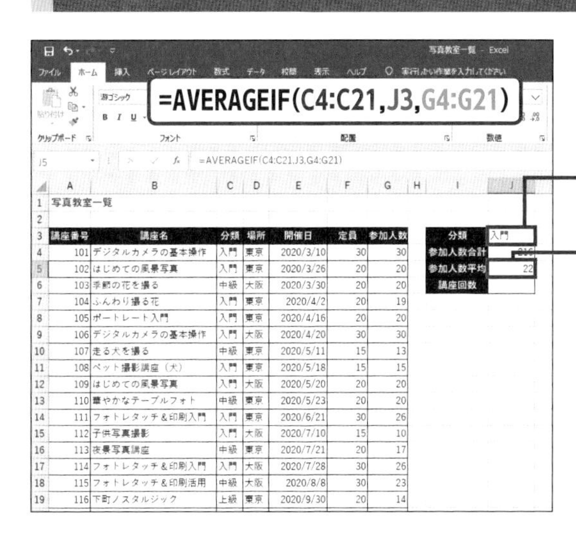

分類（C列）が「入門」の講座について、G列の参加人数の平均を求めます。

❶ J3セルに検索条件を入力しておきます。

❷ J5セルにAVERAGEIF関数を「=AVERAGEIF(C4:C21,J3,G4:G21)」と入力すると、参加人数の平均が表示されます。

MEMO 条件が複数ある場合

複数の条件を指定するにはAVERAGEIFS（アベレージイフズ）関数を使います。書式は、「=AVERAGIFS(平均対象範囲1,条件範囲1,条件1,…)です。

書式 =AVERAGEIF(範囲,検索条件,[平均範囲])

引数			
	範囲	必須	検索対象のセル範囲
	検索条件	必須	検索条件
	平均範囲	任意	「検索条件」に一致したデータの平均を求める範囲

説明 引数の「検索条件」を引数の「範囲」の中から検索し、該当するデータの「平均範囲」の値の平均を求めます。ここでは、検索条件がJ3セルに入力されています。引数の「平均範囲」を省略した場合は、引数の「範囲」で指定したセルの平均が表示されます。

SECTION
142
関数

条件を満たすデータの個数を求める

COUNTIF関数

1行1件のルールに沿って入力されたデータの中から、指定した条件に一致するデータの個数を求めるには、COUNTIF（カウントイフ）関数を使用します。データの個数を求めるCOUNT関数と、条件によって処理を分岐するIF関数を組み合わせた関数です。

条件に一致するデータの個数を求める

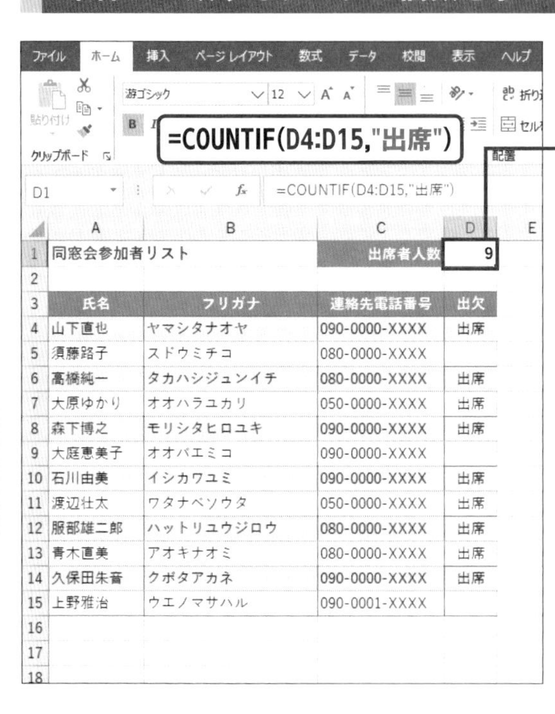

	A	B	C	D
1	同窓会参加者リスト		出席者人数	9
2				
3	氏名	フリガナ	連絡先電話番号	出欠
4	山下直也	ヤマシタナオヤ	090-0000-XXXX	出席
5	須藤路子	スドウミチコ	080-0000-XXXX	
6	高橋純一	タカハシジュンイチ	080-0000-XXXX	出席
7	大原ゆかり	オオハラユカリ	050-0000-XXXX	出席
8	森下博之	モリシタヒロユキ	090-0000-XXXX	出席
9	大庭恵美子	オオバエミコ	090-0000-XXXX	
10	石川由美	イシカワユミ	090-0000-XXXX	出席
11	渡辺壮太	ワタナベソウタ	050-0000-XXXX	出席
12	服部雄二郎	ハットリユウジロウ	080-0000-XXXX	出席
13	青木直美	アオキナオミ	080-0000-XXXX	出席
14	久保田朱音	クボタアカネ	090-0000-XXXX	出席
15	上野雅治	ウエノマサハル	090-0001-XXXX	

出欠（D列）が「出席」のセルの個数を求めます。

❶ D1セルにCOUNTIF関数を「=COUNTIF(D4:D15,"出席")」と入力すると、「出席」のセルの個数が表示されます。

MEMO 条件が複数ある場合

複数の条件を指定するにはCOUNTIFS（カウントイフズ）関数を使います。書式は、「=COUNTIFS(検索条件範囲1,条件1,…)」です。

書式 =COUNTIF(範囲,検索条件)

引数

引数		説明
範囲	必須	検索対象のセル範囲
検索条件	必須	検索条件

説明 引数の「検索条件」を引数の「範囲」の中から検索し、該当するデータの数を求めます。検索条件に文字を指定する場合は、前後を半角の「"」（ダブルクォーテーション）記号で囲みます。

第5章

図形・SmartArt・写真のプロ技

図形を描く

＜挿入＞タブの＜図形＞には、四角形や円、矢印などの図形が分類別に用意されています。目的の図形を選んでからワークシート上をマウスでドラッグすると、ドラッグした大きさで図形を描画できます。

図形を描画する

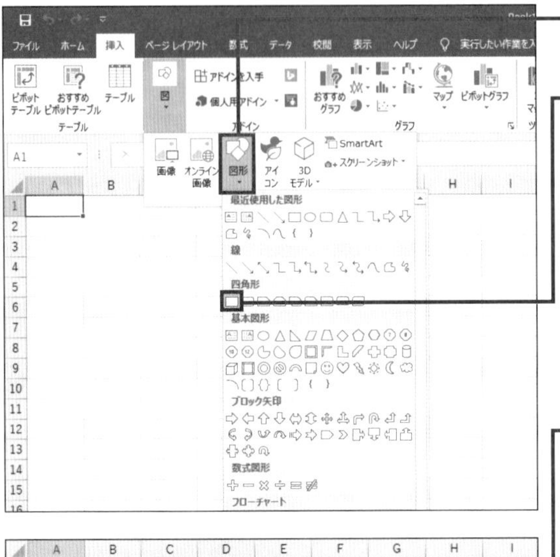

❶＜挿入＞タブ－＜図＞－＜図形＞をクリックし、

❷＜正方形 / 長方形＞をクリックします。

❸マウスポインターの形状が＋に変わったことを確認し、ワークシート上を左上から右下にドラッグします。

MEMO　正方形の描画

Shift キーを押しながらドラッグすると、正方形や正三角形、正円など、辺の長さが同じ図形を描けます。

❹四角形の図形を描画できました。

MEMO　図形の削除

図形をクリックして選択してから（周りにハンドルが付いた状態）、Delete キーを押すと、図形を丸ごと削除できます。

SECTION 144 図形

図形のサイズと位置を変更する

ワークシートに描画した図形のサイズや位置は、後から自由自在に変更できます。サイズを変更するには、図形の周囲に表示されるハンドルをドラッグします。また、図形内部をドラッグすると移動できます。マウスポインターの形状に注意して操作しましょう。

図形のサイズと位置を変更する

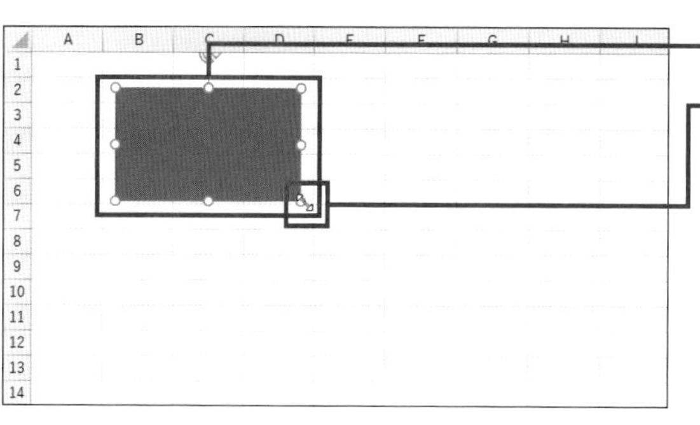

❶ 図形をクリックします。

❷ 右下のハンドルにマウスポインターを移動し、マウスポインターが両方向の矢印の形状に変化したことを確認します。

❸ 外側にドラッグすると、図形を拡大できます。

MEMO 縦横比を保持

図形の四隅にあるハンドルを Shift キーを押しながらドラッグすると、図形の縦横比を保持したままサイズを変更できます。

❹ 図形の内部にマウスポインターを移動し、マウスポインターが矢印の十字の形状に変化したら、

❺ 移動先までドラッグします。

MEMO 外枠をドラッグ

図形の外枠をドラッグして移動することもできます。このときも、マウスポインターは矢印の十字の形状に変化します。

図形を水平・垂直に移動する

図形を真横や真上、真下に正確に移動するときは、Shiftキーを押しながら図形内部を左右の方向や上下の方向にドラッグします。そうすると、図形を水平方向や垂直方向に移動できます。Shiftキーを押しながら図形の外枠をドラッグしてもかまいません。

図形を水平に移動する

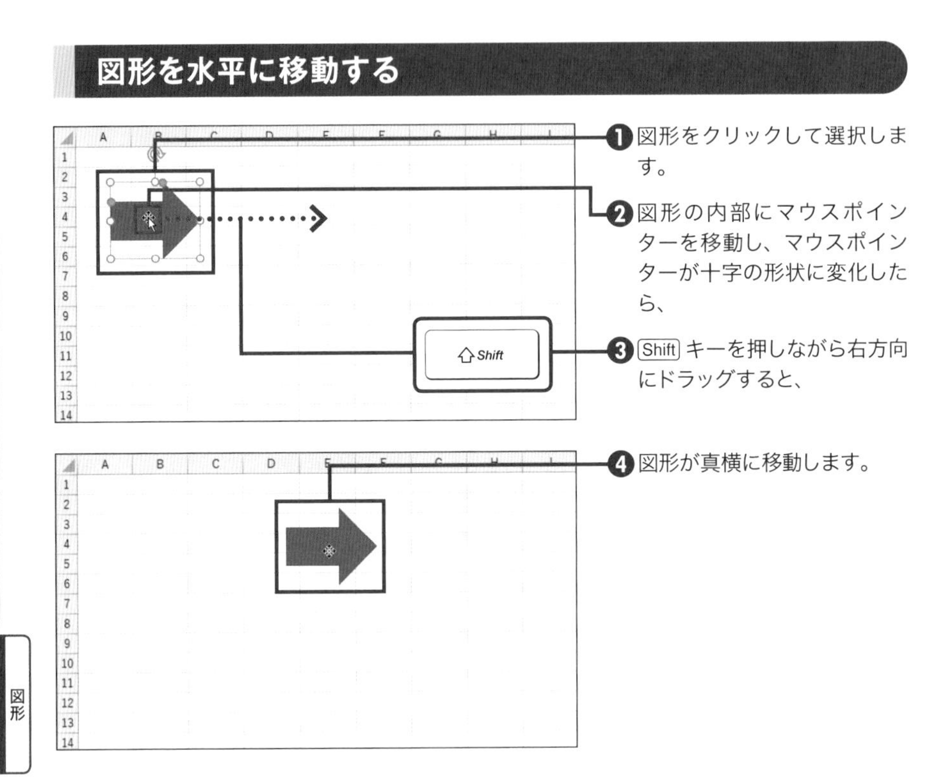

❶図形をクリックして選択します。

❷図形の内部にマウスポインターを移動し、マウスポインターが十字の形状に変化したら、

❸Shiftキーを押しながら右方向にドラッグすると、

❹図形が真横に移動します。

COLUMN

図形を水平・垂直にコピーする

Ctrlキーと Shiftキーを押しながら図形をドラッグすると、水平・垂直にコピーできます。

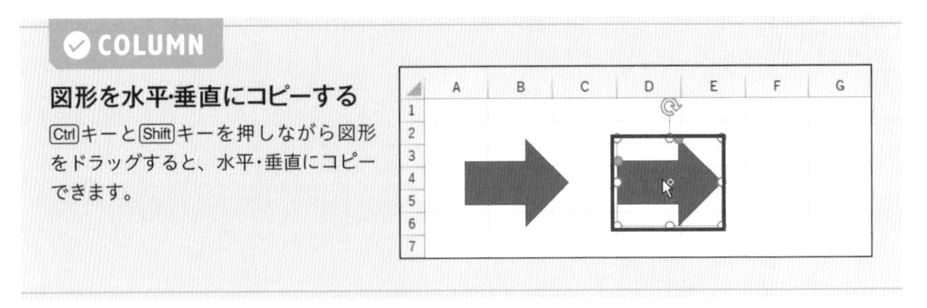

SECTION 146

図形

図形をセルの枠線に揃える

セルの枠線にぴったり沿うように図形を描画するには、図形の種類を選んだ後でAltキーを押しながらドラッグします。描画済みの図形を枠線に揃えて移動するときも、Altキーを押しながらドラッグします。

図形をセルの枠線に沿って描画する

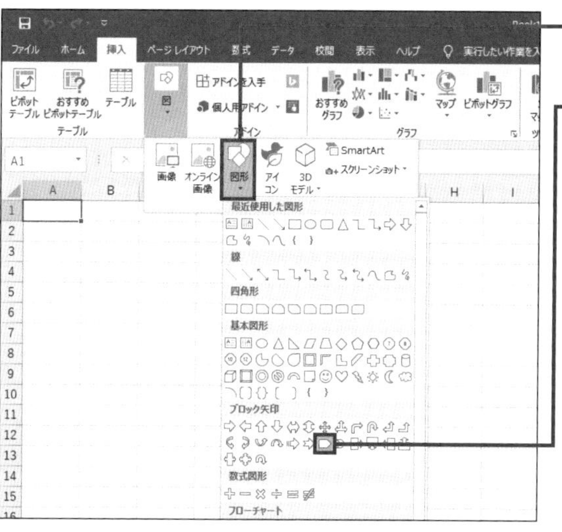

❶＜挿入＞タブー＜図＞ー＜図形＞をクリックし、

❷＜矢印：五方向＞をクリックします。

❸マウスポインターの形状が＋に変わったことを確認し、

❹Altキーを押しながらドラッグします。

Alt

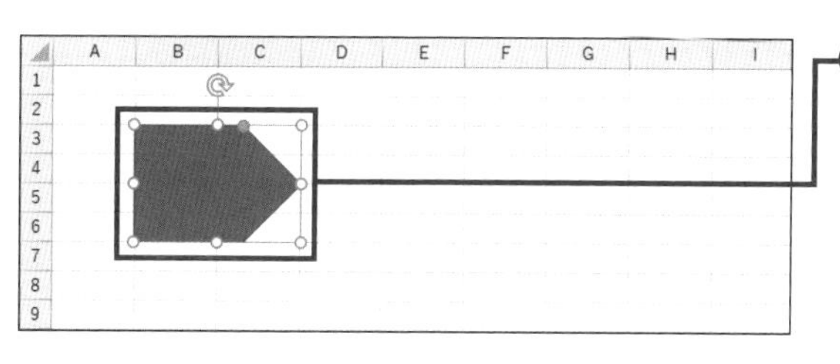

❺セルの枠線に吸い付くように図形が描画されます。

同じ図形を連続して描く

同じ図形をいくつも描画するには、1つ目の図形を描画した後に、もう一度図形の種類を選び直すところから操作しなければなりません。＜描画モードのロック＞を使うと、Escキーを押すまで何度でも連続して同じ図形を描画できます。

描画モードをロックする

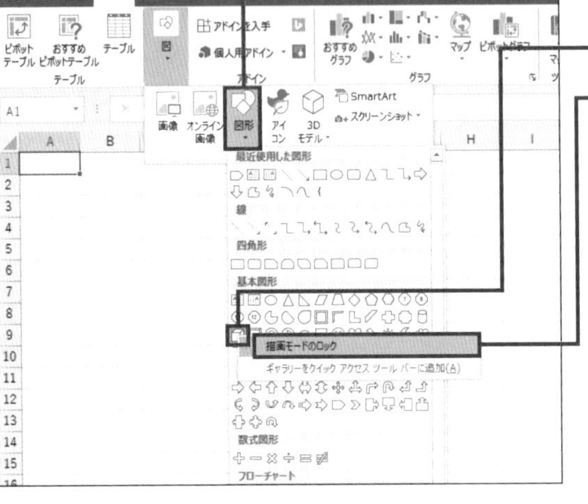

❶＜挿入＞タブ－＜図＞－＜図形＞をクリックします。

❷＜直方体＞を右クリックし、

❸＜描画モードのロック＞をクリックします。

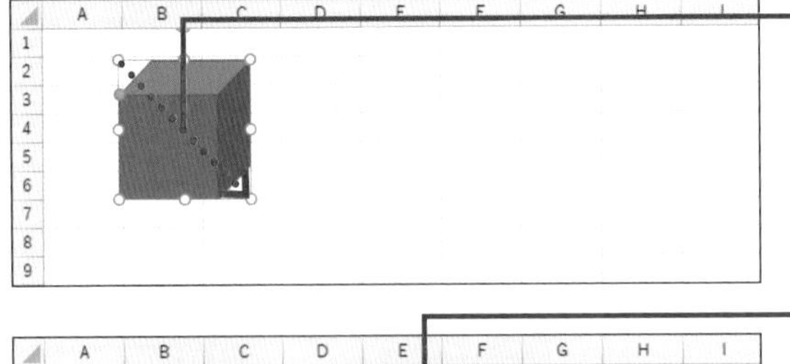

❹ワークシート上をドラッグして、1つ目の図形を描画します。

❺マウスポインターが十字のままなので、続けて図形を描画できます。

MEMO　ロックの解除

＜描画モードのロック＞を解除するには、Escキーを押します。

SECTION 148 図形

表を図形として貼り付ける

ワークシートに作成した表を＜図＞として貼り付けると、図形や画像のようにコピーできます。それには、表全体をコピーした後で、＜貼り付けのオプション＞から＜図＞を選びます。ただし、図として貼り付けた表のデータを修正することはできません。

表を図として貼り付ける

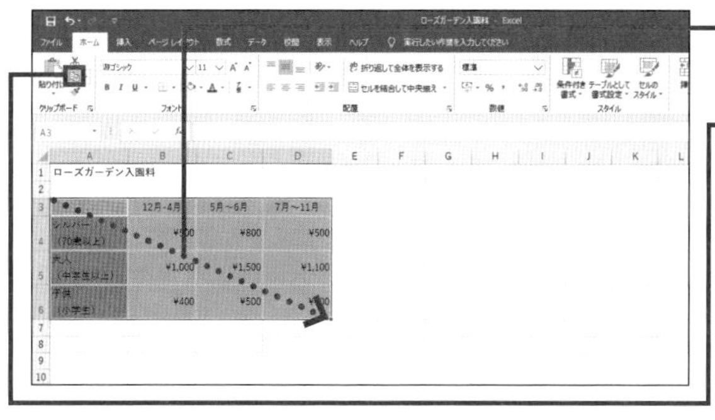

❶表全体（ここではA3セル～D6セル）をドラッグし、

❷＜ホーム＞タブ－＜コピー＞をクリックします。

❸コピー先をクリックし、

❹＜ホーム＞タブ－＜貼り付け＞の▼をクリックして、

❺＜図＞をクリックすると、

❻表が図として貼り付きます。

MEMO　表の拡大・移動

図として貼り付けた表は、Sec. 144の図形と同じ操作でサイズ変更や移動ができます。

第1章 第2章 第3章 第4章 第5章 図形

図形に文字を入力する

図形の中には文字を入力することができます。図形が選択されている状態（図形の周りにハンドルが表示されている状態）でキーを押すと、図形の左上角から文字が表示されます。図形内の文字にもサイズや色などの書式を設定することが可能です。

図形に文字を入力する

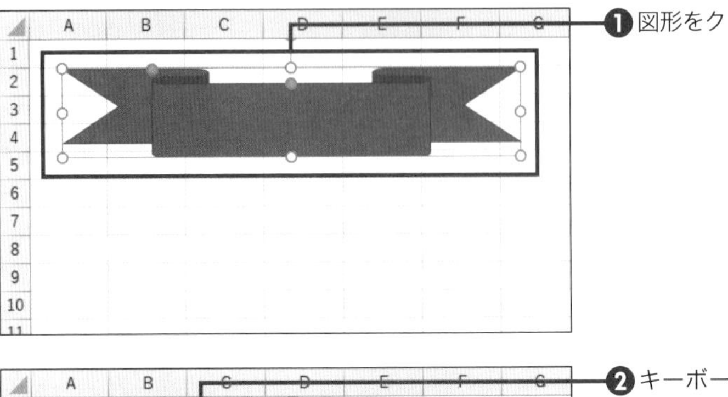

❶ 図形をクリックします。

❷ キーボードから文字を入力すると、図形の中に文字が表示されます。

COLUMN

図形の中央に文字を表示する

最初は図形の左上に文字が表示されます。<ホーム>タブの<中央揃え>と<上下中央揃え>をそれぞれクリックすると、図形の中央に表示できます。

SECTION 150 図形

テキストボックスを描く

テキストボックスとは、「テキスト＝文字」を入力するための専用の「ボックス＝四角形」という意味です。テキストボックスには<横書きテキストボックス>と<縦書きテキストボックス>があり、図形を描画するとすぐにカーソルが表示されます。

テキストボックスを描画する

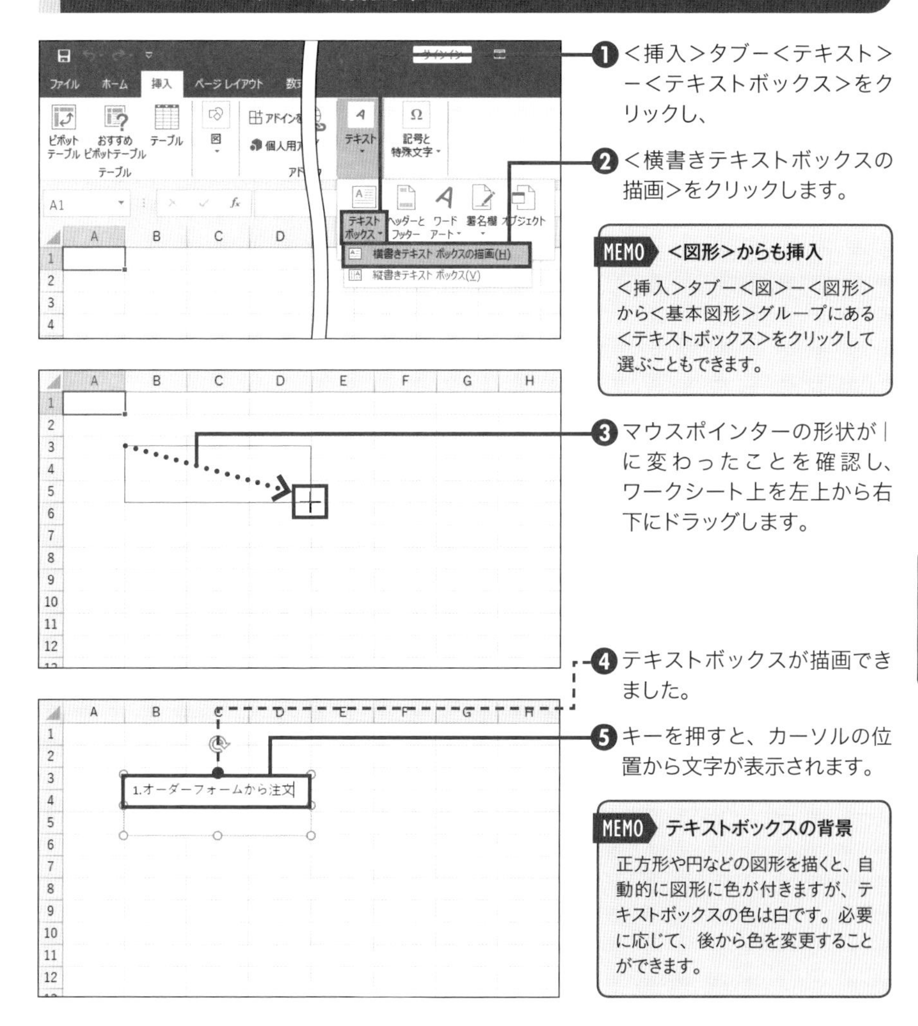

❶ <挿入>タブー<テキスト>ー<テキストボックス>をクリックし、

❷ <横書きテキストボックスの描画>をクリックします。

MEMO <図形>からも挿入

<挿入>タブー<図>ー<図形>から<基本図形>グループにある<テキストボックス>をクリックして選ぶこともできます。

❸ マウスポインターの形状が｜に変わったことを確認し、ワークシート上を左上から右下にドラッグします。

❹ テキストボックスが描画できました。

❺ キーを押すと、カーソルの位置から文字が表示されます。

MEMO テキストボックスの背景

正方形や円などの図形を描くと、自動的に図形に色が付きますが、テキストボックスの色は白です。必要に応じて、後から色を変更することができます。

SECTION 151 図形

文字数に合わせて図形のサイズを変更する

図形内に入力する文字の分量が多いと、文字が図形からあふれて見えなくなってしまいます。<図形の書式設定>画面で<テキストに合わせて図形サイズを調整する>を選ぶと、文字の分量に合わせて自動的に図形のサイズが変化します。

文字数に合わせて自動的に図形のサイズを変更する

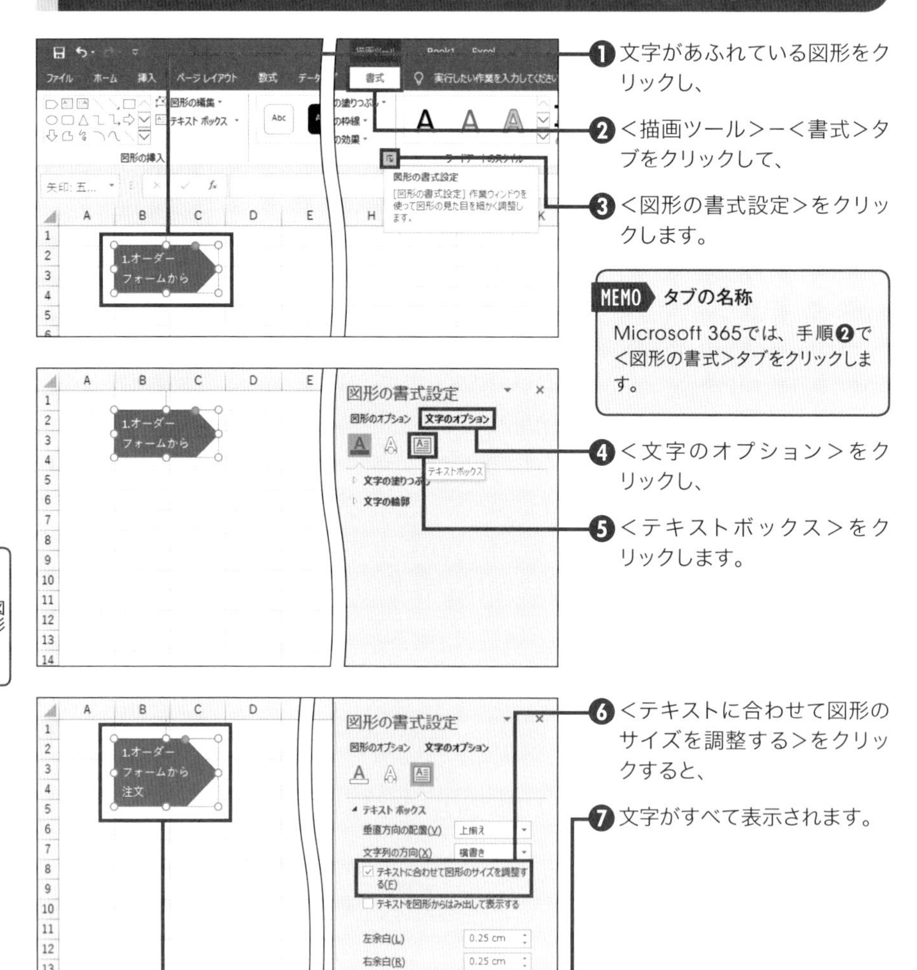

❶ 文字があふれている図形をクリックし、

❷ <描画ツール>−<書式>タブをクリックして、

❸ <図形の書式設定>をクリックします。

MEMO タブの名称

Microsoft 365では、手順❷で<図形の書式>タブをクリックします。

❹ <文字のオプション>をクリックし、

❺ <テキストボックス>をクリックします。

❻ <テキストに合わせて図形のサイズを調整する>をクリックすると、

❼ 文字がすべて表示されます。

SECTION 152 図形

図形の余白を大きくする

図形やテキストボックスに入力された文字は、図形の端ぎりぎりに表示されるため、文字の分量が多いと窮屈な印象になります。＜図形の書式設定＞画面で上下左右の余白を設定すると、図形内の余白を自在に調整できます。

図形内の余白サイズを指定する

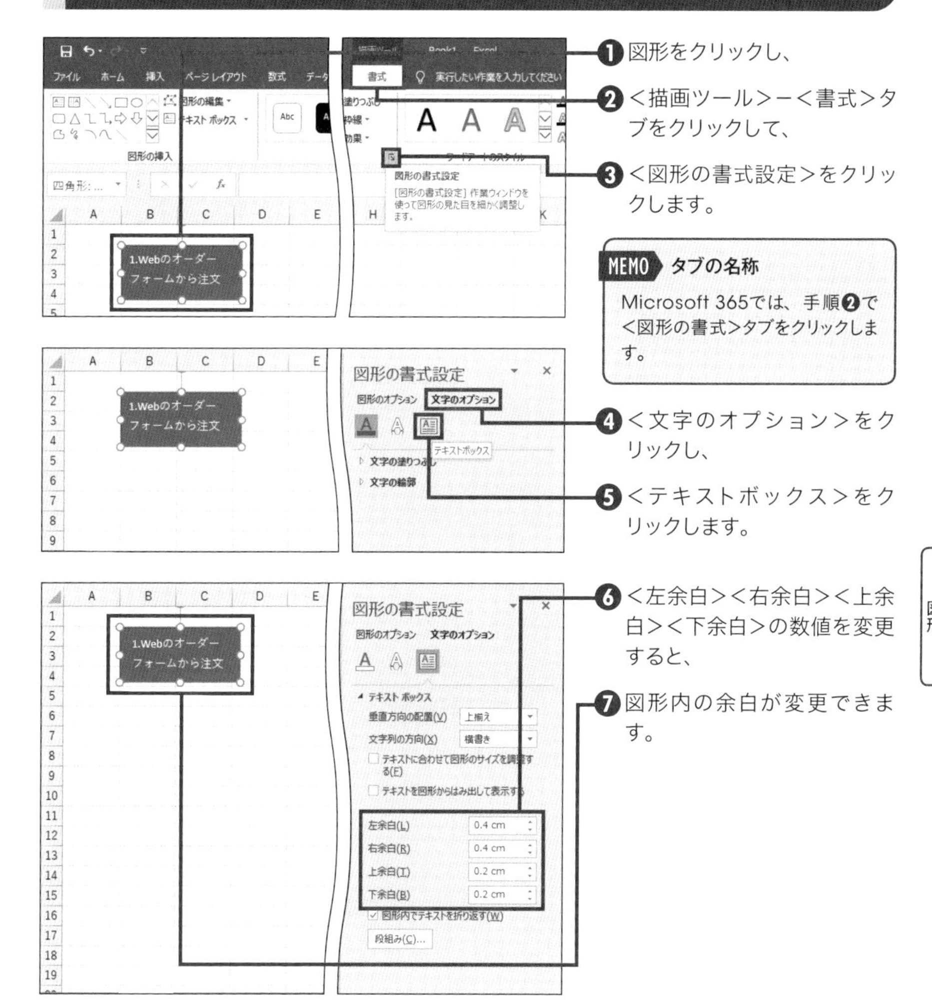

❶ 図形をクリックし、

❷ ＜描画ツール＞－＜書式＞タブをクリックして、

❸ ＜図形の書式設定＞をクリックします。

MEMO タブの名称

Microsoft 365では、手順❷で＜図形の書式＞タブをクリックします。

❹ ＜文字のオプション＞をクリックし、

❺ ＜テキストボックス＞をクリックします。

❻ ＜左余白＞＜右余白＞＜上余白＞＜下余白＞の数値を変更すると、

❼ 図形内の余白が変更できます。

第1章 第2章 第3章 第4章 図形 第5章

図形の形を微調整する

図形の中には、図形を描画した後にオレンジ色のハンドルが表示されるものがあります。これは「調整ハンドル」と呼ばれ、後から図形の形を微調整する役割があります。ここでは、三角形の調整ハンドルを使って頂点を移動します。

三角形の頂点を移動する

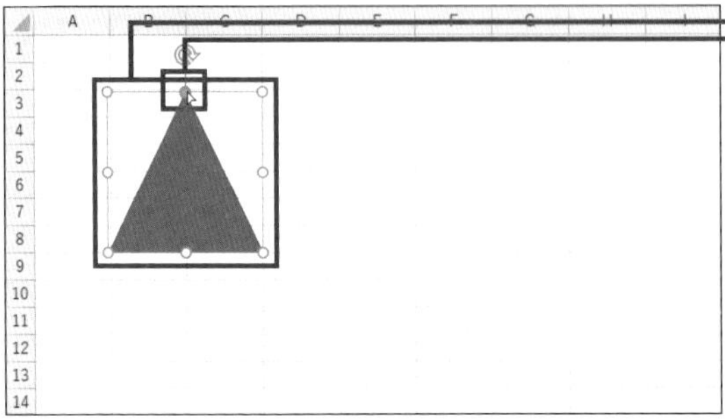

❶図形をクリックし、

❷オレンジ色のハンドルにマウスポインターを移動して、マウスポインターが三角の矢印の形状に変化することを確認します。

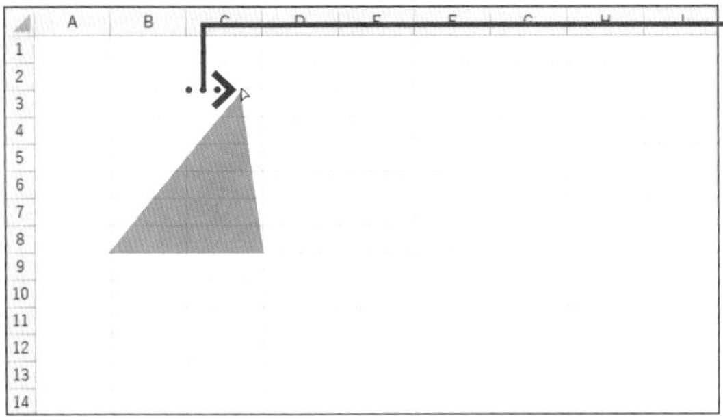

❸そのままドラッグすると、

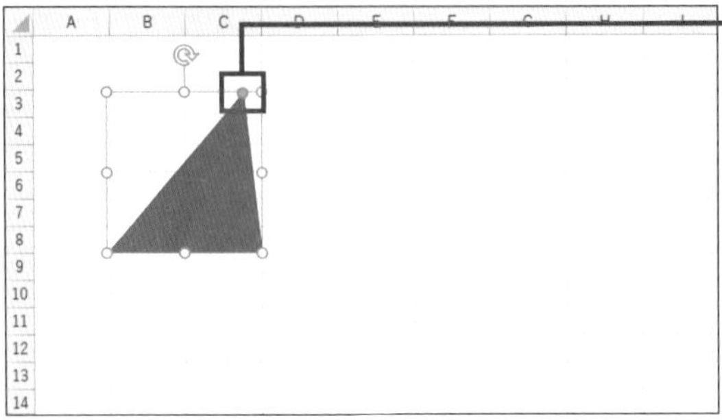

❹三角形の頂点だけを移動できます。

MEMO　オレンジ色のハンドルがない場合

四角形や円、直線など、オレンジ色のハンドルが表示されない図形もあります。

SECTION 154 図形

吹き出し口の位置を変更する

吹き出しの図形を描画したときは、吹き出し口の位置が重要です。吹き出しの図形の周りに表示されるオレンジ色の<調整ハンドル>をドラッグすると、吹き出し口の位置を後から調整できます。

吹き出し口の位置を調整する

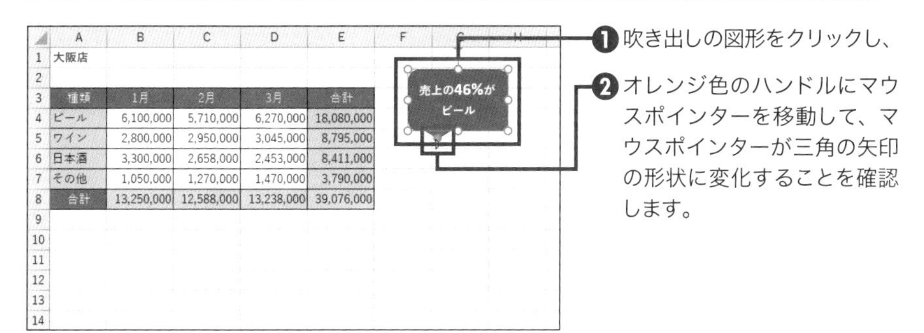

❶吹き出しの図形をクリックし、

❷オレンジ色のハンドルにマウスポインターを移動して、マウスポインターが三角の矢印の形状に変化することを確認します。

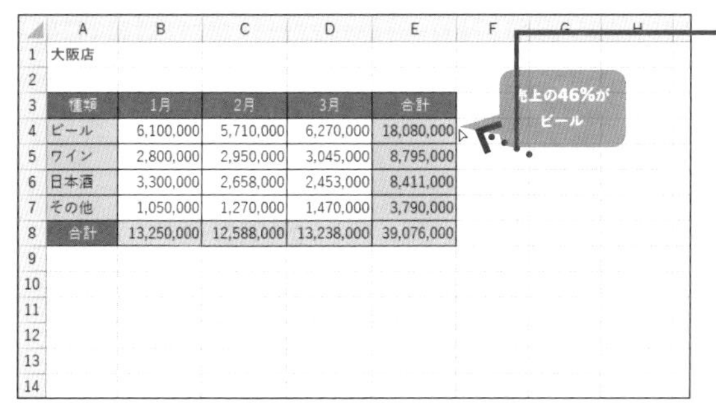

❸そのままドラッグすると、

❹吹き出し口の位置を移動できます。

図形を回転する

図形の向きを変更したいときは、<回転>を使います。右方向や左方向に90度ずつ回転したり、上下左右に反転したりできます。また、図形の周りに表示される<回転ハンドル>をドラッグして任意の角度に回転することもできます。

図形を回転する

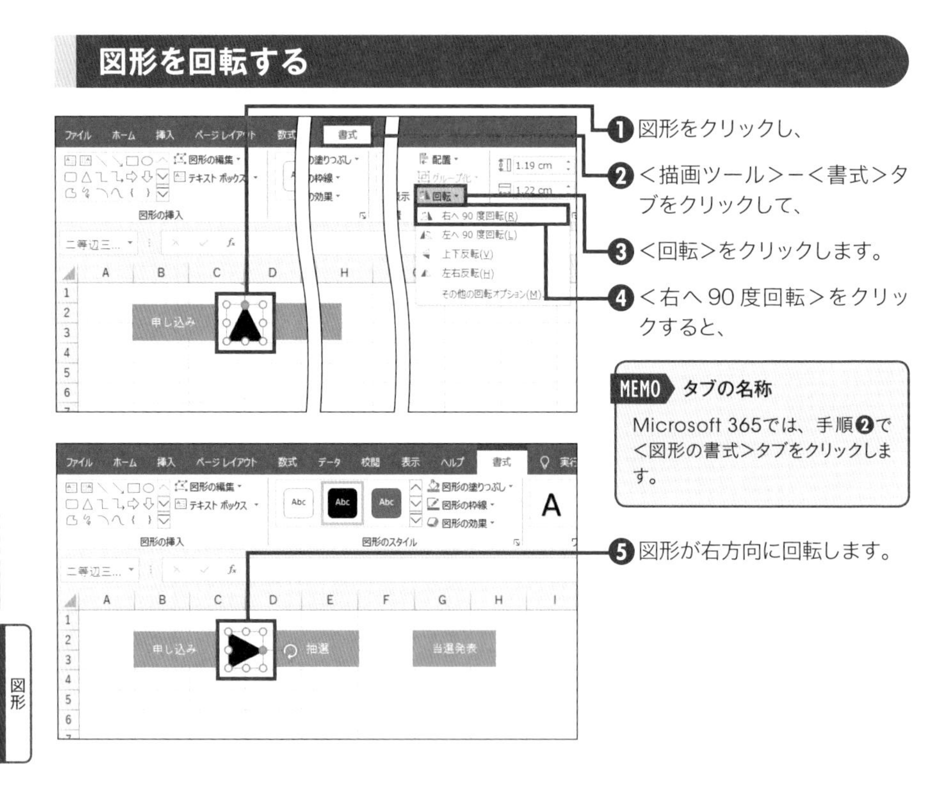

MEMO タブの名称

Microsoft 365では、手順❷で<図形の書式>タブをクリックします。

COLUMN

回転ハンドルで回転する

図形の周りに表示される<回転ハンドル>をドラッグすると、好きな角度に回転できます。

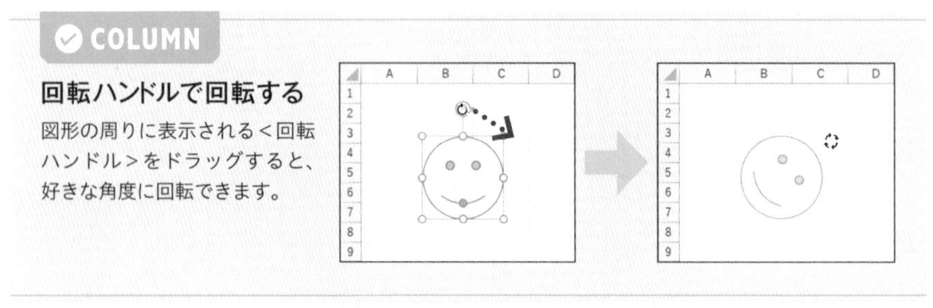

SECTION 156 図形

図形のデザインを変更する

図形を描画すると、最初はExcelが自動的に色を付けますが、後から変更することが可能です。<図形のスタイル>には､図形の塗りつぶしの色や枠線の色などが組み合わさったパターンが用意されており、一覧からクリックするだけで図形のデザインを変更できます。

図形にスタイルを設定する

❶図形をクリックし、

❷<描画ツール>−<書式>タブをクリックして、

❸<図形のスタイル>の<その他>をクリックします。

MEMO タブの名称

Microsoft 365では、手順❷で<図形の書式>タブをクリックします。

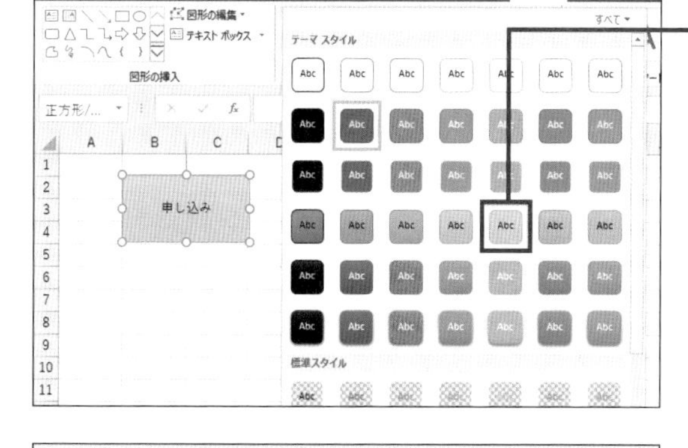

❹スタイルの一覧から変更後のデザインをクリックすると、

MEMO デザインのプレビュー

スタイルの一覧に表示されるデザインにマウスポインターを移動すると、デザインを適用した結果が一時的に図形に反映されます。

❺図形のデザインを変更できます。

MEMO 文字の色

用意されているスタイルによっては、図形の色と同時に図形内の文字の色が変わる場合もあります。

図形の色を変更する

<図形の塗りつぶし>を使うと、図形の色を後から変更できます。1色でべた塗りするだけでなく、グラデーションを設定したり麻や大理石などのテクスチャで塗りつぶしたりできます。また、図形を写真で塗りつぶすこともできます。

図形の塗りつぶしの色を変更する

❶図形をクリックし、

❷<描画ツール>－<書式>タブをクリックして、

❸<図形の塗りつぶし>をクリックします。

MEMO タブの名称

Microsoft 365では、手順❷で<図形の書式>タブをクリックします。

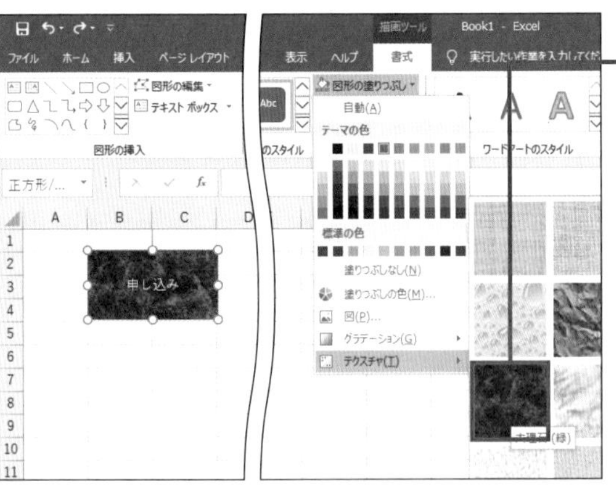

❹変更後の色（ここでは<テクスチャ>の<大理石（緑）>）をクリックすると、

MEMO テーマの色

色の一覧にある<テーマの色>から色を選んだ場合、<ページレイアウト>タブの<テーマ>を変更すると連動して図形の色も変化します。<標準の色>から選んだ色は、テーマに関係なく常に同じ色で表示されます。

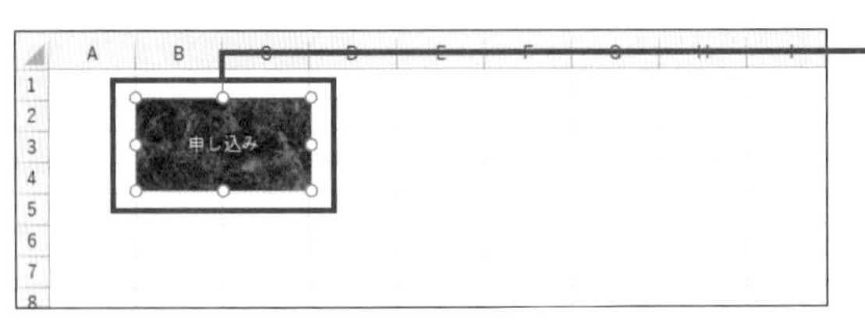

❺図形の色を変更できます。

SECTION 158 図形

図形の枠線を変更する

図形を描くと、最初は図形の周りに黒い細実線の枠線が表示されますが、後から変更することができます。＜図形の枠線＞を使うと、図形の枠線の色や種類、太さを組み合わせて指定することが可能です。枠線が不要な場合は、＜線なし＞を選びましょう。

図形の枠線を太くする

❶図形をクリックし、

❷＜描画ツール＞－＜書式＞タブをクリックして、

❸＜図形の枠線＞をクリックします。

> **MEMO タブの名称**
>
> Microsoft 365では、手順❷で＜図形の書式＞タブをクリックします。

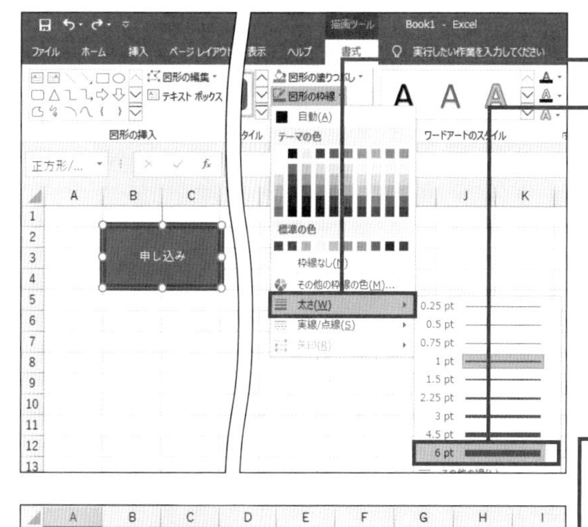

❹＜太さ＞をクリックし、

❺変更後の太さをクリックすると、

❻枠線の太さを変更できます。

> **MEMO 色の変更**
>
> 枠線の太さと色を変更するには、最初に太さを変更し、もう一度手順❷から操作して枠線の色を変更します。2回に分けて操作しましょう。

SECTION 159 図形

複数の図形をまとめて選択する

複数の図形の色をまとめて変更したい、複数の図形の端を揃えたいというときには、最初に対象となる図形をすべて選択します。Shiftキーを押しながら順番に図形をクリックすると、複数の図形にそれぞれハンドルが付いてまとめて選択できます。

複数の図形を選択する

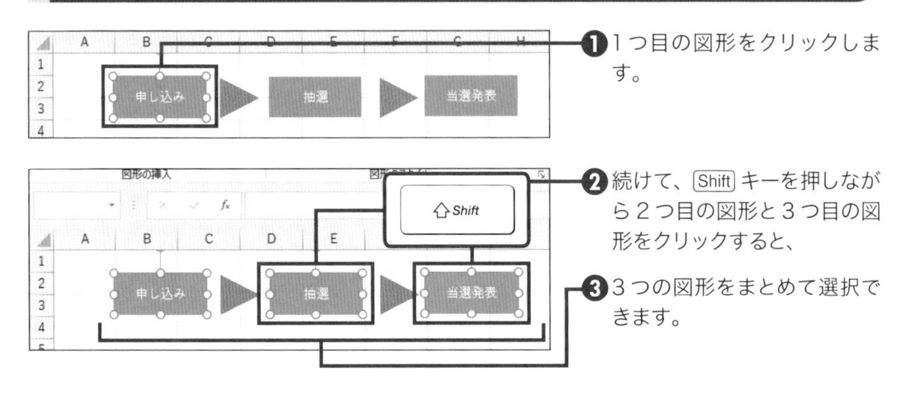

COLUMN

ドラッグした範囲の図形をすべて選択する

<ホーム>タブの<検索と選択>から<オブジェクトの選択>をクリックし、選択したい図形を囲むように左上から右下にドラッグすると、ドラッグした範囲の図形をすべて選択できます。選択後はEscキーを押して機能を解除します。

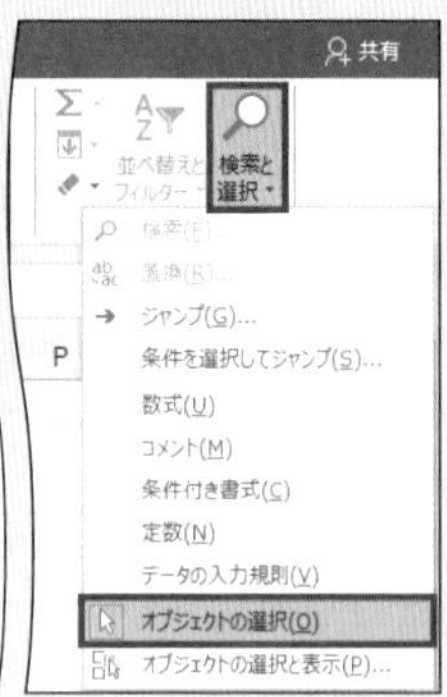

SECTION 160 図形

複数の図形を揃えて配置する

複数の図形を並べて見せるときは、図形の端が揃っていたほうが見栄えがあがります。<配置>を使うと、図形どうしの左端、右端、上端、下端をそれぞれぴったり揃えて配置できます。ここでは、3つの四角形の左端を揃えてみましょう。

複数の図形の左端を揃える

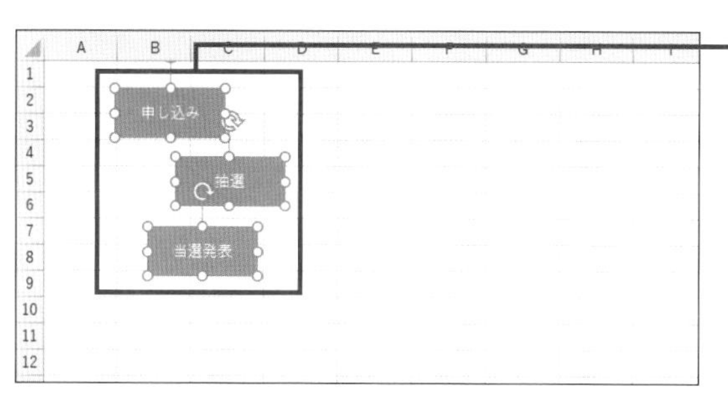

❶ Sec.159の操作を参考にして、3つの図形をまとめて選択します。

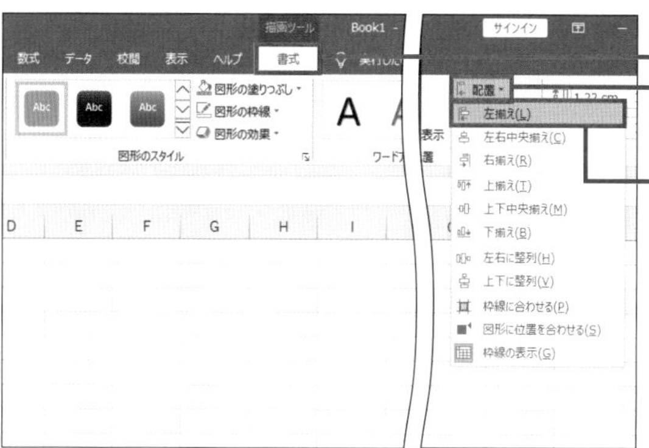

❷ <描画ツール>－<書式>タブをクリックします。

❸ <配置>をクリックし、

❹ <左揃え>をクリックすると、

MEMO タブの名称

Microsoft 365では、手順❷で<図形の書式>タブをクリックします。

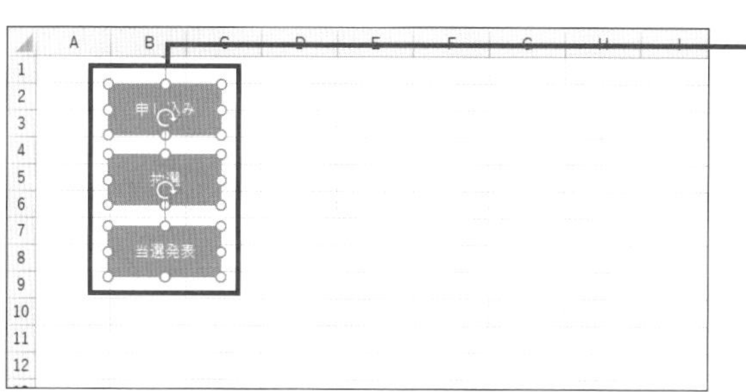

❺ 3つの図形の左端が揃います。

MEMO 一番左の図形に揃う

<左揃え>を実行すると、複数の図形の中で一番左にある図形の端に揃います。同様に、<上揃え>は一番上にある図形、<下揃え>は一番下にある図形、<右揃え>は一番右にある図形に揃います。

SECTION 161 図形

複数の図形を等間隔に配置する

図形どうしの上下の間隔や左右の間隔が開いていたり狭まっていたりすると気になるものです。複数の図形を等間隔に配置するには<配置>を使います。<左右に整列>で左右の間隔、<上下に整列>で上下の間隔が揃います。

複数の図形を整列する

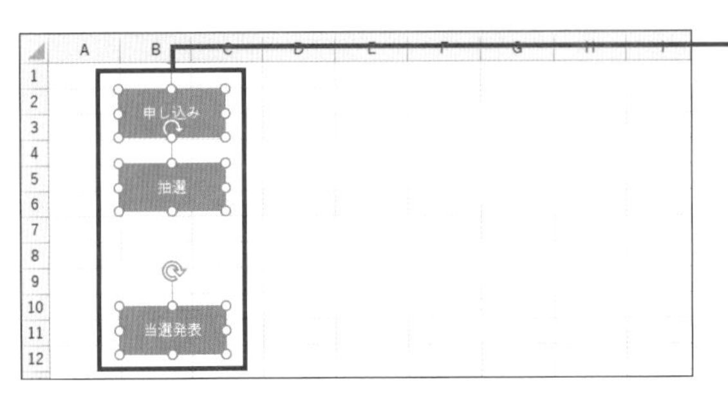

❶ Sec.159の操作を参考にして、3つの図形をまとめて選択します。

❷ <描画ツール>－<書式>タブをクリックします。

❸ <配置>をクリックし、

❹ <上下に整列>をクリックすると、

MEMO タブの名称

Microsoft 365では、手順❷で<図形の書式>タブをクリックします。

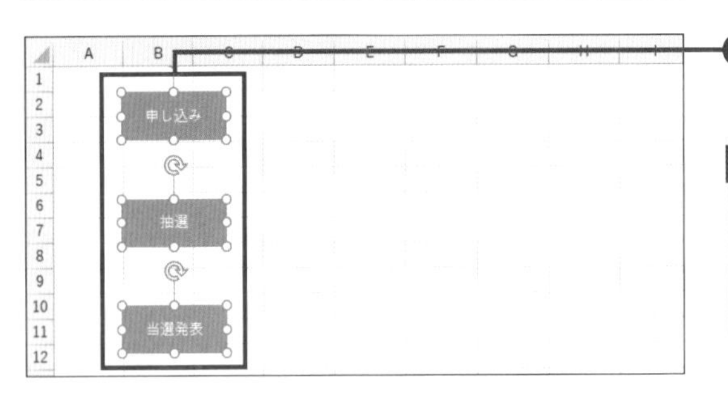

❺ 3つの図形が等間隔で配置されます。

MEMO 整列の仕組み

<上下に整列>を実行すると、一番上の図形と一番下の図形の距離を図形の数で等間隔に配置します。

SECTION 162 図形

図形を重ねる順番を変更する

複数の図形を重ねて描画すると、後から描画した図形が前面に表示されます。図形の重なりの順番を入れ替えるには、<前面へ移動>や<背面へ移動>を使います。対象となる図形を前面や背面に移動することで、目的の重なりに変更できます。

図形を背面に移動する

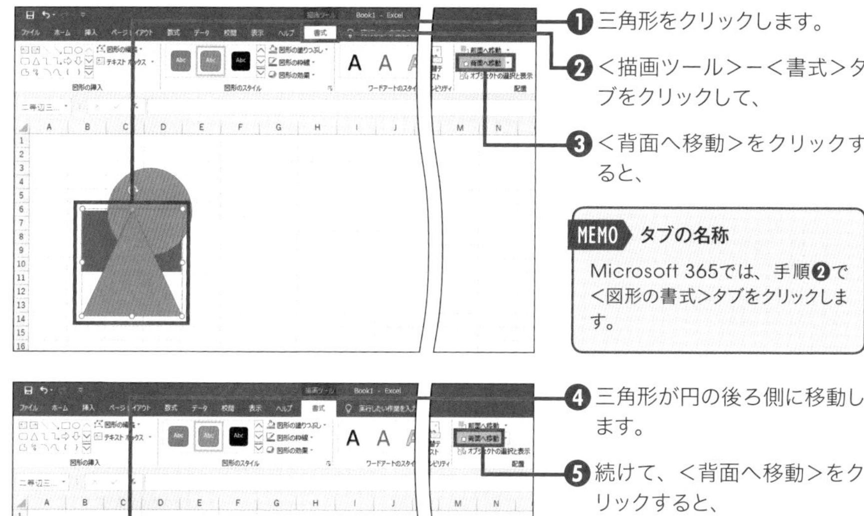

❶ 三角形をクリックします。

❷ <描画ツール>－<書式>タブをクリックして、

❸ <背面へ移動>をクリックすると、

MEMO タブの名称

Microsoft 365では、手順❷で<図形の書式>タブをクリックします。

❹ 三角形が円の後ろ側に移動します。

❺ 続けて、<背面へ移動>をクリックすると、

❻ 三角形が四角形の後ろ側に移動します。

MEMO 最背面や最前面に移動

三角形を四角形の後ろ側に一度に移動するには、<背面へ移動>の右側にある▼をクリックして表示されるメニューから<最背面へ移動>をクリックします。

SECTION 163 図形

複数の図形をグループ化する

複数の図形を組み合わせることで図表やイラストなどを作成できますが、サイズや位置を変更するときに、図形を1つずつ操作する手間がかかります。<グループ化>を使えば、複数の図形を1つの図形にまとめて操作することができます。

複数の図形をグループ化する

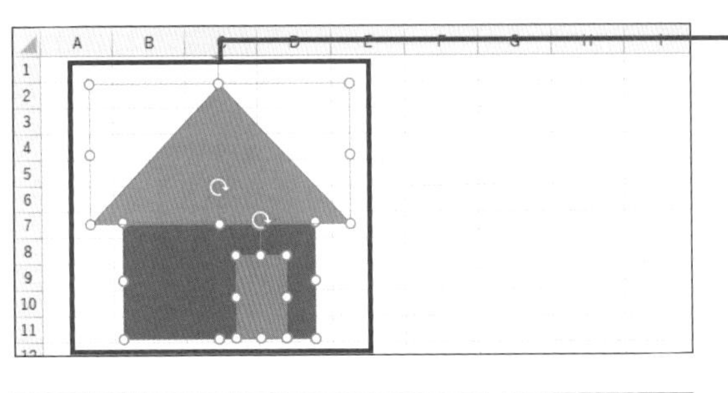

❶ Sec.159の操作を参考にして、3つの図形をまとめて選択します。

MEMO グループ化する前

グループ化する前は、それぞれの図形の周りに個別にハンドルが表示されます。

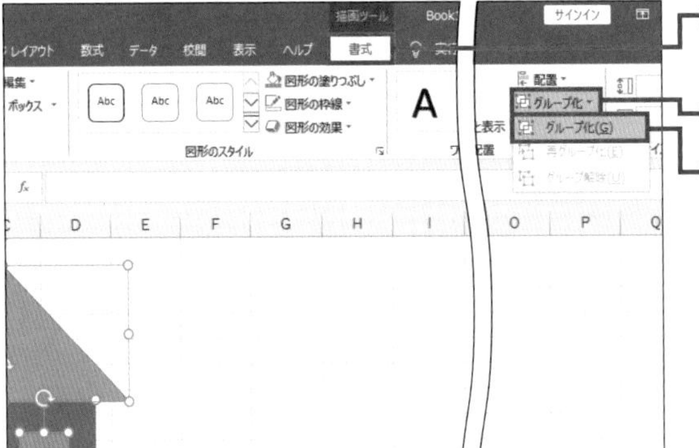

❷ <描画ツール>－<書式>タブをクリックします。

❸ <グループ化>をクリックし、

❹ <グループ化>をクリックすると、

MEMO タブの名称

Microsoft 365では、手順❷で<図形の書式>タブをクリックします。

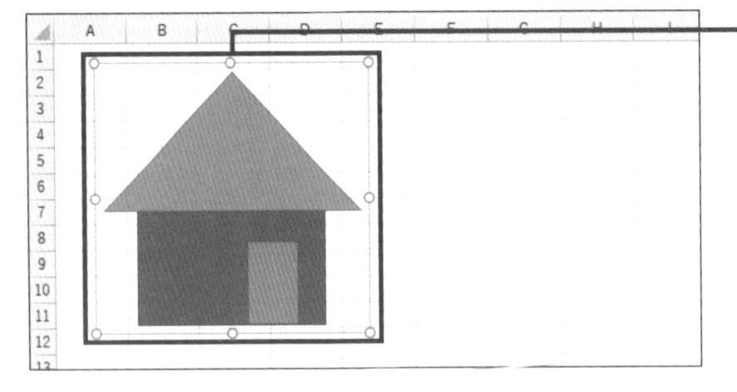

❺ 3つの図形が1つにまとまります。

MEMO グループ化した後

グループ化すると、図形ごとのハンドルがなくなって全体のハンドルに変わります。この状態でサイズや位置を変更すると。3つの図形をまとめて操作できます。

SECTION 164 図形

図形の種類を変更する

＜図形の変更＞を使うと、描画済みの図形の種類を後から変更できます。いったん図形を削除してから図形を描画し直す必要はありません。図形の種類を変更しても、元の図形の色などの書式や図形内に入力した文字はそのまま引き継がれます。

図形の種類を変更する

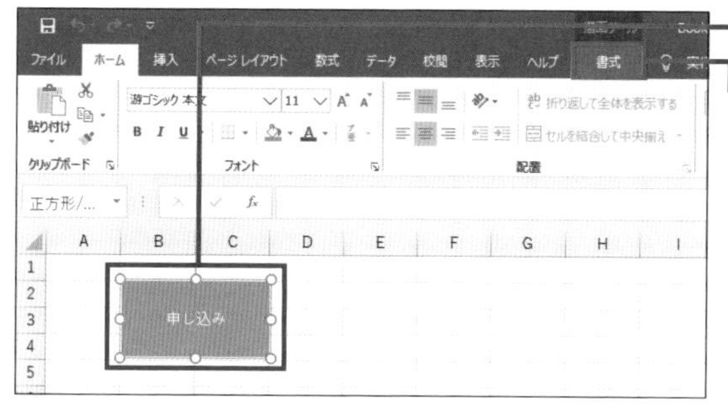

❶四角形をクリックします。

❷＜描画ツール＞－＜書式＞タブをクリックします。

> **MEMO タブの名称**
>
> Microsoft 365では、手順❷で＜図形の書式＞タブをクリックします。

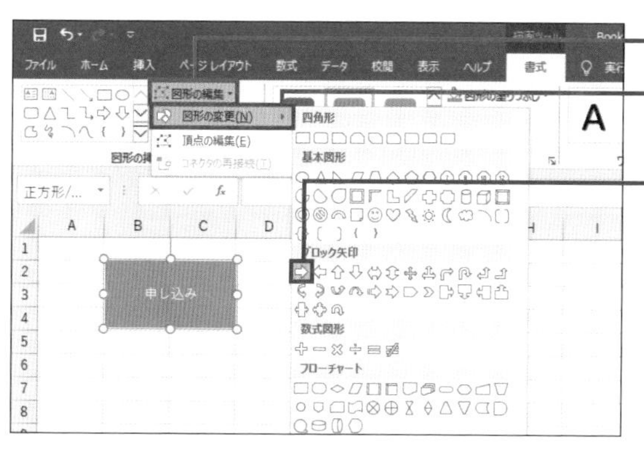

❸＜図形の編集＞をクリックし、

❹＜図形の変更＞をクリックして、

❺変更後の図形（ここでは＜矢印：右＞）をクリックすると、

❻四角形を矢印の図形に変更できます。

> **MEMO サイズの調整**
>
> 図形の種類を変更した結果、図形内の文字の一部が隠れてしまったときは、Sec.144の操作で図形のサイズを拡大します。

図形をコピーする

同じ図形をいくつも描画する場合、元の図形をコピーして使いまわすと便利です。<コピー>で図形をコピーすると、クリップボードと呼ばれる場所に一時的に保管されます。そのため、<貼り付け>を実行するたびに何度でも続けて図形をコピーできます。

図形をコピーする

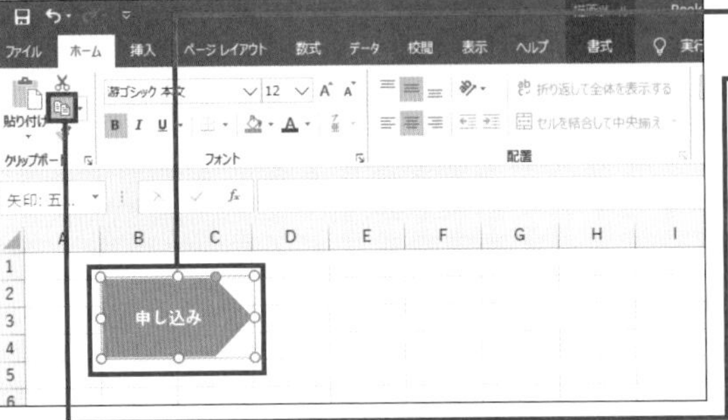

❶コピー元の図形をクリックし、

❷<ホーム>タブ－<コピー>をクリックします。

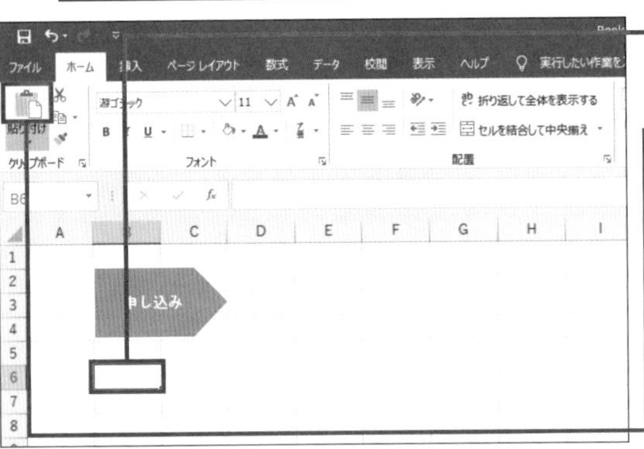

❸貼り付け先のセルをクリックし、

❹<ホーム>タブ－<貼り付け>をクリックすると、

❺図形がコピーされます。

MEMO マウス操作でコピー

コピー元の図形を選択し、図形内にマウスポインターを移動します。Ctrlキーを押しながらコピー先まで図形をドラッグすると、図形をコピーできます。

SECTION 166 図形

図形の書式だけをコピーする

書式とは、図形の色や枠線の種類、図形内の文字のサイズといった飾りのことです。図形を丸ごとコピーするのではなく、図形の形や入力した文字は変えずに書式だけをコピーするには、＜書式のコピー/貼り付け＞を使います。

図形の書式をコピーする

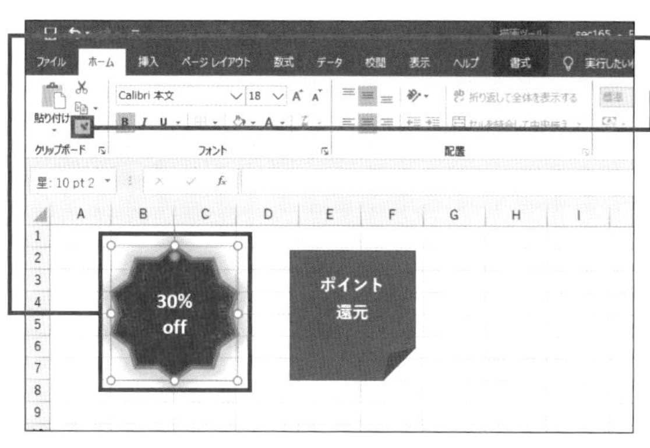

❶コピー元の図形をクリックし、

❷＜ホーム＞タブ－＜書式のコピー/貼り付け＞をクリックします。

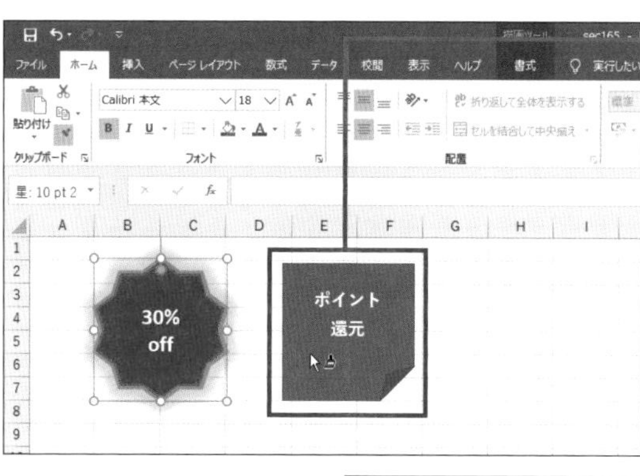

❸マウスポインターにはけのアイコンが表示されたことを確認し、コピー先の図形をクリックすると、

❹元の図形の書式だけをコピーできます。

MEMO 連続して書式をコピー

手順❷で＜書式のコピー/貼り付け＞をダブルクリックすると、Escキーを押すまで何度でも連続して書式をコピーできます。

SECTION
167
SmartArt

SmartArtを作成する

SmartArtを使うと、組織図やベン図、フローチャートなどの図表をかんたんな操作で見栄えよく作成できます。SmartArtには分類別にいくつもの図表のひな形が用意されており、図表の種類を選んで、図形の中に文字を入力するだけで図表が完成します。

第1章
第2章
第3章
第4章
第5章 SmartArt

組織図を作成する

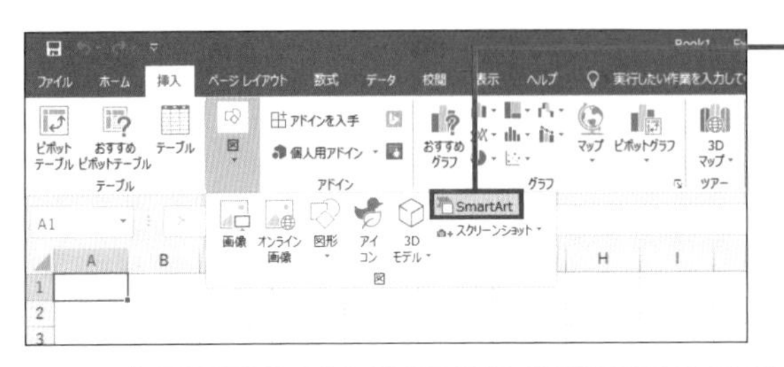

❶＜挿入＞タブ－＜図＞－＜SmartArtグラフィックの挿入＞をクリックします。

❷＜階層構造＞をクリックし、

❸＜組織図＞をクリックして、

❹＜OK＞をクリックします。

MEMO　分類別に表示される

SmartArtの図表は、リストや手順、循環などに分類されています。左側で分類名を選ぶと、その分類に属する図表が右側に表示されます。

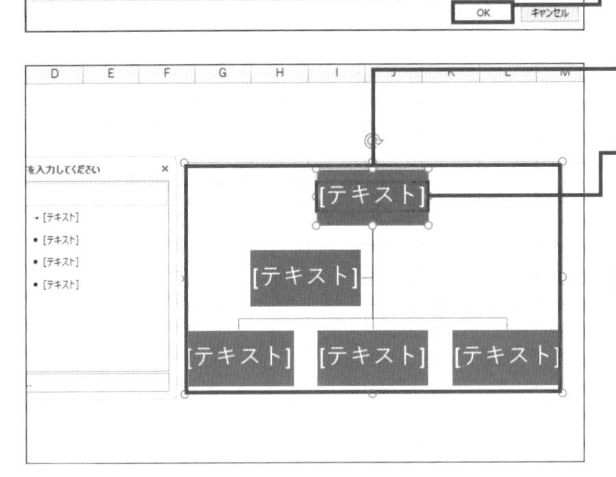

❺5つの図形で構成された組織図のひな形が表示されます。

❻一番上の図形の＜テキスト＞と書かれた部分をクリックして、

MEMO　テキストウィンドウを閉じる

図表の左側にはテキストウィンドウが表示されます。テキストウィンドウに文字を入力することもできますが、邪魔になるときは＜×＞をクリックして閉じます。

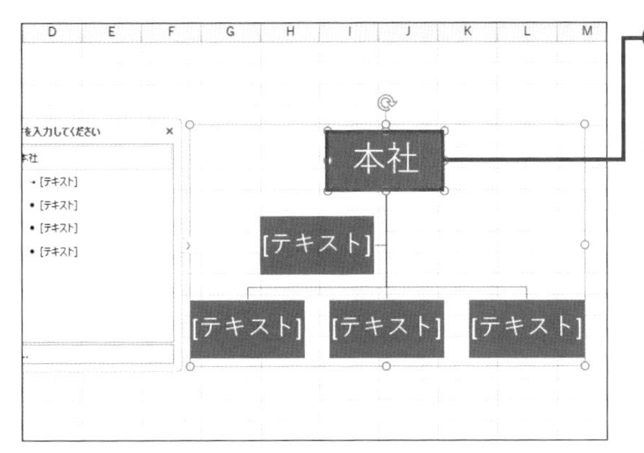

❼ 図形内に文字を入力します。

MEMO 文字サイズの調整

図形の中に入力した文字数に合わせて、図形からはみ出ないように自動的に文字のサイズが調整されます。図表全体のサイズや位置の変更は、Sec.144の図形の操作と同じです。

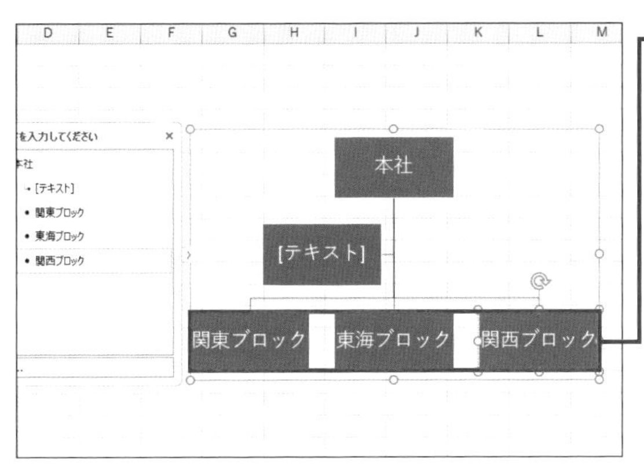

❽ 同様の操作で、他の図形にも文字を入力します。

COLUMN

不要な図形を削除する

最初に表示される図形の中に不要な図形があった場合は、図形の外枠をクリックして選択してから Delete キーを押して削除します。

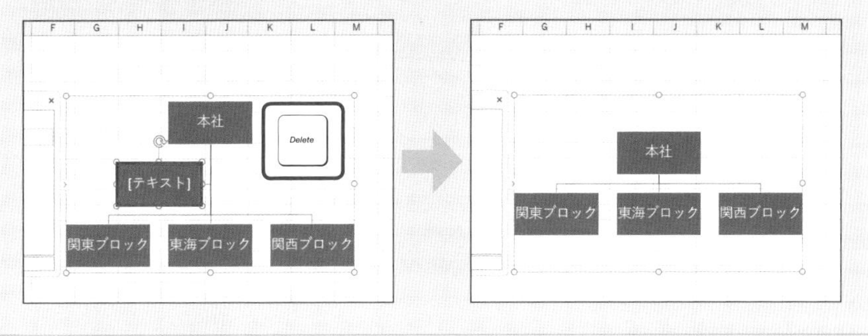

SECTION 168 SmartArt

SmartArtに図形を追加する

SmartArtで最初に表示される図形の数は、図表ごとに異なります。図形が足りない場合は、<図形の追加>を使って、後から好きな位置に好きな数だけ追加できます。図表のどの部分に追加するかを正しく選択しておくのがポイントです。

組織図に図形を追加する

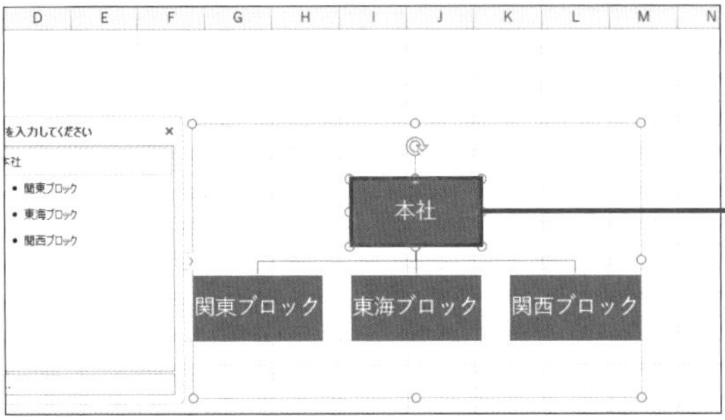

<本社>の図形の下に4つ目の図形を追加します。

❶ <本社>の図形をクリックします。

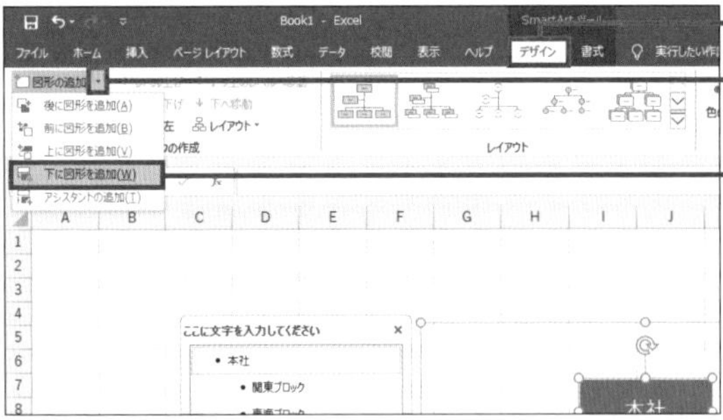

❷ < SmartArt ツール>－<デザイン>タブをクリックし、

❸ <図形の追加>の▼をクリックして、

❹ <下に図形を追加>をクリックすると、

MEMO タブの名称

Microsoft 365では、手順❷で<SmartArtのデザイン>タブをクリックします。

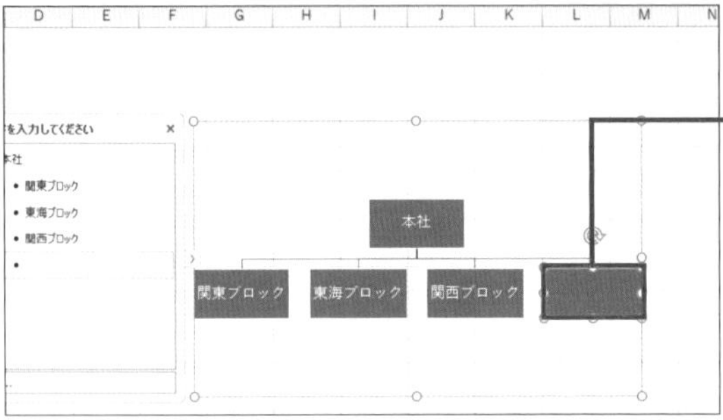

❺ 新しい図形を追加できます。

MEMO 追加する図形の種類

組織図では、追加する図形の位置や種類を指定できます。<図形の追加>に表示される内容は図表によって異なります。

SECTION 169 SmartArt

SmartArtの図形を入れ替える

SmartArtを構成する図形の順番は、後から入れ替えることができます。どの位置に移動するかは図表によって異なります。ここでは、起承転結の順番になるように「結」の図形を「転」の右側に移動します。

図形の順番を入れ替える

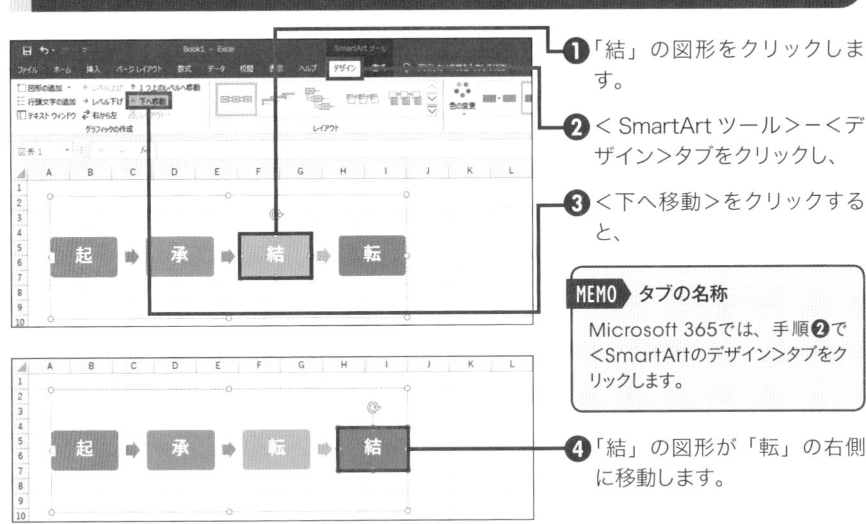

❶「結」の図形をクリックします。

❷＜SmartArtツール＞ー＜デザイン＞タブをクリックし、

❸＜下へ移動＞をクリックすると、

❹「結」の図形が「転」の右側に移動します。

MEMO　タブの名称

Microsoft 365では、手順❷で＜SmartArtのデザイン＞タブをクリックします。

COLUMN

組織図の場合

右の組織図で「東海ブロック」を「関東ブロック」や「関西ブロック」と同じ階層にするには、「東海ブロック」の図形をクリックしてから＜レベル上げ＞をクリックします。ただし、図表の種類によっては、＜レベル上げ＞が選択できない場合もあります。

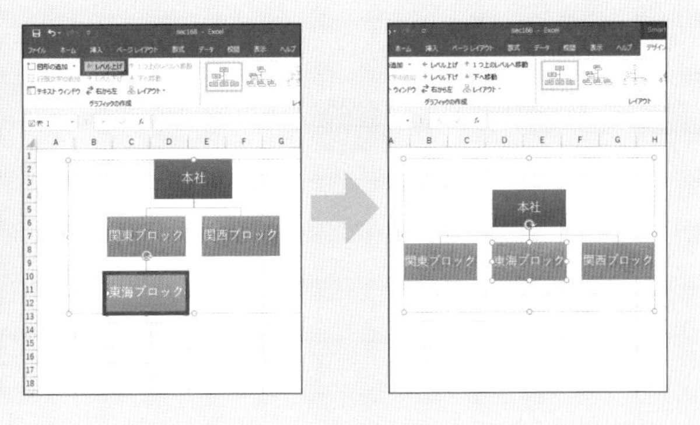

第1章
第2章
第3章
第4章
第5章 SmartArt

SECTION 170 アイコン

アイコンを挿入する

<アイコン>を使うとワークシートにモノクロのシンプルなイラストを挿入できます。イラストは分類別に分けられており、使いたいイラストをクリックするだけで挿入できます。なお、アイコンはExcel 2019とMicrosoft 365で利用できます。

イラストを挿入する

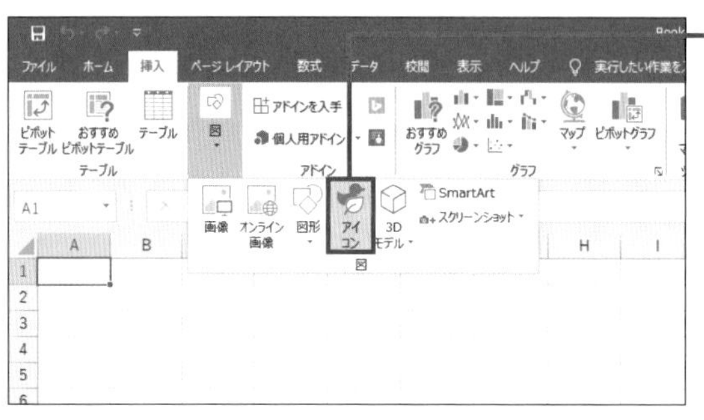

❶<挿入>タブ－<図>－<アイコン>をクリックします。

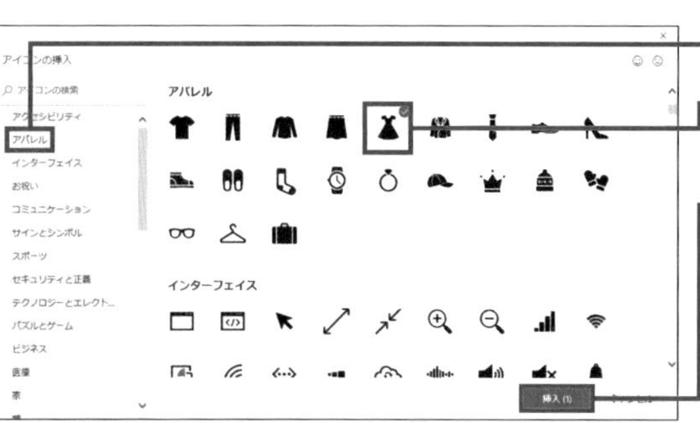

❷<アパレル>をクリックし、

❸目的のイラストをクリックして、

❹<挿入>をクリックすると、

MEMO 複数の選択

手順❷の後で、他のイラストをクリックすると、複数のイラストをまとめて挿入できます。

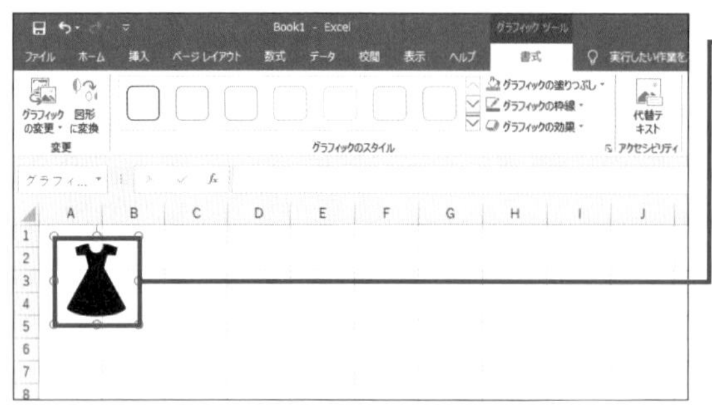

❺イラストが挿入されます。

MEMO Microsoft 365の操作

Microsoft 365では、左上に表示される検索ボックスにキーワードを入力して検索できます。

SECTION 171
アイコン

アイコンの色を変更する

Sec.170の＜アイコン＞を使って挿入したイラストは、最初はモノクロですが、後から色を変更できます。＜図の塗りつぶし＞から変更後の色を選ぶだけで、イラスト全体の色が変わります。

イラストの色を変更する

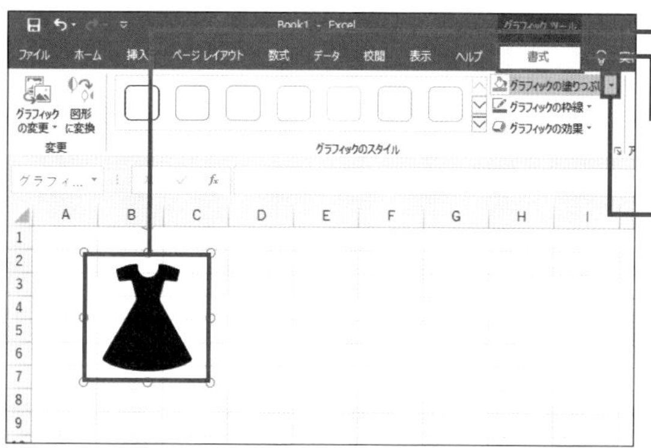

❶ Sec.170の操作で挿入したイラストをクリックします。

❷ ＜グラフィックツール＞－＜書式＞タブをクリックし、

❸ ＜グラフィックの塗りつぶし＞の▼をクリックして、

MEMO　タブの名称

Microsoft 365では、手順❷で＜グラフィックス形式＞タブをクリックします。

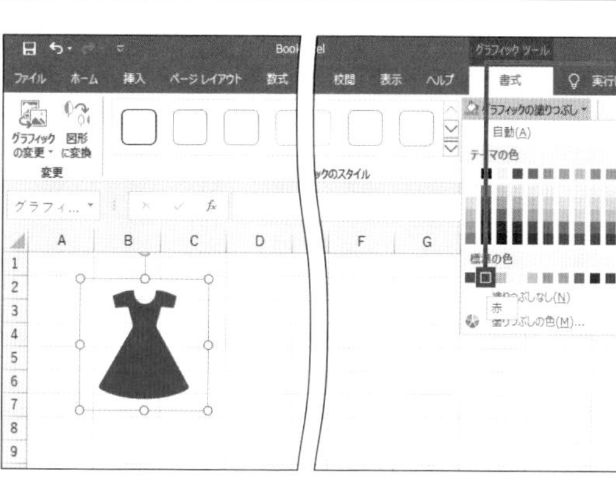

❹ 変更後の色をクリックすると、

❺ イラストの色が変わります。

MEMO　イラストの回転

Sec.155の操作で、イラストを回転することもできます。

ワークシートに直接絵を描く

<描画>タブに用意されているペンを使うと、色やペンの種類を変えながら、ワークシート上を自由にドラッグして図形や絵を描くことができます。<描画>タブが表示されていない場合は、最初に表示しておきましょう。

<描画>タブを表示する

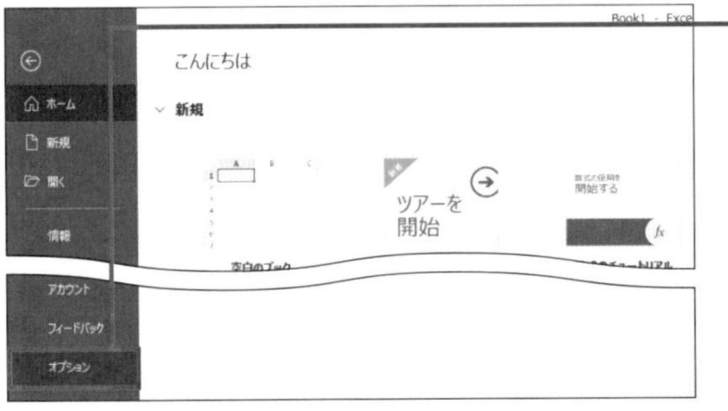

❶<ファイル>タブー<オプション>をクリックします。

❷<リボンのユーザー設定>をクリックし、

❸<描画>をクリックしてチェックを付けます。

❹<OK>をクリックすると、

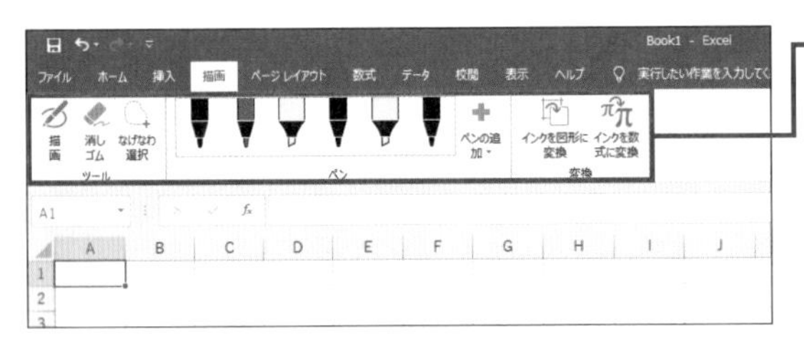

❺<描画>タブが表示されます。

ワークシートに絵を描く

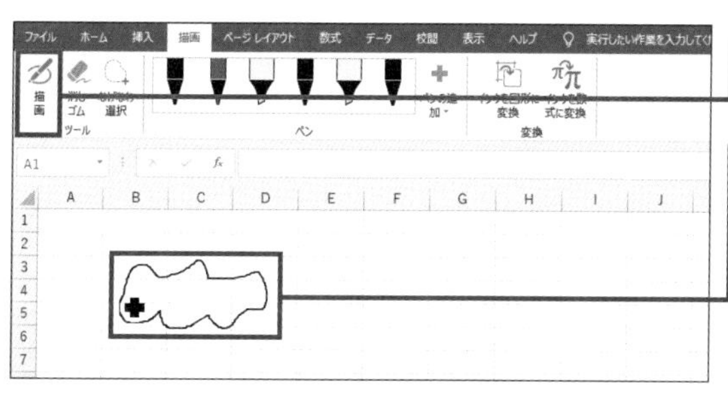

❶ ＜描画＞タブ−＜描画＞をクリックし、

❷ ワークシート上をドラッグすると、ドラッグした通りに表示されます。

MEMO Microsoft 365の操作

Microsoft 365では、手順❶でペンの種類を選んでドラッグします。

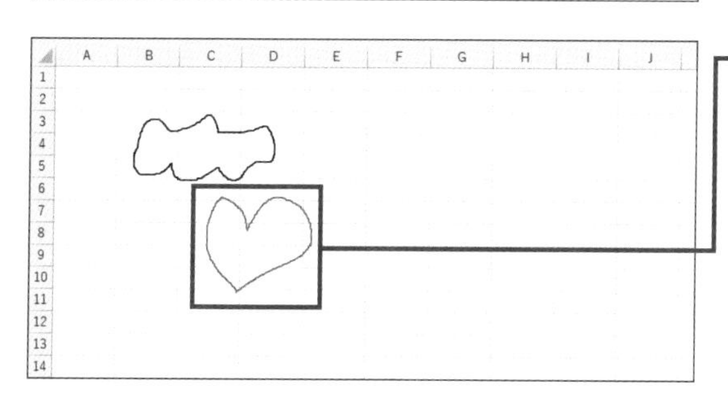

❸ 変更したいペンをクリックし、

MEMO 太さと色の変更

ペンの下側をクリックして表示されるメニューから、ペンの太さや色を変更できます。

❹ ワークシート上をドラッグすると、ドラッグした通りに表示されます。

COLUMN

線の消去

＜描画＞タブ−＜消しゴム＞をクリックし、マウスポインターの形状が消しゴムに変化した状態で消したい線をクリックすると、線を消去できます。

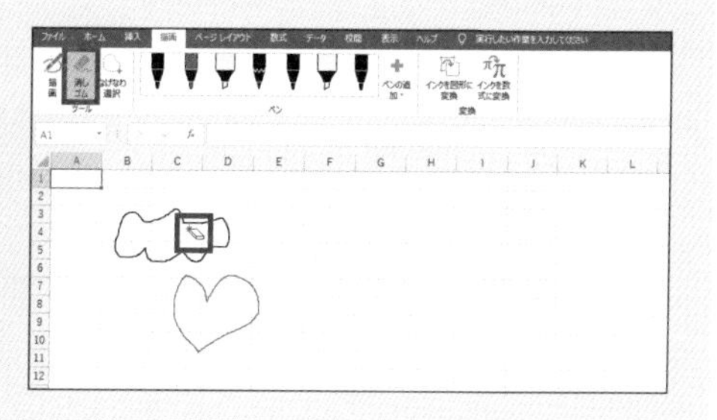

3Dモデルを挿入する

3Dモデルとは、立体的なイラストのことです。<3Dモデル>を使うと、用意されている3Dのイラストを選ぶだけでワークシートに挿入でき、360度好きな角度に調整して使えます。なお、3DモデルはExcel 2019とMicrosoft 365で利用できます。

3Dのイラストを挿入する

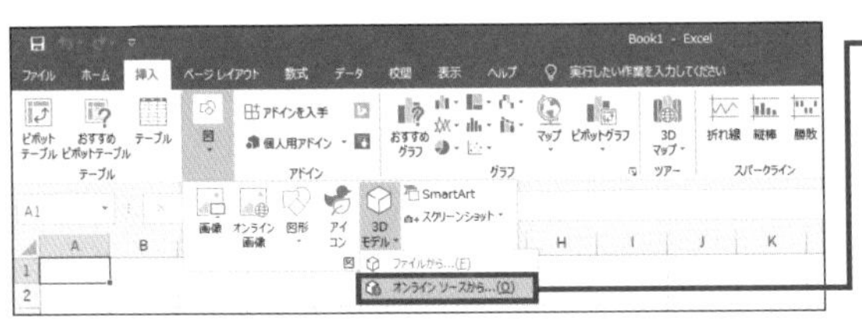

❶<挿入>タブ－<図>－<3Dモデル>－<オンラインソースから>（もしくは<3Dモデルのストック>）をクリックします。

MEMO 著作権に注意

オンライン上の3Dモデルを使う場合は、著作権に注意しましょう。

❷キーワード（ここでは「車」）を入力して Enter キーを押すと、検索結果が表示されます。

❸利用したい3Dモデルをクリックし、

❹<挿入>をクリックすると、

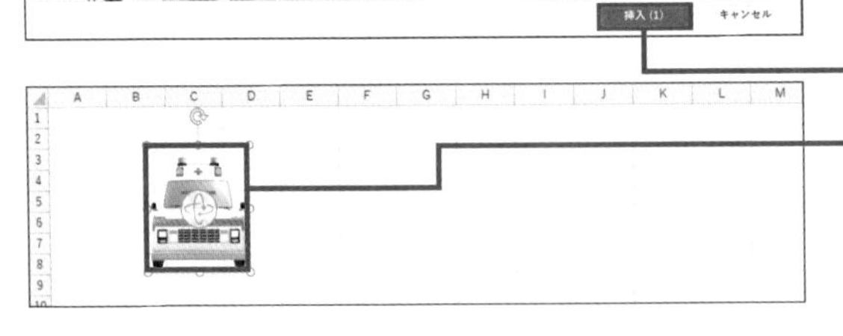

❺3Dモデルが挿入されます。

COLUMN

360度回転できる

中央のハンドルをドラッグすると、360度好きな角度に回転できます。

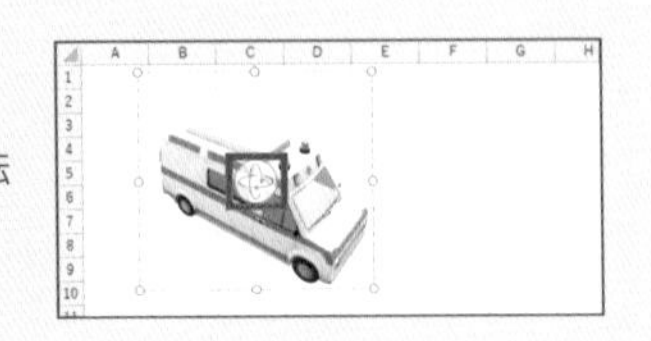

SECTION 174 写真・画像

写真を挿入する

商品一覧表に商品写真を添えたり、会員名簿に顔写真を添えたりするなど、実物が映っている写真があると具体的でわかりやすくなります。ワークシートに写真を挿入するには、<挿入>タブの<画像>からパソコンに保存済みの写真を指定します。

写真を挿入する

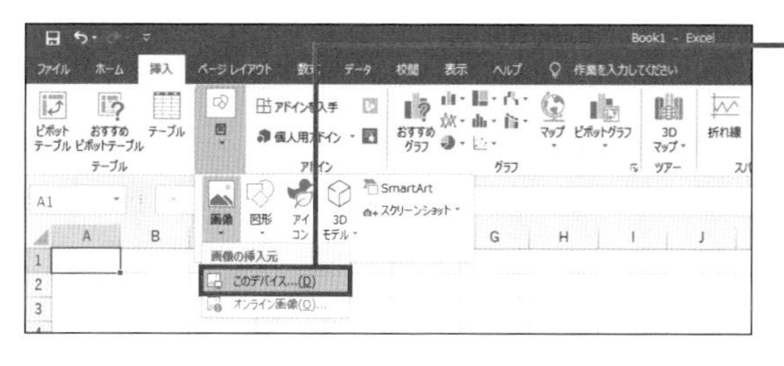

❶<挿入>タブー<図>ー<画像>ー<このデバイス>をクリックします。

MEMO オンライン画像

<オンライン画像>を使うと、Web上の写真をキーワードで検索してダウンロードできます。ただし、写真を利用する前に著作権などの注意事項を確認しましょう。

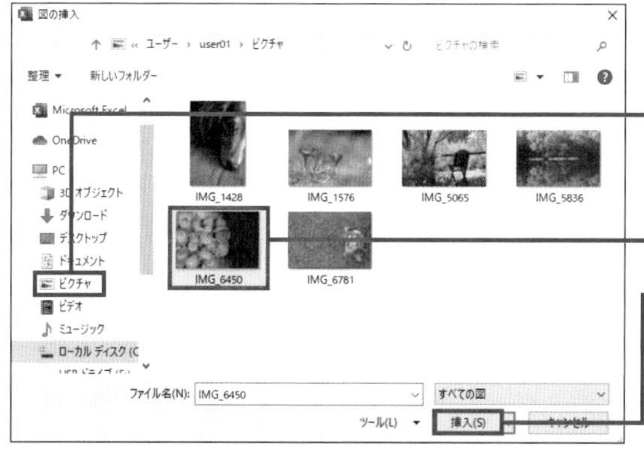

❷写真の保存場所（ここでは「ピクチャ」フォルダー）をクリックし、

❸写真をクリックして、

❹<挿入>をクリックすると、

❺ワークシートに写真が挿入されます。

MEMO サイズと位置の変更

写真のサイズや位置を変更する操作は、Sec.144の図形の操作と同じです。

SECTION 175

写真・画像

写真に外枠を付ける

<図のスタイル>を使うと、ワークシートに挿入した写真に、ポラロイド写真のような白枠や丸枠、黒枠などをかんたんに付けることができます。他にも、<図のスタイル>には写真の周りをぼかしたり傾けたりするなどのさまざまなスタイルが用意されています。

写真にスタイルを設定する

❶ 写真をクリックします。

❷ <図ツール>－<書式>タブをクリックし、

❸ <図のスタイル>の<その他>をクリックします。

MEMO タブの名称

Microsoft 365では、手順❷で<図の形式>タブをクリックします。

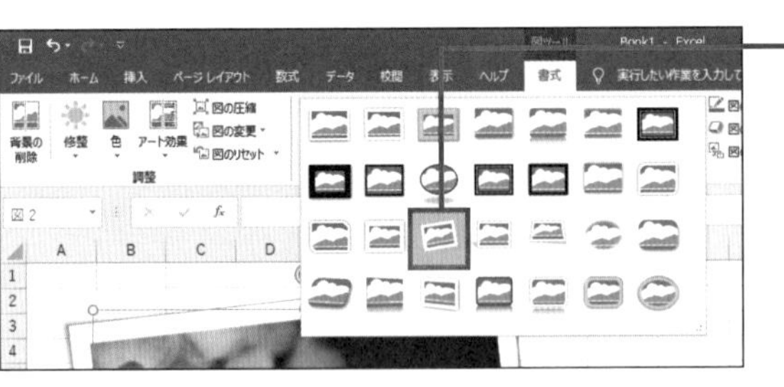

❹ スタイルの一覧から白い枠のスタイルをクリックすると、

MEMO スタイルのプレビュー

スタイルにマウスポインターを移動すると、スタイルを適用した結果が一時的に写真に反映されます。

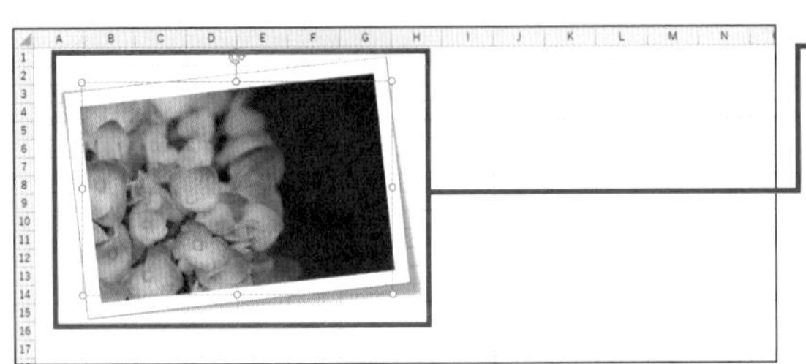

❺ 写真に枠が付きます。

MEMO 元に戻す

元の状態に戻すには、<書式>タブで<図のリセット>をクリックします。

SECTION 176 写真・画像

写真の色合いを変更する

デジタルカメラで撮影した写真の色合いは後から変更できます。＜色＞には、白黒やセピア調などのさまざまな色のパターンが用意されており、画像編集用のアプリを使わなくてもクリックするだけでかんたんに写真全体の色合いを変更できます。

写真の色を変更する

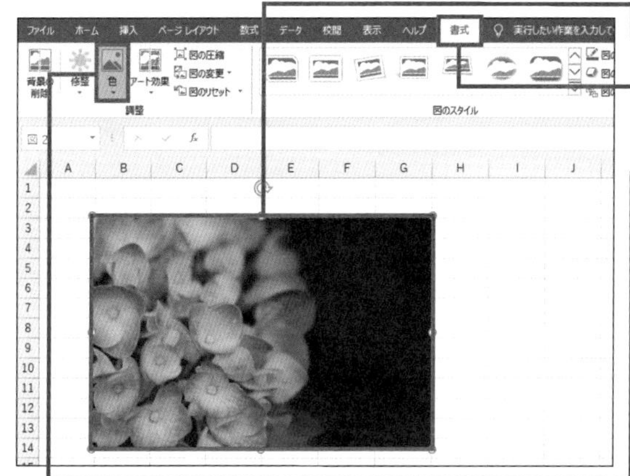

❶写真をクリックします。

❷＜図ツール＞－＜書式＞タブをクリックし、

❸＜色＞をクリックします。

MEMO タブの名称

Microsoft 365では、手順❷で＜図の形式＞タブをクリックします。

❹色の一覧から＜グレースケール＞をクリックすると、

MEMO 色のプレビュー

色にマウスポインターを移動すると、さまざまな色を適用した結果が一時的に写真に反映されます。

❺写真の色がグレースケールに変わります。

SECTION 177

写真・画像

写真の明るさやコントラストを調整する

写真の色が暗かったとか明るすぎたという場合は、＜修整＞を使って補正できます。＜修整＞に用意されている＜シャープネス＞は写真を鮮明にしたいときに使います。また、写真の明るさや明度の差を調整するときは＜明るさ/コントラスト＞を使います。

写真を修整する

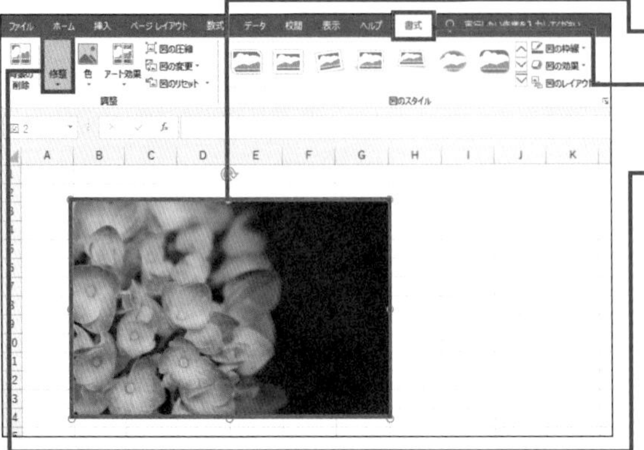

❶ 写真をクリックします。

❷ ＜図ツール＞－＜書式＞タブをクリックし、

❸ ＜修整＞をクリックします。

MEMO タブの名称

Microsoft 365では、手順❷で＜図の形式＞タブをクリックします。

❹ ＜明るさ / コントラスト＞グループの一覧から変更後の明るさをクリックすると、

MEMO 明るくしたいときはプラス

写真を明るくするには、＜明るさ+20%＞のようにプラス補正を選びます。反対に写真を暗くするには＜明るさ-20%＞のようにマイナス補正を選びます。

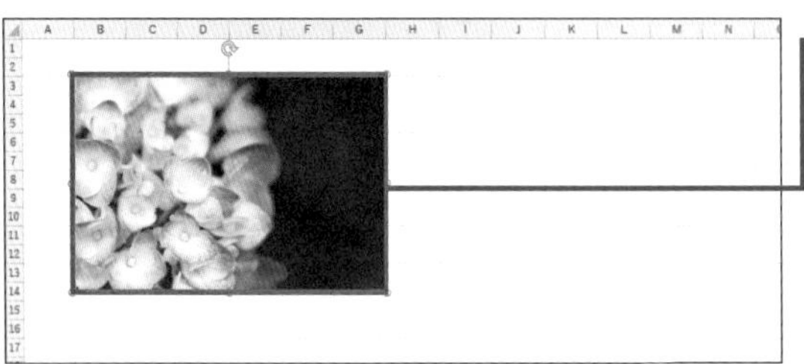

❺ 写真が明るくなります。

第5章 写真・画像

写真の余計な部分を削除する

写真は見せたいものだけが映っているほうが効果的です。＜トリミング＞を使うと、写真の周りに表示される黒い鍵型ハンドルをドラッグするだけで、不要な部分を削除できます。写真の中で残したい部分が表示されるようにトリミングします。

写真をトリミングする

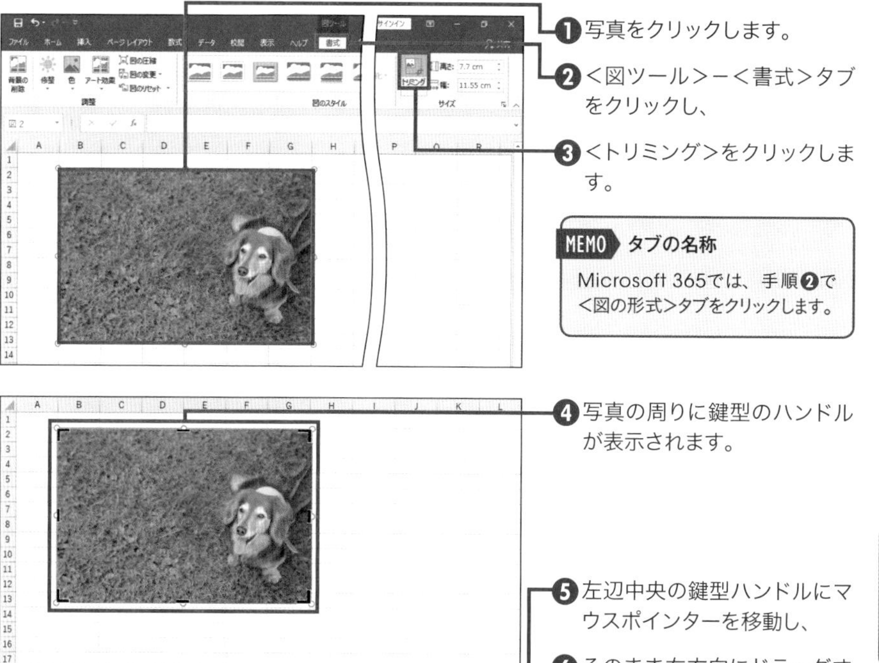

❶ 写真をクリックします。

❷ ＜図ツール＞－＜書式＞タブをクリックし、

❸ ＜トリミング＞をクリックします。

MEMO タブの名称

Microsoft 365では、手順❷で＜図の形式＞タブをクリックします。

❹ 写真の周りに鍵型のハンドルが表示されます。

❺ 左辺中央の鍵型ハンドルにマウスポインターを移動し、

❻ そのまま右方向にドラッグすると、

❼ 灰色の部分が削除されます。

MEMO トリミングのやり直し

灰色の部分は完全に削除されたわけではありません。もう一度、鍵型ハンドルを反対方向にドラッグすると、何度でもトリミングし直すことができます。

SECTION 179 写真・画像

写真を☆や♡の形に切り抜く

Excelのトリミング機能は余計な部分を削除するだけではありません。写真を星やハート、矢印などのさまざまな図形の形に沿って切り抜くことができます。<図形に合わせてトリミング>を使うと、図形の形を選ぶだけでかんたんに切り抜きが完成します。

写真を図形の形にトリミングする

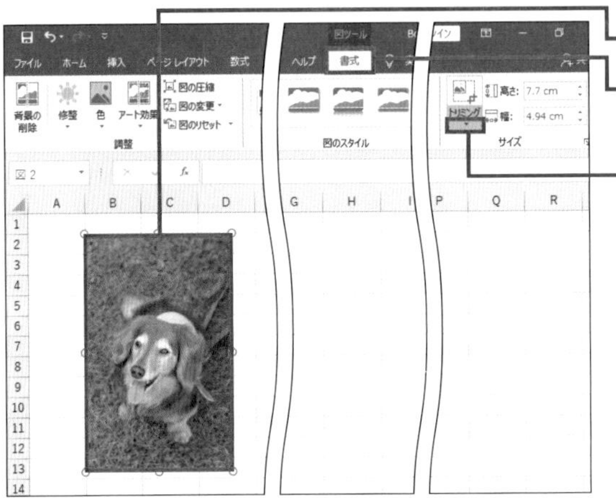

❶写真をクリックします。

❷<図ツール>－<書式>タブをクリックし、

❸<トリミング>下側の▼をクリックします。

MEMO タブの名称

Microsoft 365では、手順❷で<図の形式>タブをクリックします。

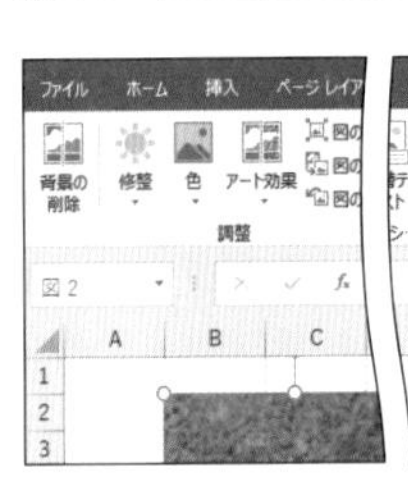

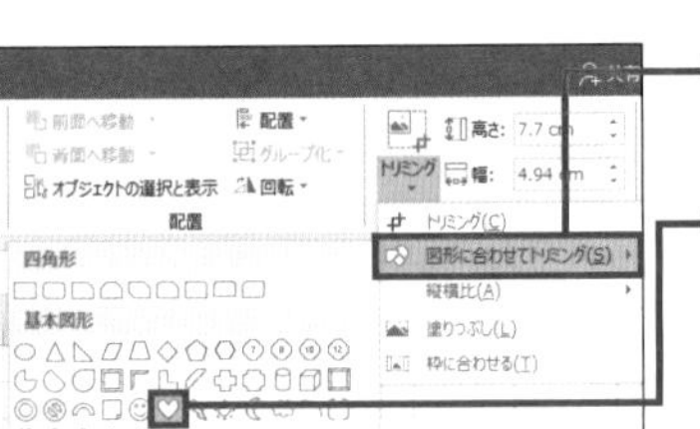

❹<図形に合わせてトリミング>をクリックし、

❺切り抜きたい図形の形（ここでは「ハート」）をクリックすると、

❻写真がハート形に切り抜かれます。

MEMO 縦横比を1：1にする

星の図形の縦横比を1:1にするには、トリミングした後でもう一度<トリミング>から<縦横比>－<1:1>をクリックします。

第6章

グラフ作成のプロ技

SECTION 180

グラフ基本

棒グラフを作成する

数値の大きさや推移、割合などをわかりやすく表現するには、グラフにするのが最適です。Excelでは表のデータを元にして、さまざまな種類のグラフをかんたんに作成できます。ここでは、数値の大きさを棒の高さで比較する棒グラフを作成します。

第6章 グラフ基本
第7章
第8章
第9章
第10章

集合縦棒グラフを作成する

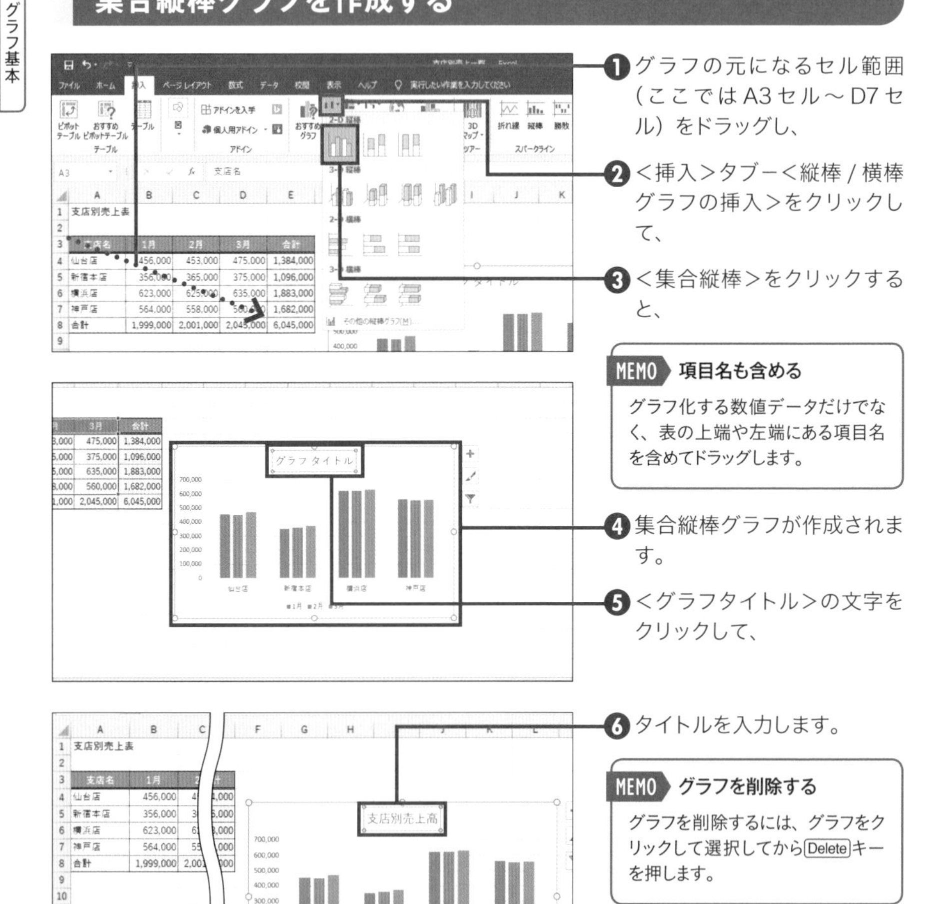

❶グラフの元になるセル範囲（ここではA3セル～D7セル）をドラッグし、

❷<挿入>タブー<縦棒 / 横棒グラフの挿入>をクリックして、

❸<集合縦棒>をクリックすると、

MEMO 項目名も含める

グラフ化する数値データだけでなく、表の上端や左端にある項目名を含めてドラッグします。

❹集合縦棒グラフが作成されます。

❺<グラフタイトル>の文字をクリックして、

❻タイトルを入力します。

MEMO グラフを削除する

グラフを削除するには、グラフをクリックして選択してから Delete キーを押します。

SECTION 181 グラフ基本

グラフを構成する要素を知る

グラフは、グラフタイトルや凡例、プロットエリアなどのさまざまな要素で構成されています。グラフを構成する要素の名前と役割を知っておきましょう。グラフの要素は、後から追加したり削除したりできます。

グラフの要素について

グラフを構成する要素には、次のようなものがあります。

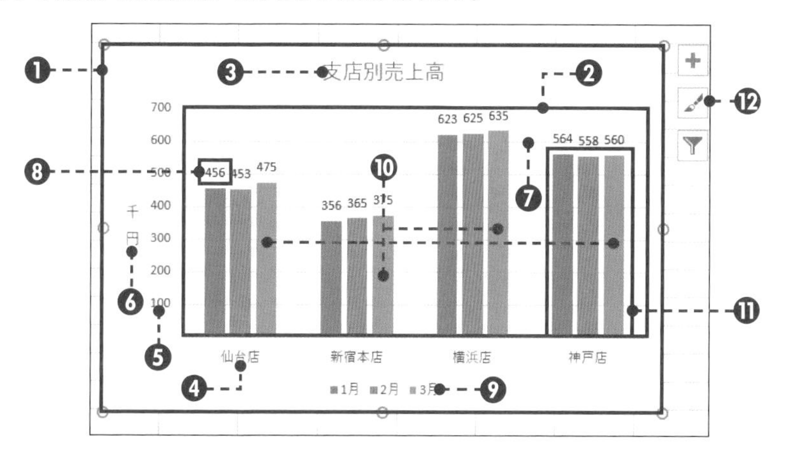

主なグラフ要素	
❶グラフエリア	グラフ全体の領域。
❷プロットエリア	グラフのデータが表示される領域。
❸グラフタイトル	グラフのタイトル。
❹横（項目）軸	項目名などを示す軸。
❺縦（値）軸	値などを示す軸。
❻軸ラベル	軸の意味や単位などを表すラベル。
❼目盛線	目盛の線。
❽データラベル	表の数値や項目などを表すラベル。
❾凡例	データ系列の項目名とマーカーを表す枠。
❿データ系列	同じ系列の値を表すデータ。
⓫データ要素	個々の値を表すデータ。
⓬グラフ要素	クリックして、グラフ要素の表示／非表示を指定できる。

MEMO データ系列とデータ要素

表の数値データを表す部分がデータ系列やデータ要素です。データ系列は、同じ系列の値を表すデータの集まりです。棒グラフの場合は、同じ色で表示される棒の集まりです。データ要素は個々の値を表すデータです。棒グラフの場合、1本1本の棒です。

SECTION 182 グラフ基本

グラフのサイズと位置を変更する

グラフを作成した後で、グラフのサイズや位置を調整することができます。グラフのサイズを変更するには、グラフを選択したときにグラフの四隅に表示されるハンドルをドラッグします。また、グラフの外枠をドラッグすると移動できます。

グラフのサイズと位置を変更する

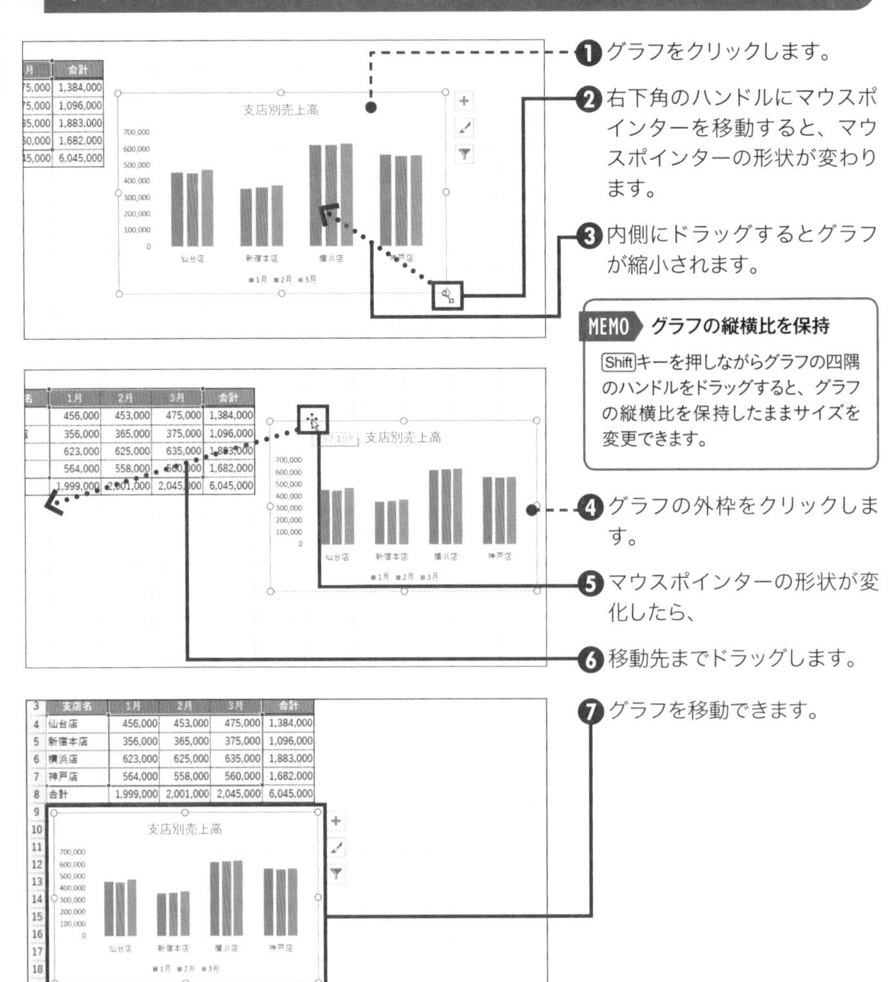

MEMO グラフの縦横比を保持

Shiftキーを押しながらグラフの四隅のハンドルをドラッグすると、グラフの縦横比を保持したままサイズを変更できます。

SECTION 183 グラフ基本

グラフを別のシートに作成する

グラフは、元になる表と同じワークシートだけでなく、グラフ専用のシート（グラフシート）に作成することもできます。グラフシートに作成したグラフは画面いっぱいに大きく表示されます。ここでは、ワークシートに作成したグラフをグラフシートに移動します。

グラフシートに移動する

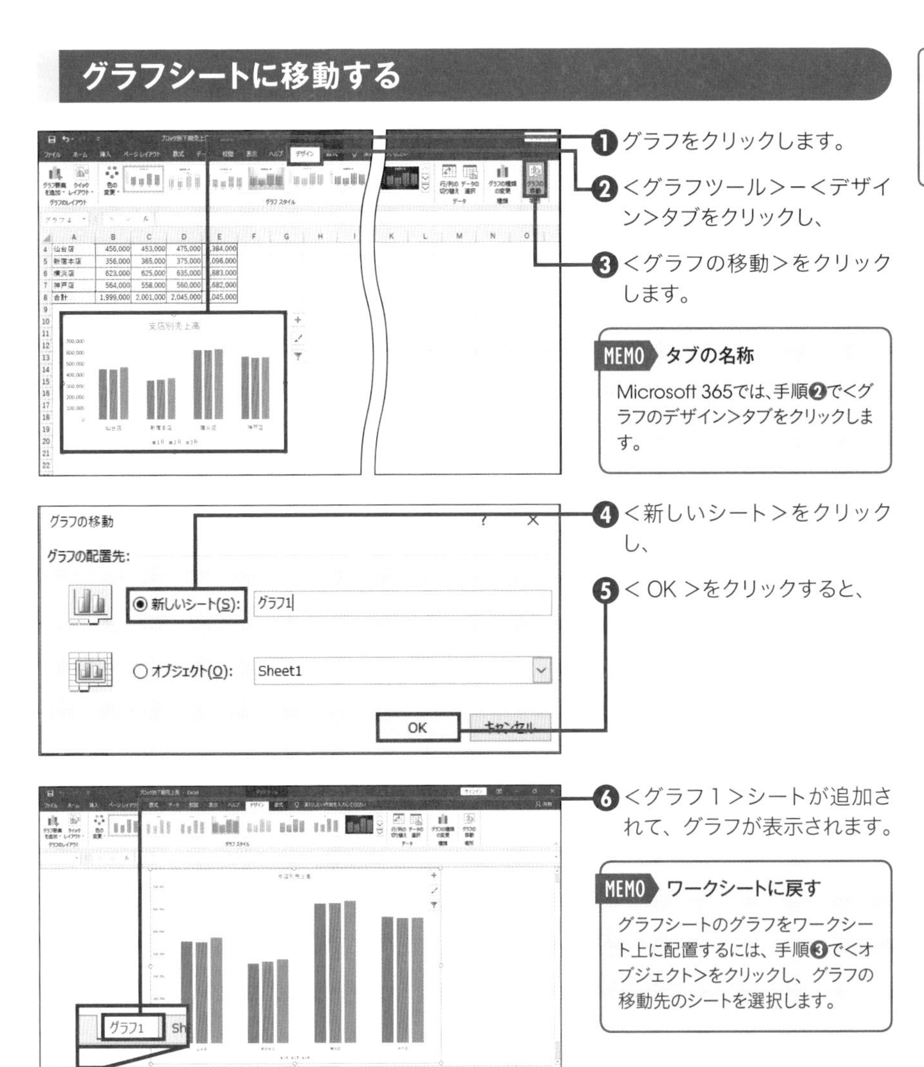

❶ グラフをクリックします。

❷ ＜グラフツール＞－＜デザイン＞タブをクリックし、

❸ ＜グラフの移動＞をクリックします。

MEMO タブの名称

Microsoft 365では、手順❷で＜グラフのデザイン＞タブをクリックします。

❹ ＜新しいシート＞をクリックし、

❺ ＜ OK ＞をクリックすると、

❻ ＜グラフ１＞シートが追加されて、グラフが表示されます。

MEMO ワークシートに戻す

グラフシートのグラフをワークシート上に配置するには、手順❸で＜オブジェクト＞をクリックし、グラフの移動先のシートを選択します。

SECTION 184

グラフ基本

グラフにデータを追加する

グラフを作成した後で、グラフの元になる表の末尾に新しいデータを追加すると、追加したデータがグラフに反映されないことがあります。このようなときは、表内に表示される青枠をドラッグして、グラフに表示するセル範囲を変更します。

グラフに表示する範囲を変更する

	A	B	C	D	E
1	大阪店				
2	種類	1月	2月	3月	合計
3	ビール	6,100,000	5,710,000	6,270,000	18,080,000
4	ワイン	2,800,000	2,950,000	3,045,000	8,795,000
5	日本酒	3,300,000	2,658,000	2,453,000	8,411,000
6	その他	1,050,000	1,270,000	1,470,000	3,790,000
7	合計	13,250,000	12,588,000	13,238,000	39,076,000

飲料別売上金額

❶グラフをクリックします。

❷グラフの元になる表のセル範囲に青枠が表示されます。

	A	B	C	D	E
1	大阪店				
2	種類	1月	2月	3月	合計
3	ビール	6,100,000	5,710,000	6,270,000	18,080,000
4	ワイン	2,800,000	2,950,000	3,045,000	8,795,000
5	日本酒	3,300,000	2,658,000	2,453,000	8,411,000
6	その他	1,050,000	1,270,000	1,470,000	3,790,000
7	合計	13,250,000	12,588,000	13,238,000	39,076,000

❸青枠の四隅にマウスポインターを移動すると、マウスポインターの形状が変化します。

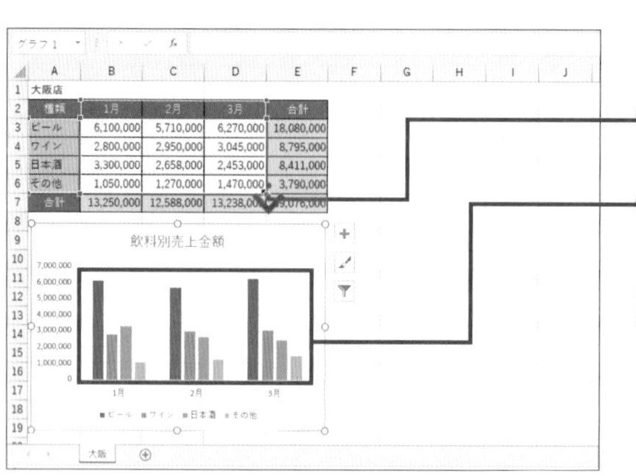

❹そのまま6行目までドラッグすると、

❺グラフに6行目のデータが追加されました。

MEMO 不要なデータの削除

合計など、必要ないデータをグラフ化してしまったときは、青枠をドラッグして不要なデータを含まないようにします。

SECTION 185 グラフ基本

グラフの項目名を変更する

グラフの横軸に表示される項目名を変更するには、グラフの元になる表の項目名を変更します。表の項目名を変更すると、連動してグラフの項目名や凡例の表示内容などが変わります。ここでは、グラフの商品名を変更してみます。

項目名を変更する

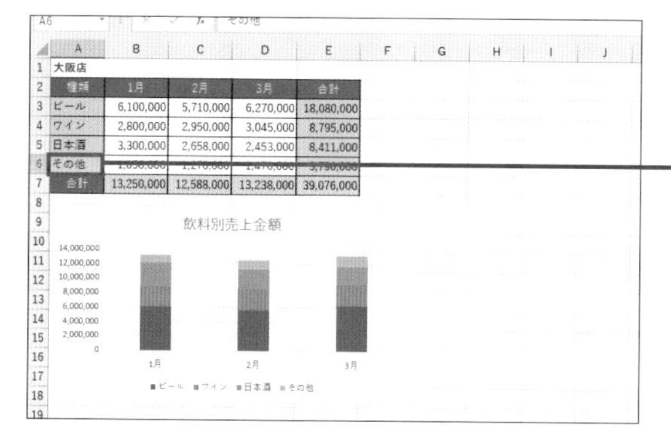

大阪店				
種類	1月	2月	3月	合計
ビール	6,100,000	5,710,000	6,270,000	18,080,000
ワイン	2,800,000	2,950,000	3,045,000	8,795,000
日本酒	3,300,000	2,658,000	2,453,000	8,411,000
その他	[illegible]	[illegible]	[illegible]	[illegible]
合計	13,250,000	12,588,000	13,238,000	39,076,000

❶ A6 セルをクリックします。

大阪店				
種類	1月	2月	3月	合計
ビール	6,100,000	5,710,000	6,270,000	18,080,000
ワイン	2,800,000	2,950,000	3,045,000	8,795,000
日本酒	3,300,000	2,658,000	2,453,000	8,411,000
発泡酒	1,050,000	1,270,000	1,470,000	3,790,000
合計	13,250,000	12,588,000	13,238,000	39,076,000

❷ 商品名を変更すると、

MEMO ここで操作する内容

ここでは、商品名の「その他」を「発泡酒」に変更しています。

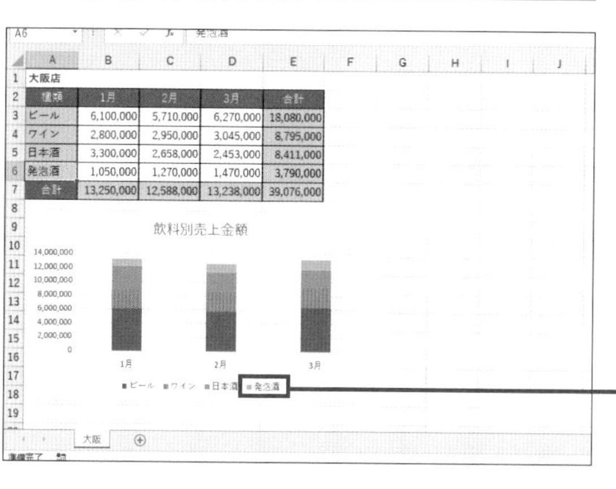

大阪店				
種類	1月	2月	3月	合計
ビール	6,100,000	5,710,000	6,270,000	18,080,000
ワイン	2,800,000	2,950,000	3,045,000	8,795,000
日本酒	3,300,000	2,658,000	2,453,000	8,411,000
発泡酒	1,050,000	1,270,000	1,470,000	3,790,000
合計	13,250,000	12,588,000	13,238,000	39,076,000

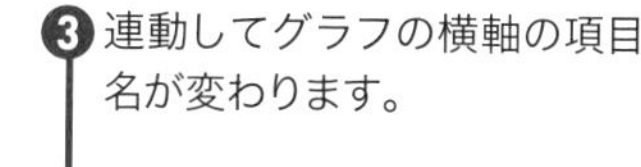

❸ 連動してグラフの横軸の項目名が変わります。

SECTION 186 グラフ基本

グラフを大きい順に並べ替える

縦棒グラフを作成すると、表の上にある項目から順番にグラフの左から棒が並びます。数値が大きい順に棒が左から並ぶようにするには、＜並べ替え＞を使って、グラフの元になる表の数値を降順で並べ替えます。

表の数値を並べ替える

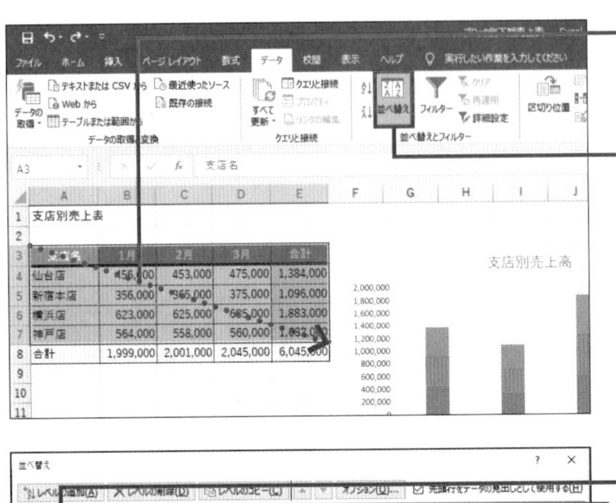

❶ 表の合計行以外のセル（ここではA3セル～E7セル）をドラッグします。

❷ ＜データ＞タブ－＜並べ替え＞をクリックします。

MEMO 合計行を除く

E列の「合計」を大きい順に並べ替えると、8行目の合計行が一番上に表示されます。そこで、8行目の合計を除いたセルを選択してから並べ替えを行います。

❸ ＜最優先されるキー＞の▼をクリックし、

❹ ＜合計＞をクリックします。

❺ ＜順序＞の▼をクリックし、

❻ ＜大きい順＞をクリックして、

❼ ＜OK＞をクリックすると、

❽ 表が並べ替えられ、グラフの並び順も変わります。

SECTION 187 グラフ基本

グラフの項目を入れ替える

表の中でグラフ化したいセルを選択して棒グラフを作成すると、表の項目数に応じて、表の上端あるいは左端の項目名が横軸に配置されます。目的通りに配置されなかったときは、<行/列の切り替え>を使って、横軸に配置する項目名を変更します。

横軸の項目を入れ替える

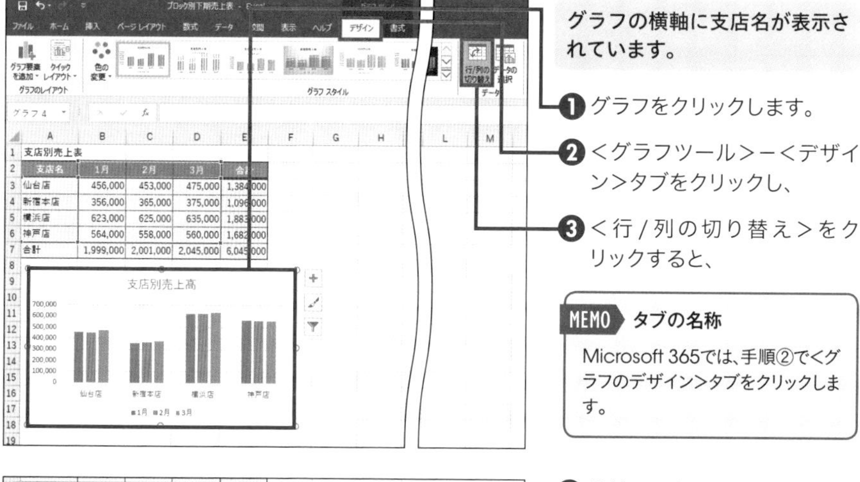

グラフの横軸に支店名が表示されています。

❶ グラフをクリックします。

❷ <グラフツール>－<デザイン>タブをクリックし、

❸ <行 / 列の切り替え>をクリックすると、

MEMO タブの名称

Microsoft 365では、手順②で<グラフのデザイン>タブをクリックします。

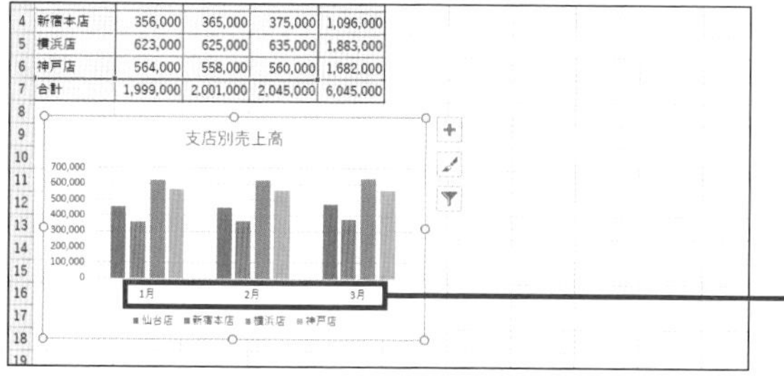

❹ 横軸に月名が表示されます。

COLUMN

項目軸の配置のルール

表の上端の項目名の数よりも、左端の項目名の数の方が少ないか同じ場合は、上端の項目名が横軸に配置されます。そうでない場合は、左端の項目名が横軸に配置されます。

SECTION 188 グラフ基本

横棒グラフの項目を表と同じ順番にする

横棒グラフを作成すると、グラフの左下の軸の交差する部分を起点にして、起点に近い場所から表の項目が上から順番に配置されます。そのため、表の項目の順番と横棒グラフの項目の順番が逆になります。項目の並び順を揃えるには、軸を反転させます。

軸を反転する

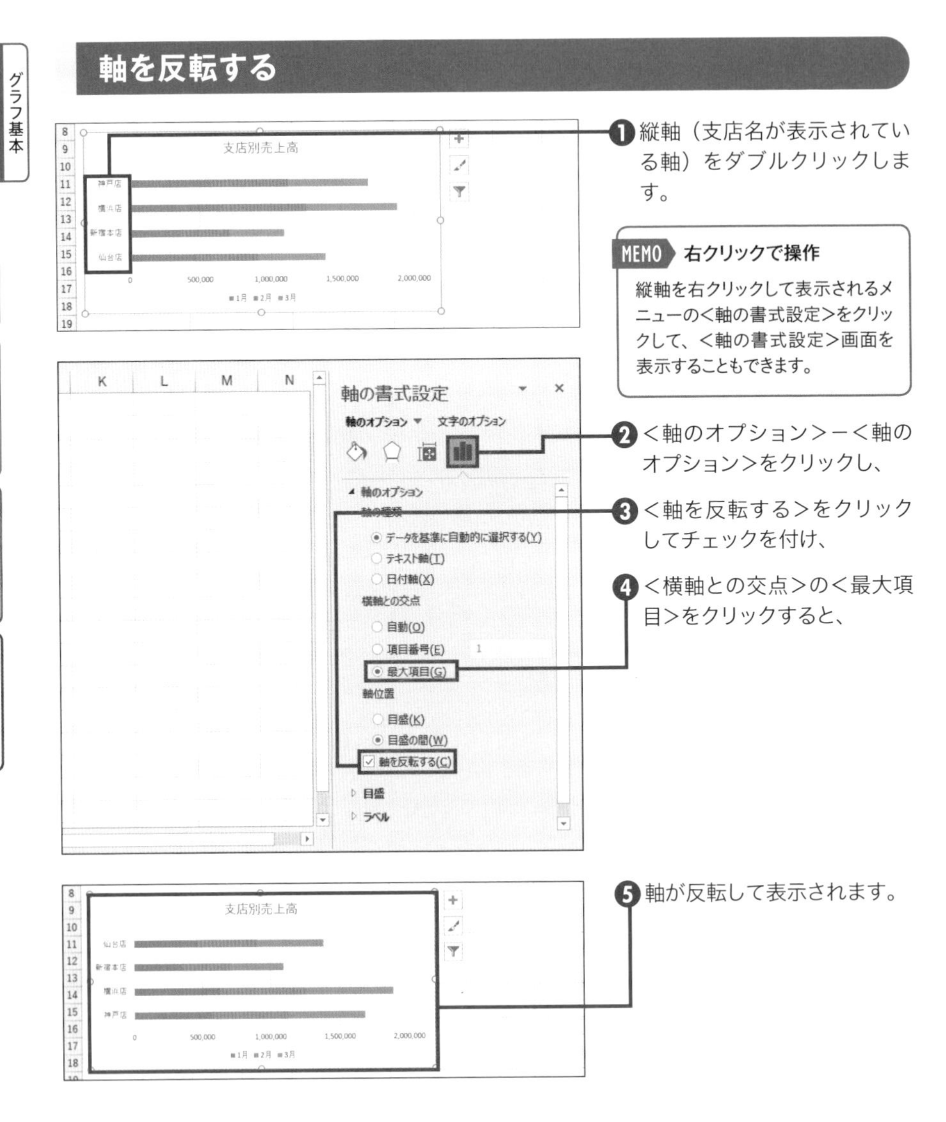

❶縦軸（支店名が表示されている軸）をダブルクリックします。

MEMO 右クリックで操作

縦軸を右クリックして表示されるメニューの<軸の書式設定>をクリックして、<軸の書式設定>画面を表示することもできます。

❷＜軸のオプション＞－＜軸のオプション＞をクリックし、

❸＜軸を反転する＞をクリックしてチェックを付け、

❹＜横軸との交点＞の＜最大項目＞をクリックすると、

❺軸が反転して表示されます。

SECTION 189 グラフ基本

グラフの種類を変更する

数値の大きさを比較するには棒グラフ、数値の推移を示すには折れ線グラフ、数値の割合を示すには円グラフといったように、グラフを作成するときは目的に合ったものを選びます。目的と違うグラフの種類を選んだ場合は、後から変更することができます。

積み上げ縦棒グラフに変更する

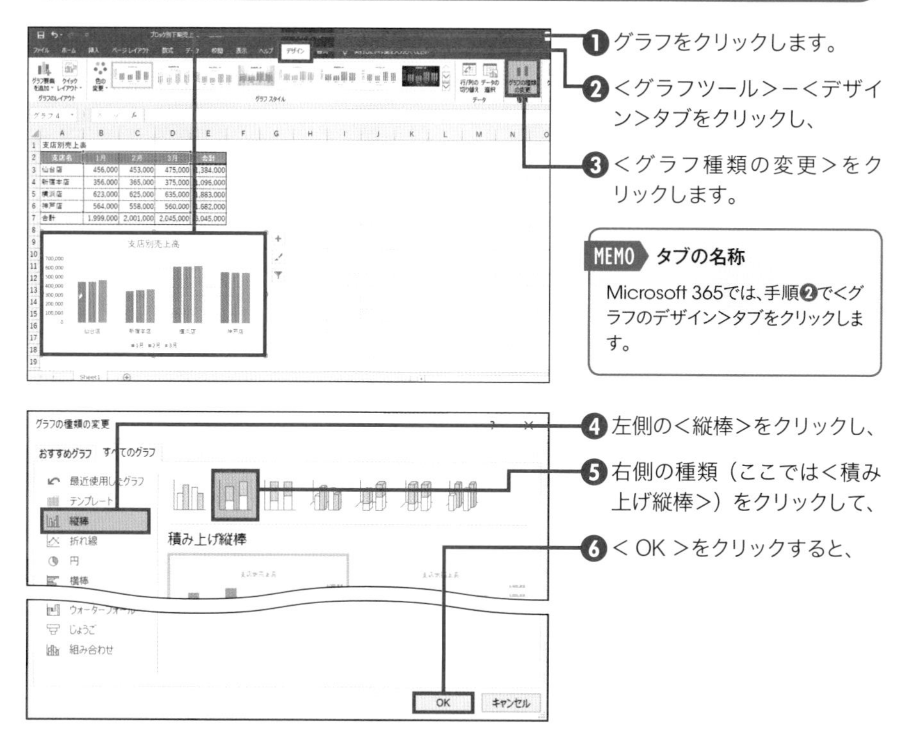

❶ グラフをクリックします。

❷ <グラフツール>－<デザイン>タブをクリックし、

❸ <グラフ種類の変更>をクリックします。

MEMO タブの名称

Microsoft 365では、手順❷で<グラフのデザイン>タブをクリックします。

❹ 左側の<縦棒>をクリックし、

❺ 右側の種類（ここでは<積み上げ縦棒>）をクリックして、

❻ < OK >をクリックすると、

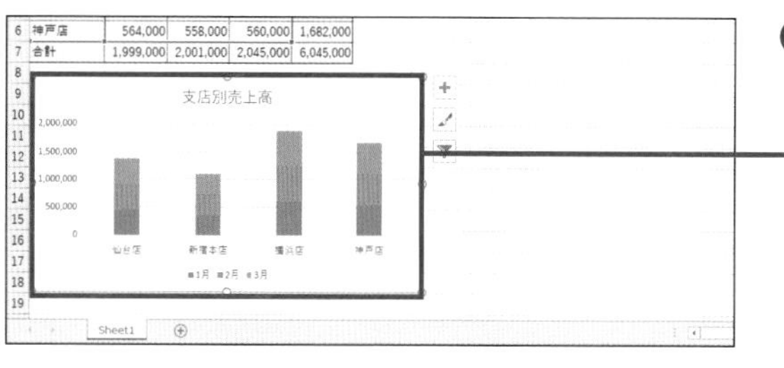

❼ 集合縦棒グラフが積み上げ縦棒グラフに変更されます。

SECTION

190

グラフ基本

グラフのレイアウトを変更する

グラフのタイトルや凡例などの要素をどこに配置するかなど、グラフのレイアウトを指定しましょう。<クイックレイアウト>を使うと、あらかじめ用意されているレイアウトのパターンをクリックするだけで、かんたんにレイアウトを変更できます。

クイックレイアウトを設定する

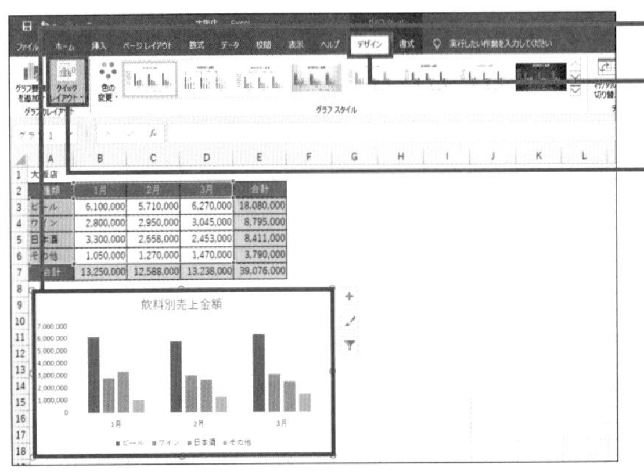

❶グラフをクリックします。

❷<グラフツール>－<デザイン>タブをクリックし、

❸<クイックレイアウト>をクリックします。

> **MEMO タブの名称**
>
> Microsoft 365では、手順❷で<グラフのデザイン>タブをクリックします。

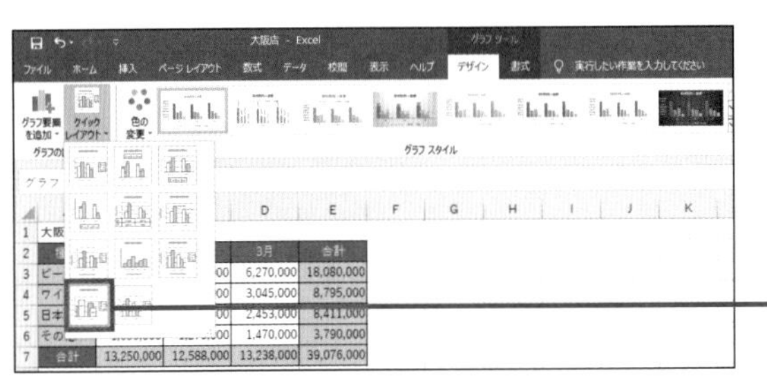

❹レイアウト（ここでは「レイアウト 10」）をクリックすると、

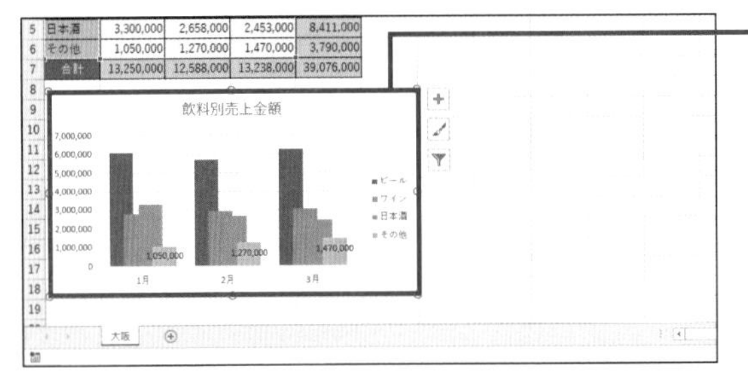

❺グラフのレイアウトが変わります。

> **MEMO 要素ごとに指定**
>
> Sec.198 ～ 200の操作を行うと、グラフを構成する要素ごとに個別に書式やレイアウトを指定できます。

SECTION 191 グラフ基本

グラフのタイトルを表示する

<グラフタイトル>を使ってグラフのタイトルを表示します。グラフに足りない要素を後から追加するには、グラフを選択したときに表示される<グラフツール>－<デザイン>タブの<グラフ要素を追加>から追加する要素を指定します。

グラフタイトルを表示する

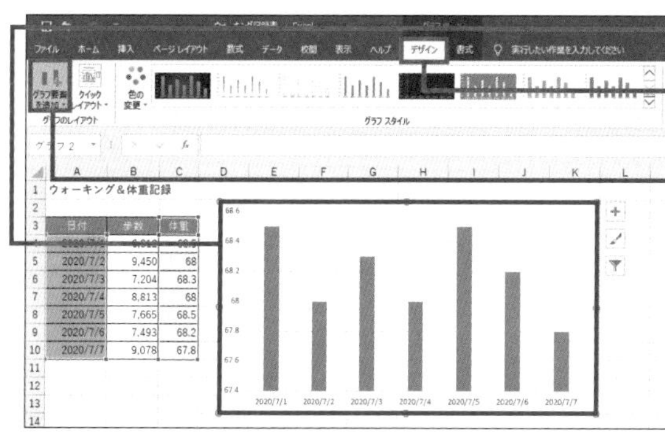

❶グラフをクリックします。

❷<グラフツール>－<デザイン>タブをクリックし、

❸<グラフ要素を追加>をクリックします。

MEMO タブの名称

Microsoft 365では、手順❷で<グラフのデザイン>タブをクリックします。

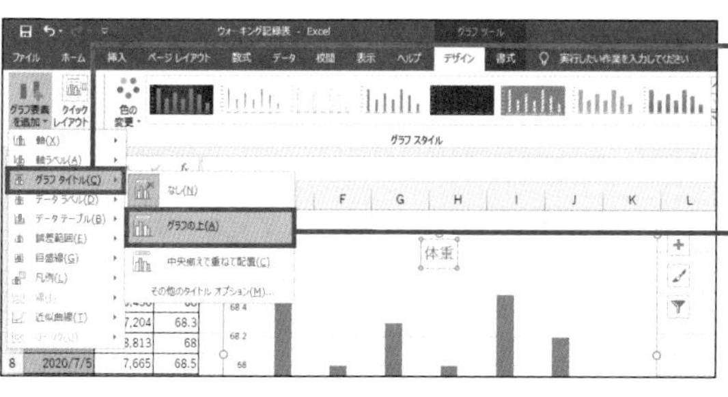

❹<グラフタイトル>をクリックし、

❺<グラフの上>をクリックします。

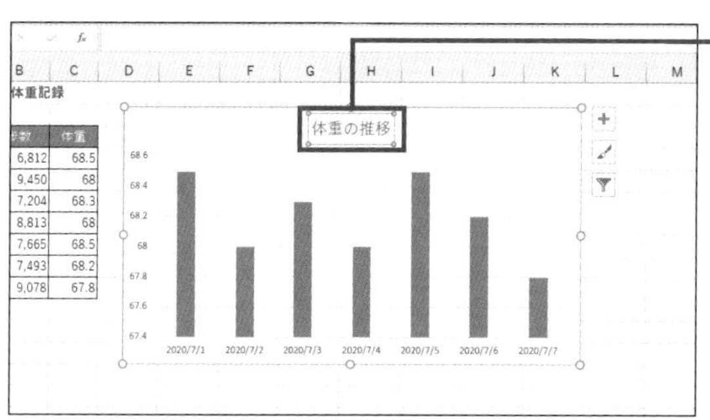

❻タイトル用の枠が表示されたら、タイトルを入力します。

MEMO タイトルの削除

グラフタイトルを削除するには、グラフタイトルをクリックして選択し、Deleteキーを押します。

SECTION 192 グラフ基本

数値軸に単位を表示する

グラフの数値軸に軸の単位などを表示するには、軸ラベルを追加します。縦軸に軸ラベルを追加すると、最初は軸ラベルが横向きで表示されますが、後から文字の方向を縦書きに変更できます。

軸ラベルを追加する

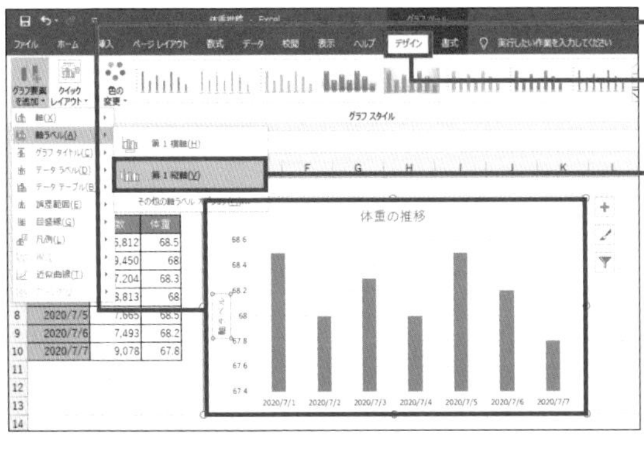

❶グラフをクリックします。

❷<グラフツール>−<デザイン>タブをクリックし、

❸<グラフ要素を追加>−<軸ラベル>−<第1縦軸>をクリックすると、

MEMO タブの名称

Microsoft 365では、手順❷で<グラフのデザイン>タブをクリックします。

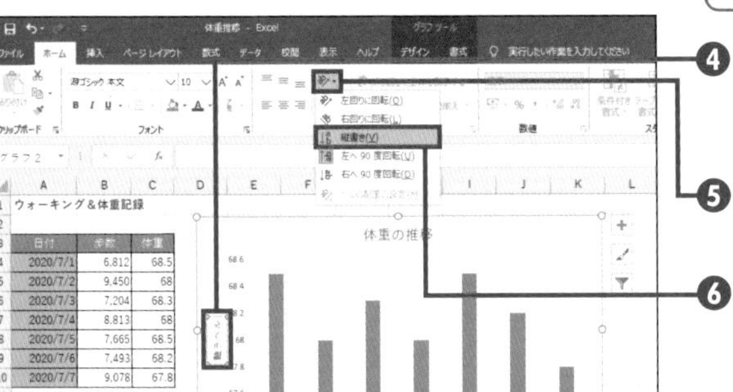

❹縦軸の左側に軸ラベルが表示されます。軸ラベルをクリックし、

❺<ホーム>タブ−<方向>をクリックして、

❻<縦書き>をクリックすると、

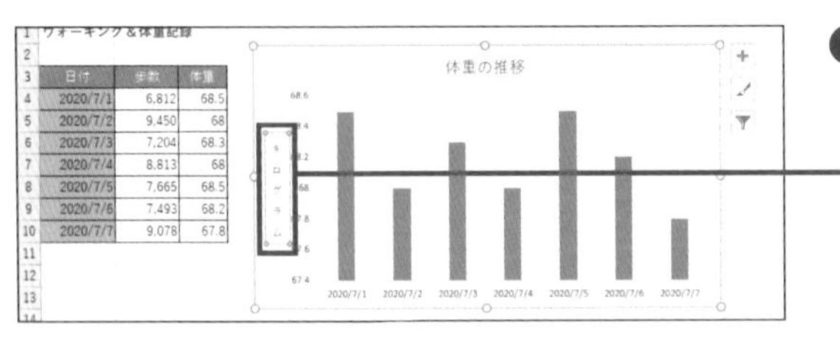

❼軸ラベルの文字が縦書きになります。軸ラベル内をクリックし、ラベルの文字を入力します。

SECTION 193 グラフ基本

グラフの凡例を表示する

凡例とは、グラフの色が何を表すかを示すものです。グラフを作成すると、同じデータ系列の項目は同じ色に色分けされて自動的に凡例が表示されます。<凡例>を使えば、凡例の位置を変更したり、何らかの原因で表示されなかった凡例を追加したりできます。

凡例を表示する

❶グラフをクリックします。

❷<グラフツール>－<デザイン>タブをクリックし、

❸<グラフ要素を追加>をクリックします。

MEMO タブの名称

Microsoft 365では、手順❷で<グラフのデザイン>タブをクリックします。

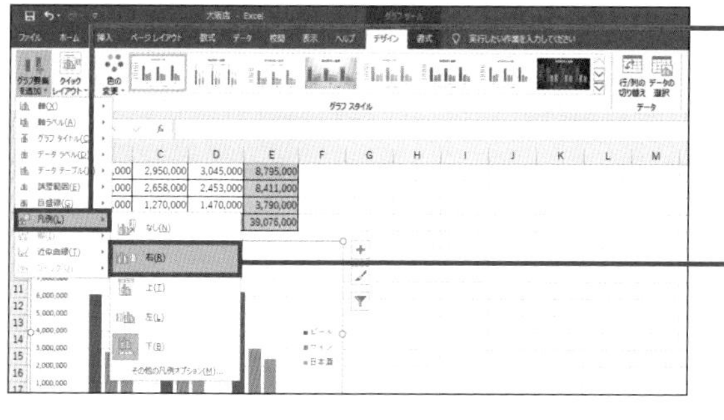

❹<凡例>をクリックし、

❺凡例を表示する場所（ここでは「右」）をクリックします。

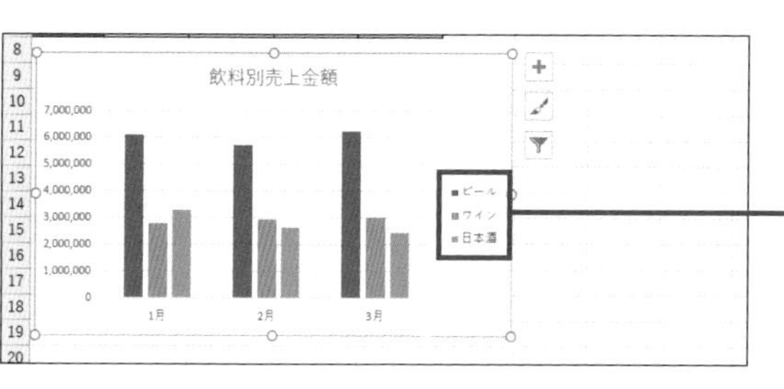

❻指定した場所に凡例が表示されます。

SECTION 194 グラフ基本

グラフに数値を表示する

グラフは数値の全体的な傾向を把握しやすい反面、具体的な数値がわかりにくい側面があります。<データラベル>を使えば、表の数値をグラフ内に直接表示できます。ここでは、棒グラフに表の数値を表すデータラベルを追加します。

データラベルを表示する

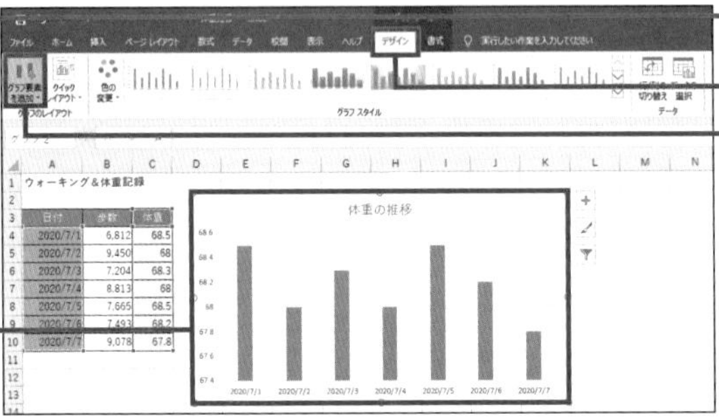

❶グラフをクリックします。

❷<グラフツール>－<デザイン>タブをクリックし、

❸<グラフ要素を追加>をクリックします。

MEMO タブの名称

Microsoft 365では、手順❷で<グラフのデザイン>タブをクリックします。

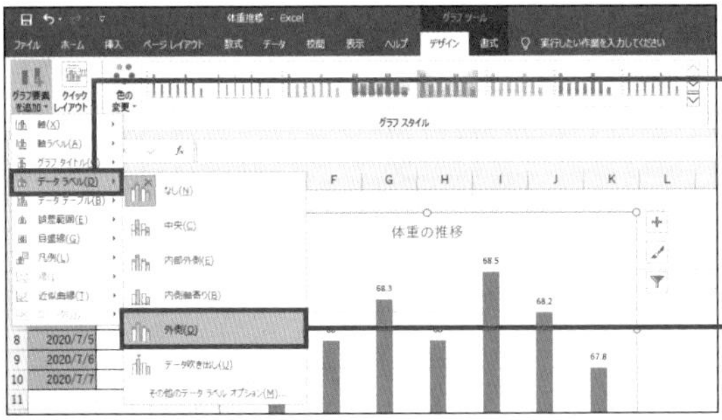

❹<データラベル>をクリックし、

❺<外側>をクリックすると、

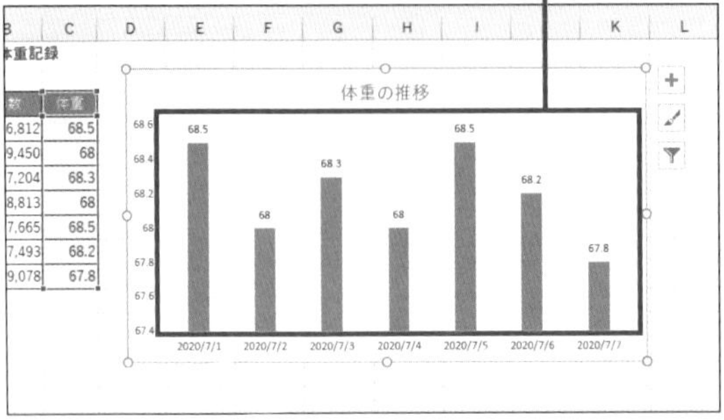

❻データラベルが表示されます。

MEMO 特定の棒だけに表示

一番棒の高さが高い棒だけにデータラベルを表示して、棒の高さを強調することもできます。それには、データラベルを追加したい棒をゆっくり2回クリックして、特定の棒だけにハンドルが付いたことを確認してからデータラベルを追加します。

SECTION 195
グラフ基本

目盛の間隔を変更する

表の数値がどんぐりの背比べで大きく変わらない場合、グラフを見ても棒の高さの違いがわかりづらいことがあります。数値軸の目盛りは表の数値を元にExcelが自動的に設定しますが、最小値や最大値、目盛の間隔などを変更すると数値の違いを強調できます。

目盛の表示方法を変更する

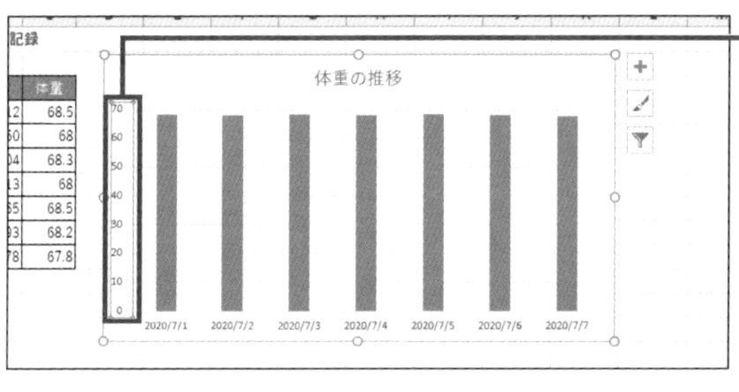

❶グラフの縦軸をダブルクリックします。

MEMO 右クリックで操作

縦軸を右クリックして表示されるメニューの<軸の書式設定>をクリックして、<軸の書式設定>画面を表示することもできます。

❷<最小値>に最小値を指定し、

❸<主>に目盛りの単位を指定すると、

MEMO 目盛りを指定するときの注意

最小値や最大値を指定した後に、表の数値を最小値以下や最大値以上に変更すると、グラフにその数値を表示することはできないので注意しましょう。

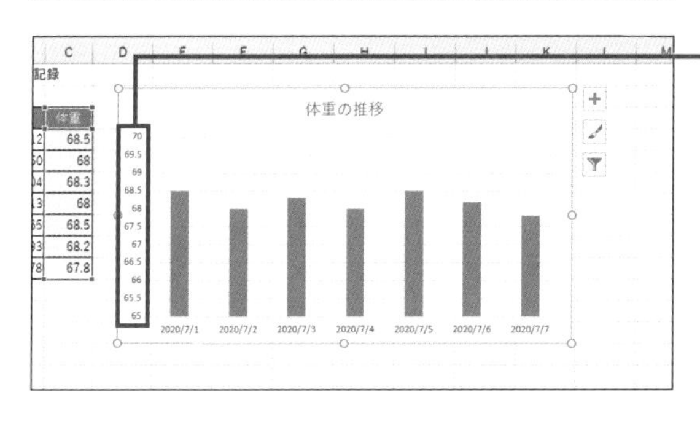

❹目盛の表示内容が変わり、数値の差がわかりやすくなります。

SECTION 196 グラフ基本

目盛線の太さや種類を変更する

＜目盛線の書式設定＞を使うと、グラフの目盛線の太さや種類を変更ができます。グラフを印刷したときに目盛線が見づらい場合などは、線を太くするなどして強調するとよいでしょう。反対に目盛線が目立ちすぎるときは、細線や点線などにすると効果的です。

目盛線の書式を設定する

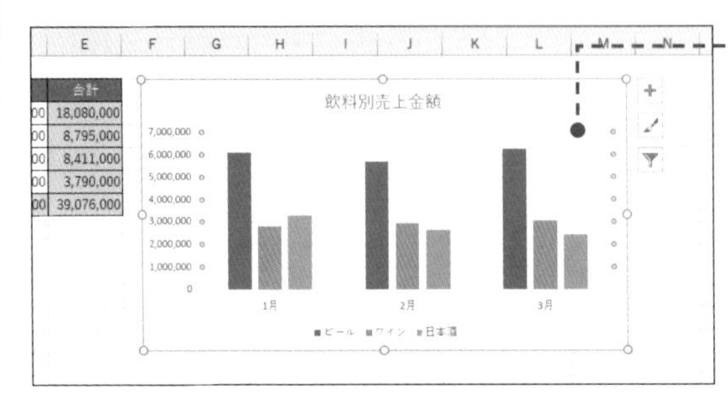

❶目盛線をダブルクリックします。

MEMO 右クリックで操作

目盛線を右クリックして表示されるメニューの＜目盛線の書式設定＞をクリックして、＜目盛線の書式設定＞画面を表示することもできます。

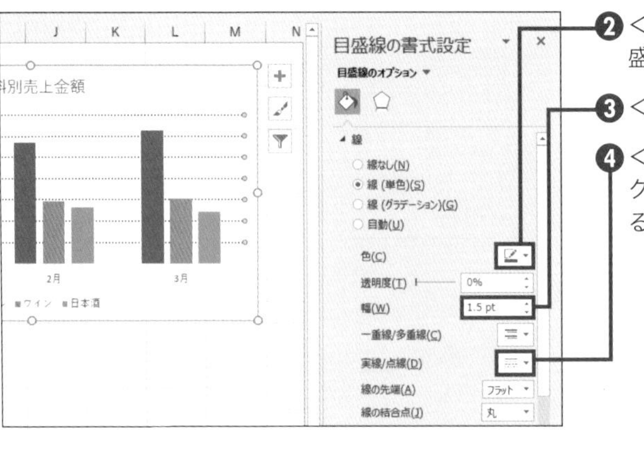

❷＜色＞の▼をクリックして目盛線の色を指定します。

❸＜幅＞を指定します。

❹＜実線 / 点線＞の▼をクリックして目盛線の種類を指定すると、

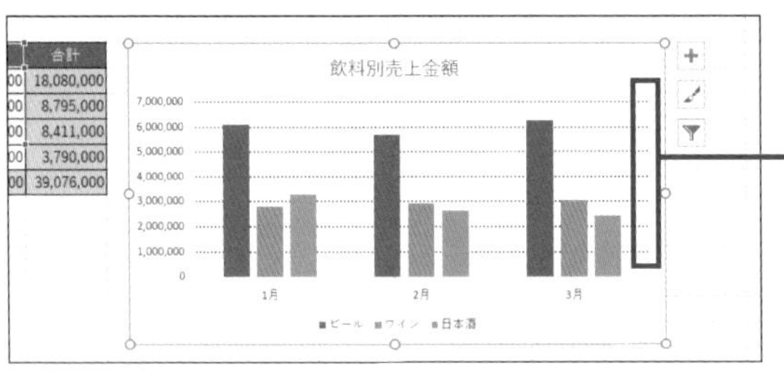

❺目盛線に書式が設定されます。

SECTION 197 グラフ基本

グラフのデザインを変更する

<グラフスタイル>を使うと、グラフ全体のデザインを瞬時に変更できます。グラフスタイルには、見栄えのするグラフデザインが何種類も用意されており、クリックするだけで、文字の大きさやグラフの背景の色などのデザインをまとめて設定できます。

グラフスタイルを設定する

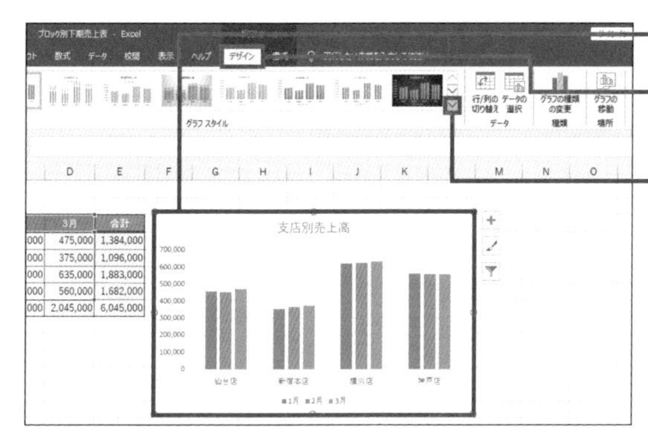

❶グラフをクリックします。

❷<グラフツール>－<デザイン>タブをクリックし、

❸<グラフスタイル>の<その他>をクリックします。

MEMO タブの名称

Microsoft 365では、手順❷で<グラフのデザイン>タブをクリックします。

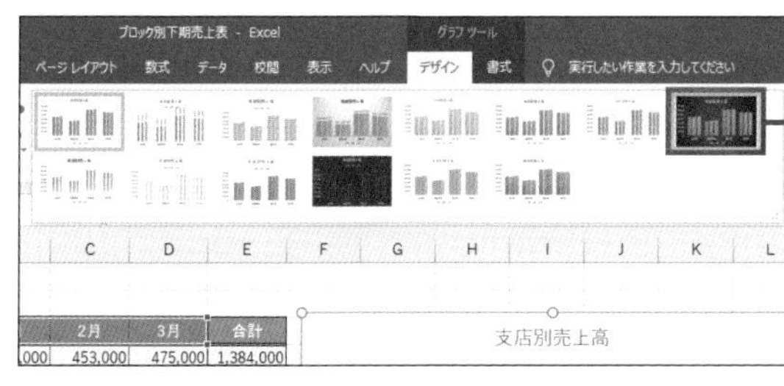

❹スタイル（ここでは「スタイル 8」）クリックすると、

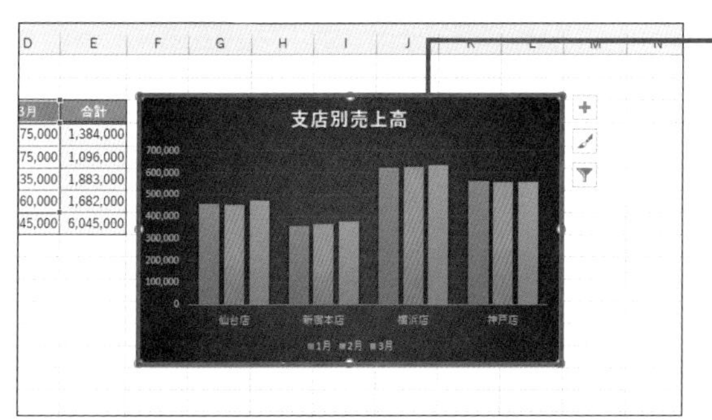

❺グラフのデザインが変わります。

MEMO グラフの色の変更

グラフの色合いを変更するには、<デザイン>タブの<色の変更>をクリックします。Sec.199の操作で、手動で色を変更することもできます。

SECTION 198 グラフ基本

グラフの文字の大きさを変更する

グラフのタイトルや項目名の文字の大きさを個別に変更するには、変更したい要素を選択してから文字の大きさを指定します。グラフ全体の文字の大きさをまとめて変更するには、グラフエリアを選択してから文字の大きさを指定します。

グラフ全体の文字を拡大する

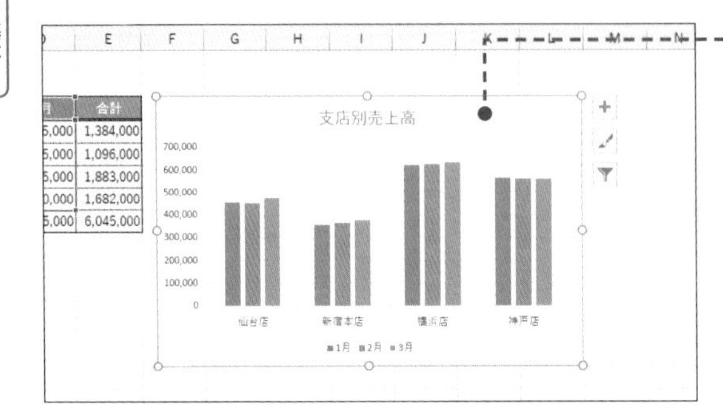

❶ グラフの外枠をクリックします。

MEMO 変更したい要素をクリック

ここでは、グラフ全体の文字の大きさを変更します。グラフタイトルや項目軸の項目名、縦軸の目盛の文字の大きさなどを個別に変更する場合は、対象となる要素をクリックします。

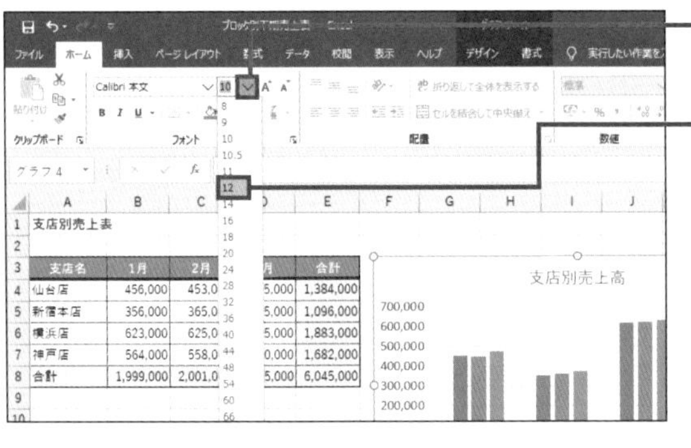

❷ <ホーム>－<フォントサイズ>の▼をクリックし、

❸ 変更後のサイズをクリックすると、

MEMO フォントサイズの拡大・縮小

<ホーム>タブの<フォントの拡大>や<フォントの縮小>をクリックすると、一回りずつ文字サイズを拡大したり縮小したりできます。

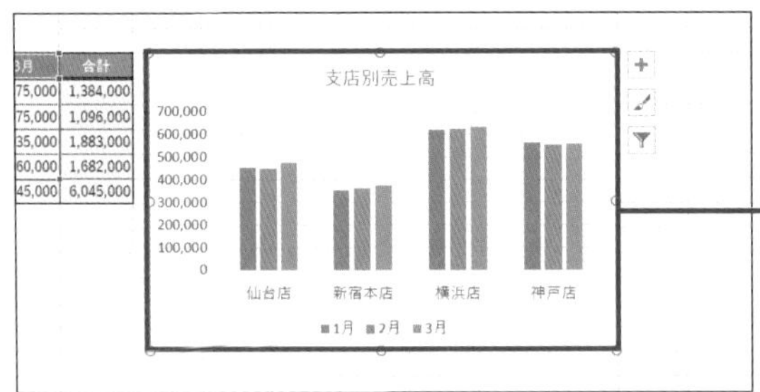

❹ グラフ全体の文字の大きさが変わります。

SECTION 199 グラフ基本

データ系列の色を変更する

グラフを作成すると、データ系列ごとに色分けされて表示されますが、グラフの色は後から変更することもできます。同じデータ系列の色をまとめて変更するには、データ系列全体を選択してから色を指定します。ここでは、「ビール」の3本の棒の色を変更します。

データ系列の色を指定する

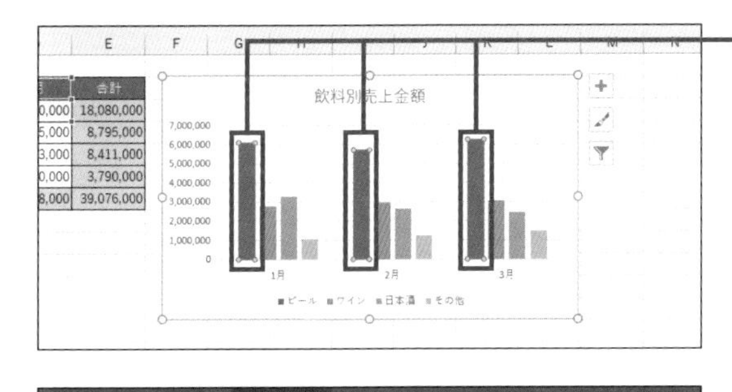

❶いずれかの青い棒をクリックします。

❷同じ系列の棒が全て選択されていることを確認します。

MEMO データ系列

データ系列とは同じ系列の値です。棒グラフでは同じ色で表示される棒の集まりです。いずれかの棒をクリックすると、同じ系列の棒が全て選択されます。

❸<グラフツール>－<書式>タブをクリックし、

❹<図形の塗りつぶし>の▼をクリックして、

❺変更後の色をクリックすると、

MEMO タブの名称

Microsoft 365では、手順❸で<書式>タブをクリックします。

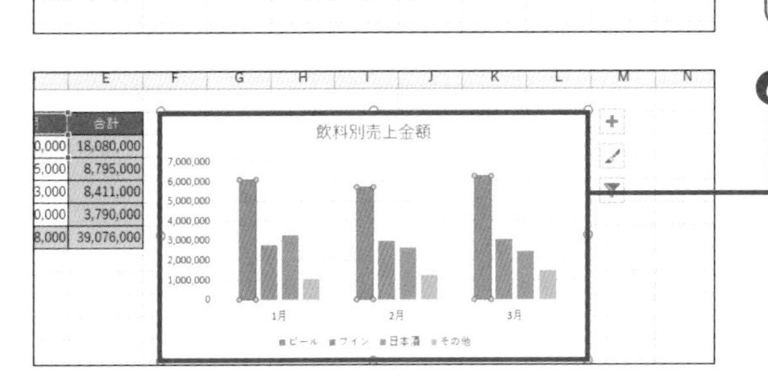

❻同じデータ系列の棒の色が青から緑に変わります。

SECTION 200 グラフ基本

グラフの一部を強調する

グラフの中で特に目立たせたい部分は、他と違う色を付けると効果的です。たとえば棒グラフで特定の1本の棒だけの色を変更して目立たせることができます。このとき、色を変更したい棒をゆっくり2回クリックして選択するのがポイントです。

特定の棒の色だけを変更する

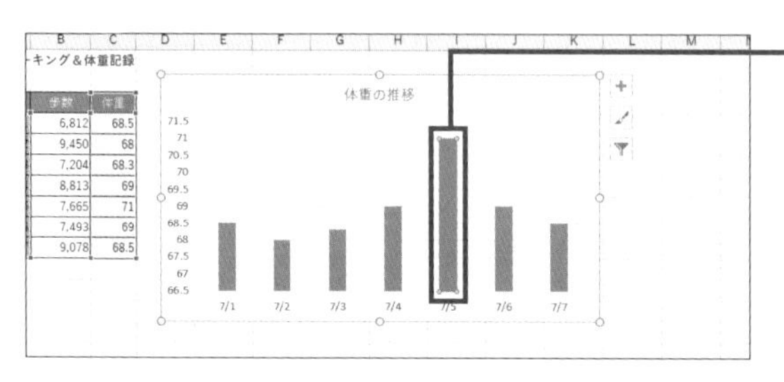

❶色を変更したい棒（ここでは7/5）をクリックすると、同じデータ系列のすべての棒が選択されます。

❷もう一度同じ棒をクリックすると、1本だけ選択できます

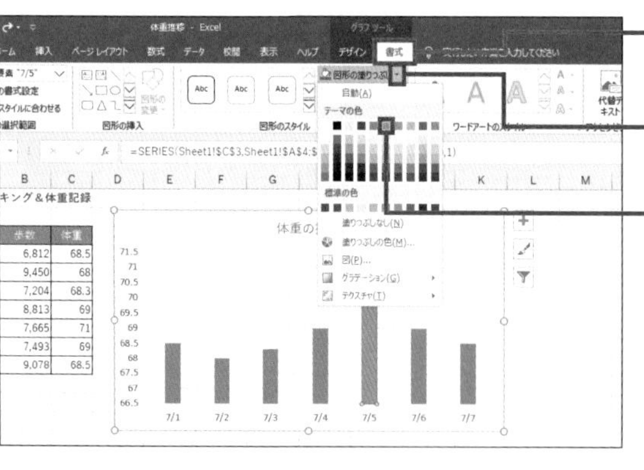

❸<グラフツール>－<書式>タブをクリックし、

❹<図形の塗りつぶし>の▼をクリックして、

❺変更後の色をクリックすると、

MEMO タブの名称

Microsoft 365では、手順❸で<書式>タブをクリックします。

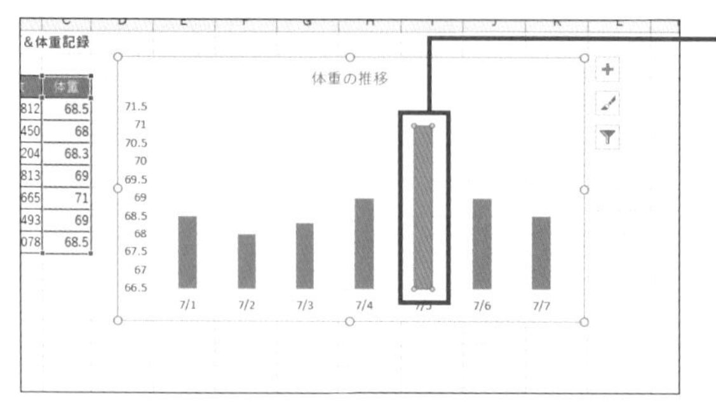

❻選択した棒の色だけが変わります。

MEMO 目立つ色を付ける

棒を目立たせるには、他の棒と区別しやすい色を付けるとよいでしょう。すべての棒をグレーなどの無彩色にして、目立たせたい棒だけに赤色を付けるのも効果的です。

SECTION 201 グラフ基本

グラフに吹き出しを追加する

グラフで伝える内容を補足するには、グラフ上に吹き出しの図形を描いて文字を入力するとよいでしょう。操作のポイントは、グラフを選択した状態で図形を追加することです。そうすると、後でグラフを移動してもグラフと一緒に図形も移動します。

グラフ上に図形を描く

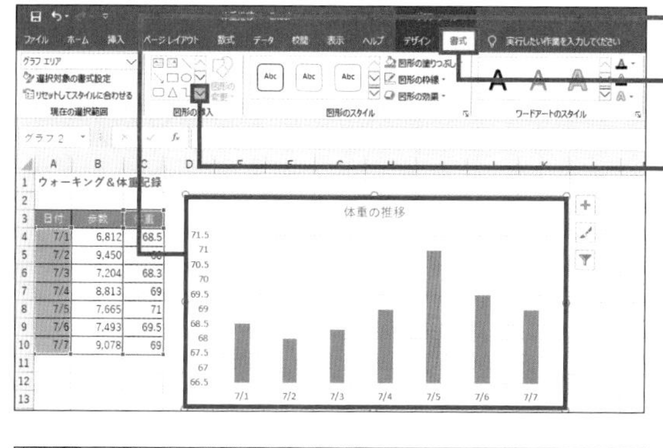

❶グラフをクリックします。

❷<グラフツール>－<書式>タブをクリックし、

❸<図形の挿入>の<その他>をクリックします。

MEMO タブの名称

Microsoft 365では、手順❷で<書式>タブをクリックします。

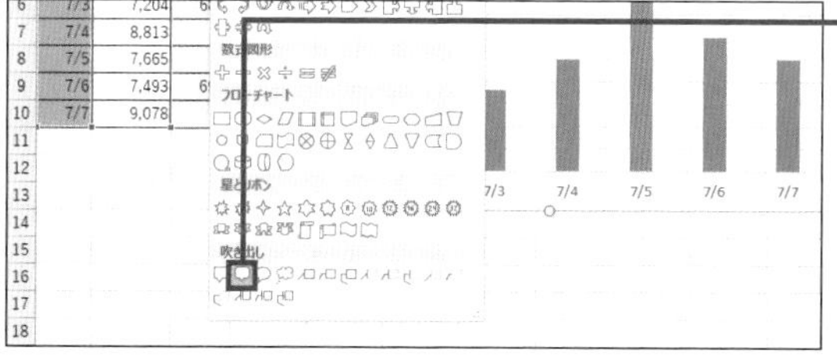

❹吹き出しの図形をクリックします。

MEMO グラフを選択しておく

手順❶でグラフをクリックすると、後から描く図形をグラフと一緒に移動できるようになります。

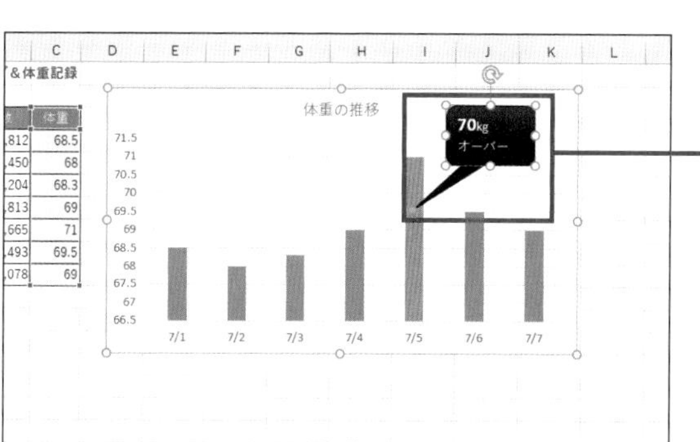

❺図形を描き（Sec.143参照）、図形に文字を入力して（Sec.149参照）、図形のスタイルなどを指定します（Sec.156参照）。

MEMO 吹き出し口の位置に注意

吹き出しの図形は、吹き出し口の位置が重要です。Sec.154の操作を参考に、吹き出し口の位置を調整します。

SECTION 202 グラフ基本

棒グラフの太さを変更する

棒グラフの棒の太さが細いと弱々しい印象に見える場合があります。＜要素の間隔＞を使うと、棒の間隔を調整できます。間隔は0% ～ 500%の範囲で指定でき、0%にすると棒がくっついた状態になり、500%にすると棒が細くなります。

棒を太くする

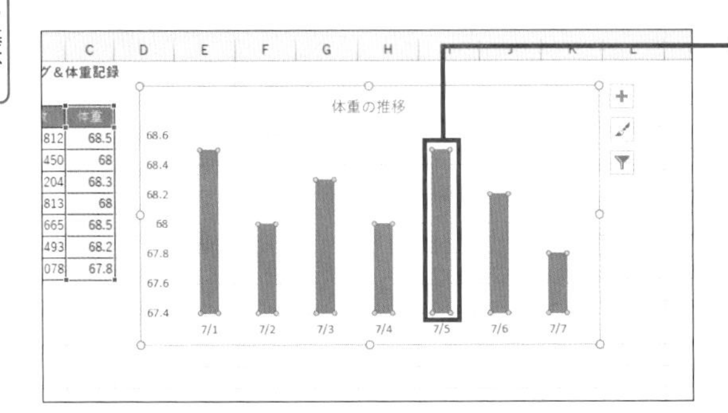

❶いずれかの棒をダブルクリックします。

MEMO 右クリックで操作

帽を右クリックして表示されるメニューの＜データ系列の書式設定＞をクリックして、＜データ系列の書式設定＞画面を表示することもできます。

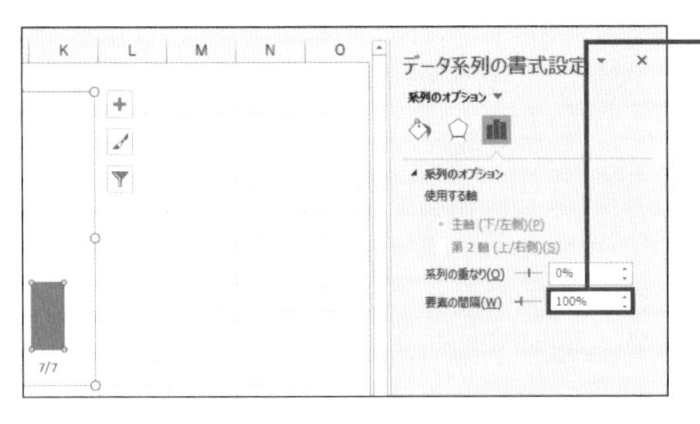

❷＜要素の間隔＞に間隔を指定すると、

MEMO ここで操作する内容

ここでは、棒の間隔を100%にしています。間隔は、0% ～ 500%で指定します。

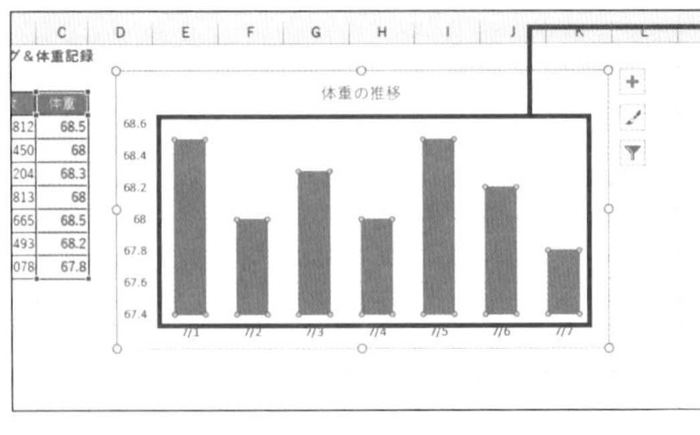

❸棒と棒の間隔が変更されて、棒が太くなります。

SECTION 203 グラフ基本

棒グラフを重ねて表示する

定員に対する参加者数や出荷数に対する実売数などを棒グラフで示すときに、データ系列の重なりを指定すると、比較対象の棒を重ねて表示できます。いつもの棒グラフとは少し異なる棒グラフが完成します。

系列の重なりを設定する

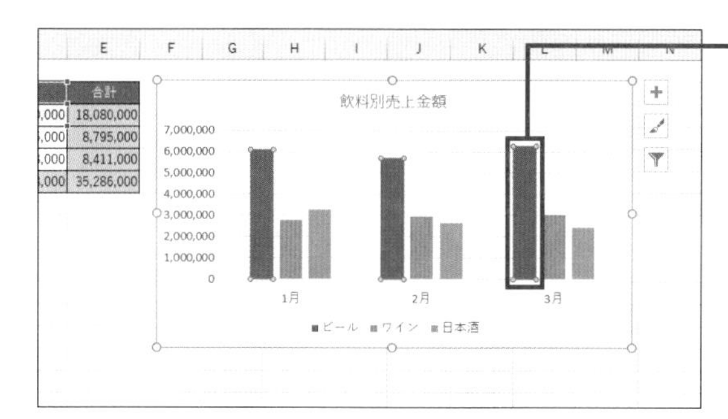

❶ いずれかの棒をダブルクリックします。

MEMO 右クリックで操作

帽を右クリックして表示されるメニューの<データ系列の書式設定>をクリックして、<データ系列の書式設定>画面を表示することもできます。

❷ <系列の重なり>を指定すると、

MEMO 系列の重なり

系列の重なりは、-100%～100%の間で指定します。-100%は棒が一番離れた状態、100%は、棒が重なった状態になります。

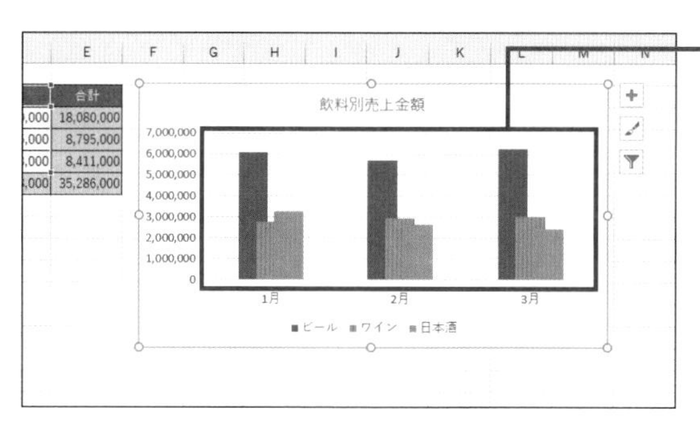

❸ 棒が重なって表示されます。

SECTION 204

積み上げグラフ

積み上げグラフを作成する

積み上げ棒グラフは、数値の大きさと割合を同時に表すことができるグラフです。棒の高さで数値全体の大きさを示し、棒を構成する色で合計内の割合を示します。さらに、100%積み上げグラフを利用すると、数値の割合を比較することもできます。

積み上げ縦棒グラフを作成する

ファイル　ホーム　挿入　ページレイアウト　数式　データ　校閲　表示　ヘルプ　実行したい作業を入力してください

ピボットテーブル　おすすめピボットテーブル　テーブル　図　アドインを入手　個人用アドイン　おすすめグラフ　2-D 縦棒　3-D 縦棒　2-D 横棒　3-D 横棒　その他の縦棒グラフ(M)...　3D マップ　折れ線　縦棒　スパークライン

A2　種類

	A	B	C	D	E
1	大阪店				
2	種類	1月	2月	3月	合計
3	ビール	6,100,000	5,710,000	6,270,000	18,080,000
4	ワイン	2,800,000	2,950,000	3,045,000	8,795,000
5	日本酒	3,300,000	2,658,000	2,453,000	8,411,000
6	その他	1,050,000	1,270,000	1,470,000	3,790,000
7	合計	13,250,000	12,588,000	13,238,000	39,076,000

❶グラフの元になるセル（ここではA2セル～D6セル）をドラッグします。

❷<挿入>タブ－<縦棒 / 横棒グラフの挿入>をクリックし、

❸<積み上げ縦棒>をクリックすると、

大阪店 - Excel

ファイル　ホーム　挿入　ページレイアウト　数式　データ　校閲　表示　ヘルプ　デザイン

グラフ要素を追加　クイックレイアウト　グラフのレイアウト　色の変更　グラフスタイル　行/列の切り替え　データの選択　データ

グラフタイトル

20,000,000　18,000,000　16,000,000　14,000,000　12,000,000　10,000,000　8,000,000　6,000,000　4,000,000　2,000,000　0

ビール　ワイン　日本酒　その他

1月　2月　3月

❹積み上げグラフが作成されます。

❺<グラフツール>－<デザイン>タブをクリックし、

❻<行 / 列の切り替え>をクリックすると（Sec.187）、

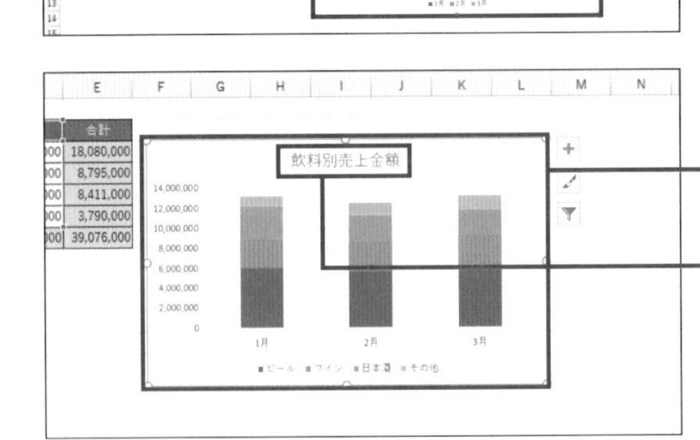

❼飲料別の売上金額を示す積み上げグラフが作成されます。

❽グラフタイトルを入力します。

MEMO タブの名称

Microsoft 365では、手順❷で<グラフのデザイン>タブをクリックします。

SECTION 205 積み上げグラフ

積み上げグラフに区分線を表示する

積み上げグラフでは、グラフで示している項目の割合を比較しやすいように区分線を追加するとよいでしょう。こうすれば、区分線の角度によって、割合が上昇しているのか加工しているのかがひと目でわかります。

区分線を追加する

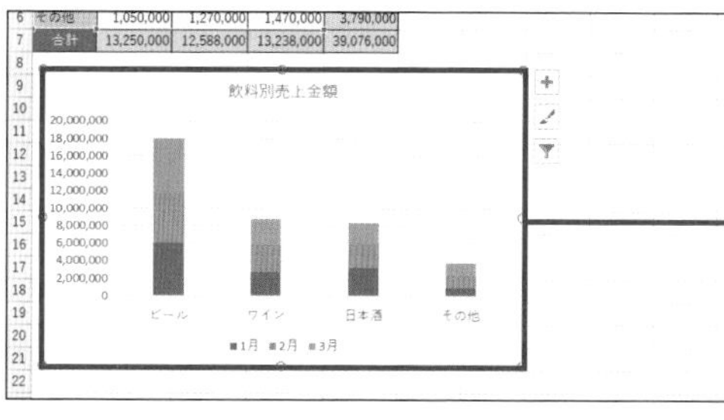

❶グラフをクリックします。

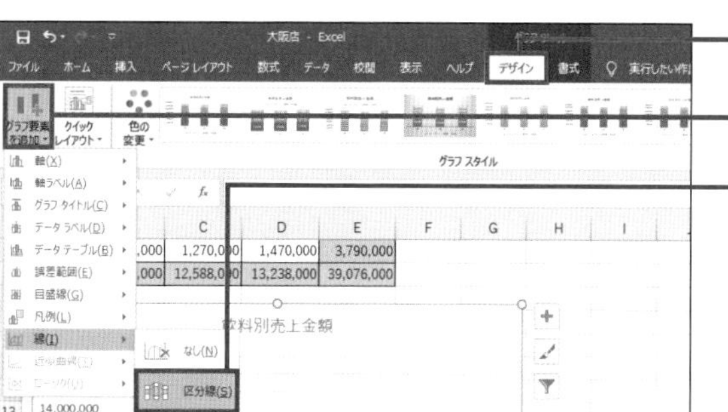

❷＜グラフツール＞−＜デザイン＞タブをクリックします。

❸＜グラフ要素を追加＞をクリックし、

❹＜線＞−＜区分線＞をクリックすると、

> **MEMO タブの名称**
>
> Microsoft 365では、手順❷で＜グラフのデザイン＞タブをクリックします。

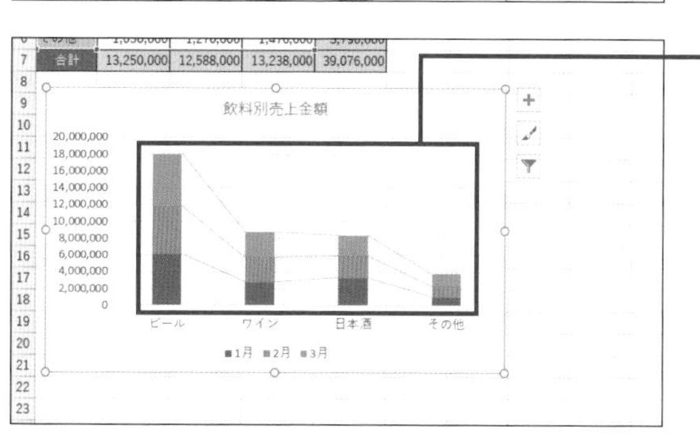

❺区分線が表示されます。

> **MEMO グラフの種類**
>
> 区分線は積み上げ縦棒グラフや100%積み上げ縦棒グラフ、積み上げ横棒グラフや100%積み上げ横棒グラフに追加できますが、グラフの種類によっては追加できないものもあります。

SECTION 206 円グラフ

円グラフを作成する

構成比などの割合は円グラフにするとわかりやすく伝えられます。円グラフを作成するときは、項目名と値の2つの範囲を選択します。円グラフを作成したら、項目名や割合の%をグラフ内に表示するなどして見栄えを整えましょう。

構成比を円グラフで表す

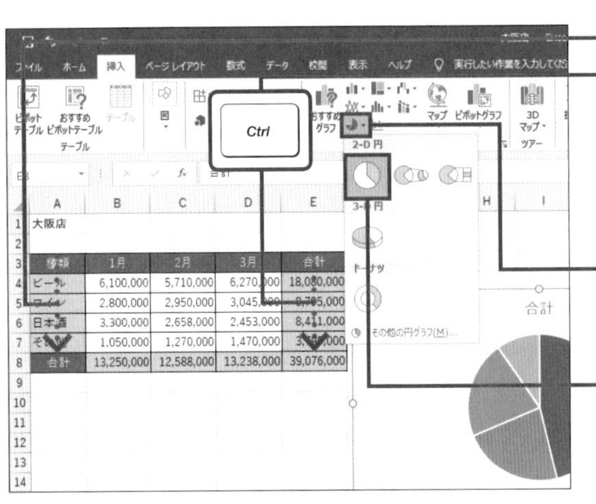

❶グラフの元になるセル範囲（ここではA3セル～A7セル）をドラッグします。

❷ Ctrl キーを押しながら、E3セル～E7セルをドラッグします。

❸ <挿入>タブー<円またはドーナツグラフの挿入>をクリックし、

❹ <円>をクリックすると、

MEMO 離れたセルを選択するには

表の離れたセルを選択するには、2つ目以降のセルを Ctrl キーを押しながら選択します。

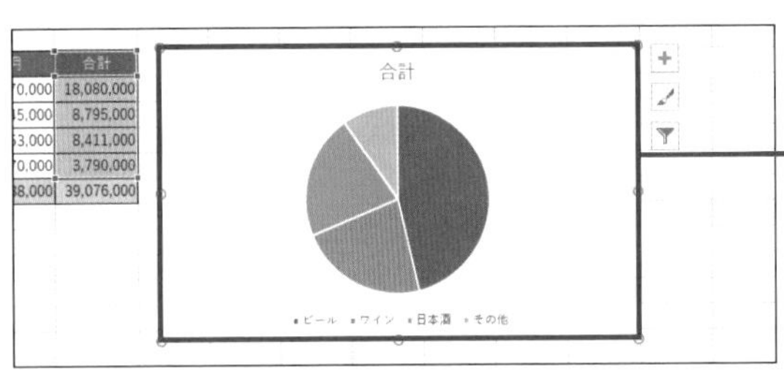

❺円グラフが表示されます。

❻「合計」の文字をクリックし、グラフタイトルを上書きします。

❼ Sec.182の操作を参考にして、グラフの大きさや位置を整えます。

SECTION 207 円グラフ

円グラフのサイズを変更する

円グラフ全体のサイズを変更するには、Sec.182の操作を行いますが、グラフ全体のサイズはそのままで、内側の円グラフの部分＝プロットエリアだけを拡大・縮小することもできます。

プロットエリアを拡大する

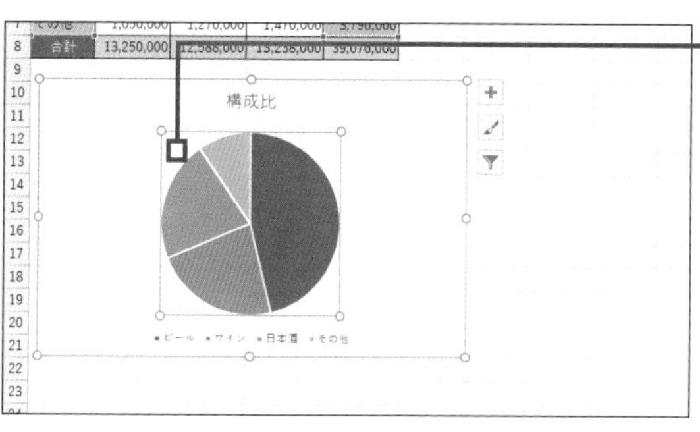

❶ここをクリックして、<プロットエリア>を選択します。

MEMO 要素の名前

グラフ内でマウスポインターを動かすと、各要素の名前が表示されます。ここではプロットエリアの要素名が表示される場所をクリックします。

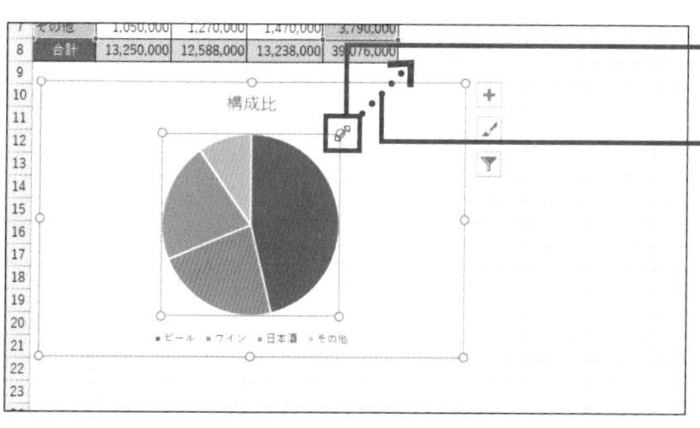

❷プロットエリアの四隅にマウスポインターを移動し、

❸マウスポインターの形状が変わったことを確認して外側にドラッグすると、

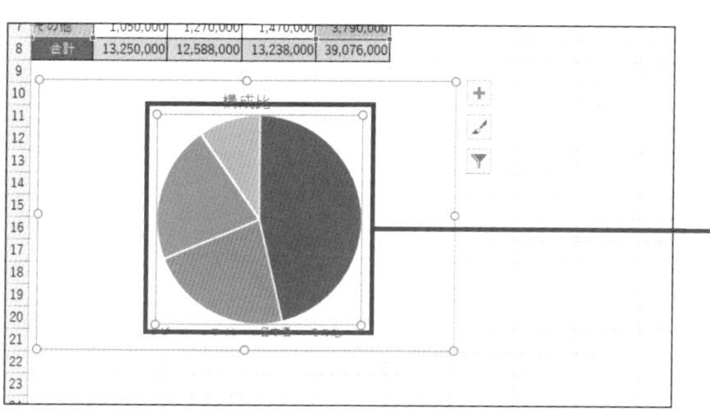

❹<プロットエリア>が大きくなります。

SECTION 208 円グラフ

円グラフに%や項目を表示する

円グラフでは凡例を使わず、データラベルを使って、グラフの周囲に項目名や割合を示すパーセントを直接表示したほうがわかりやすいでしょう。データラベルの内容や位置を指定するには、＜データラベルの書式設定＞画面を使います。

データラベルを表示する

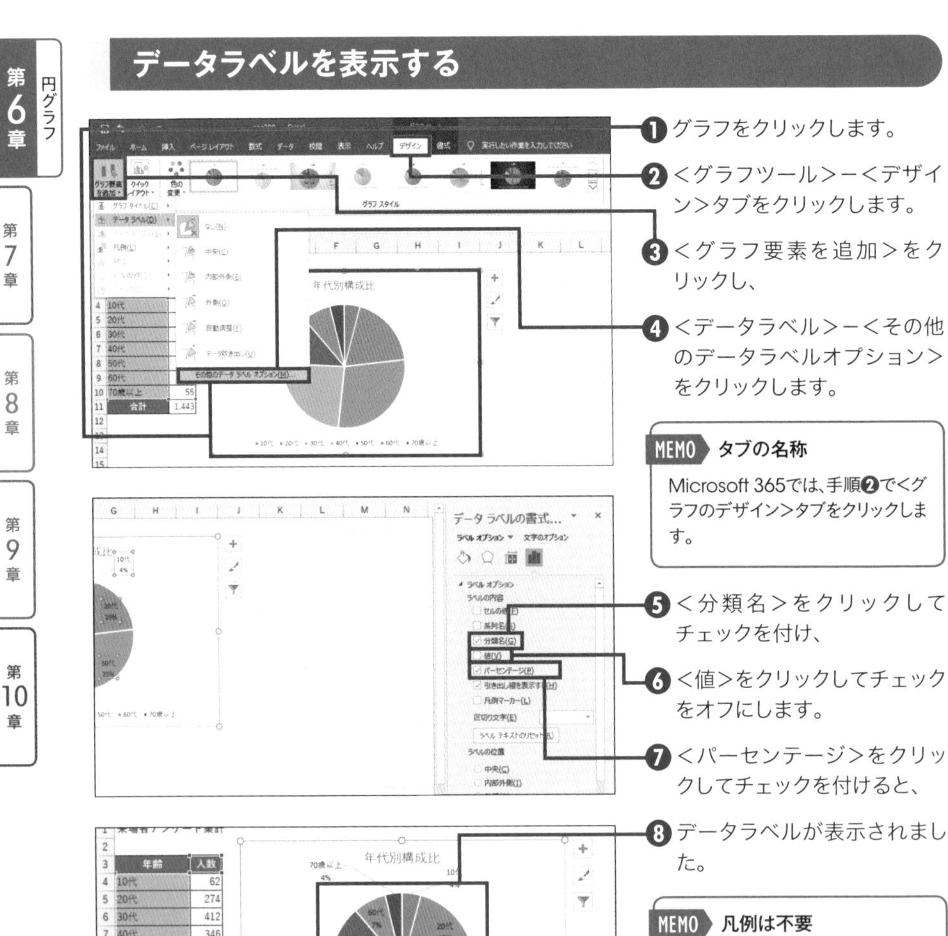

❶グラフをクリックします。

❷＜グラフツール＞－＜デザイン＞タブをクリックします。

❸＜グラフ要素を追加＞をクリックし、

❹＜データラベル＞－＜その他のデータラベルオプション＞をクリックします。

MEMO タブの名称

Microsoft 365では、手順❷で＜グラフのデザイン＞タブをクリックします。

❺＜分類名＞をクリックしてチェックを付け、

❻＜値＞をクリックしてチェックをオフにします。

❼＜パーセンテージ＞をクリックしてチェックを付けると、

❽データラベルが表示されました。

MEMO 凡例は不要

分類名のデータラベルを追加した場合は、Sec.193の操作で凡例を削除します。

SECTION 209 円グラフ

円グラフの一部を切り離す

円グラフの中でもとくに強調したい項目があるときは、一部の項目を切り離す方法があります。切り離す扇の部分を外側にドラッグするだけで、切り離すことができます。なお、扇の中にデータラベルが表示されている場合は、データラベルも一緒に移動します。

円の一部を切り離す

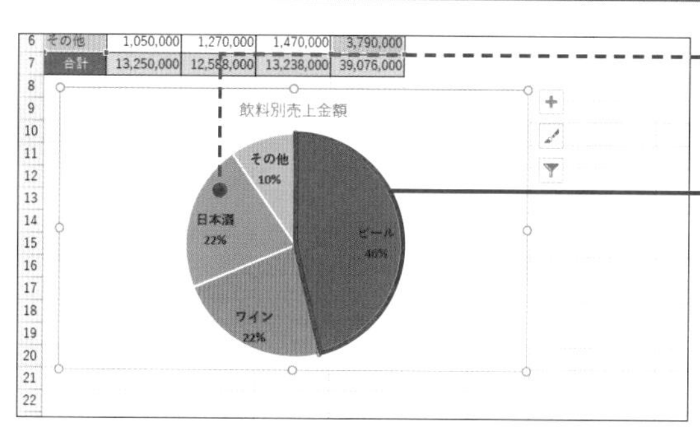

❶円グラフの円をクリックすると、円グラフ全体にハンドルが表示されます。

❷切り離す扇をクリックすると、扇形だけにハンドルが表示されます。

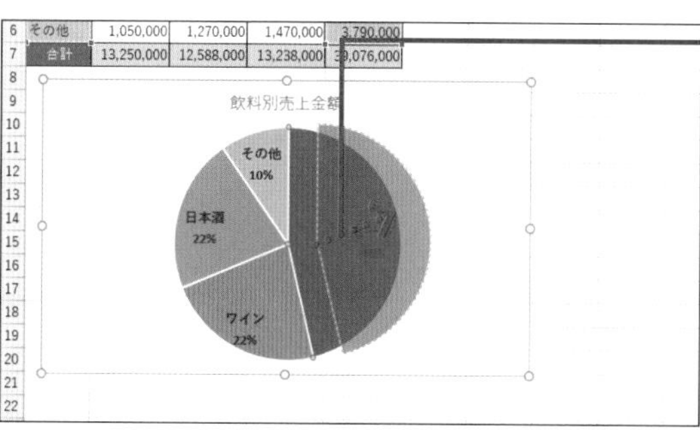

❸切り離す扇にマウスポインターを移動し、そのまま円の外側に向かってドラッグすると、

❹ドラッグした分だけ円から切り離されます。

MEMO 複数の扇を切り離す

同じ操作を繰り返すと、複数の扇を次々と切り離すことができます。ただし、強調したい部分だけを切り離したほうが効果的です。

SECTION 210 折れ線グラフ

折れ線グラフの太さを変更する

折れ線グラフの線の色が薄いと、線がはっきりしない場合があります。線の幅を変更すると、折れ線グラフの線を太くすることができます。印刷した用紙やパソコン画面で線がはっきり見えるように太さを調整しましょう。

線の幅を指定する

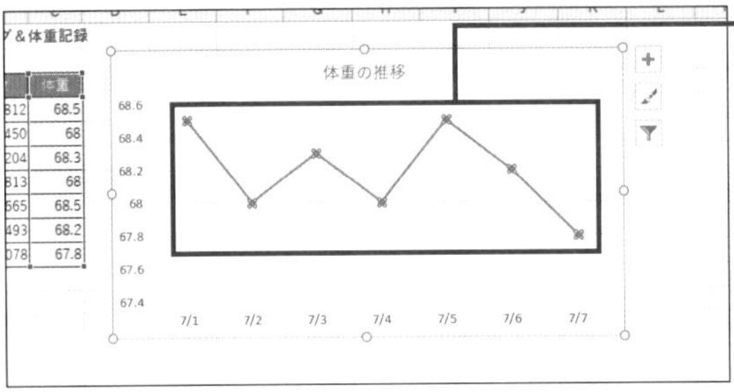

❶グラフの線上をダブルクリックします。

MEMO 右クリックで操作

線上を右クリックして表示されるメニューの<データ系列の書式設定>をクリックして、<データ系列の書式設定>画面を表示することもできます。

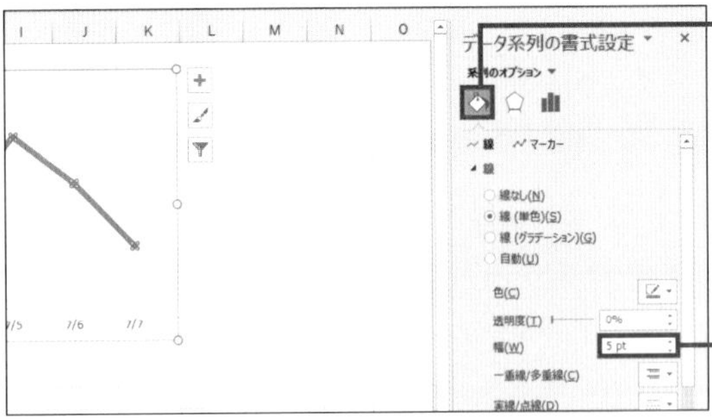

❷<塗りつぶしと線>をクリックし、

❸<幅>を指定します。

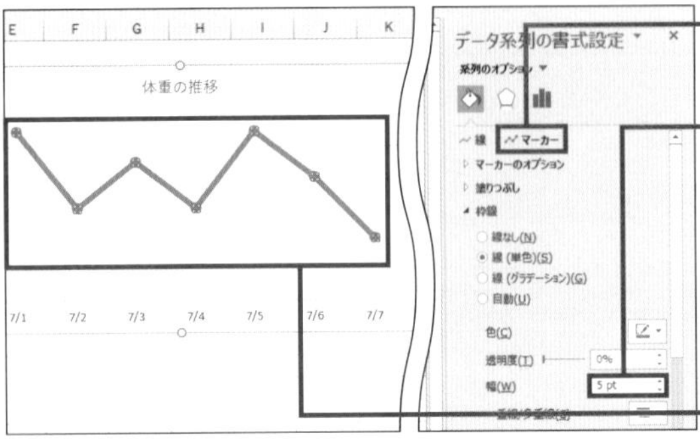

❹続けて、<マーカー>をクリックし、

❺<幅>を指定すると、

❻線の太さとマーカーの大きさが変わります。

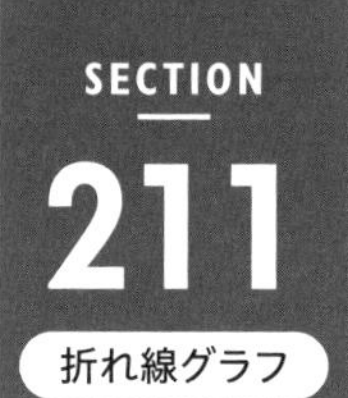

途切れた線をつなげて表示する

折れ線グラフの元になる表に空白のセル（データが入力されていないセル）があると、途中で線が途切れてしまいます。空白セルの表示方法を変更すると、データがなくても線をつなげて表示できます。ここでは7/8の空白セルを線でつなげます。

空白セルの線をつなげて表示する

❶ グラフをクリックします。

❷ ＜グラフツール＞－＜デザイン＞タブをクリックし、

❸ ＜データの選択＞をクリックして、

MEMO タブの名称

Microsoft 365では、手順❷で＜グラフのデザイン＞タブをクリックします。

❹ ＜非表示および空白のセル＞をクリックします。

❺ ＜空白セルの表示方法＞の＜データ要素を線で結ぶ＞をクリックし、

❻ ＜OK＞－＜OK＞の順にクリックすると、

❼ 空白セルの部分が線でつながります。

SECTION
212
複合グラフ

複合グラフ(組み合わせグラフ)を作成する

複合グラフとは、棒グラフと折れ線グラフといった種類の異なるグラフを同じグラフに描くことです。数値の大きさを比較するのと同時に数値の推移を見たいときなどに利用します。ここでは、降水量を棒、気温を折れ線で表す複合グラフを作成します。

複合グラフを作成する

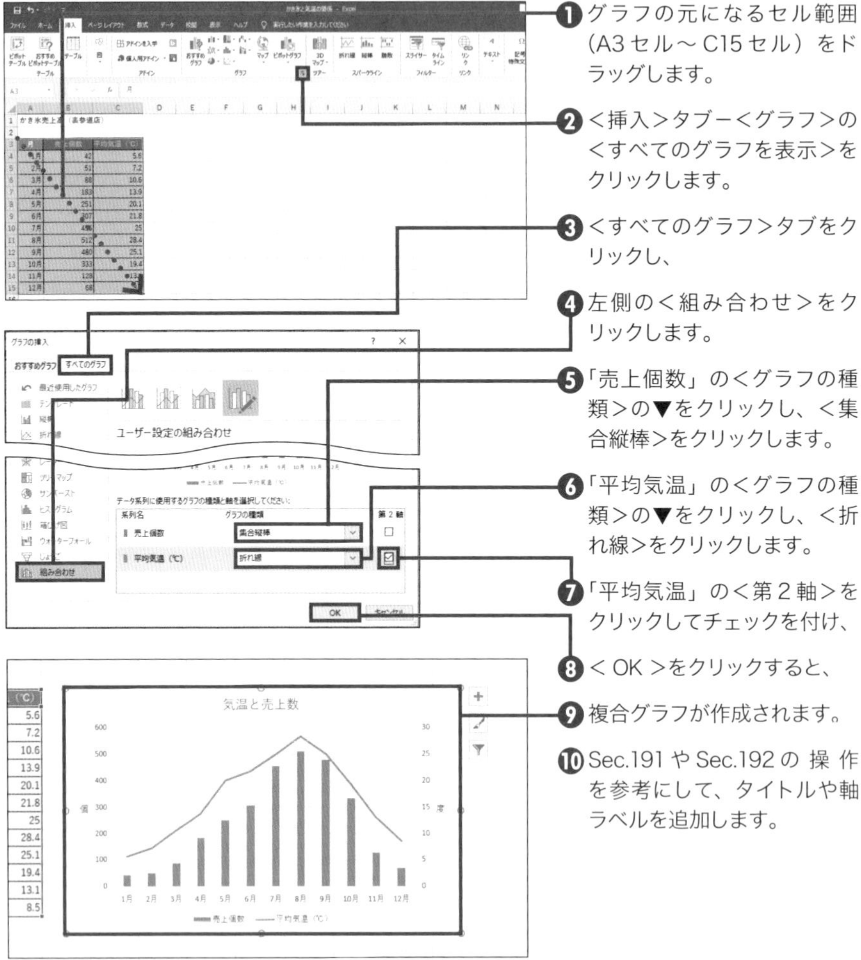

❶ グラフの元になるセル範囲(A3 セル～ C15 セル)をドラッグします。

❷ ＜挿入＞タブ－＜グラフ＞の＜すべてのグラフを表示＞をクリックします。

❸ ＜すべてのグラフ＞タブをクリックし、

❹ 左側の＜組み合わせ＞をクリックします。

❺「売上個数」の＜グラフの種類＞の▼をクリックし、＜集合縦棒＞をクリックします。

❻「平均気温」の＜グラフの種類＞の▼をクリックし、＜折れ線＞をクリックします。

❼「平均気温」の＜第 2 軸＞をクリックしてチェックを付け、

❽ ＜ OK ＞をクリックすると、

❾ 複合グラフが作成されます。

❿ Sec.191 や Sec.192 の 操 作を参考にして、タイトルや軸ラベルを追加します。

SECTION 213 地図グラフ

地図グラフ（マップ）を作成する

Excel 2019／365で＜マップ＞を使うと、白地図を数値の大きさによって色分けする塗り分けマップを作成できます。ここでは、日本の都道府県別人口を色分けしたグラフを作成します。元になるデータには、国や県、市区町村がわかるデータを入力しておきます。

塗り分けマップを作成する

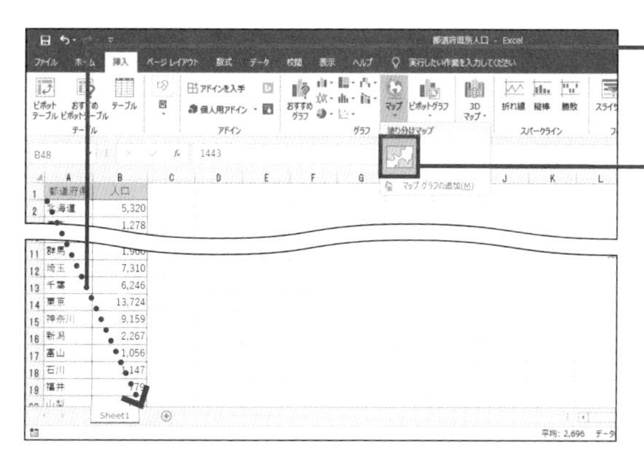

❶ グラフの元になるセル範囲（A2セル～B48セル）をドラッグします。

❷ ＜挿入＞タブ－＜マップ＞－＜塗り分けマップ＞をクリックします。

MEMO 初回に同意

初回のみ、Bingに送信する旨を示すメッセージが表示されるので、＜同意します＞をクリックします。

❸ グラフ内の＜系列1＞と表示される部分をダブルクリックします。

❹ ＜マップ領域＞の▼をクリックし、＜データが含まれる地域のみ＞をクリックし、

❺ ＜マップ投影＞の▼をクリックし、＜メルカトル＞をクリックすると、

❻ 人口の大小を色の濃淡で塗り分けたマップが作成されます。

MEMO 塗り分けマップの見方

塗り分けマップでは、塗りつぶしの色が濃いほど数値（ここでは人口）が大きいことを示します。

地図グラフ 第6章 第7章 第8章 第9章 第10章

SECTION 214 グラフ応用

グラフをテンプレートとして登録する

色やスタイル、軸ラベルや凡例の位置などを変更して見栄えを整えたグラフの体裁を何度も利用するには、テンプレート（グラフのひな型）として保存すると便利です。こうすれば、グラフを作成するたびに同じ編集作業を繰り返す必要がなくなります。

グラフをテンプレートとして保存する

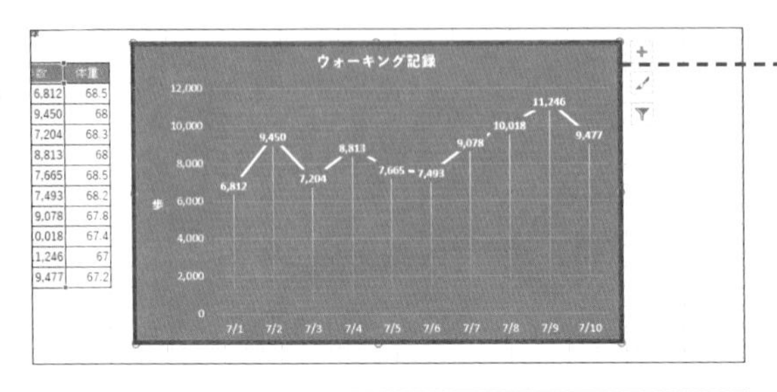

グラフの体裁を整えておきます。

❶グラフエリアを右クリックし、<テンプレートとして保存>をクリックします。

❷<ファイル名>を入力し、

❸<ファイルの種類>が<グラフテンプレートファイル>になっていることを確認して、

❹<保存>をクリックすると、テンプレートとして保存できます。

MEMO テンプレートの保存場所

グラフテンプレートは、専用のフォルダーに保存されます。そのため、手順❸の<グラフテンプレートの保存>ダイアログボックスに表示される保存先を変更してはいけません。

SECTION 215 グラフ応用

登録したグラフのテンプレートを利用する

Sec.214の操作で保存したグラフテンプレートを利用するには、元になる表でグラフ化したいセル範囲をドラッグしてから、＜グラフの挿入＞ダイアログボックスで目的のテンプレートを選びます。これだけで、体裁が整ったグラフが完成します。

グラフのテンプレートを開く

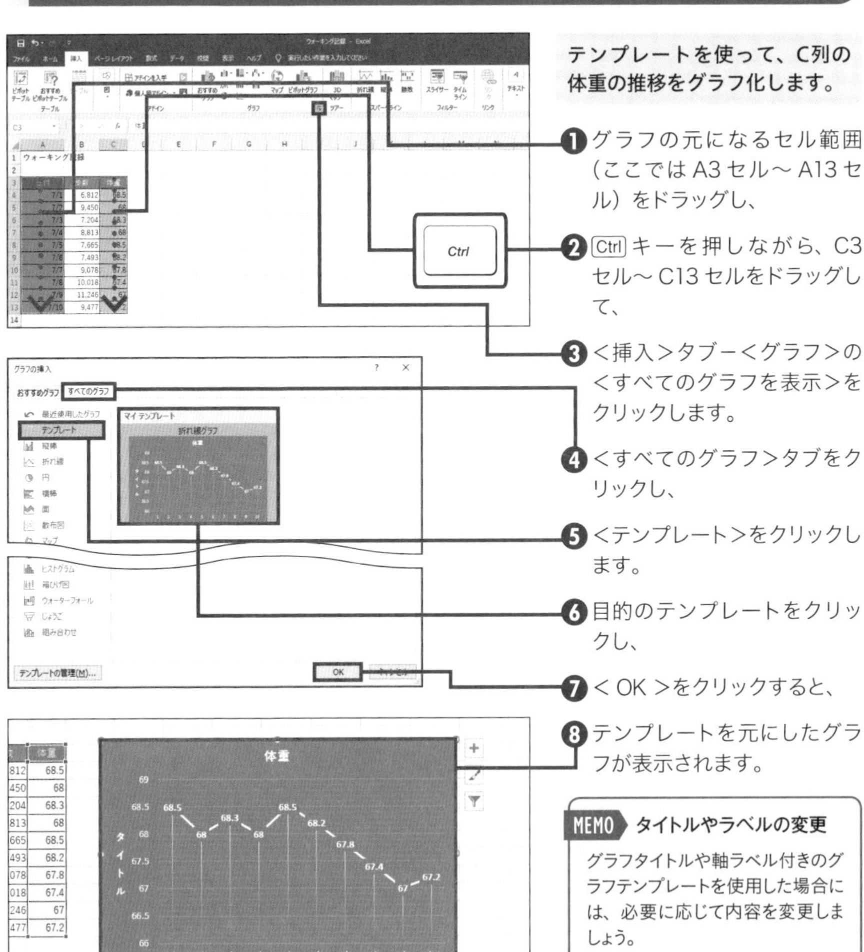

テンプレートを使って、C列の体重の推移をグラフ化します。

❶グラフの元になるセル範囲（ここではA3セル～A13セル）をドラッグし、

❷Ctrlキーを押しながら、C3セル～C13セルをドラッグして、

❸＜挿入＞タブ－＜グラフ＞の＜すべてのグラフを表示＞をクリックします。

❹＜すべてのグラフ＞タブをクリックし、

❺＜テンプレート＞をクリックします。

❻目的のテンプレートをクリックし、

❼＜OK＞をクリックすると、

❽テンプレートを元にしたグラフが表示されます。

MEMO タイトルやラベルの変更

グラフタイトルや軸ラベル付きのグラフテンプレートを使用した場合には、必要に応じて内容を変更しましょう。

SECTION 216 グラフ応用

セルの中にグラフを表示する

<スパークライン>を使うと、セルの中に簡易グラフを表示できます。表の数値を見ているだけでは、数値の大小や推移はわかりにくいものです。スパークラインは数値のすぐそばにグラフを表示できるため、数値の傾向を瞬時に把握するのに便利です。

スパークラインを表示する

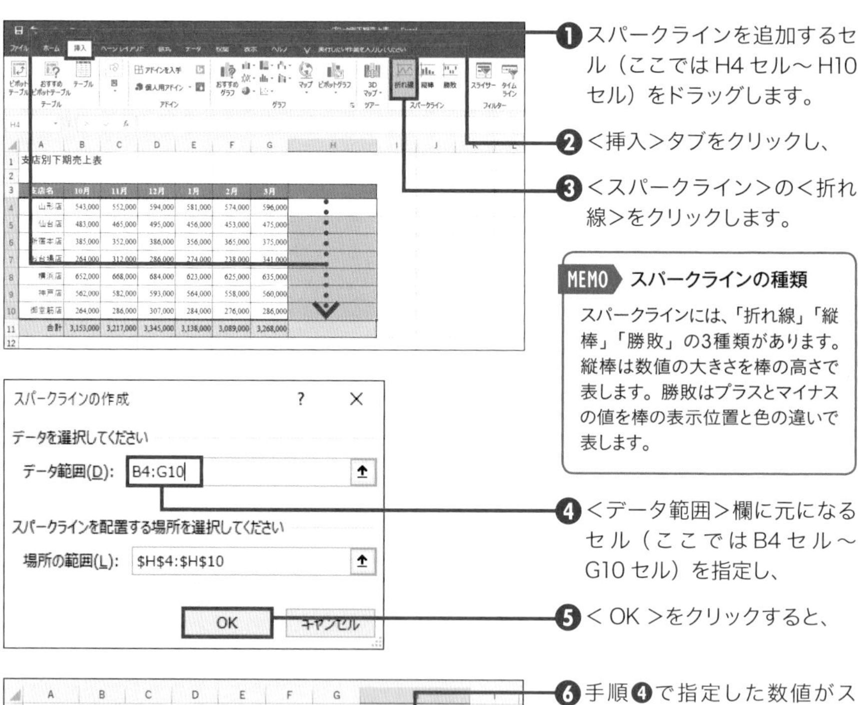

❶スパークラインを追加するセル（ここではH4セル～H10セル）をドラッグします。

❷<挿入>タブをクリックし、

❸<スパークライン>の<折れ線>をクリックします。

MEMO スパークラインの種類

スパークラインには、「折れ線」「縦棒」「勝敗」の3種類があります。縦棒は数値の大きさを棒の高さで表します。勝敗はプラスとマイナスの値を棒の表示位置と色の違いで表します。

❹<データ範囲>欄に元になるセル（ここではB4セル～G10セル）を指定し、

❺< OK >をクリックすると、

支店別下期売上表

支店名	10月	11月	12月	1月	2月	3月	
山形店	543,000	552,000	594,000	581,000	574,000	596,000	
仙台店	483,000	465,000	495,000	456,000	453,000	475,000	
新宿本店	385,000	352,000	386,000	356,000	365,000	375,000	
お台場店	264,000	312,000	286,000	274,000	238,000	341,000	
横浜店	652,000	668,000	684,000	623,000	625,000	635,000	
神戸店	562,000	582,000	593,000	564,000	558,000	560,000	
御堂筋店	264,000	286,000	307,000	284,000	276,000	286,000	
合計	3,153,000	3,217,000	3,345,000	3,138,000	3,089,000	3,268,000	

❻手順❹で指定した数値がスパークラインで表示されます。

MEMO スパークラインの削除

スパークラインは、表示されているセルを選択して<Delete>キーを押しても削除できません。スパークラインを削除するには、<スパークラインツール>－<デザイン>タブの<クリア>をクリックします。

第7章

データベースのプロ技

SECTION
217
リスト

データ活用に適した表を作る

Excelのデータベース機能を利用すると、売上データを元に数値を集計したり、集計結果をグラフにして数値の傾向を見たりなど、データをいろいろな視点で分析できます。データベース機能を利用するには、ルールに沿ってデータを集める必要があります。

リスト作成のルールを知る

データベース機能を利用するには、リスト形式にデータを集めます。リスト形式とは、先頭行にフィールド名（見出し）を入力し、2 行目以降にデータを入力する形式のことで、1 件分のデータを 1 行で入力します。

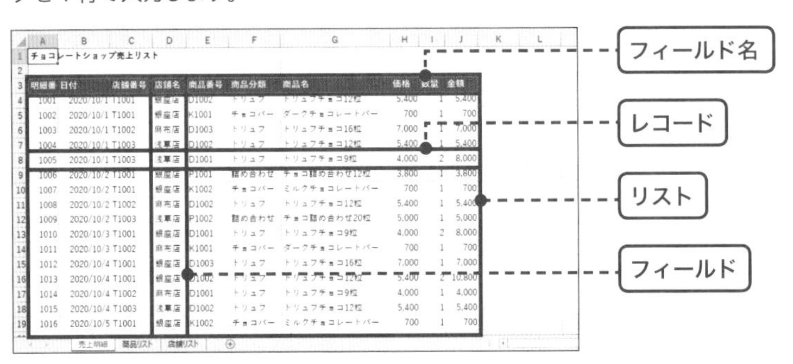

●先頭行にフィールド名を入力する

リストの先頭行にフィールド名を入力します。2 行目以降にデータを入力します。

●フィールド名には異なる書式を設定する

フィールド名の行に目立つ書式を設定します。すると、先頭行が見出しであることを Excel が自動的に認識します。

●空白行や空白列が無いようにする

リストの途中に空白行や空白列があると、リストの範囲が正しく認識されない場合があります。

●リストの周囲にデータを入力しない

リストに隣接したセルにデータが入力されていると、リストの範囲が正しく認識されない場合があります。

●表記を統一する

商品番号や商品名などの文字列は、大文字／小文字、全角／半角などの表記ゆれが混在しないようにしましょう。

MEMO　フィールドとレコード

リストの各列を「フィールド」といいます。先頭行に「フィールド名」を入力します。また、1件分のデータを「レコード」といいます。1行に1件分のレコードを入力します。

MEMO　表記ゆれを修正する

表記ゆれがあると、同じ商品でも別々の商品として集計されてしまいます。表記がゆれている場合は、関数を使って全角／半角を統一したり（Sec.131参照）、データの置換機能（Sec.052参照）などを使用したりして、データの表記を統一してからデータベース機能を使います。

SECTION 218 テーブル

表をテーブルに変換する

テーブルとは、ほかのセルとは区切られた特別なセル範囲のことです。リスト形式に集めたデータをテーブルに変換すると、自動的に見やすい書式が付きます。さらに、並べ替えやデータの抽出などをかんたんに行えるようになります。

テーブルに変換する

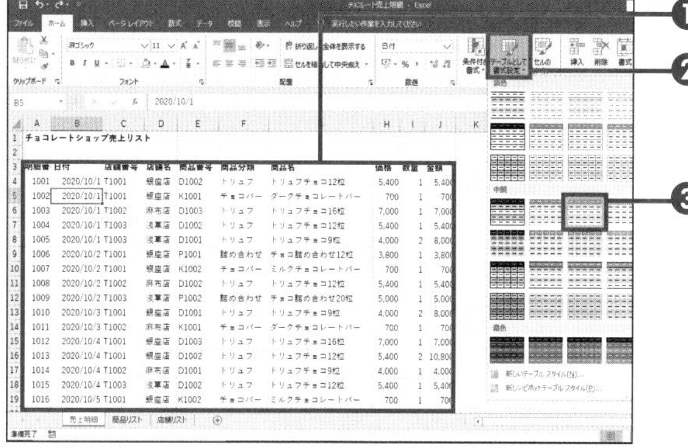

❶リスト内をクリックします。

❷<ホーム>タブー<テーブルとして書式設定>をクリックし、

❸テーブルのスタイル（ここでは「オレンジ　テーブルスタイル（中間）3」）をクリックします。

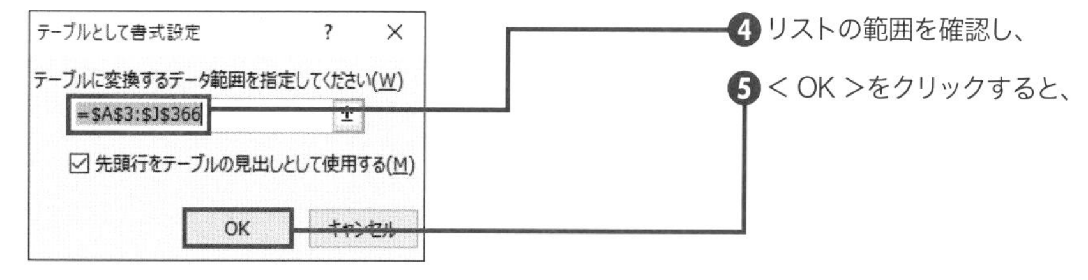

❹リストの範囲を確認し、

❺< OK >をクリックすると、

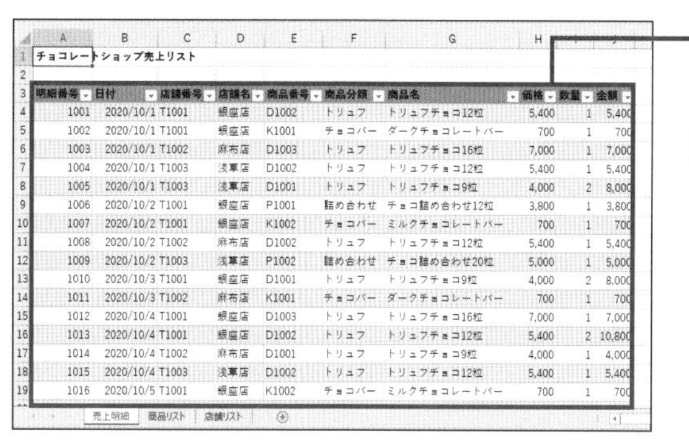

❻リスト範囲全体がテーブルに変換されます。

MEMO 元の範囲に戻す

テーブルを元の範囲に変換するには、テーブル内をクリックし、<テーブルツール>－<デザイン>タブ(Microsoft 365では<テーブルデザイン>タブ)－<範囲に変換>をクリックします。

SECTION 219 テーブル

テーブルにデータを追加する

Sec.218の操作でリストをテーブルに変換すると、後からデータを追加したときに、自動的にテーブルの範囲が拡張されます。そのため、改めてテーブルを設定し直す手間が省けます。また、1行おきの色が付いているデザインでは、自動的に色が設定されます。

新しいデータを追加する

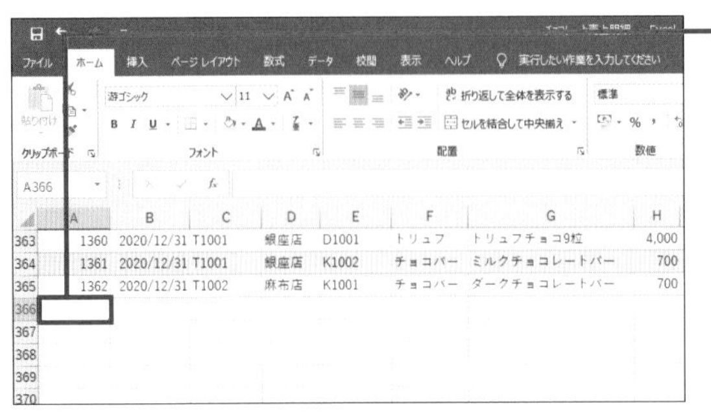

❶テーブルの最終行の下のセルをクリックします。

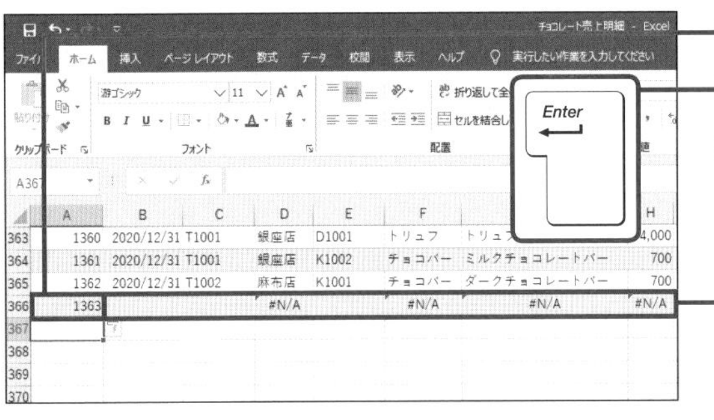

❷データを入力して、

❸Enter キーを押すと、

❹テーブルの範囲が自動的に拡張され、書式が引き継がれます。

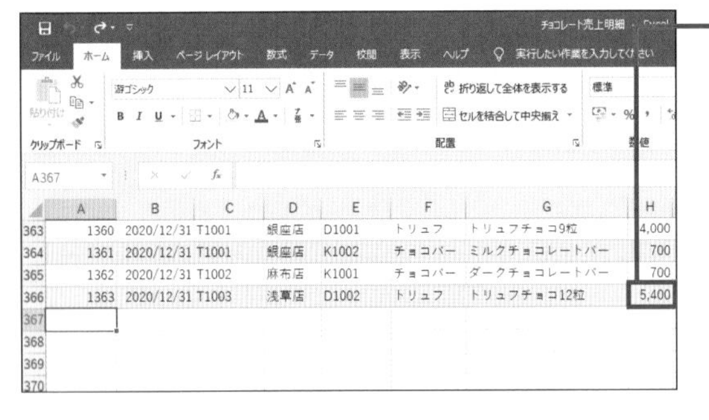

❺追加された行に新しいデータを入力すると、数式も自動的に引き継がれます。

MEMO テーブルの途中に追加

テーブルの途中に新しいデータを追加しても、自動的にテーブル範囲が拡張し、書式や数式が引き継がれます。

SECTION 220 テーブル

テーブルの範囲を変更する

テーブルにデータを追加すると、通常はテーブル範囲が自動的に拡張されて正しく認識されます。ただし、データを移動するなどの理由でテーブル範囲が正しく認識されない場合もあります。そのようなときは、手動でテーブル範囲を変更します。

テーブルのサイズを変更する

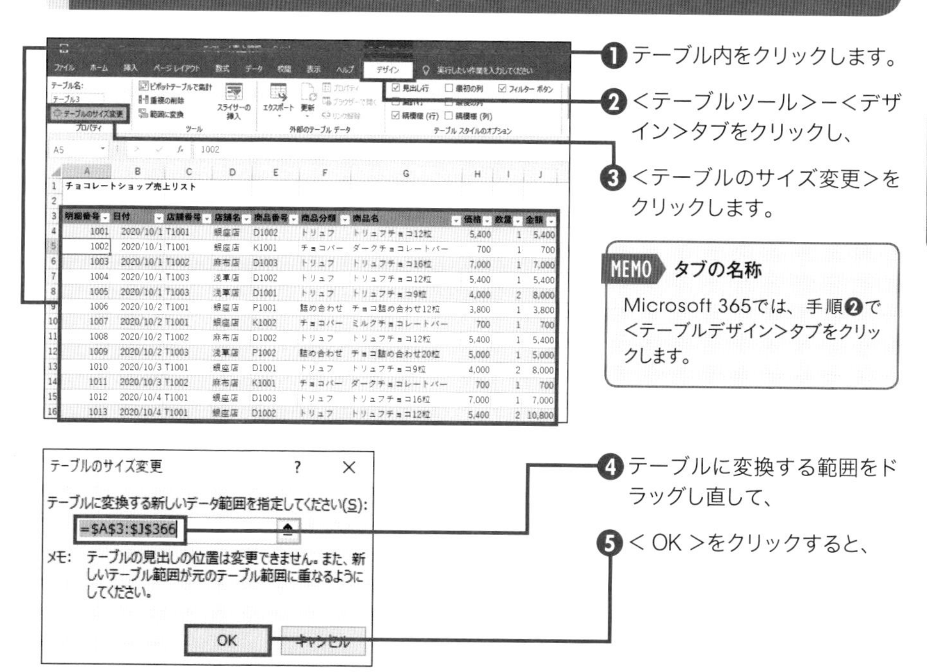

❶テーブル内をクリックします。

❷<テーブルツール>−<デザイン>タブをクリックし、

❸<テーブルのサイズ変更>をクリックします。

MEMO タブの名称

Microsoft 365では、手順❷で<テーブルデザイン>タブをクリックします。

❹テーブルに変換する範囲をドラッグし直して、

❺< OK >をクリックすると、

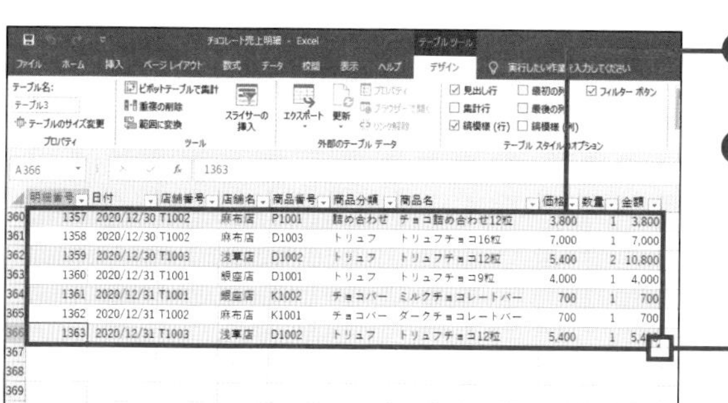

❻テーブルの範囲を変更できます。

❼テーブルの最終行の右隅に印が表示されます。

SECTION 221 テーブル

データを並べ替える

テーブルのデータを並べ替えるには、並べ替えの基準となるフィールド名の▼をクリックします。ここでは、「日付」の新しい順にデータを並べます。<昇順>または<降順>でデータを並べ替える方法を知りましょう。

並べ替えの条件を指定する

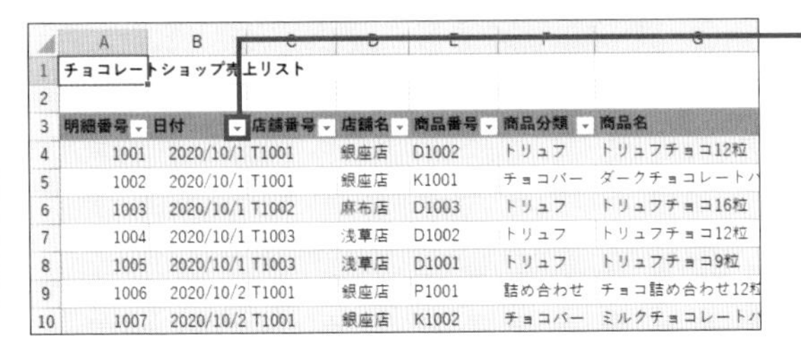

チョコレートショップ売上リスト

明細番号	日付	店舗番号	店舗名	商品番号	商品分類	商品名
1001	2020/10/1	T1001	銀座店	D1002	トリュフ	トリュフチョコ12粒
1002	2020/10/1	T1001	銀座店	K1001	チョコバー	ダークチョコレートバ
1003	2020/10/1	T1002	麻布店	D1003	トリュフ	トリュフチョコ16粒
1004	2020/10/1	T1003	浅草店	D1002	トリュフ	トリュフチョコ12粒
1005	2020/10/1	T1003	浅草店	D1001	トリュフ	トリュフチョコ9粒
1006	2020/10/2	T1001	銀座店	P1001	詰め合わせ	チョコ詰め合わせ12粒
1007	2020/10/2	T1001	銀座店	K1002	チョコバー	ミルクチョコレートバ

❶「日付」の▼をクリックして、

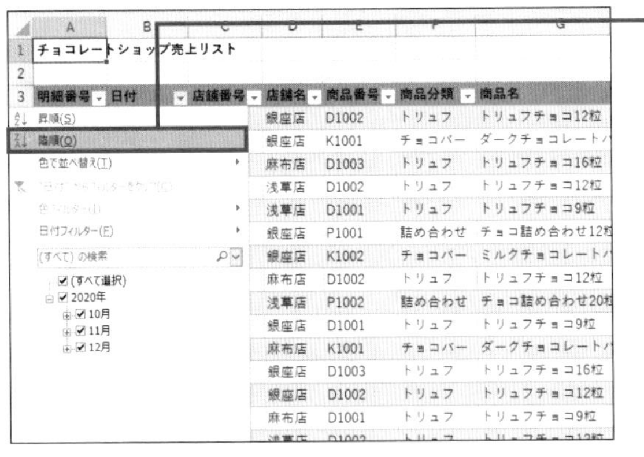

店舗名	商品番号	商品分類	商品名
銀座店	D1002	トリュフ	トリュフチョコ12粒
銀座店	K1001	チョコバー	ダークチョコレートバ
麻布店	D1003	トリュフ	トリュフチョコ16粒
浅草店	D1002	トリュフ	トリュフチョコ12粒
浅草店	D1001	トリュフ	トリュフチョコ9粒
銀座店	P1001	詰め合わせ	チョコ詰め合わせ12粒
銀座店	K1002	チョコバー	ミルクチョコレートバ
麻布店	D1002	トリュフ	トリュフチョコ12粒
浅草店	P1002	詰め合わせ	チョコ詰め合わせ20粒
銀座店	D1001	トリュフ	トリュフチョコ9粒
麻布店	K1001	チョコバー	ダークチョコレートバ
銀座店	D1003	トリュフ	トリュフチョコ16粒
銀座店	D1002	トリュフ	トリュフチョコ12粒
麻布店	D1001	トリュフ	トリュフチョコ9粒

❷<降順>をクリックすると、

MEMO 昇順と降順

値の小さい順や日付の古い順、文字のあいうえお順にデータを並べるには、昇順で並べます。値の大きい順や日付の新しい順、文字のあいうえお順の逆は、降順で並べます。

チョコレートショップ売上リスト

明細番号	日付	店舗番号	店舗名	商品番号	商品分類	商品名
1360	2020/12/31	T1001	銀座店	D1001	トリュフ	トリュフチョコ9粒
1361	2020/12/31	T1001	銀座店	K1002	チョコバー	ミルクチョコレートバ
1362	2020/12/31	T1002	麻布店	K1001	チョコバー	ダークチョコレートバ
1363	2020/12/31	T1003	浅草店	D1002	トリュフ	トリュフチョコ12粒
1355	2020/12/30	T1001	銀座店	D1001	トリュフ	トリュフチョコ9粒
1356	2020/12/30	T1001	銀座店	D1002	トリュフ	トリュフチョコ12粒
1357	2020/12/30	T1002	麻布店	P1001	詰め合わせ	チョコ詰め合わせ12粒
1358	2020/12/30	T1002	麻布店	D1003	トリュフ	トリュフチョコ16粒
1359	2020/12/30	T1003	浅草店	D1002	トリュフ	トリュフチョコ12粒
1351	2020/12/29	T1001	銀座店	P1002	詰め合わせ	チョコ詰め合わせ20粒

❸「日付」の新しい順にテーブル全体が並び替わります。

MEMO リストで並べ替え

テーブルに変換していないリストのデータの並べ替えや抽出を行うには、<データ>タブの<フィルター>をクリックして、フィールド名の右横に▼を表示します。

SECTION 222
テーブル

データを抽出する

テーブルのデータの中から、条件に合ったデータを抽出します。抽出条件を設定したいフィールド名の▼をクリックし、一覧から条件をクリックするだけで抽出できます。ここでは、「店舗名」が「浅草店」の売上データを抽出しましょう。

データを抽出する

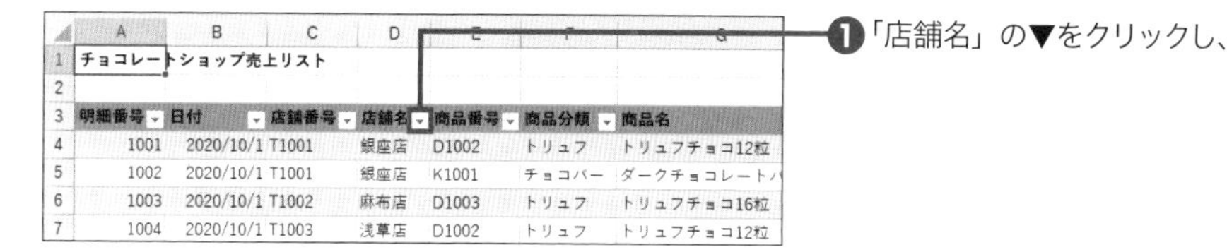

	A	B	C	D	E	F	G
1	チョコレートショップ売上リスト						
2							
3	明細番号	日付	店舗番号	店舗名	商品番号	商品分類	商品名
4	1001	2020/10/1	T1001	銀座店	D1002	トリュフ	トリュフチョコ12粒
5	1002	2020/10/1	T1001	銀座店	K1001	チョコバー	ダークチョコレートバ
6	1003	2020/10/1	T1002	麻布店	D1003	トリュフ	トリュフチョコ16粒
7	1004	2020/10/1	T1003	浅草店	D1002	トリュフ	トリュフチョコ12粒

❶「店舗名」の▼をクリックし、

❷<すべて選択>をクリックしてオフにします。

❸<浅草店>をクリックしてオンにし、

❹< OK >をクリックすると、

❺「浅草店」のデータだけが抽出され、

❻抽出件数が表示されます。

MEMO　条件の解除

データを抽出しているときは、フィールド名の▼がに変わります。条件を解除するには、をクリックし、<"フィールド名"からフィルターをクリア>をクリックします。

SECTION 223 テーブル

集計結果を表示する

テーブルに集計行を追加すると、テーブルのデータの合計やデータの個数などの集計結果を表示できます。最初は合計が表示されますが、後から平均や最大値などに変更できます。なお、集計行を表示した状態でデータを抽出すると、連動して集計結果も変わります。

集計行を表示する

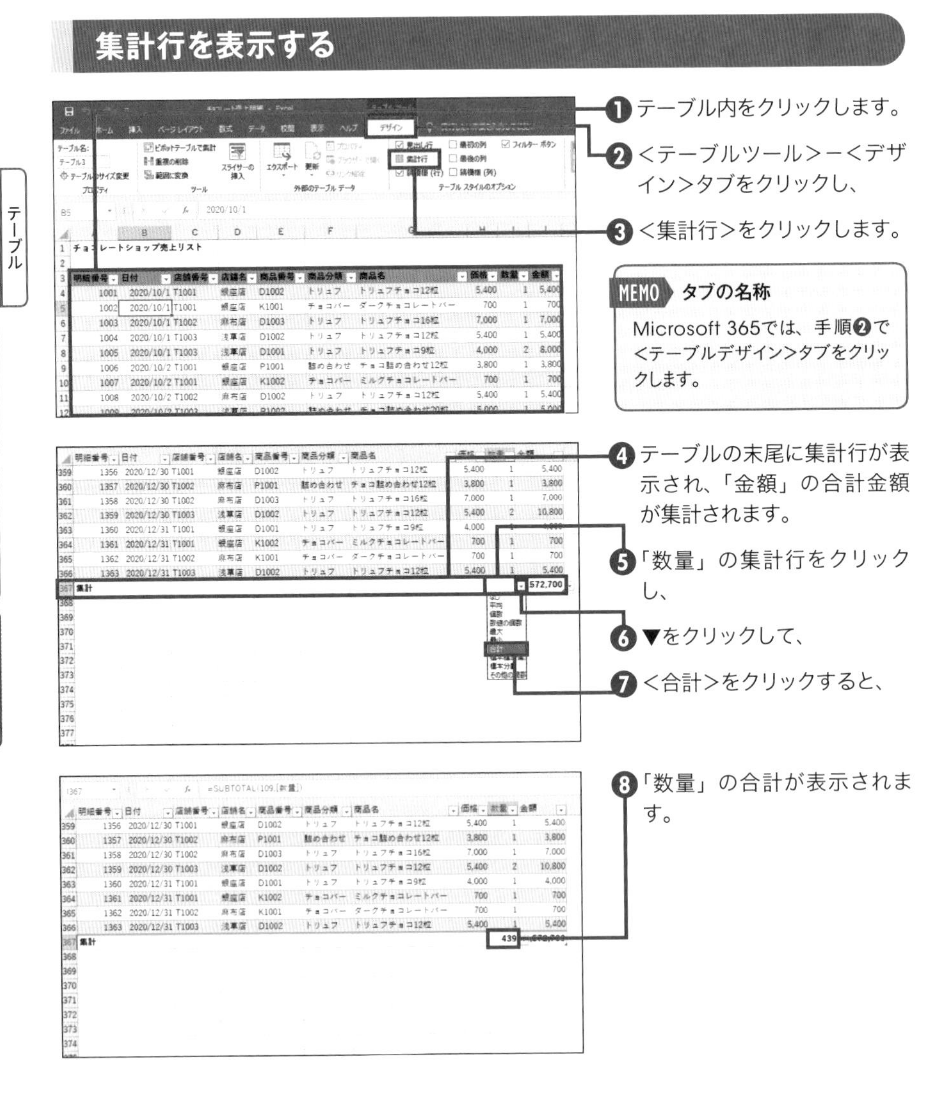

MEMO タブの名称

Microsoft 365では、手順❷で<テーブルデザイン>タブをクリックします。

SECTION 224 テーブル

テーブルのデザインを変更する

<テーブルスタイル>を使うと、テーブルのデザインをかんたんに変更できます。テーブルスタイルには、テーブルのセルの背景の色や罫線、文字の色などのデザインが複数パターン用意されており、クリックするだけで変更できます。

テーブルスタイルを設定する

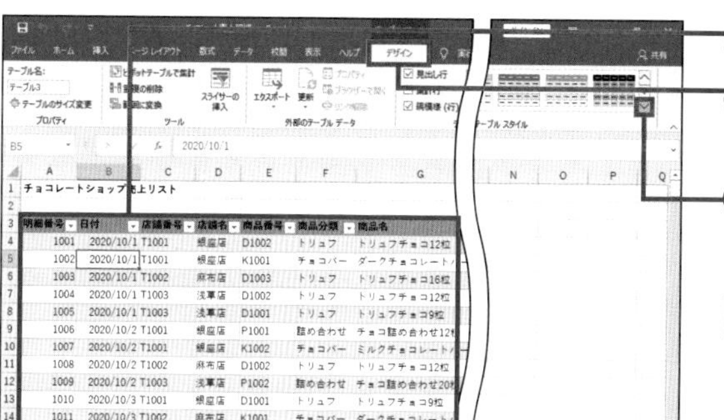

❶テーブル内をクリックします。

❷<テーブルツール>－<デザイン>タブをクリックし、

❸<テーブルスタイル>の<その他>をクリックします。

MEMO タブの名称

Microsoft 365では、手順❷で<テーブルデザイン>タブをクリックします。

❹スタイル（ここでは「青、テーブルスタイル（淡色）13」）をクリックすると、

MEMO スタイルのオプション

<テーブルツール>－<デザイン>タブの<テーブルスタイルのオプション>の項目でデザインをカスタマイズできます。たとえば<見出し行>をクリックすると、見出しが強調されたスタイルに変更されます。

❺テーブルのスタイルが設定されます。

複数の条件で並べ替える

表のデータを1つの条件で並べ替えるときには、<データ>タブの<昇順>や<降順>を直接クリックします。並べ替えの条件が複数あるときは、<並べ替え>ダイアログボックスで指定します。このとき、上側に設定した条件の優先度が高くなります。

複数の条件で並べ替える

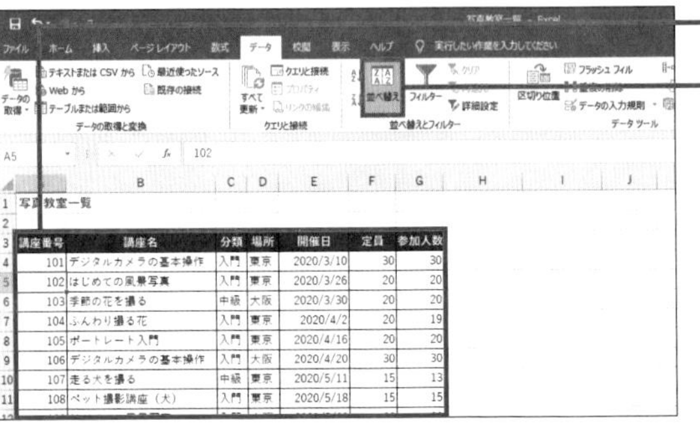

講座番号	講座名	分類	場所	開催日	定員	参加人数
101	デジタルカメラの基本操作	入門	東京	2020/3/10	30	30
102	はじめての風景写真	入門	東京	2020/3/26	20	20
103	季節の花を撮る	中級	大阪	2020/3/30	20	20
104	ふんわり撮る花	入門	東京	2020/4/2	20	19
105	ポートレート入門	入門	東京	2020/4/16	20	20
106	デジタルカメラの基本操作	入門	大阪	2020/4/20	30	30
107	走る犬を撮る	中級	東京	2020/5/11	15	13
108	ペット撮影講座（犬）	入門	東京	2020/5/18	15	15

❶リスト内をクリックします。

❷<データ>タブ－<並べ替え>をクリックします。

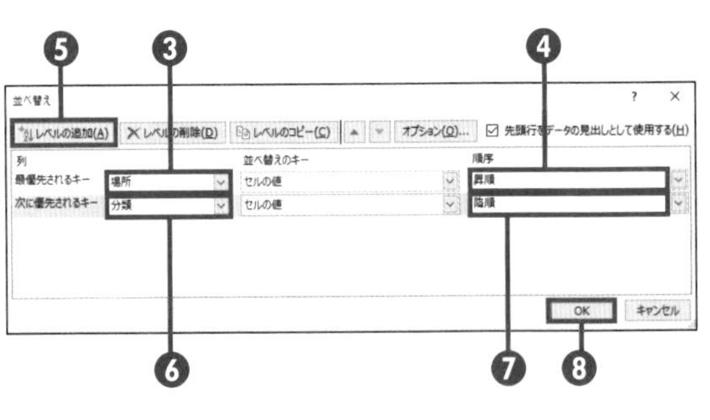

❸<最優先されるキー>の▼をクリックし、並べ替えの基準にするフィールド（ここでは「場所」）をクリックして、

❹<昇順>を選択します。

❺<レベルの追加>をクリックします。

❻<次に優先されるキー>の▼をクリックし、並べ替えの基準にするフィールド（ここでは「分類」）をクリックして、

❼<降順>を選択します。

❽< OK >をクリックすると、

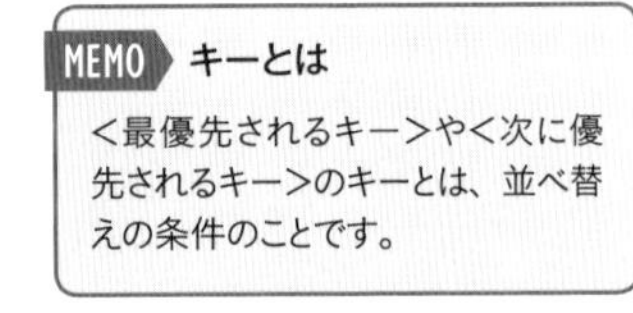
MEMO キーとは

<最優先されるキー>や<次に優先されるキー>のキーとは、並べ替えの条件のことです。

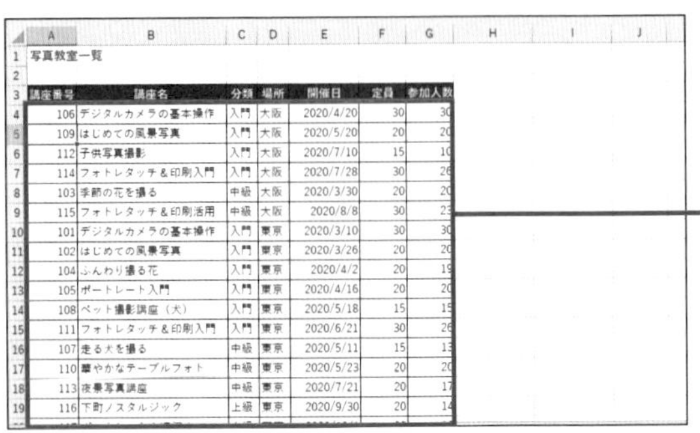

講座番号	講座名	分類	場所	開催日	定員	参加人数
106	デジタルカメラの基本操作	入門	大阪	2020/4/20	30	30
109	はじめての風景写真	入門	大阪	2020/5/20	20	20
112	子供写真撮影	入門	大阪	2020/7/10	15	10
114	フォトレタッチ＆印刷入門	入門	大阪	2020/7/28	30	26
103	季節の花を撮る	中級	大阪	2020/3/30	20	20
115	フォトレタッチ＆印刷活用	中級	大阪	2020/8/8	30	23
101	デジタルカメラの基本操作	入門	東京	2020/3/10	30	30
102	はじめての風景写真	入門	東京	2020/3/26	20	20
104	ふんわり撮る花	入門	東京	2020/4/2	20	19
105	ポートレート入門	入門	東京	2020/4/16	20	20
108	ペット撮影講座（犬）	入門	東京	2020/5/18	15	15
111	フォトレタッチ＆印刷入門	入門	東京	2020/6/21	30	26
107	走る犬を撮る	中級	東京	2020/5/11	15	13
110	華やかなテーブルフォト	中級	東京	2020/5/23	20	20
113	夜景写真講座	中級	東京	2020/7/21	20	17
116	下町ノスタルジック	上級	東京	2020/9/30	20	14

❾D列の「場所」の昇順で並べ変わり、「場所」が同じ場合はC列の「分類」の降順で並べ変わります。

SECTION 226 並べ替え

セルや文字の色で並べ替える

データを色で区別しているときは、並べ替えの条件にセルの色や文字の色を指定することができます。それには、<並べ替え>ダイアログボックスの<並べ替えのキー>で<セルの色>や<フォントの色>を指定し、<順序>で条件となる色を指定します。

セルの色で並べ替える

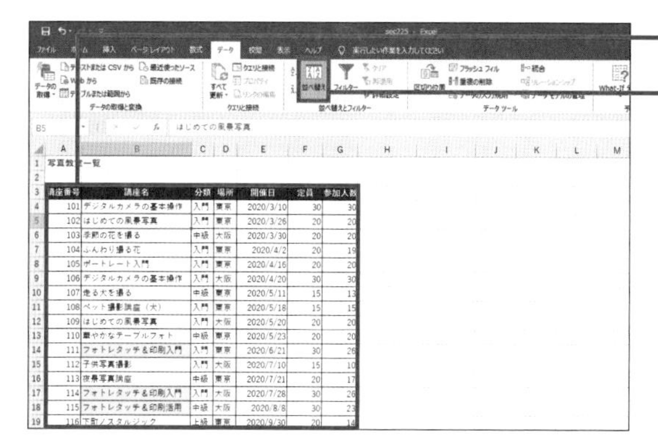

❶リスト内をクリックします。

❷<データ>タブー<並べ替え>をクリックします。

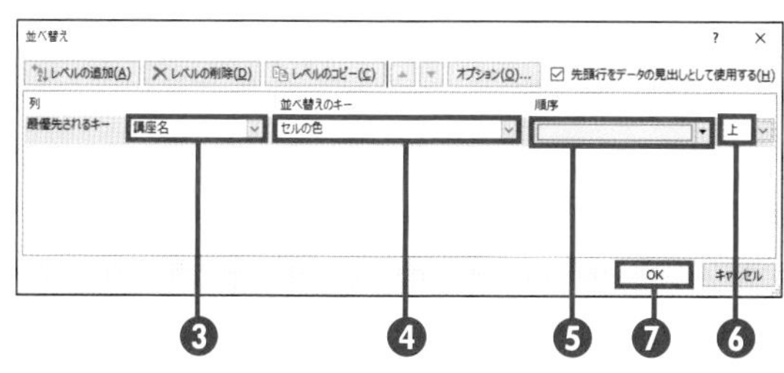

❸<最優先されるキー>の▼をクリックし、並べ替えの基準にするフィールド（ここでは「講座名」）をクリックして、

❹<並べ替えのキー>をクリックして、<セルの色>をクリックします。

❺<順序>の▼をクリックして、黄をクリックします。

❻<上>と表示されていることを確認し、

❼< OK >をクリックすると、

写真教室一覧

講座番号	講座名	分類	場所	開催日	定員	参加人数
111	フォトレタッチ＆印刷入門	入門	東京	2020/6/21	30	26
114	フォトレタッチ＆印刷入門	入門	大阪	2020/7/28	30	26
115	フォトレタッチ＆印刷活用	中級	大阪	2020/8/8	30	23
101	デジタルカメラの基本操作	入門	東京	2020/3/10	30	30
102	はじめての風景写真	入門	東京	2020/3/26	20	20
103	季節の花を撮る	中級	大阪	2020/3/30	20	20
104	ふんわり撮る花	入門	東京	2020/4/2	20	19
105	ポートレート入門	入門	東京	2020/4/16	20	20
106	デジタルカメラの基本操作	入門	大阪	2020/4/20	30	30
107	走る犬を撮る	中級	東京	2020/5/11	15	13
108	ペット撮影講座（犬）	入門	東京	2020/5/18	15	15
109	はじめての風景写真	入門	大阪	2020/5/20	20	20
110	華やかなテーブルフォト	中級	東京	2020/5/23	20	20
112	子供写真撮影	入門	大阪	2020/7/10	15	10

❽「講座名」のセルが黄色のデータが上に表示されます。

MEMO キーとは

<最優先されるキー>や<次に優先されるキー>のキーとは、並べ替えの条件のことです。

SECTION 227 抽出

オートフィルターで条件に一致するデータを抽出する

リストの中から条件に一致するデータを抽出するには、＜フィルター＞を利用します。フィルターを設定すると、フィールド名の横に▼が表示されます。▼をクリックして、抽出条件を指定します。

第6章
第7章 抽出
第8章
第9章
第10章

フィルターを設定する

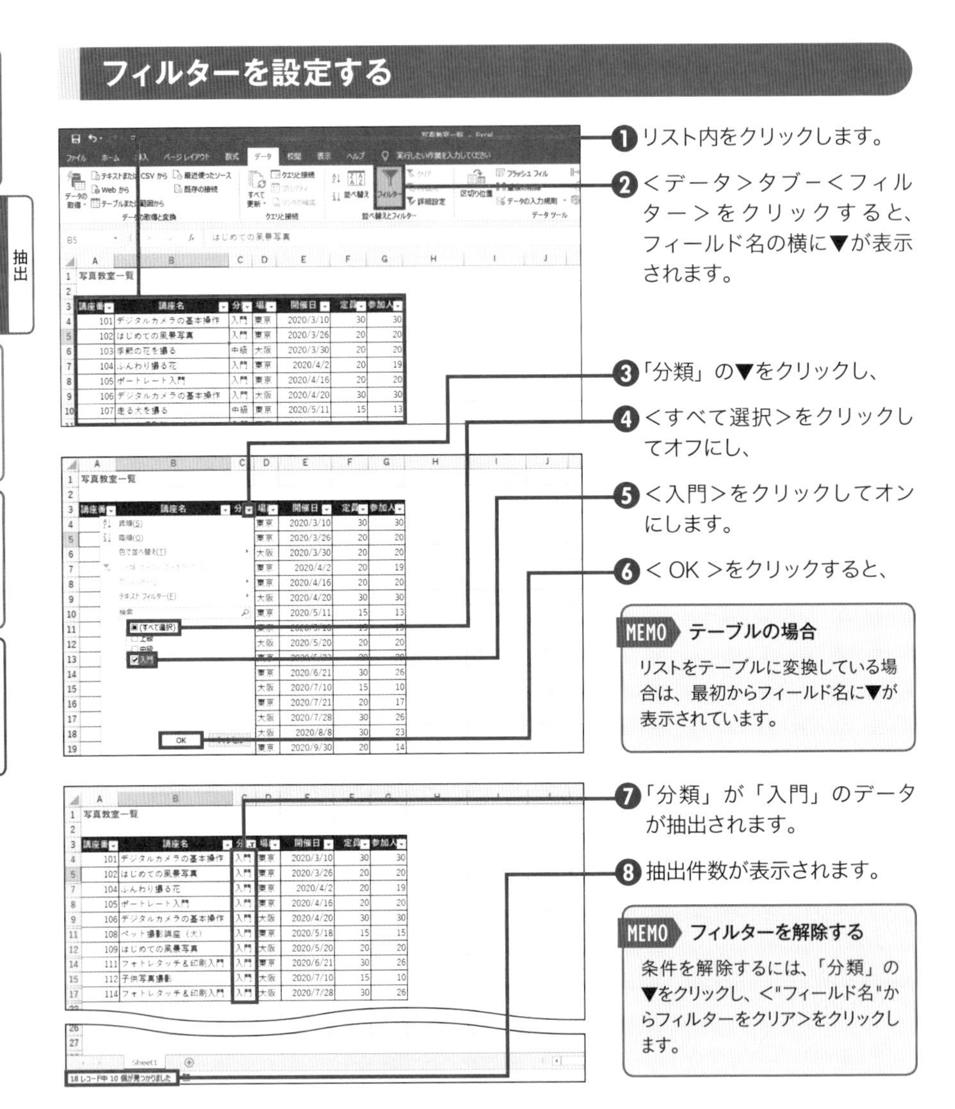

❶ リスト内をクリックします。

❷ ＜データ＞タブ－＜フィルター＞をクリックすると、フィールド名の横に▼が表示されます。

❸「分類」の▼をクリックし、

❹ ＜すべて選択＞をクリックしてオフにし、

❺ ＜入門＞をクリックしてオンにします。

❻ ＜ OK ＞をクリックすると、

MEMO テーブルの場合

リストをテーブルに変換している場合は、最初からフィールド名に▼が表示されています。

❼「分類」が「入門」のデータが抽出されます。

❽ 抽出件数が表示されます。

MEMO フィルターを解除する

条件を解除するには、「分類」の▼をクリックし、＜"フィールド名"からフィルターをクリア＞をクリックします。

複数の条件に一致するデータを抽出する

複数の条件に一致したデータを抽出するには、フィールド名の横の▼をクリックして1つ目の条件を指定します。続いて、別のフィールド名の横の▼をクリックして2つ目の条件を指定します。この操作を繰り返すことで、次々とデータを絞り込めます。

フィルターで複数の条件を設定する

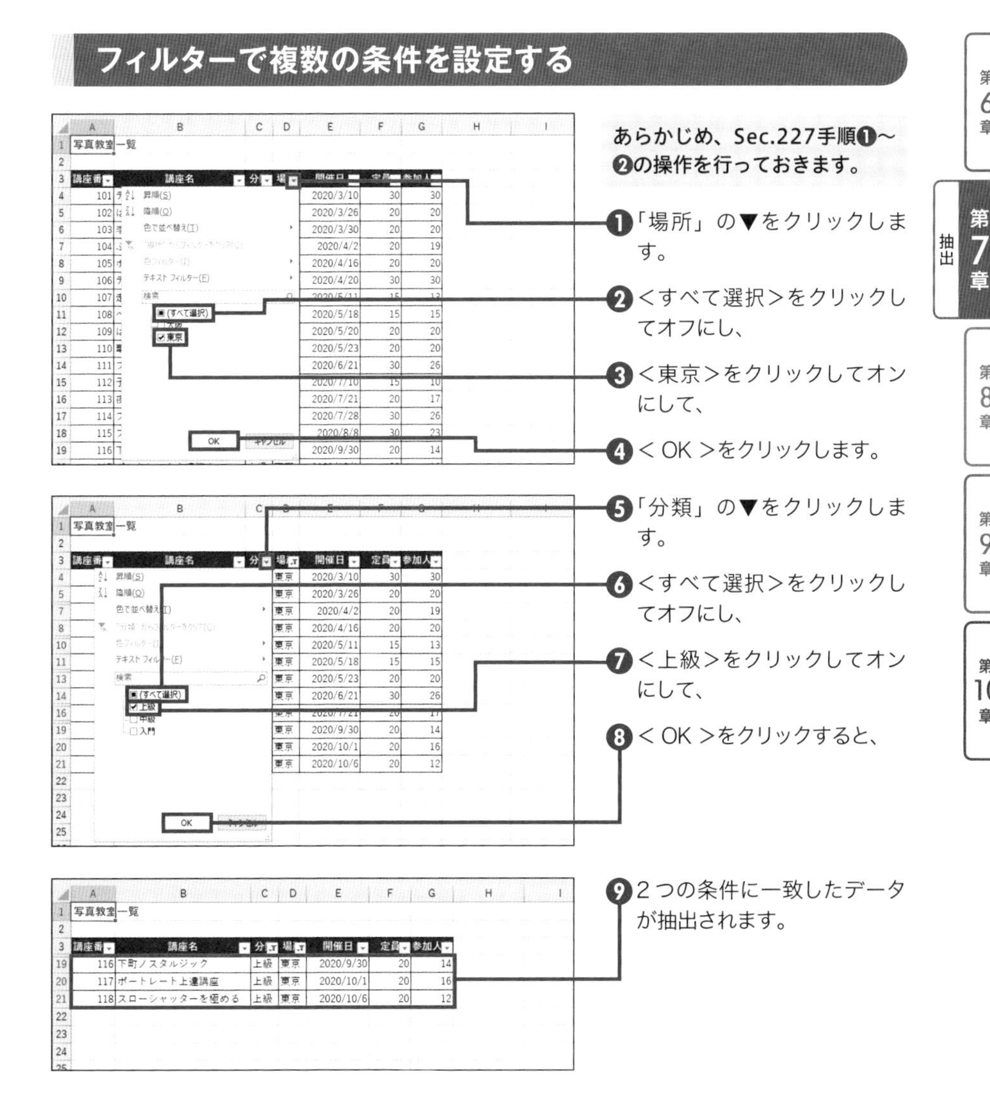

SECTION 229 抽出

指定した値以上のデータを抽出する

数値データが入力されたフィールドでは、フィールド名の横の▼をクリックしたときに<数値フィルター>が表示されます。数値フィルターを使うと、「指定の値以上」「指定の値以下」「指定の範囲内」といったさまざまな条件を指定できます。

数値フィルターを設定する

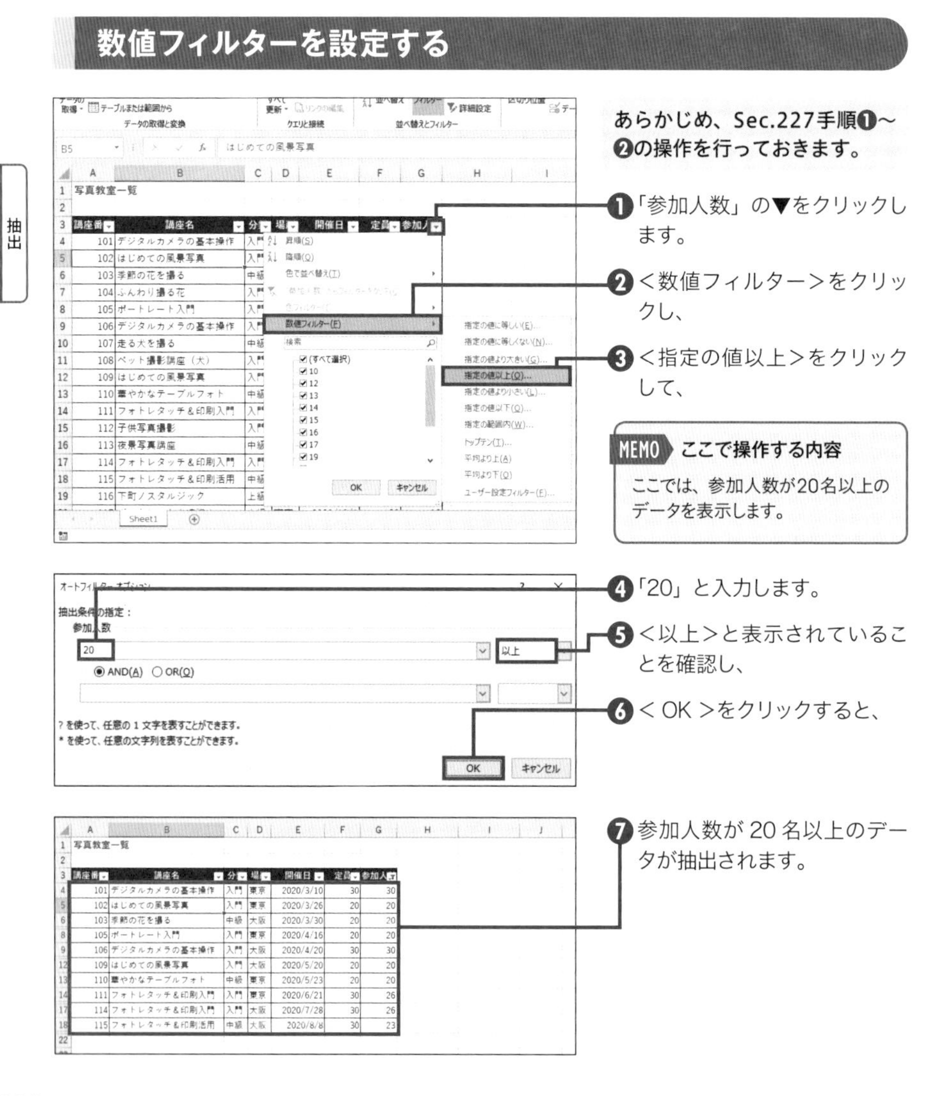

あらかじめ、Sec.227手順❶～❷の操作を行っておきます。

❶「参加人数」の▼をクリックします。

❷<数値フィルター>をクリックし、

❸<指定の値以上>をクリックして、

MEMO ここで操作する内容

ここでは、参加人数が20名以上のデータを表示します。

❹「20」と入力します。

❺<以上>と表示されていることを確認し、

❻< OK >をクリックすると、

❼参加人数が 20 名以上のデータが抽出されます。

上位または下位のデータを抽出する

売上金額のトップ10、評価のワースト3などのデータを抽出するには、<数値フィルター>の中にある<トップテン>を使います。名前はトップテンですが、上位や下位の項目数やパーセンテージなどを指定して、条件に一致したデータを抽出できます。

トップ3を抽出する

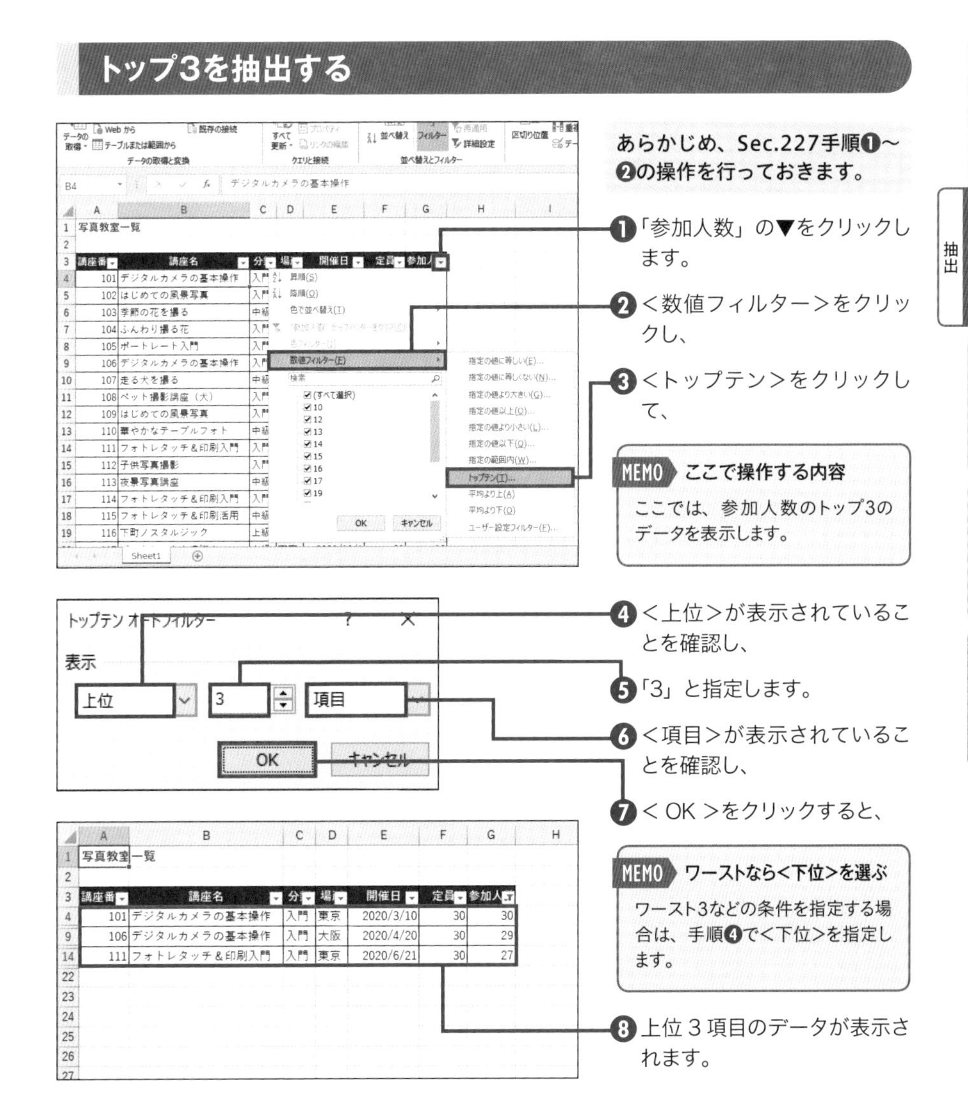

あらかじめ、Sec.227手順❶～❷の操作を行っておきます。

❶「参加人数」の▼をクリックします。

❷ <数値フィルター>をクリックし、

❸ <トップテン>をクリックして、

MEMO ここで操作する内容

ここでは、参加人数のトップ3のデータを表示します。

❹ <上位>が表示されていることを確認し、

❺「3」と指定します。

❻ <項目>が表示されていることを確認し、

❼ < OK >をクリックすると、

MEMO ワーストなら<下位>を選ぶ

ワースト3などの条件を指定する場合は、手順❹で<下位>を指定します。

❽ 上位3項目のデータが表示されます。

SECTION 231 抽出

平均より上のデータを抽出する

売上金額や売上数、試験結果などの数値データを基準に、平均値より上や下のデータを抽出するには、<数値フィルター>の中にある<平均より上>や<平均より下>を利用します。事前に平均値を計算しなくても、かんたんに目的のデータを抽出できます。

平均より上のデータを抽出する

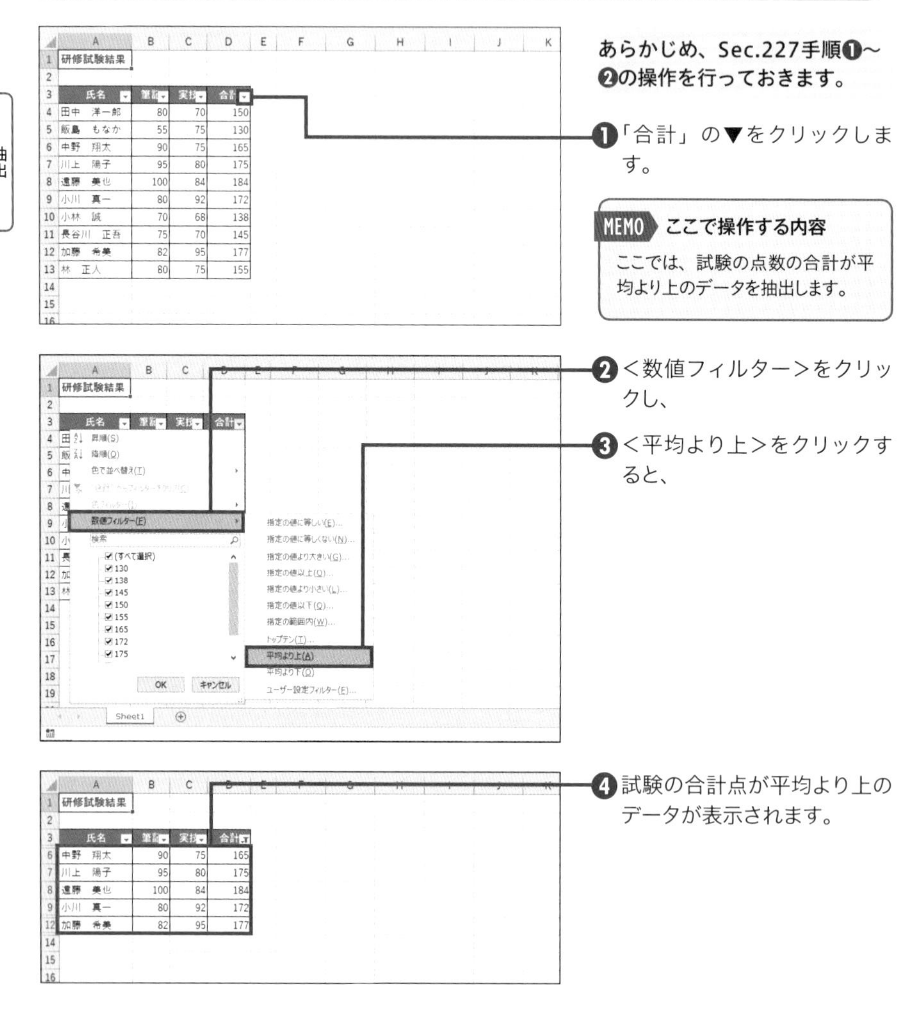

あらかじめ、Sec.227手順❶～❷の操作を行っておきます。

❶「合計」の▼をクリックします。

MEMO ここで操作する内容

ここでは、試験の点数の合計が平均より上のデータを抽出します。

❷<数値フィルター>をクリックし、

❸<平均より上>をクリックすると、

❹試験の合計点が平均より上のデータが表示されます。

第6章
第7章 抽出
第8章
第9章
第10章

SECTION 232 抽出

今月のデータを抽出する

日付データが入力されたフィールドでは、フィールド名の横の▼をクリックしたときに<日付フィルター>が表示されます。日付フィルターを使うと、「昨日」「今週」「今月」「昨年」といったさまざまな条件を指定できます。

日付フィルターを設定する

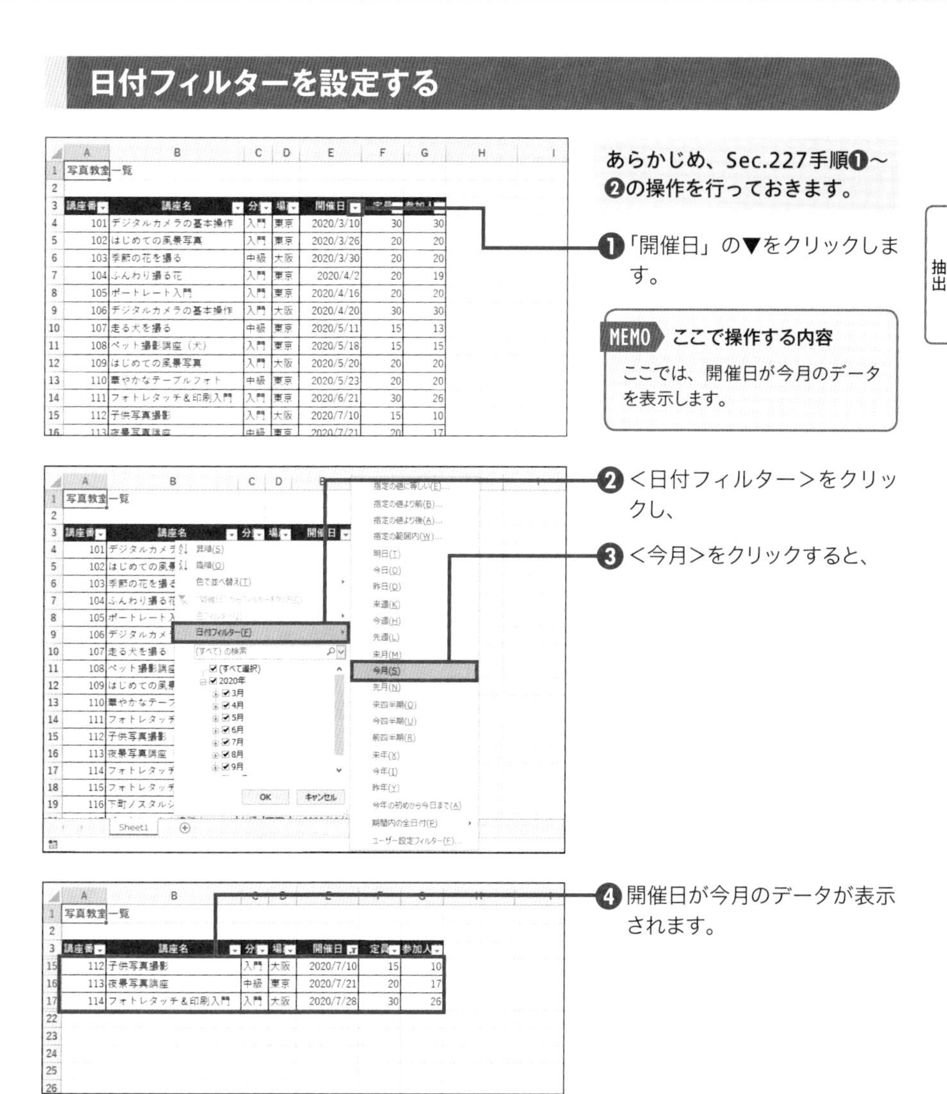

あらかじめ、Sec.227手順❶～❷の操作を行っておきます。

❶「開催日」の▼をクリックします。

MEMO ここで操作する内容

ここでは、開催日が今月のデータを表示します。

❷<日付フィルター>をクリックし、

❸<今月>をクリックすると、

❹開催日が今月のデータが表示されます。

SECTION 233 抽出

指定した期間のデータを抽出する

Sec.231の<数値フィルター>やSec.232の<日付フィルター>を使うと、商品番号が「100から199まで」とか、受注日が「9/1から9/15まで」といったように、数値や日付の範囲を指定してデータを抽出できます。

指定した範囲のデータを抽出する

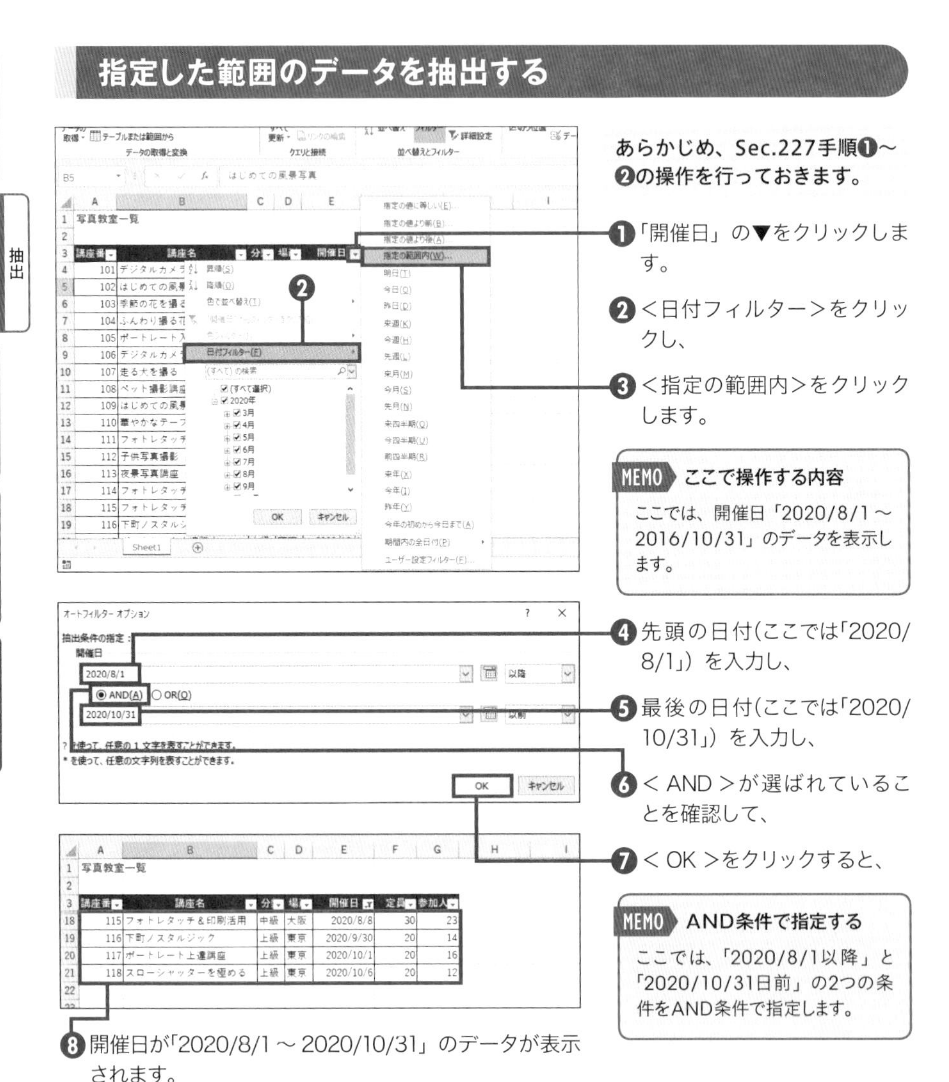

あらかじめ、Sec.227手順❶～❷の操作を行っておきます。

❶「開催日」の▼をクリックします。

❷<日付フィルター>をクリックし、

❸<指定の範囲内>をクリックします。

MEMO ここで操作する内容

ここでは、開催日「2020/8/1～2016/10/31」のデータを表示します。

❹先頭の日付(ここでは「2020/8/1」)を入力し、

❺最後の日付(ここでは「2020/10/31」)を入力し、

❻< AND >が選ばれていることを確認して、

❼< OK >をクリックすると、

MEMO AND条件で指定する

ここでは、「2020/8/1以降」と「2020/10/31日前」の2つの条件をAND条件で指定します。

❽開催日が「2020/8/1～2020/10/31」のデータが表示されます。

SECTION
234
抽出

指定した値を含むデータを抽出する

文字データが入力されたフィールドでは、フィールド名の横の▼をクリックしたときに<テキストフィルター>が表示されます。テキストフィルターを使うと､「指定の値で始まる」「指定の値で終わる」「指定の値を含む」といったさまざまな条件を指定できます。

テキストフィルターを設定する

あらかじめ、Sec.227手順❶～❷の操作を行っておきます。

❶「講座名」の▼をクリックします。

❷<テキストフィルター>をクリックし、

❸<指定の値を含む>をクリックすると、

MEMO ここで操作する内容

ここでは､講座名に｢花｣を含むデータを表示します。

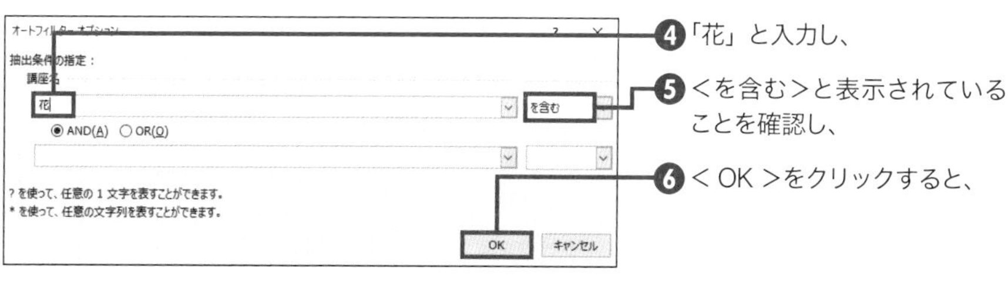

❹「花」と入力し、

❺<を含む>と表示されていることを確認し、

❻< OK >をクリックすると、

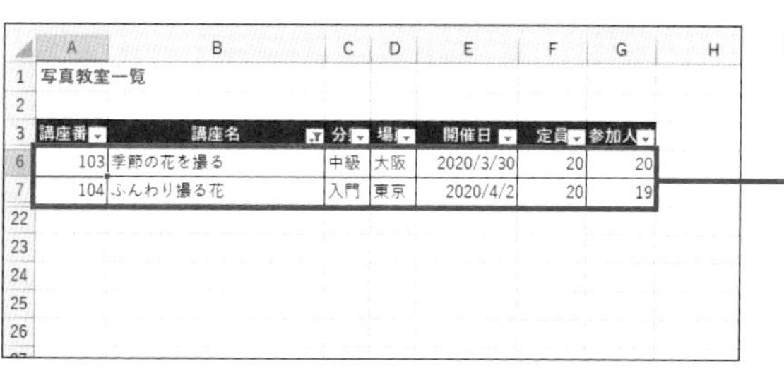

❼講座名に「花」を含むデータが表示されます。

重複したデータを削除する

複数メンバーでリストにデータを入力していると、誤って同じデータを入力してしまうことがあります。すると、実際の数値と集計結果に差異が生じてしまいます。＜重複の削除＞を使うと、重複データがあるかどうかをチェックして自動的に重複データを削除できます。

重複データを削除する

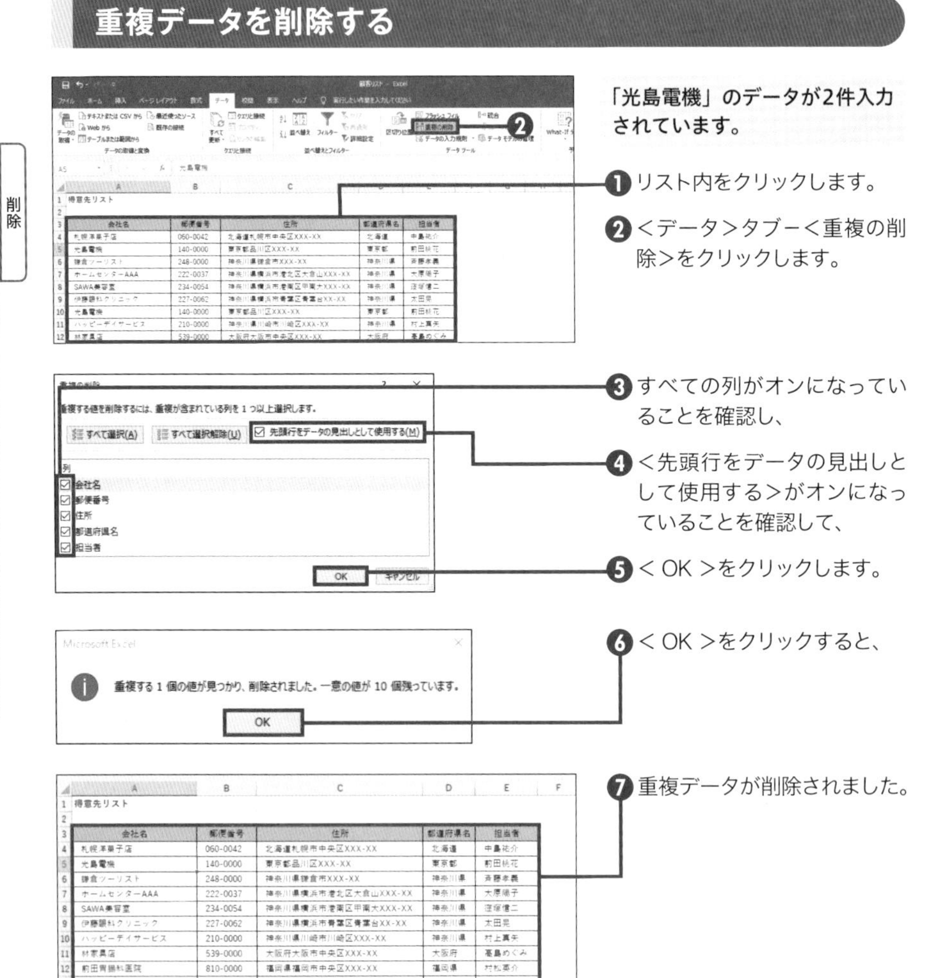

SECTION 236 集計

集計行を表示する

<小計>を使うと、リストのデータを項目ごとに集計できます。ピボットテーブルはリストとは別に集計表を作成しますが、小計機能なら同じリスト内に集計結果を表示できます。最初に、集計したい項目で並べ替えておくのがポイントです。

リストを集計する

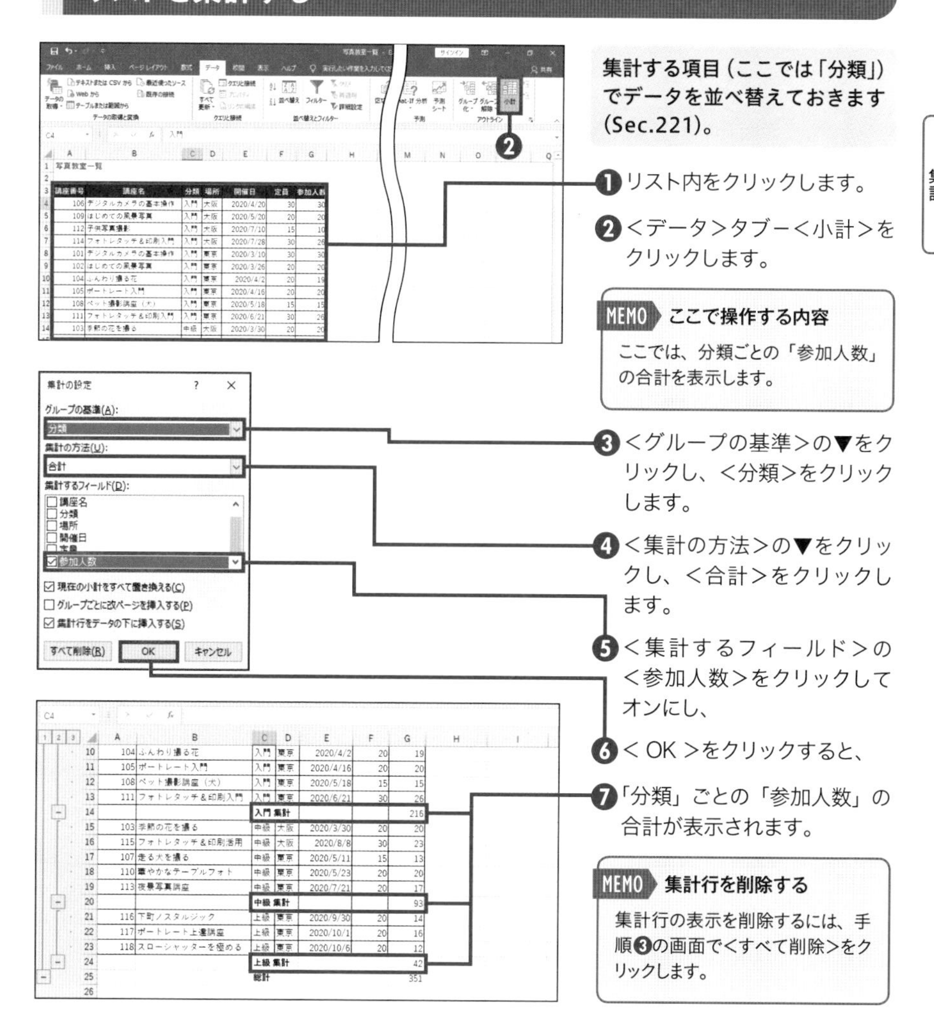

集計する項目(ここでは「分類」)でデータを並べ替えておきます(Sec.221)。

❶リスト内をクリックします。

❷<データ>タブー<小計>をクリックします。

MEMO ここで操作する内容

ここでは、分類ごとの「参加人数」の合計を表示します。

❸<グループの基準>の▼をクリックし、<分類>をクリックします。

❹<集計の方法>の▼をクリックし、<合計>をクリックします。

❺<集計するフィールド>の<参加人数>をクリックしてオンにし、

❻< OK >をクリックすると、

❼「分類」ごとの「参加人数」の合計が表示されます。

MEMO 集計行を削除する

集計行の表示を削除するには、手順❸の画面で<すべて削除>をクリックします。

SECTION 237

ピボットテーブルを作成する

ピボットテーブル

<ピボットテーブル>を使うと、リスト形式のデータをいろいろな角度で集計できます。フィールドを<フィルター><行><列><値>の各エリアにドラッグするだけで、いつ、何が、いくつ売れたかといったクロス集計表をかんたんに作成できます。

ピボットテーブルを作成する

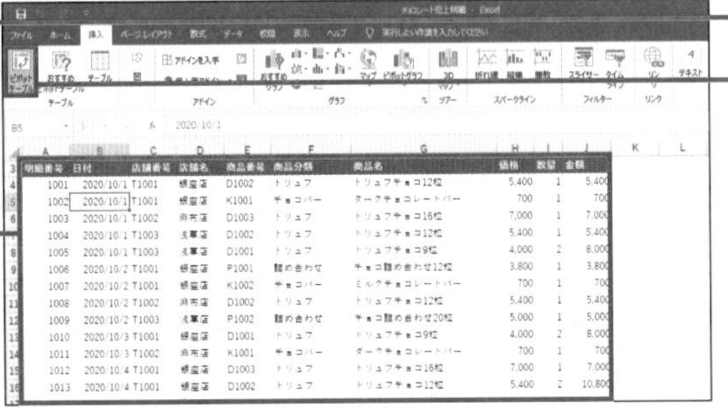

明細番号	日付	店舗番号	店舗名	商品番号	商品分類	商品名	価格	数量	金額
1001	2020/10/1	T1001	銀座店	D1002	トリュフ	トリュフチョコ12粒	5,400	1	5,400
1002	2020/10/1	T1001	銀座店	K1001	チョコバー	ダークチョコレートバー	700	1	700
1003	2020/10/1	T1002	麻布店	D1003	トリュフ	トリュフチョコ16粒	7,000	1	7,000
1004	2020/10/1	T1003	浅草店	D1002	トリュフ	トリュフチョコ12粒	5,400	1	5,400
1005	2020/10/1	T1003	浅草店	D1001	トリュフ	トリュフチョコ9粒	4,000	2	8,000
1006	2020/10/2	T1001	銀座店	P1001	詰め合わせ	チョコ詰め合わせ12粒	3,800	1	3,800
1007	2020/10/2	T1001	銀座店	K1002	チョコバー	ミルクチョコレートバー	700	1	700
1008	2020/10/2	T1002	麻布店	D1002	トリュフ	トリュフチョコ12粒	5,400	1	5,400
1009	2020/10/2	T1003	浅草店	P1002	詰め合わせ	チョコ詰め合わせ20粒	5,000	1	5,000
1010	2020/10/3	T1001	銀座店	D1001	トリュフ	トリュフチョコ9粒	4,000	2	8,000
1011	2020/10/3	T1002	麻布店	K1001	チョコバー	ダークチョコレートバー	700	1	700
1012	2020/10/4	T1001	銀座店	D1003	トリュフ	トリュフチョコ16粒	7,000	1	7,000
1013	2020/10/4	T1001	銀座店	D1002	トリュフ	トリュフチョコ12粒	5,400	2	10,800

❶リスト内をクリックします。

❷<挿入>タブ－<ピボットテーブル>をクリックします。

❸<テーブル / 範囲>でリストの範囲を確認し、

❹<新規ワークシート>をクリックし、

❺< OK >をクリックすると、

❻新しいシートに空のピボットテーブルが表示されます。

MEMO テーブルでも作れる

リストをテーブルに変換した状態でも、ピボットテーブルを作成できます。

MEMO フィールドリスト

ピボットテーブルを選択すると、画面右側に<フィールドリスト>ウィンドウが表示されます。<フィールドリスト>ウィンドウには、元のリストのフィールド名が一覧表示されます。下部には<フィルター><列><行><値>の4つのエリアが表示されます。<行>エリアに配置したフィールドが表の行の見出し、<列>エリアに配置したフィールドが表の列の見出し、<値>エリアに配置したフィールドが集計されます。

ピボットテーブルで集計する内容を指定する

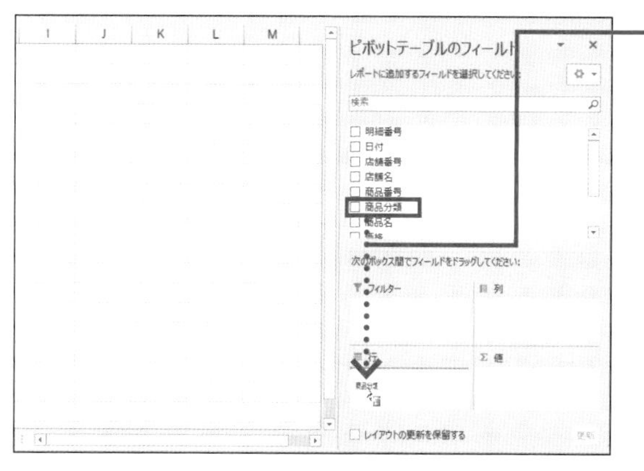

❶「商品分類」を<行>エリアにドラッグします。

MEMO ここで操作する内容

ここでは、「商品分類」別の「店舗名」ごとの金額の集計結果を表示します。

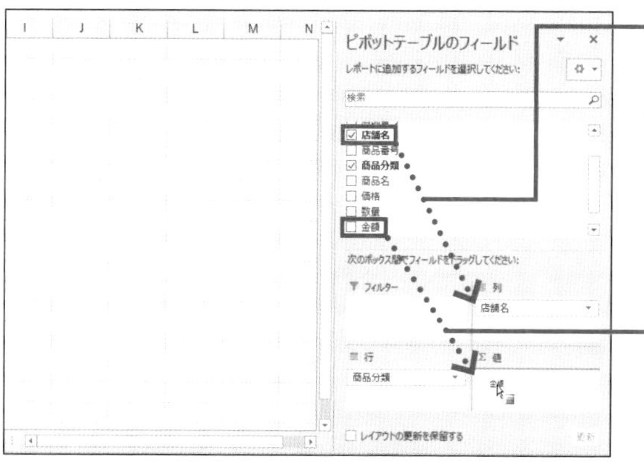

❷「店舗名」を<列>エリアにドラッグします。

❸「金額」を<値>エリアにドラッグします。

アクティブなフィールド　グループ

A3　合計 / 金額

合計 / 金額	列ラベル			
行ラベル	銀座店	浅草店	麻布店	総計
チョコバー	37800	20300	28000	86100
トリュフ	562000	293000	439200	1294200
詰め合わせ	80600	64000	47800	192400
総計	680400	377300	515000	1572700

❹クロス集計表が表示されます。

MEMO 集計方法の変更

ピボットテーブルの<値>エリアに数値データが入っているフィールドをドラッグすると、値の合計が表示されます。集計方法を変更するには、<値>エリアに配置したフィールドの▼をクリックし、<値フィールドの設定>をクリックします。続いて表示される<値フィールドの設定>ダイアログボックスで集計方法を指定します。

SECTION 238 ピボットテーブル

ピボットテーブルで集計項目を変更する

ピボットテーブルの醍醐味は、<フィルター><列><行><値>の4つのエリアに配置したフィールドを自在に入れ替えることで、瞬時に集計表を作り替えられる点です。これにより、いろいろな角度からデータを集計したり分析したりできます。

フィールドを入れ替える

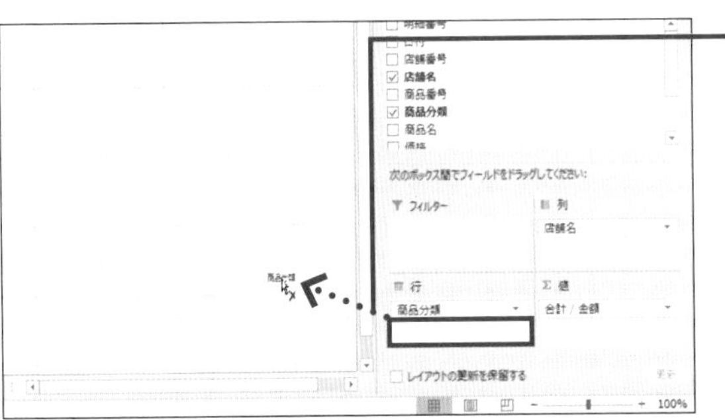

❶<行>エリアの「商品分類」を<フィールドリスト>の外にドラッグします。

MEMO フィールドの削除

各エリアに配置したフィールドを削除するには、フィールドリストの外側にドラッグします。このとき、マウスポインターに×記号が付きます。

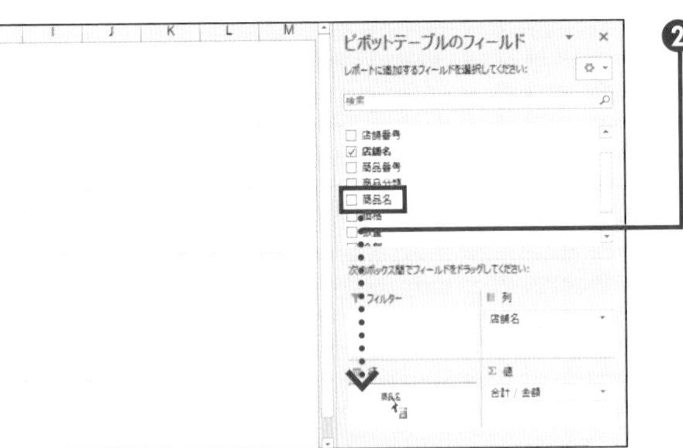

❷「商品名」を<行>エリアにドラッグします。

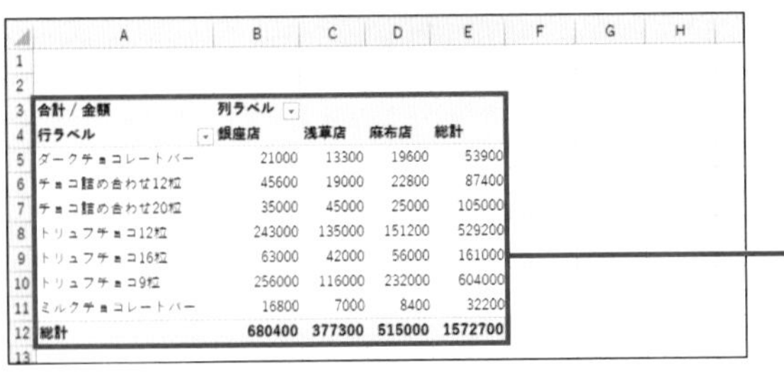

合計 / 金額	列ラベル			
行ラベル	銀座店	浅草店	麻布店	総計
ダークチョコレートバー	21000	13300	19600	53900
チョコ詰め合わせ12粒	45600	19000	22800	87400
チョコ詰め合わせ20粒	35000	45000	25000	105000
トリュフチョコ12粒	243000	135000	151200	529200
トリュフチョコ16粒	63000	42000	56000	161000
トリュフチョコ9粒	256000	116000	232000	604000
ミルクチョコレートバー	16800	7000	8400	32200
総計	680400	377300	515000	1572700

❸分類別の店舗ごとの集計表が、商品別の店舗ごとの集計表に変更されます。

SECTION 239 ピボットテーブル

ピボットテーブルで集計対象を選択する

ピボットテーブルの<フィルター>エリアは、集計表全体を絞り込むときに使います。たとえば、<フィルター>エリアに「店舗」フィールドを配置すると、まるでページを切り替えるように店舗ごとの集計表を丸ごと入れ替えられます。

フィルターエリアを設定する

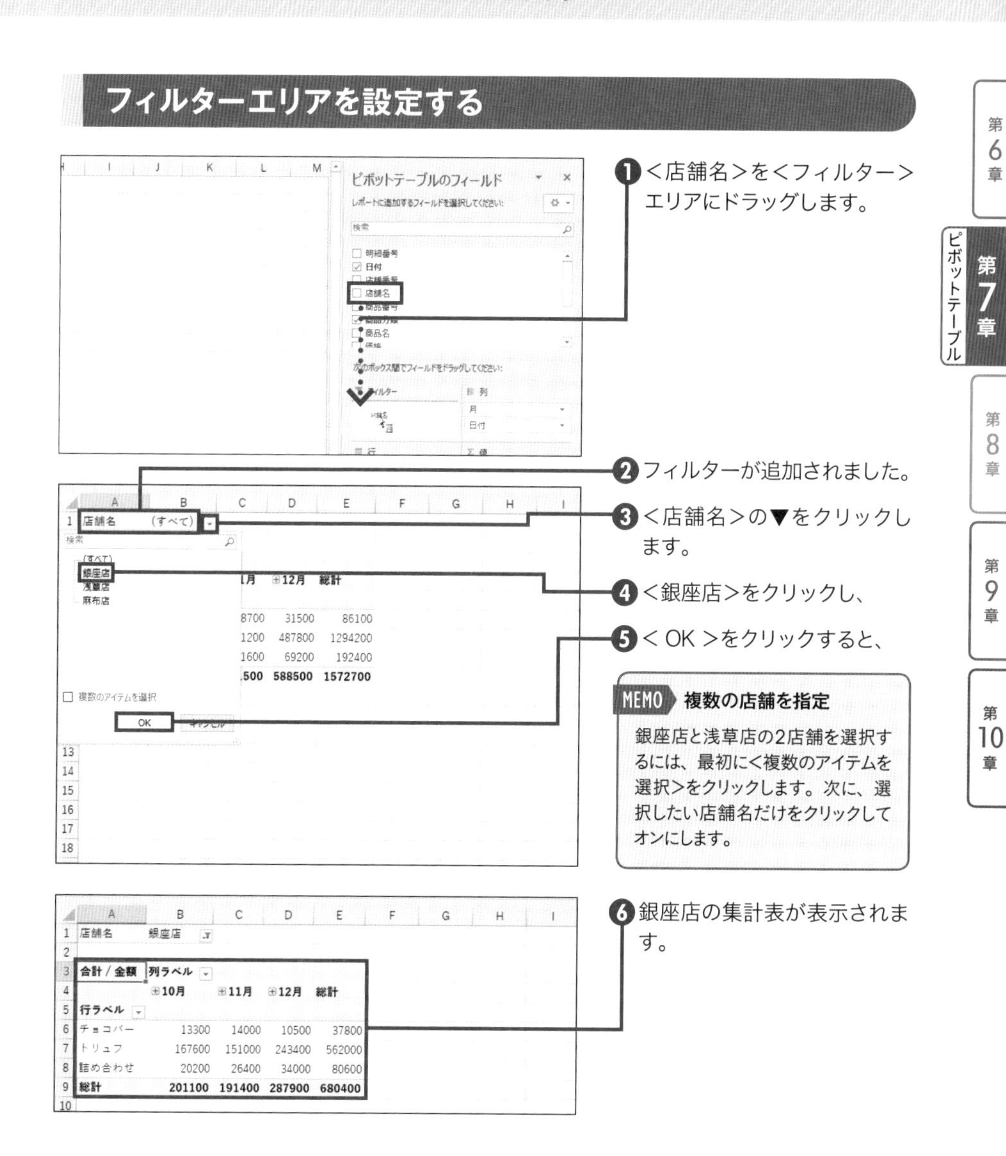

❶ <店舗名>を<フィルター>エリアにドラッグします。

❷ フィルターが追加されました。

❸ <店舗名>の▼をクリックします。

❹ <銀座店>をクリックし、

❺ < OK >をクリックすると、

MEMO 複数の店舗を指定

銀座店と浅草店の2店舗を選択するには、最初に<複数のアイテムを選択>をクリックします。次に、選択したい店舗名だけをクリックしてオンにします。

❻ 銀座店の集計表が表示されます。

SECTION 240 ピボットテーブル

ピボットテーブルで表示する項目を絞り込む

ピボットテーブルの<行>エリアや<列>エリアに配置したフィールドの項目数が多いときは、見たい項目だけに絞り込んで表示するとよいでしょう。<行ラベル>や<列ラベル>の▼をクリックすると、表示する項目をかんたんに指定できます。

表示する項目を選択する

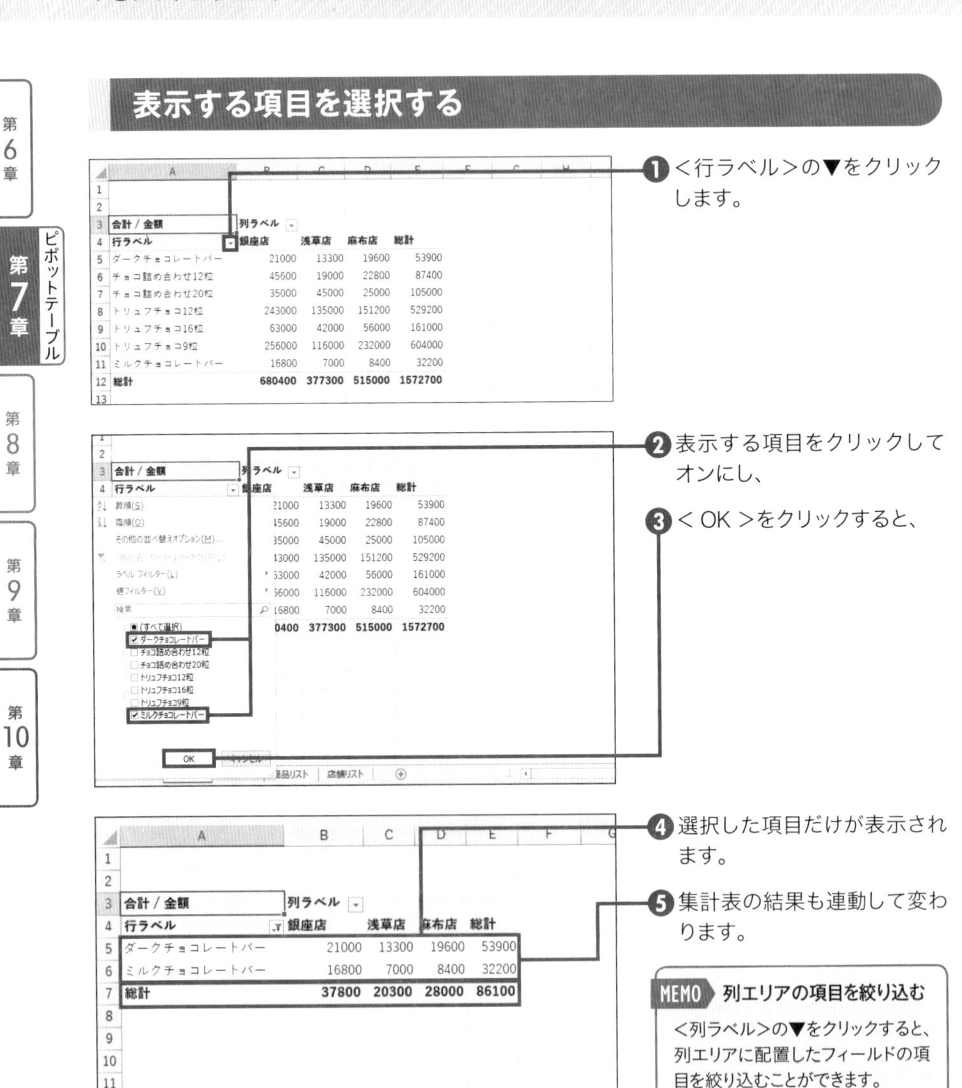

合計 / 金額	列ラベル			
行ラベル	銀座店	浅草店	麻布店	総計
ダークチョコレートバー	21000	13300	19600	53900
チョコ詰め合わせ12粒	45600	19000	22800	87400
チョコ詰め合わせ20粒	35000	45000	25000	105000
トリュフチョコ12粒	243000	135000	151200	529200
トリュフチョコ16粒	63000	42000	56000	161000
トリュフチョコ9粒	256000	116000	232000	604000
ミルクチョコレートバー	16800	7000	8400	32200
総計	680400	377300	515000	1572700

合計 / 金額	列ラベル			
行ラベル	銀座店	浅草店	麻布店	総計
ダークチョコレートバー	21000	13300	19600	53900
ミルクチョコレートバー	16800	7000	8400	32200
総計	37800	20300	28000	86100

❶<行ラベル>の▼をクリックします。

❷表示する項目をクリックしてオンにし、

❸< OK >をクリックすると、

❹選択した項目だけが表示されます。

❺集計表の結果も連動して変わります。

MEMO 列エリアの項目を絞り込む

<列ラベル>の▼をクリックすると、列エリアに配置したフィールドの項目を絞り込むことができます。

SECTION 241

ピボットテーブル

ピボットテーブルを更新する

ピボットテーブルの元のリストのデータを変更しても、変更内容はピボットテーブルには反映されません。変更を反映させるには、ピボットテーブル側で更新する操作が必要です。常に最新のリストで集計できるように更新を忘れないようにしましょう。

ピボットテーブルを更新する

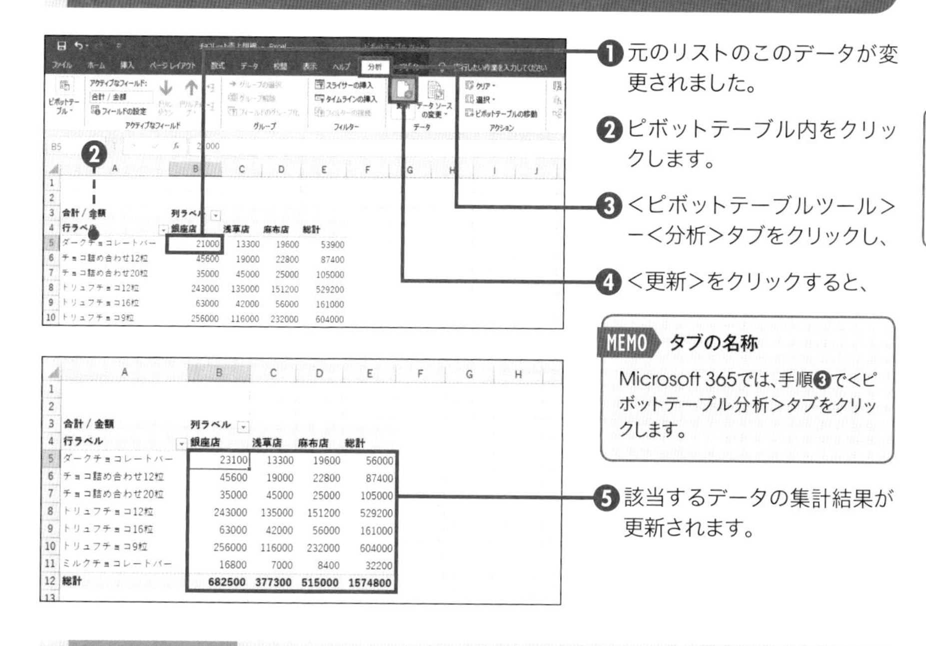

❶ 元のリストのこのデータが変更されました。

❷ ピボットテーブル内をクリックします。

❸ <ピボットテーブルツール>－<分析>タブをクリックし、

❹ <更新>をクリックすると、

❺ 該当するデータの集計結果が更新されます。

MEMO タブの名称

Microsoft 365では、手順❸で<ピボットテーブル分析>タブをクリックします。

COLUMN

リストの範囲を変更する

元のリストのデータを修正した場合は<更新>をクリックするだけで反映されますが、リストにデータを追加した場合は、リストの範囲を変更する操作が必要です。ピボットテーブル内をクリックし、<ピボットテーブルツール>－<分析>タブ（Microsoft 365では<ピボットテーブル分析>タブ）の<データソースの変更>をクリックして、リストの範囲を選択し直します。なお、テーブルを元にピボットテーブルを作成している場合は、テーブルにデータを追加するとテーブルの範囲が自動的に広がります。そのため、手動でリストの範囲を変更する必要はありません。

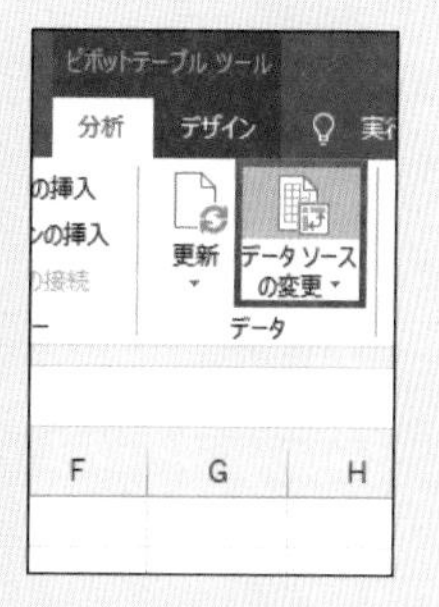

第6章
ピボットテーブル 第7章
第8章
第9章
第10章

SECTION 242

スライサー

スライサーでデータを抽出する

<スライサー>を使うと、ピボットテーブルとは別に、集計対象を絞り込むための専用のボタンが表示され、クリックするだけで瞬時に集計表全体を切り替えることができます。<フィルター>エリアと同じように集計表全体を切り替えるときに使います。

スライサーを表示する

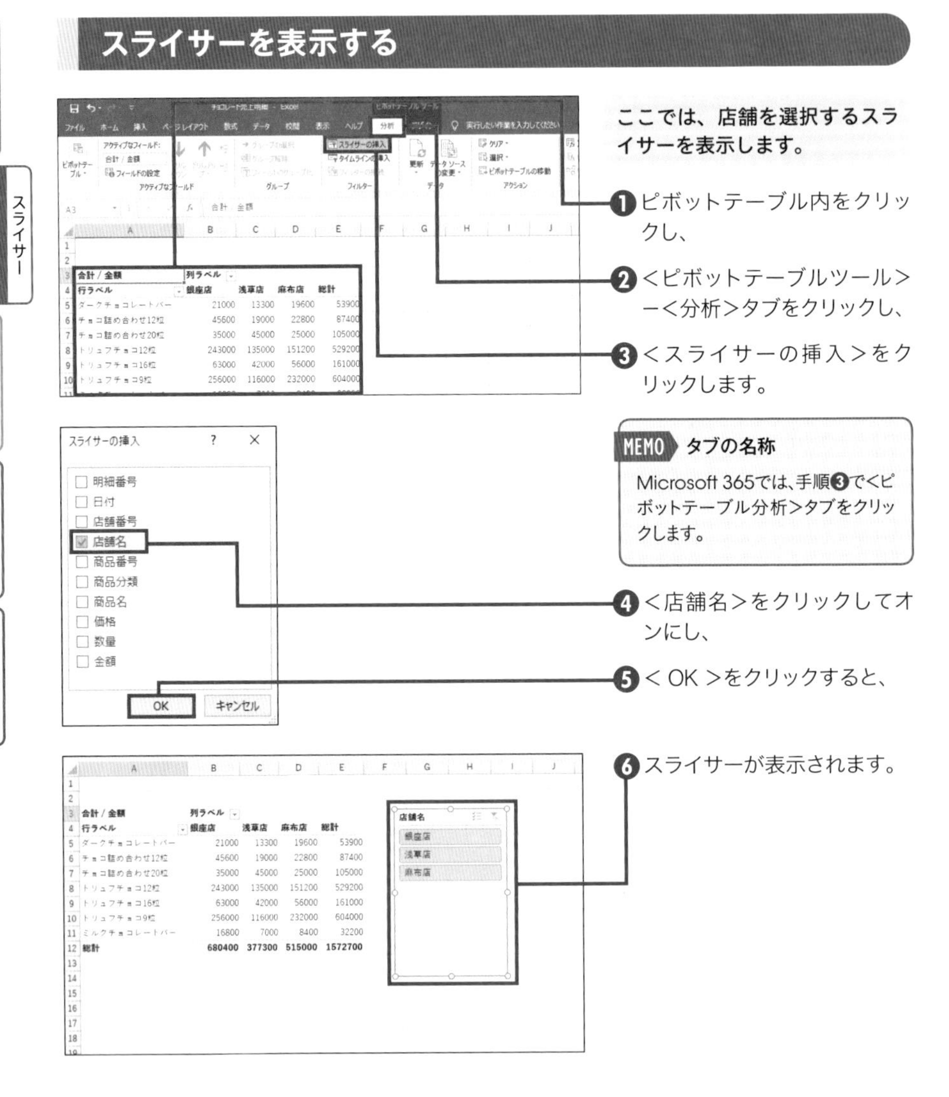

MEMO タブの名称

Microsoft 365では、手順❸で<ピボットテーブル分析>タブをクリックします。

抽出条件を指定する

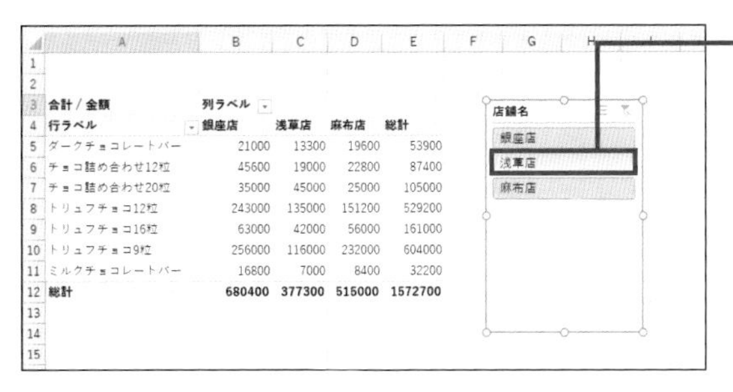

合計 / 金額	列ラベル			
行ラベル	銀座店	浅草店	麻布店	総計
ダークチョコレートバー	21000	13300	19600	53900
チョコ詰め合わせ12粒	45600	19000	22800	87400
チョコ詰め合わせ20粒	35000	45000	25000	105000
トリュフチョコ12粒	243000	135000	151200	529200
トリュフチョコ16粒	63000	42000	56000	161000
トリュフチョコ9粒	256000	116000	232000	604000
ミルクチョコレートバー	16800	7000	8400	32200
総計	680400	377300	515000	1572700

❶スライサーの<浅草店>をクリックすると、

MEMO 複数の項目を選択

スライサーで複数の項目を選択するには、1つ目の項目を選択した後で、Ctrlキーを押しながら次の項目を選択します。

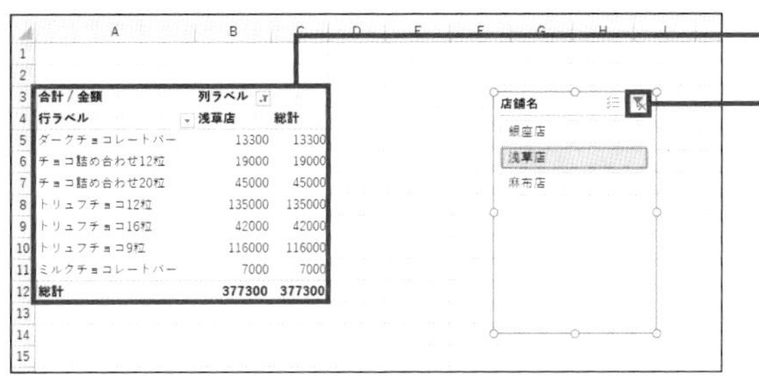

合計 / 金額	列ラベル	
行ラベル	浅草店	総計
ダークチョコレートバー	13300	13300
チョコ詰め合わせ12粒	19000	19000
チョコ詰め合わせ20粒	45000	45000
トリュフチョコ12粒	135000	135000
トリュフチョコ16粒	42000	42000
トリュフチョコ9粒	116000	116000
ミルクチョコレートバー	7000	7000
総計	377300	377300

❷<浅草店>の集計結果が表示されます。

❸<フィルターのクリア>をクリックすると、

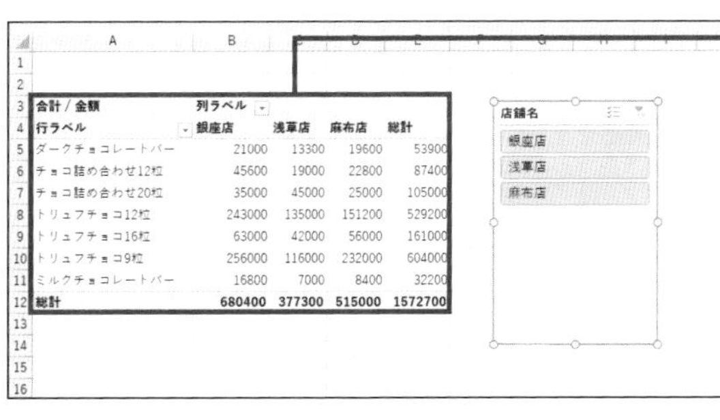

合計 / 金額	列ラベル			
行ラベル	銀座店	浅草店	麻布店	総計
ダークチョコレートバー	21000	13300	19600	53900
チョコ詰め合わせ12粒	45600	19000	22800	87400
チョコ詰め合わせ20粒	35000	45000	25000	105000
トリュフチョコ12粒	243000	135000	151200	529200
トリュフチョコ16粒	63000	42000	56000	161000
トリュフチョコ9粒	256000	116000	232000	604000
ミルクチョコレートバー	16800	7000	8400	32200
総計	680400	377300	515000	1572700

❹全店舗の集計結果が表示されます。

COLUMN

複数のスライサーを表示

左ページの手順❶～❸の操作を繰り返すと、スライサーを追加することができます。たとえば、店舗のスライサーと商品分類のスライサーを表示すれば、2つのスライサーからそれぞれ抽出条件を指定できます。

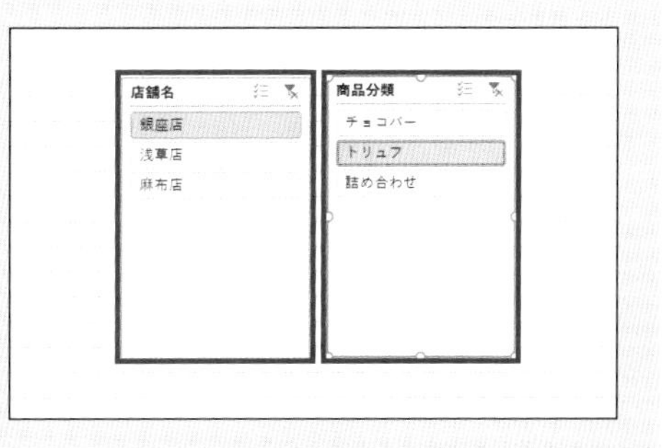

SECTION 243 タイムライン

タイムラインでデータを絞り込む

タイムラインとは、集計期間を指定する専用のツールの名称です。<タイムライン>を使用すると、ピボットテーブルで集計したい期間をマウスでドラッグするだけでかんたんに指定できます。なお、日付の単位を四半期や年などに変更することもできます。

タイムラインを表示する

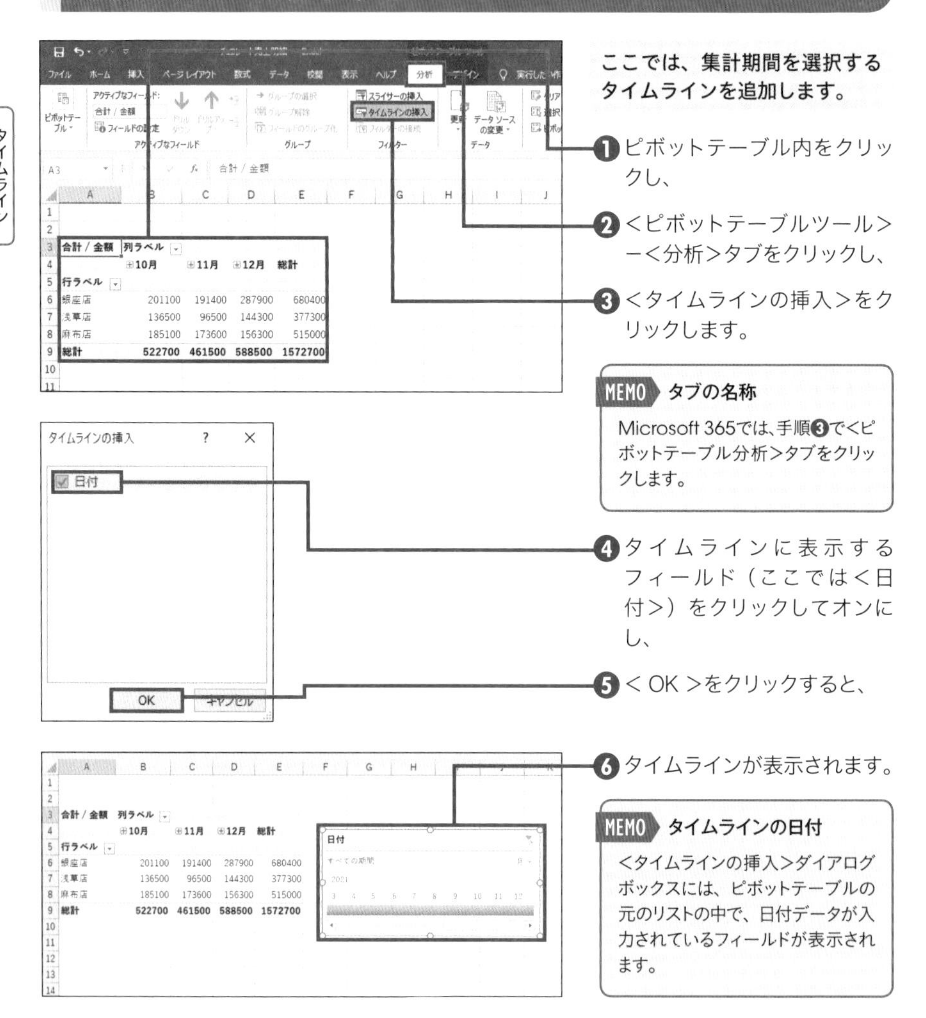

ここでは、集計期間を選択するタイムラインを追加します。

❶ピボットテーブル内をクリックし、

❷<ピボットテーブルツール>−<分析>タブをクリックし、

❸<タイムラインの挿入>をクリックします。

MEMO タブの名称

Microsoft 365では、手順❸で<ピボットテーブル分析>タブをクリックします。

❹タイムラインに表示するフィールド（ここでは<日付>）をクリックしてオンにし、

❺< OK >をクリックすると、

❻タイムラインが表示されます。

MEMO タイムラインの日付

<タイムラインの挿入>ダイアログボックスには、ピボットテーブルの元のリストの中で、日付データが入力されているフィールドが表示されます。

抽出条件を指定する

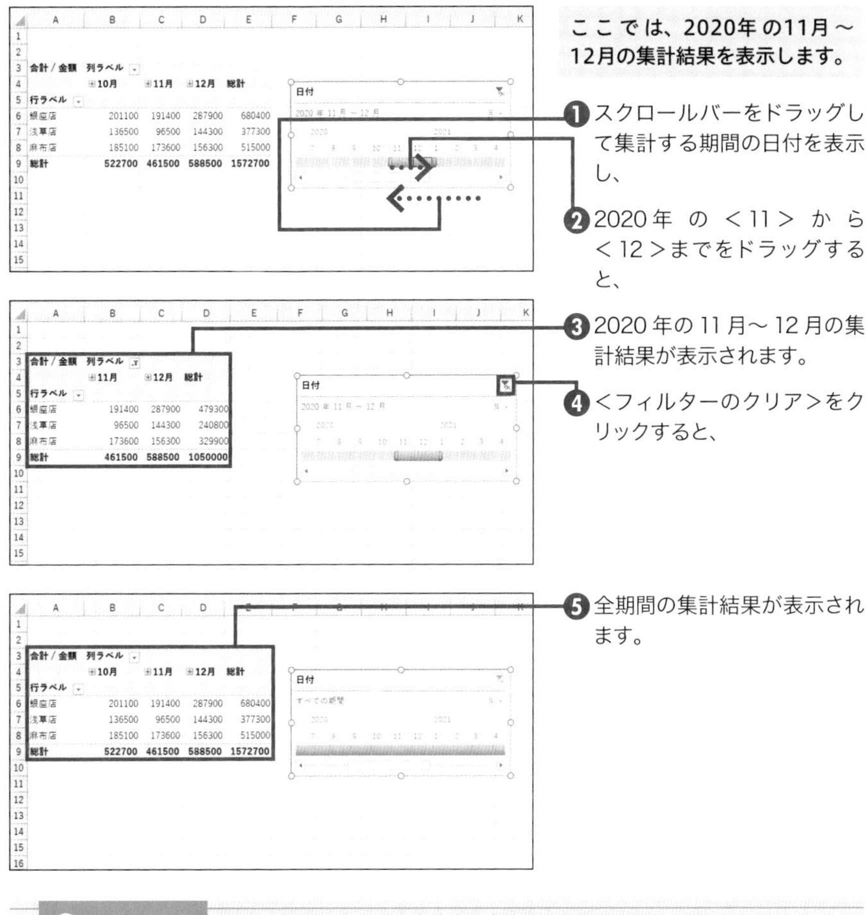

ここでは、2020年の11月～12月の集計結果を表示します。

❶スクロールバーをドラッグして集計する期間の日付を表示し、

❷2020年の<11>から<12>までをドラッグすると、

❸2020年の11月～12月の集計結果が表示されます。

❹<フィルターのクリア>をクリックすると、

❺全期間の集計結果が表示されます。

COLUMN

集計単位を変更する

集計する単位を「月」から「四半期」に変更するには、<月>の横のここをクリックし、<四半期>をクリックします。

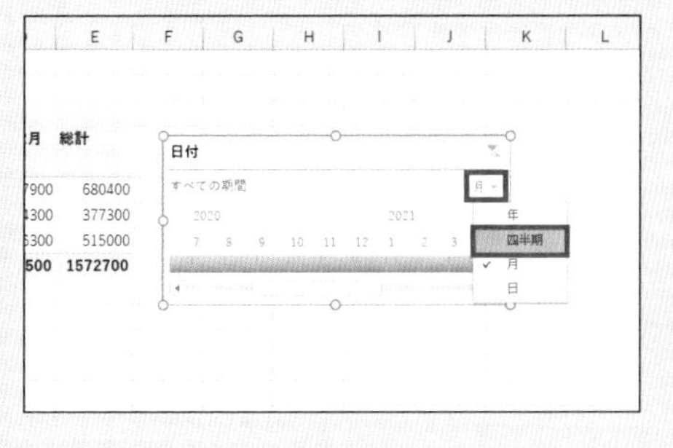

ピボットグラフを作成する

<ピボットグラフ>を使うと、ピボットテーブルで集計したデータを元にグラフを作成できます。ピボットグラフはピボットテーブルと連動しており、ピボットテーブルの構成を変更すると、ピボットグラフの内容も自動的に変わります。

ピボットグラフを作成する

❶ピボットテーブル内をクリックします。

❷<ピボットテーブルツール>−<分析>タブをクリックし、

❸<ピボットグラフ>をクリックします。

MEMO タブの名称

Microsoft 365では、手順❷で<ピボットテーブル分析>タブをクリックします。

❹グラフの分類（ここでは「縦棒」）をクリックし、

❺グラフの種類（ここでは「積み上げ縦棒」）をクリックして、

❻< OK >をクリックすると、

MEMO グラフの種類

ピボットグラフは、散布図や株価チャートなど、一部のグラフは作成できません。

❼ピボットグラフが作成されます。

MEMO ピボットグラフを編集する

ピボットグラフを編集する操作は、第6章で解説している通常のグラフと同じです。

SECTION 245

ピボットグラフ

ピボットグラフでデータを絞り込む

ピボットグラフに表示する項目を絞り込むには、ピボットグラフ内のフィールドボタンを使います。ピボットグラフに表示したい項目だけをクリックしてオンにすると、瞬時にピボットグラフが変化します。

ピボットグラフでデータを絞り込む

ここでは、日付から「12月」のデータだけに絞り込みます。

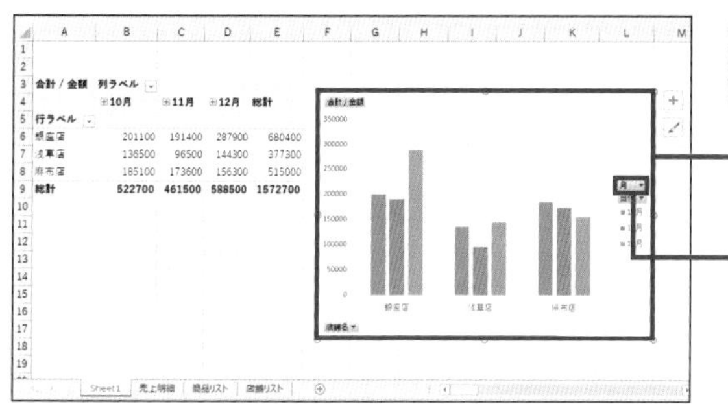

❶ピボットグラフ内をクリックします。

❷<月>のフィールドボタンをクリックし、

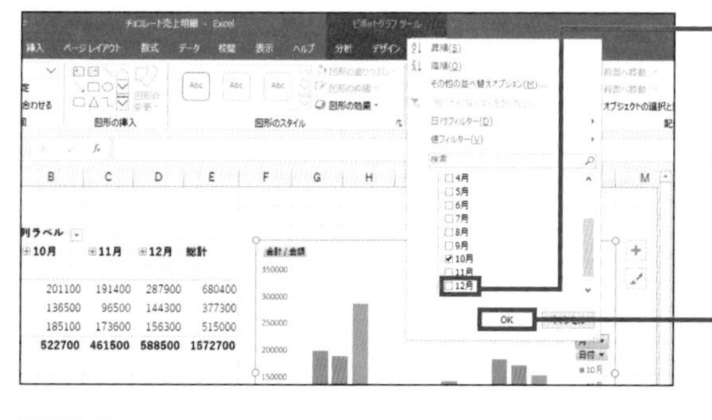

❸<すべて選択>をクリックしてオフにし、<12月>をクリックして、オンにして、

❹< OK >をクリックすると、

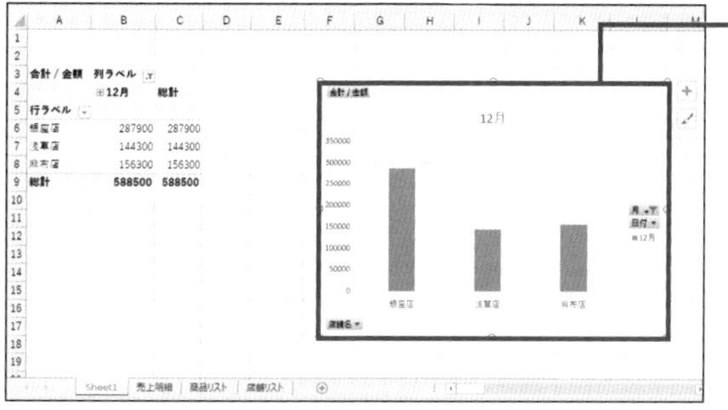

❺12月だけのピボットグラフに変化します。

> **MEMO　フィルターの解除**
>
> 絞り込みを解除するには、条件を設定したフィルターボタンから<"○○"からフィルターをクリア>をクリックします。

テキストファイルを取り込む

他のソフトで作成したデータをExcelで利用するには、データをExcelに取り込みます。この操作を「インポート」と呼びます。ここでは、多くのソフトで汎用的に使用されているテキスト形式のファイル（文字だけのファイル）をExcelで開いてみましょう。

テキストファイルをインポートする

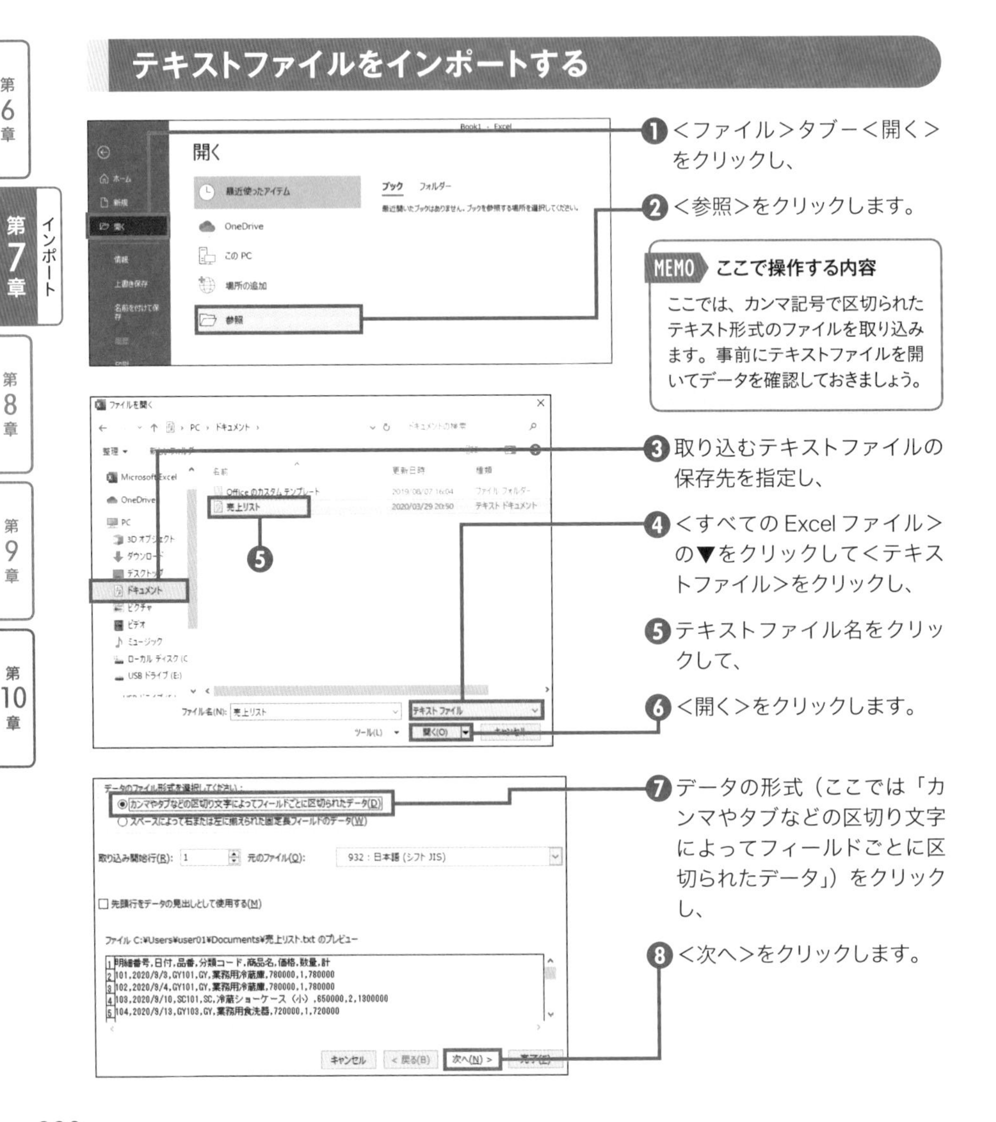

❶ <ファイル>タブ−<開く>をクリックし、

❷ <参照>をクリックします。

MEMO ここで操作する内容

ここでは、カンマ記号で区切られたテキスト形式のファイルを取り込みます。事前にテキストファイルを開いてデータを確認しておきましょう。

❸ 取り込むテキストファイルの保存先を指定し、

❹ <すべてのExcelファイル>の▼をクリックして<テキストファイル>をクリックし、

❺ テキストファイル名をクリックして、

❻ <開く>をクリックします。

❼ データの形式（ここでは「カンマやタブなどの区切り文字によってフィールドごとに区切られたデータ」）をクリックし、

❽ <次へ>をクリックします。

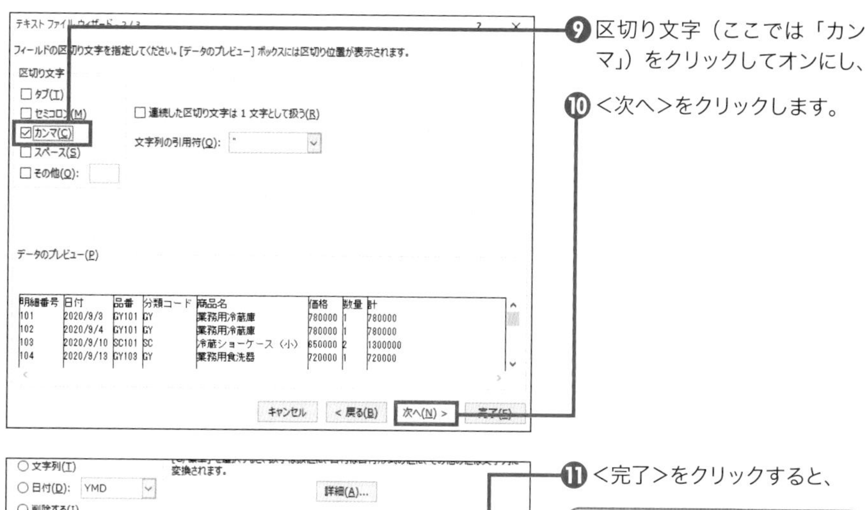

❾ 区切り文字（ここでは「カンマ」）をクリックしてオンにし、

❿ <次へ>をクリックします。

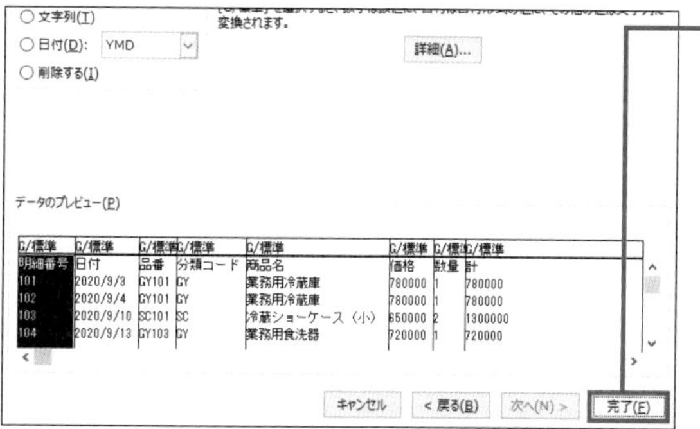

⓫ <完了>をクリックすると、

MEMO データの形式

テキストファイルを取り込むときは、数値や日付、文字データなどが自動的に認識されます。<データのプレビュー>欄で目的通りに表示されることを確認しましょう。

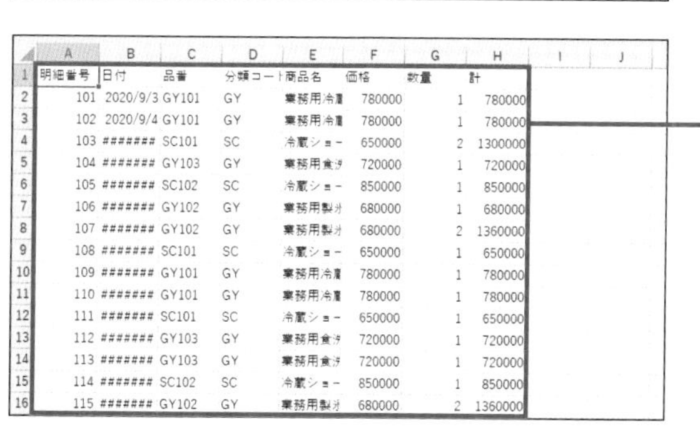

⓬ テキストファイルが Excel に取り込まれます。見出しに書式を設定したり列幅を整えたりして見栄えを調整します。

COLUMN

Excelブックとして保存する

テキストファイルをインポートした後は、<ファイルの種類>を「Excelブック」に変更して保存します。

SECTION
247
インポート

Accessのデータを取り込む

データベースソフトのAccessで作成したデータをExcelで集計したり分析したりしたいときは、Accessのデータをそのまま Excelに取り込みます。取り込みたいオブジェクトやデータの表示方法を指定するだけでかんたんに取り込むことができます。

Accessのデータをインポートする

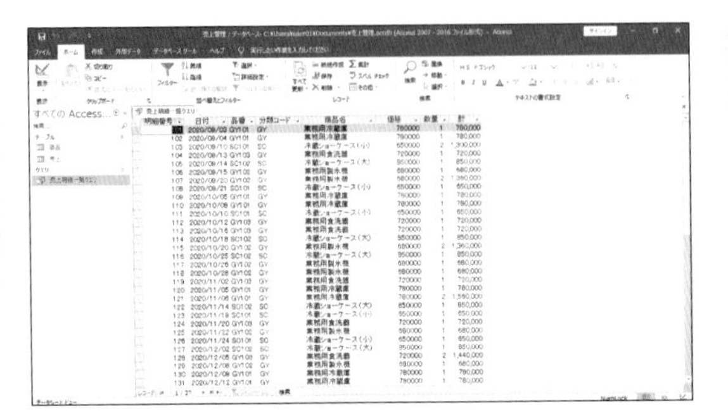

Accessクエリのデータを Excel にインポートします。

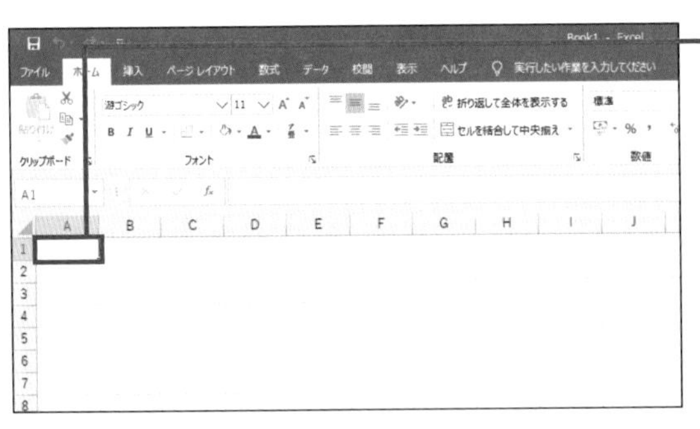

❶データを取り込む左上のセル（ここでは A1 セル）をクリックします。

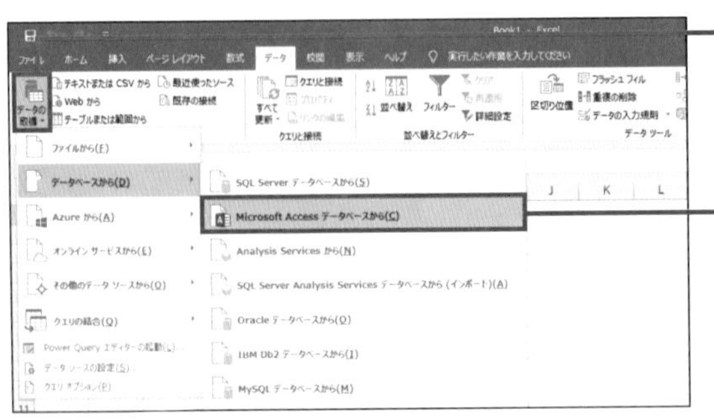

❷<データ>タブー<データの取得>をクリックし、

❸<データベースから>ー<Microsoft Access データベースから>をクリックします。

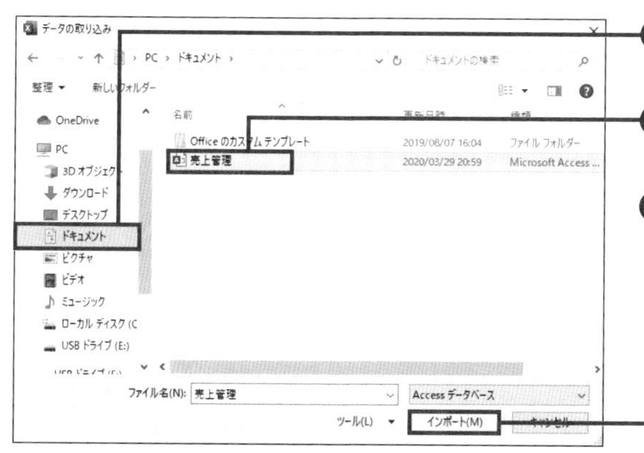

❹取り込むファイルの保存先を指定し、

❺Accessのファイル名をクリックして、

❻<インポート>をクリックします。

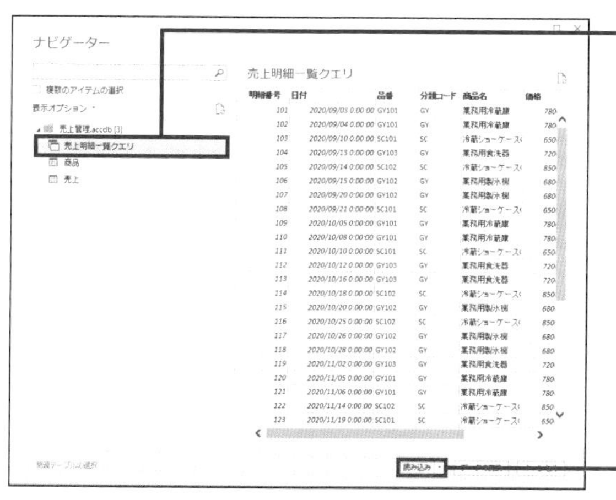

❼取り込むテーブルまたはクエリをクリックし、

❽<読み込み>をクリックします。

❾AccessのデータがExcelに取り込まれます。

MEMO AccessとExcelは連動している

Accessでデータを修正したら、Excelにインポートしたテーブル内をクリックし、<デザイン>タブー<更新>をクリックすると、Accessの修正結果をExcelに反映できます。

SECTION 248

予測シート

データを基に予測シートを作成する

Excel 2016から搭載された＜予測シート＞を使うと、過去のデータから将来のデータをかんたんに予測できます。予測シートを利用するには、元になる表に日付や時刻などの時系列を表すデータと、それに対応する数値データが必要です。

予測シートを作成する

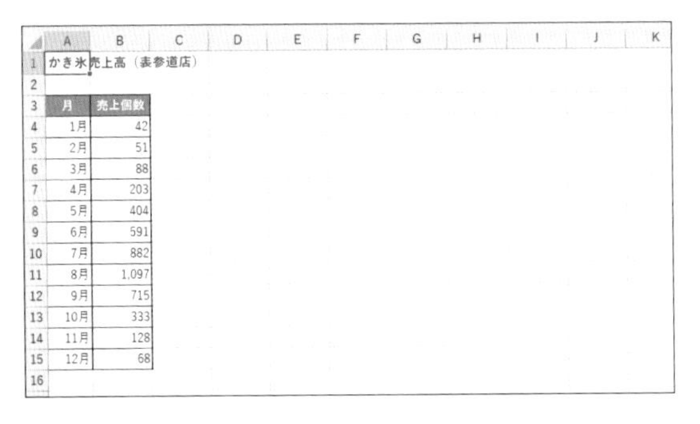

かき氷売上高（表参道店）

月	売上個数
1月	42
2月	51
3月	88
4月	203
5月	404
6月	591
7月	882
8月	1,097
9月	715
10月	333
11月	128
12月	68

予測の元になる表を作成してしておきます。

MEMO 表の作り方

ここでは、A列に時系列を示す月、B列にそれに対応する売上個数を入力しています。

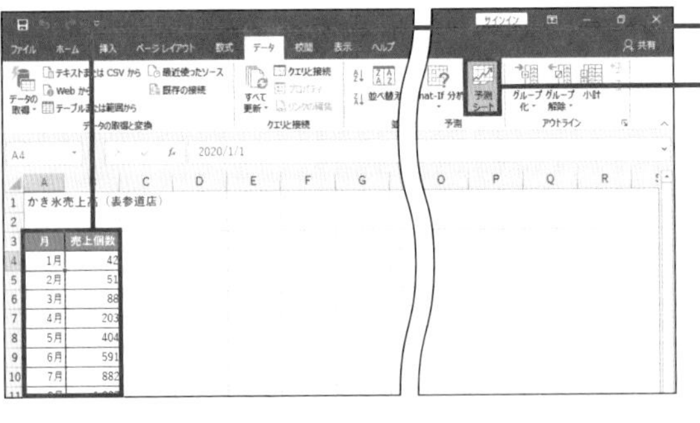

❶ 表内をクリックし、

❷ ＜データ＞タブ－＜予測シート＞をクリックします。

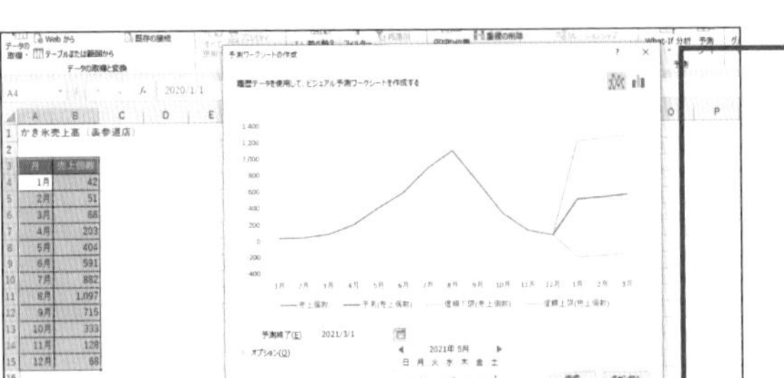

❸ ＜予測終了＞のカレンダーをクリックし、いつの時点までの予測を行うかを指定します。

MEMO ここで行う操作

ここでは、2021/5/31をクリックしています。

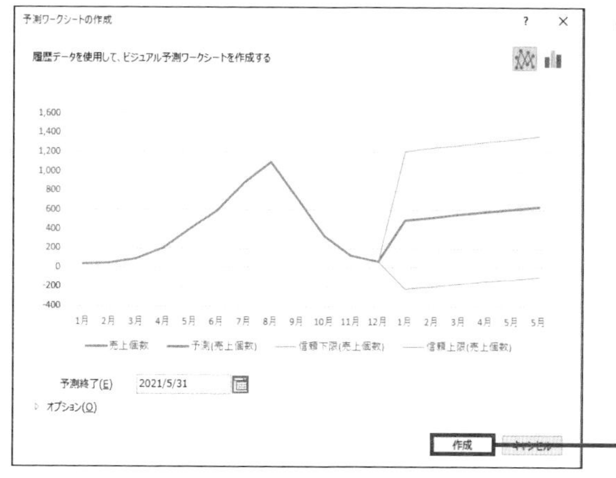

❹ <作成>をクリックすると、

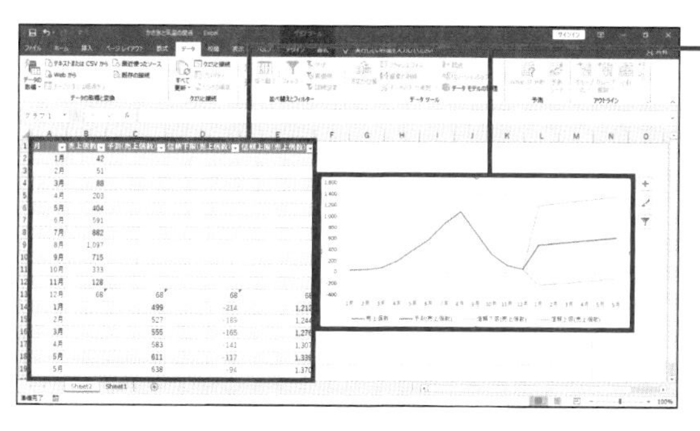

❺ 新しいシートに、2021年5月までの予測データと折れ線グラフが表示されます。

MEMO テーブルに変換される

予測シートを作成すると、元の表がテーブルに変換され、「予測」「信頼下限」「信頼上限」の列が自動的に追加されます。

COLUMN

グラフの見方

折れ線グラフのオレンジ色の線が予測データです。予測データの線は、上から「信頼上限」「予測」「信頼下限」の3本あり、そのオレンジの範囲が予測の信頼区間となります。この信頼区間は、最初は95%が設定されていますが、手順❸の画面にある<オプション>をクリックすると変更できます。

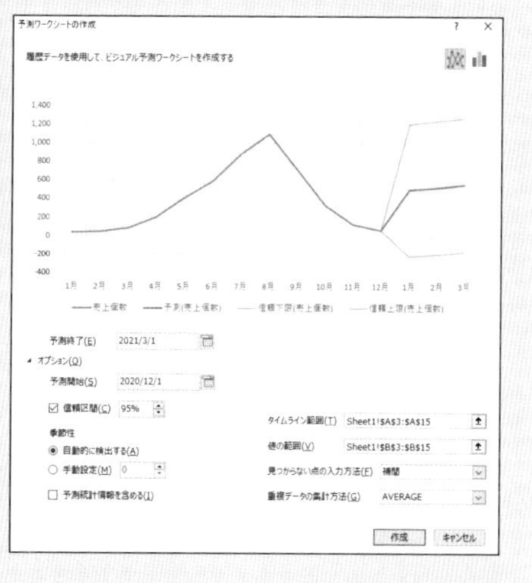

予測シートのグラフを変更する

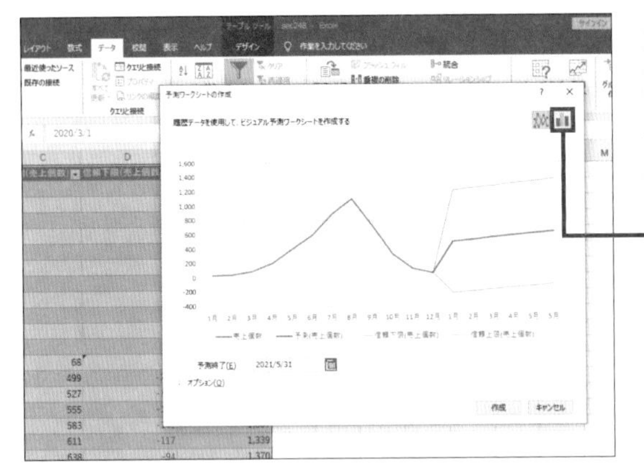

折れ線グラフが表示されている状態で、P.290手順❶～❷の手順で<予測ワークシートの作成>ダイアログボックスを表示します。

❶ <縦棒グラフの作成>をクリックすると、

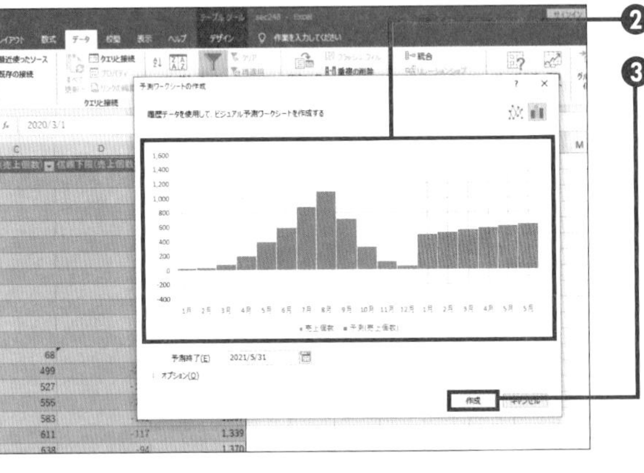

❷ グラフの種類が変わります。

❸ <作成>をクリックすると、

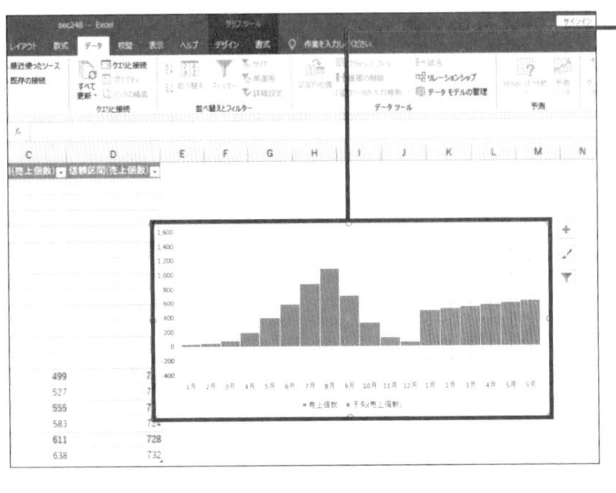

❹ 最初に作成した折れ線グラフが縦棒グラフに上書きされます。

第8章

シート・ブック・ファイル操作のプロ技

SECTION 249 シート

ワークシートを追加・削除する

新しいブックを開くと、最初は1枚のワークシートが表示されます。ワークシートの数が足りない場合は、後から何枚でも追加できます。また、不要になったワークシートは削除できます。

ワークシートを追加する

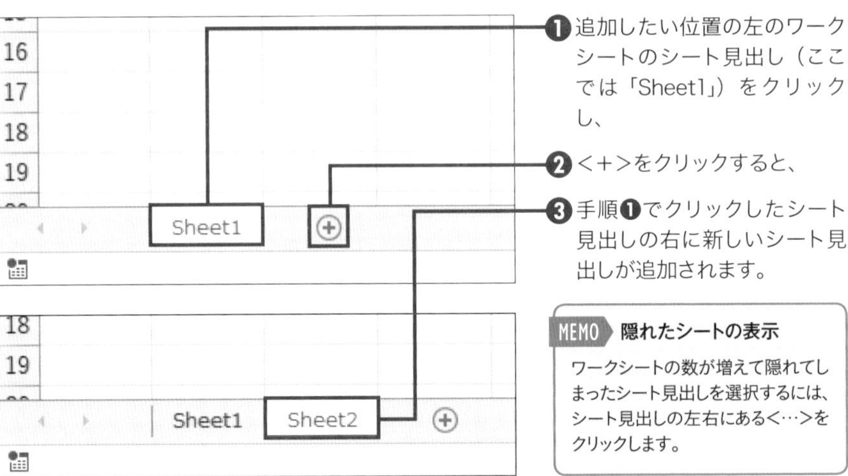

❶追加したい位置の左のワークシートのシート見出し（ここでは「Sheet1」）をクリックし、

❷<＋>をクリックすると、

❸手順❶でクリックしたシート見出しの右に新しいシート見出しが追加されます。

MEMO 隠れたシートの表示

ワークシートの数が増えて隠れてしまったシート見出しを選択するには、シート見出しの左右にある<…>をクリックします。

ワークシートを削除する

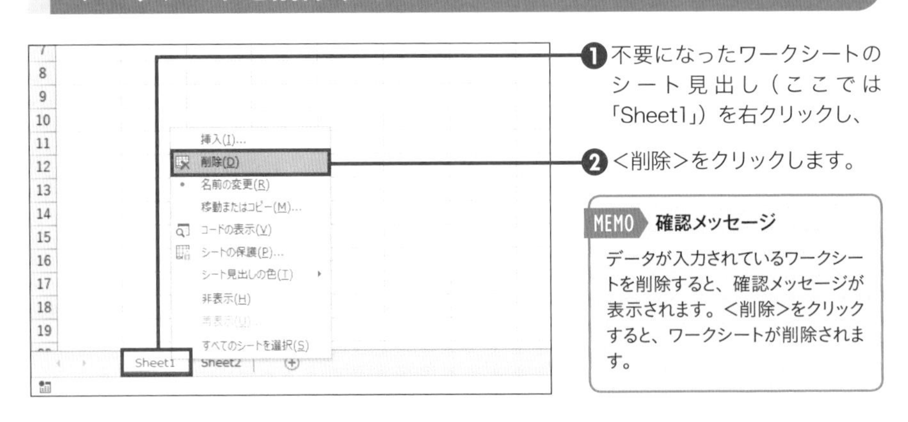

❶不要になったワークシートのシート見出し（ここでは「Sheet1」）を右クリックし、

❷<削除>をクリックします。

MEMO 確認メッセージ

データが入力されているワークシートを削除すると、確認メッセージが表示されます。<削除>をクリックすると、ワークシートが削除されます。

SECTION 250 シート

ワークシートの名前を変更する

ワークシートを追加すると、「Sheet2」「Sheet3」のような名前が自動的に表示されますが、後から名前を変更することができます。シート見出しの名前は31文字以内で指定します。「\」「:」「/」「?」「*」「[」「]」などの一部の記号は使用できません。

シート見出しの名前を変更する

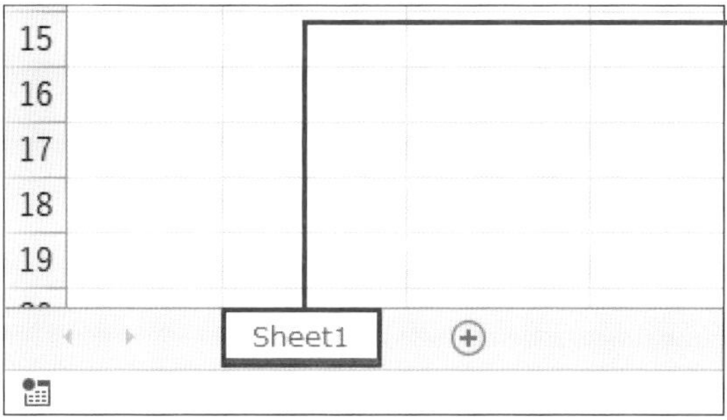

❶名前を変更するシート見出し（ここでは「Sheet1」）をダブルクリックすると、

MEMO 右クリックでの操作

シート見出しを右クリックしたときに表示されるメニューから、<名前の変更>をクリックして名前を変更することもできます。

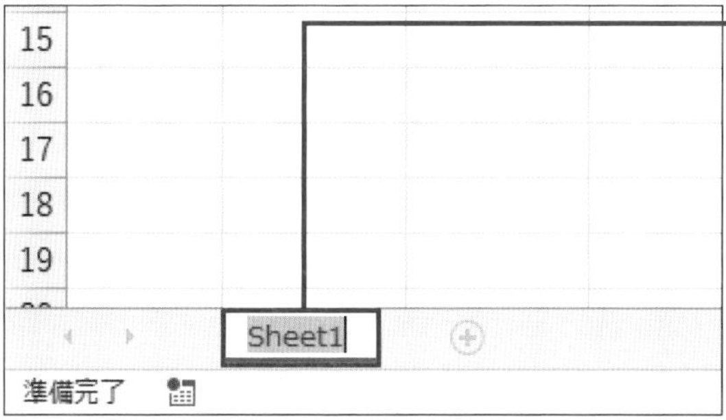

❷シート見出しの文字が反転します。

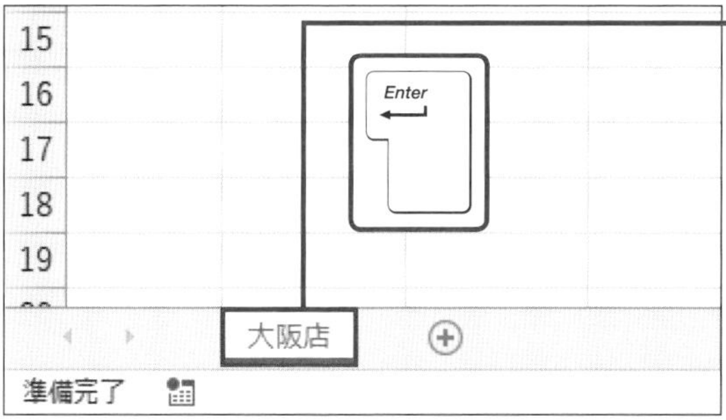

❸新しい名前を入力して、Enterキーを押します。

MEMO 同じ名前は付けられない

同じブックの中で、複数のシートに同じシート見出しの名前を付けることはできません。

シート見出しに色を付ける

Sec.250の操作のように、シート見出しに名前を付けるだけでなく、シート見出しに色を付けて、ワークシートを区別しやすくすることもできます。「赤のシート」とか「青のシート」と言えば、Excelに慣れていない人にも伝わりやすくなります。

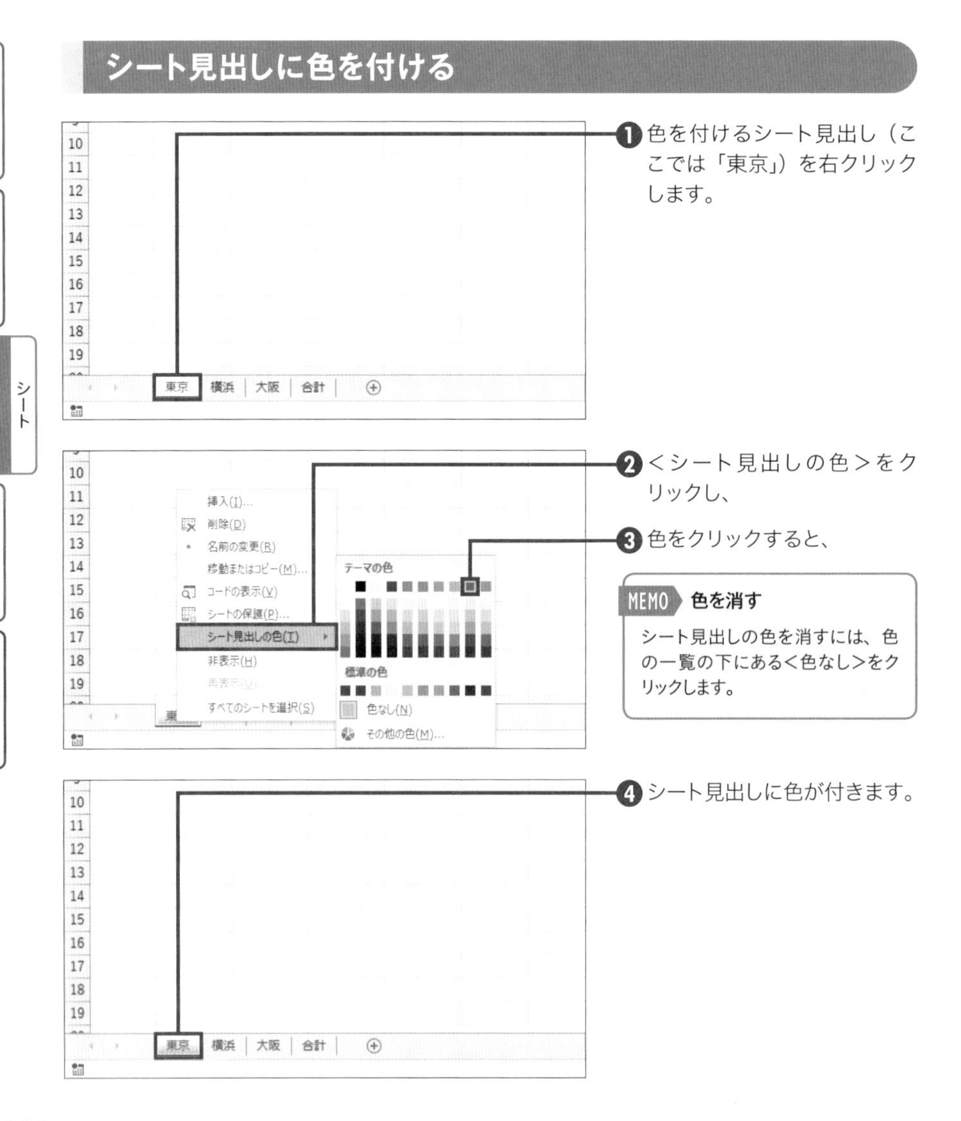

SECTION 252 シート

ワークシートを非表示にする

相手に見せたくないワークシートや、一時的に隠しておきたいワークシートは<非表示>を使って折りたたんでおくとよいでしょう。非表示に設定したワークシートは、削除したわけではないので、必要なときに再表示できます。

ワークシートを非表示にする

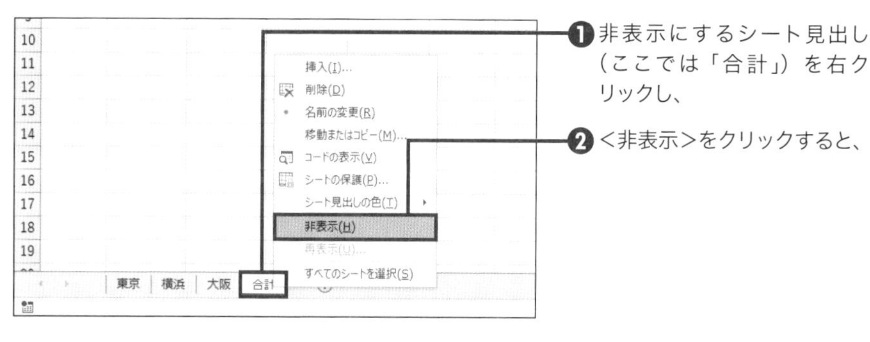

❶非表示にするシート見出し（ここでは「合計」）を右クリックし、

❷<非表示>をクリックすると、

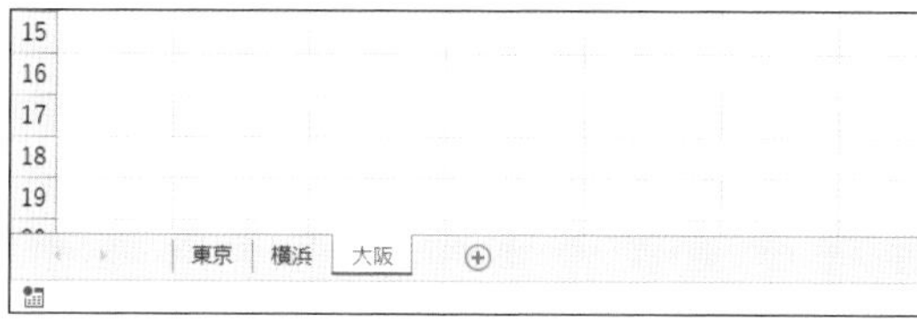

❸指定したシートが非表示になります。

COLUMN

シートを再表示する

シートを再表示するには、いずれかのシート見出しを右クリックして<再表示>をクリックします。<再表示>ダイアログボックスで再表示するシートをクリックし、<OK>をクリックします。

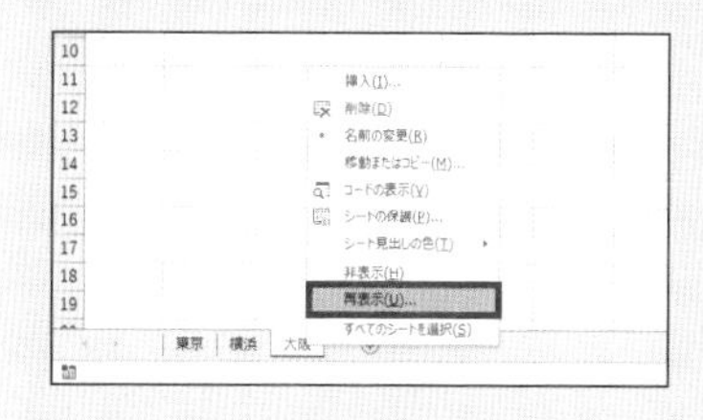

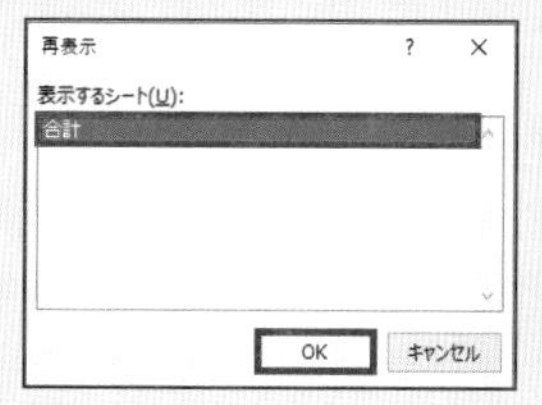

SECTION 253 シート

ワークシートを移動・コピーする

ワークシートの順番を入れ替えたり、ワークシートをコピーしたりして利用できます。同じブック内で移動・コピーする場合は、ドラッグ操作で行うとかんたんです。他のブックに移動・コピーする場合は、シート見出しを右クリックして表示されるメニューを利用します。

第6章 第7章 第8章 シート 第9章 第10章

ワークシートを移動する

12	1009	2020/10/2	T1003	浅草店	P1002
13	1010	2020/10/3	T1001	銀座店	D1001
14	1011	2020/10/3	T1002	麻布店	K1001
15	1012	2020/10/4	T1001	銀座店	D1003
16	1013	2020/10/4	T1001	銀座店	D1002
17	1014	2020/10/4	T1002	麻布店	D1001
18	1015	2020/10/4	T1003	浅草店	D1002
19	1016	2020/10/5	T1001	銀座店	K1002

売上明細　商品リスト　店舗リスト

❶移動したいシート見出し（ここでは「売上明細」）にマウスポインターを移動し、

❷移動先に向かってドラッグすると、

> **MEMO　ワークシートのコピー**
>
> シートをコピーするには、コピー元のシート見出しをCtrlキーを押しながらコピー先までドラッグします。

16	1013	2020/10/4	T1001	銀座店	D1002
17	1014	2020/10/4	T1002	麻布店	D1001
18	1015	2020/10/4	T1003	浅草店	D1002
19	1016	2020/10/5	T1001	銀座店	K1002

商品リスト　店舗リスト　売上明細

❸シートの順番を移動できます。

COLUMN

他のブックに移動・コピーする

他のブックにシートを移動・コピーするときは、シート見出しを右クリックして表示されるメニューの＜移動またはコピー＞をクリックします。続いて表示される画面で移動・コピー先のブックを選択します。コピーの場合は＜コピーを作成する＞をクリックして、＜OK＞をクリックします。

SECTION 254 シート

他のワークシートのセルを使って計算する

Excelでは、他のワークシートのセルの値を利用して数式を組み立てることができます。数式を作成する途中で、計算したいシート見出しをクリックして目的のセルをクリックします。他のワークシートのセルを指定すると、「=シート名!A1」と表示されます。

他のワークシートの値を参照する

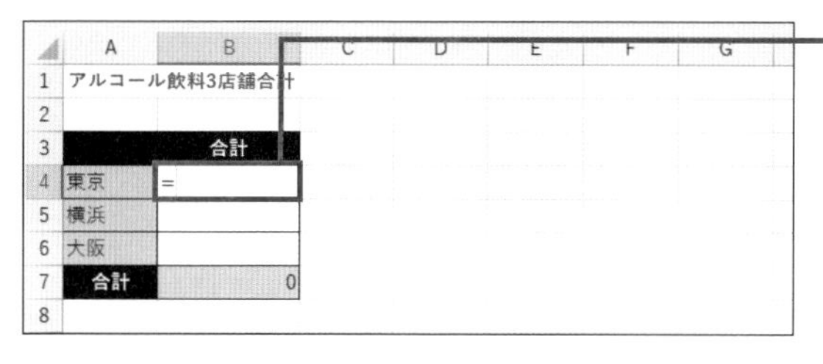

❶数式を入力するセル（ここでは「合計」シートのB4セル）をクリックして、「=」を入力します。

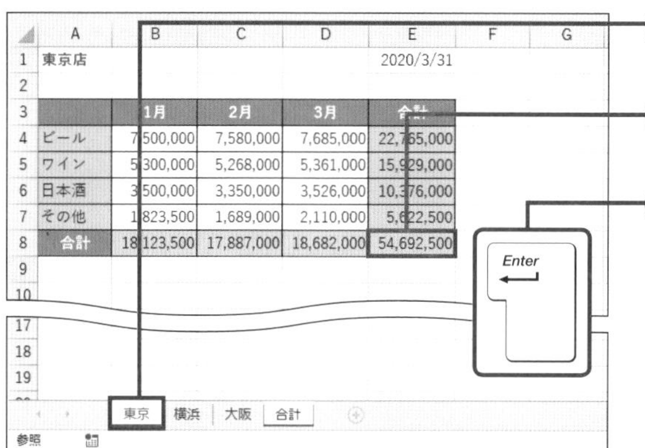

❷参照先のシート見出し（ここでは「東京」）をクリックし、

❸参照するセル（ここではE8セル）をクリックして、

❹Enterキーを押します。

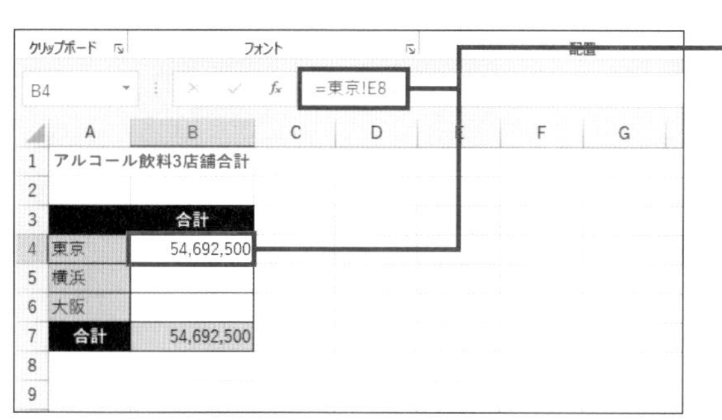

❺B4セルをクリックして数式の内容を確認します。

MEMO ここで操作する内容

ここでは、<合計>シートのB4のセルに、<東京>シートのE8のセルの売上合計を参照する数式を作成しています。他のシートやブックのセルの値を参照することを「外部参照」といいます。

SECTION 255 シート

複数のワークシートを串刺し計算する

月ごと、店舗ごとにワークシートを分けて表を作成している場合は、複数のワークシートの同じセルの値を串刺し計算することで、シート間の値を合算できます。このとき、それぞれのワークシートでは、同じ位置に同じ形式で表を作成しておく必要があります。

串刺し計算の数式を作成する

❶合計を表示するシート（ここでは「合計」シート）のB4～D7セルをドラッグします。

❷＜ホーム＞タブ－＜合計＞をクリックすると、

MEMO ここで操作する内容

ここでは、＜合計＞シートに＜東京＞＜横浜＞＜大阪＞の3つのシートの表の合計を表示します。

❸「=SUM()」と表示されます。

❹＜東京＞のシート見出しをクリックし、

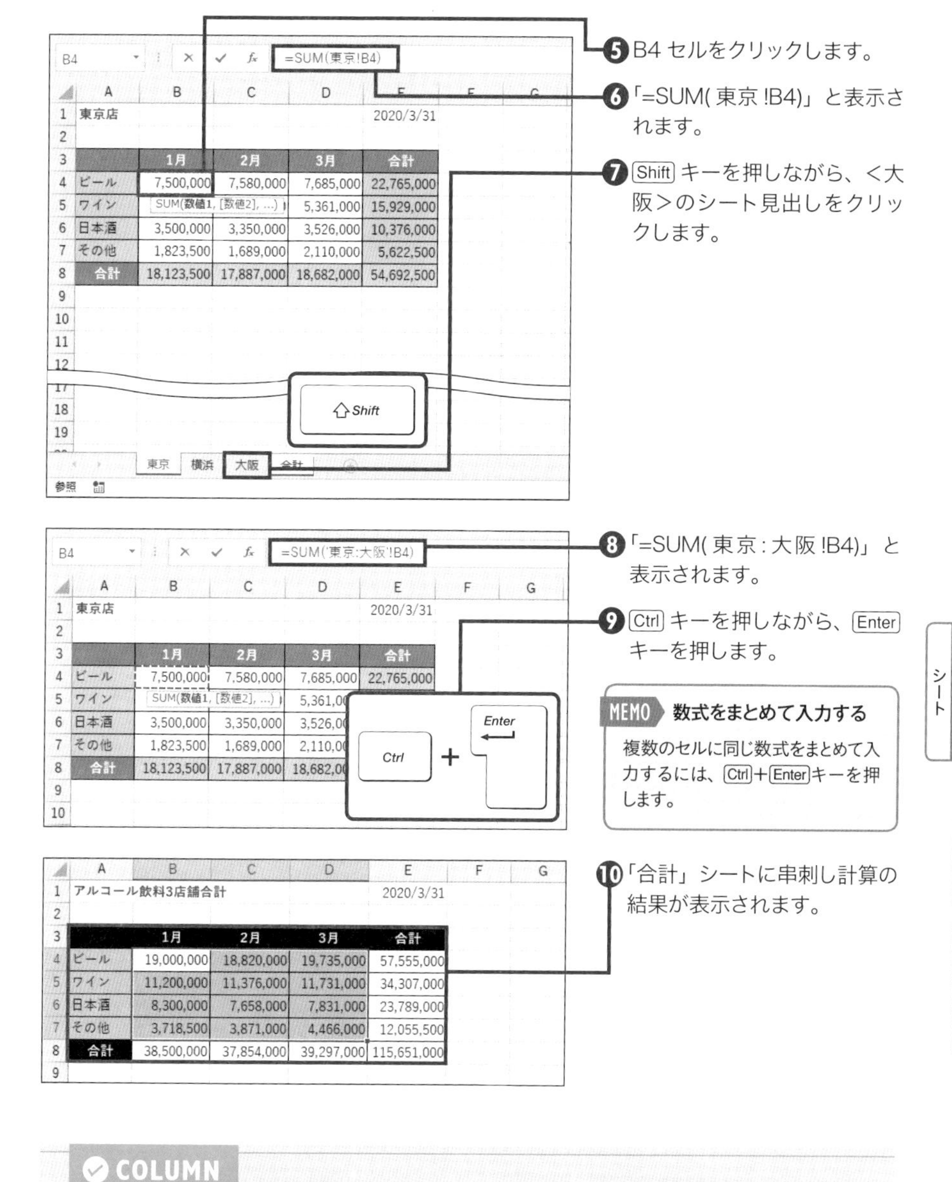

5 B4 セルをクリックします。

6 「=SUM(東京 !B4)」と表示されます。

7 Shift キーを押しながら、＜大阪＞のシート見出しをクリックします。

8 「=SUM(東京 : 大阪 !B4)」と表示されます。

9 Ctrl キーを押しながら、Enter キーを押します。

MEMO 数式をまとめて入力する

複数のセルに同じ数式をまとめて入力するには、Ctrl+Enterキーを押します。

10 「合計」シートに串刺し計算の結果が表示されます。

数式の見方

「=SUM(東京:大阪!B4)」の数式は､「＜東京＞から＜大阪＞シートまでのB4のセルの合計を表示する」という意味です。

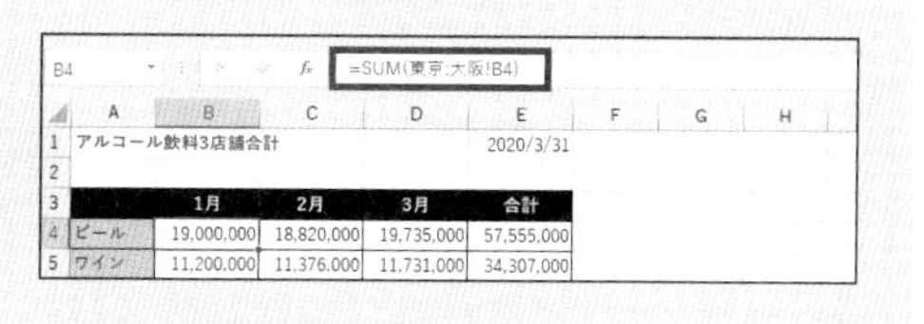

SECTION
256
シート

複数のワークシートをグループ化して操作する

＜シートのグループ＞を使うと、複数のワークシートを1つのワークシートのように扱うことができます。これにより、複数のワークシートに同時に表を作成したり、特定のセルの書式をまとめて変更したりといった操作が可能になります。

グループを設定する

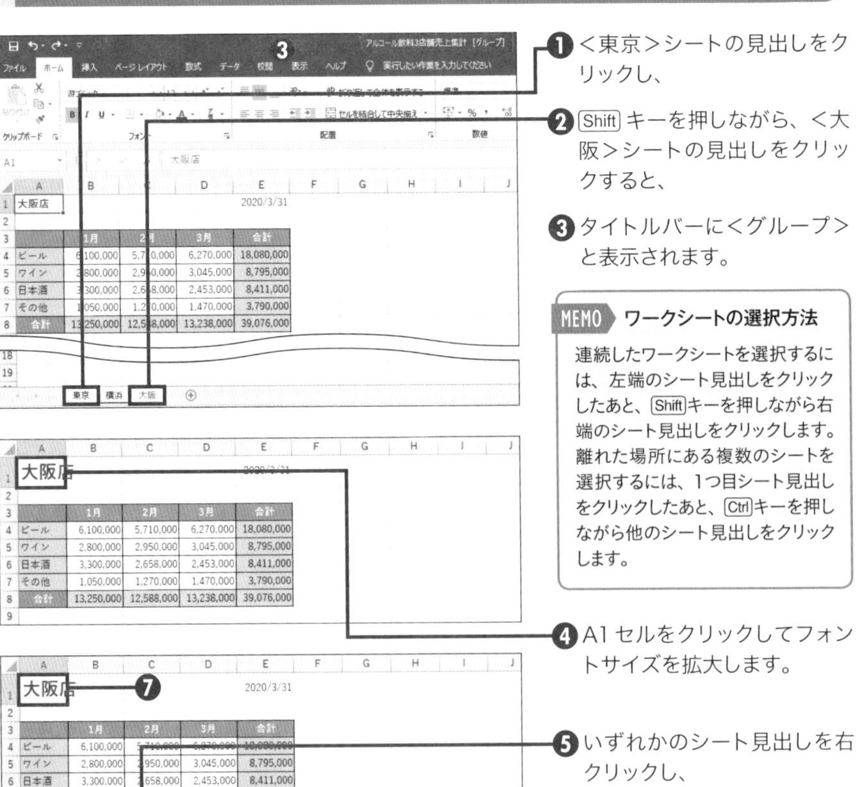

❶ ＜東京＞シートの見出しをクリックし、

❷ Shift キーを押しながら、＜大阪＞シートの見出しをクリックすると、

❸ タイトルバーに＜グループ＞と表示されます。

❹ A1 セルをクリックしてフォントサイズを拡大します。

❺ いずれかのシート見出しを右クリックし、

❻ ＜シートのグループ解除＞をクリックすると、

❼ 3つのワークシートの A1 セルの文字が同じサイズに拡大されています。

MEMO　ワークシートの選択方法

連続したワークシートを選択するには、左端のシート見出しをクリックしたあと、Shiftキーを押しながら右端のシート見出しをクリックします。離れた場所にある複数のシートを選択するには、1つ目シート見出しをクリックしたあと、Ctrlキーを押しながら他のシート見出しをクリックします。

SECTION 257 表示

大きな表の離れた場所を同時に見る

画面に収まらない大きな表の離れたセルのデータを同時に見るには、<分割>を使います。縦方向に分割すると、左右の離れたセルを同じ画面に表示できます。また、横方向に分割すると上下の離れたセルを同じ画面に表示できます。

ウィンドウを分割する

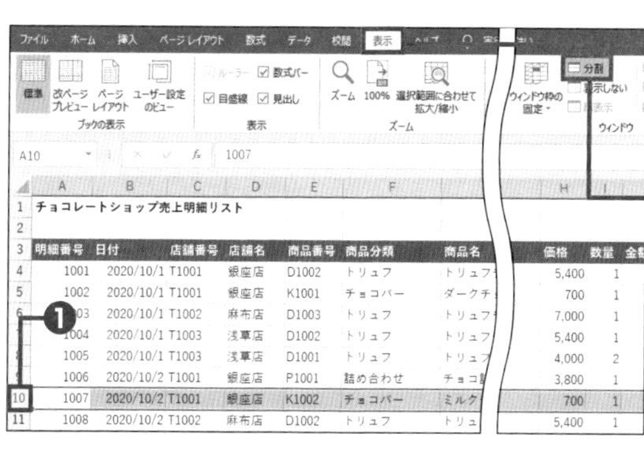

❶分割したい行番号（ここでは「10」）をクリックします。

❷<表示>タブをクリックし、

❸<分割>をクリックすると、

MEMO 縦方向に分割するには

縦に分割するときは、最初に列番号をクリックしてから<分割>をクリックします。また、特定のセルをクリックしてから<分割>をクリックすると、セルの左上を基準に4分割されます。

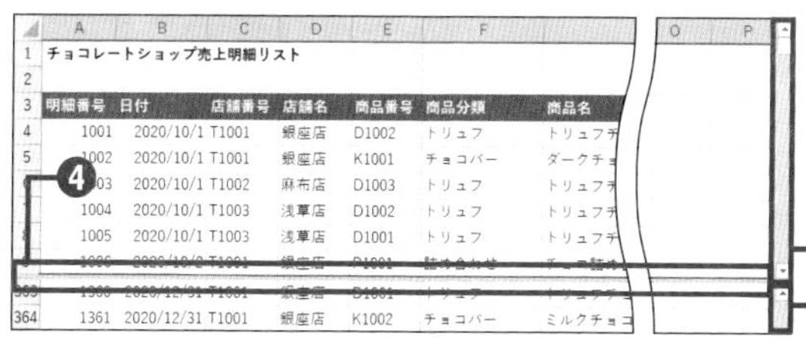

❹画面が２分割されて分割バーが表示されます。

❺上下のスクロールバーを使用して見たい箇所を表示します。

❻<表示>タブをクリックし、

❼<分割>をクリックすると、

❽分割が解除されます。

MEMO ダブルクリックで解除

分割バーをダブルクリックしても、分割を解除することができます。

表の見出しを常に表示する

画面に収まらない大きな表を下方向にスクロールすると、見出し行まで隠れてしまいます。<ウィンドウ枠の固定>を使うと、表の上端の見出しや左端の見出しを固定して、画面をスクロールしても、見出しを常に表示しておくことができます。

第6章
第7章
第8章 表示
第9章
第10章

ウィンドウ枠を固定する

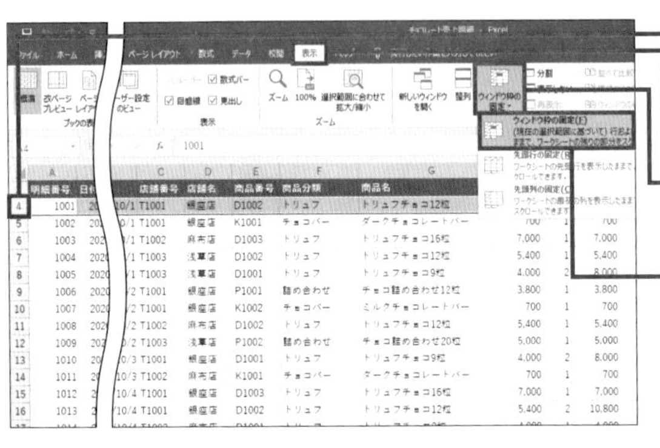

❶見出しの下の行番号（ここでは「4」）をクリックします。

❷<表示>タブをクリックし、

❸<ウィンドウ枠の固定>をクリックして、

❹<ウィンドウ枠の固定>をクリックすると、

MEMO 左端の見出しを固定する

A列の見出しを固定するには、最初に列番号の「A」をクリックしておきます。

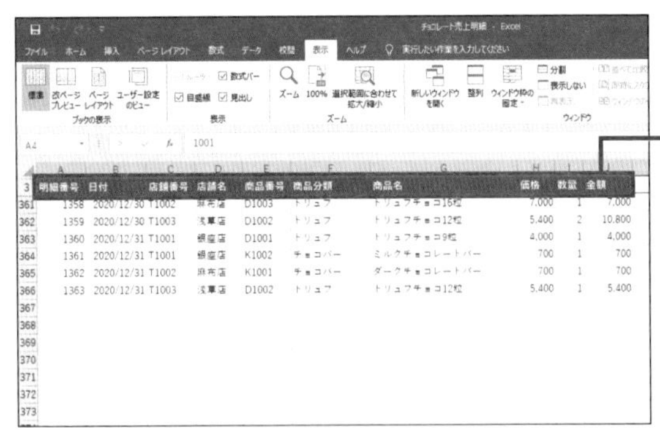

❺画面をスクロールしても、見出しが常に表示されます。

MEMO 固定の解除

ウィンドウ枠の固定を解除するには、<表示>タブー<ウィンドウ枠の固定>ー<ウィンドウ枠固定の解除>をクリックします。

COLUMN

上端と左端の見出しを同時に固定する

表の上端の見出しと左の見出しを固定するには、見出しが交差するセルの右下のセル（ここではB4セル）をクリックしてからウィンドウ枠を固定します。

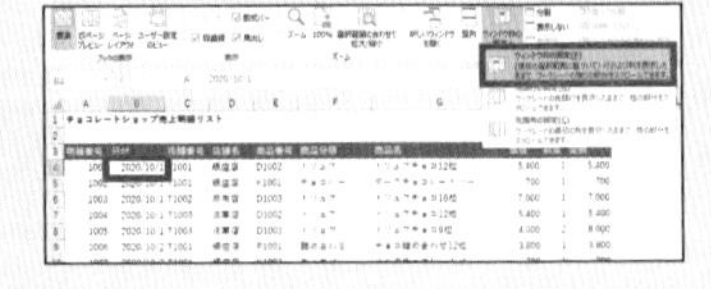

SECTION 259 表示

異なるブックを並べて表示する

商品一覧表のブックを見ながら請求書のブックにデータを入力するなど、異なるブックを同じ画面に表示するには<整列>を使います。<整列>を使うと、現在開いているすべてのブックが同じ画面に表示されます。

ブックを整列する

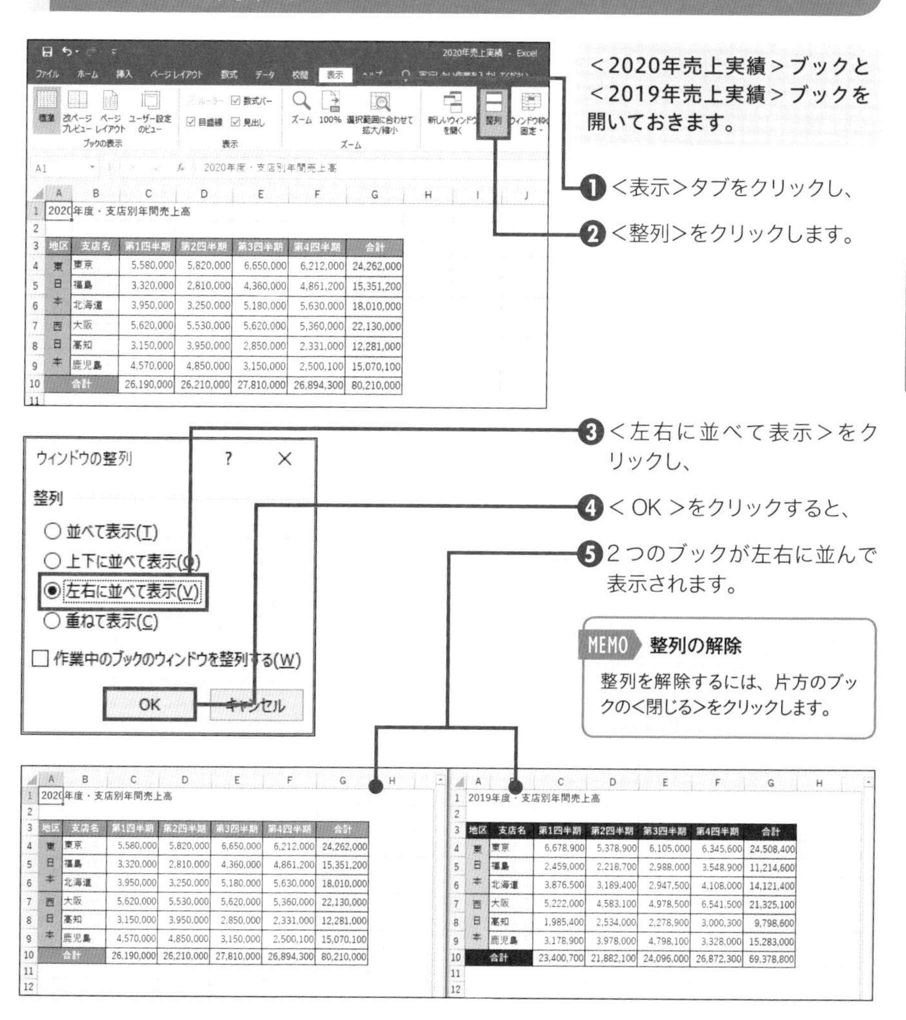

<2020年売上実績>ブックと<2019年売上実績>ブックを開いておきます。

❶<表示>タブをクリックし、

❷<整列>をクリックします。

❸<左右に並べて表示>をクリックし、

❹<OK>をクリックすると、

❺2つのブックが左右に並んで表示されます。

MEMO 整列の解除

整列を解除するには、片方のブックの<閉じる>をクリックします。

同じブックを２つ並べて表示する

＜請求書＞シートと＜商品リスト＞シートを同じ画面に表示して比較したいといったように、同じブックにある別のワークシートを同じ画面に表示するには、＜整列＞を使います。ポイントは、整列する前にブックのコピー版をもう1つ作成しておくことです。

新しいウィンドウを開いて並べる

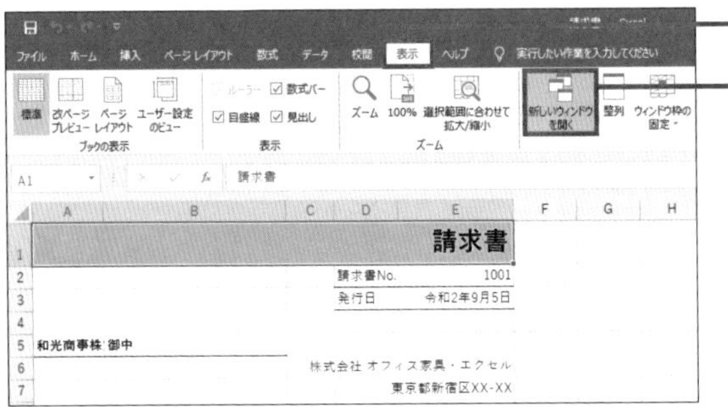

❶＜表示＞タブをクリックし、

❷＜新しいウィンドウを開く＞をクリックします。

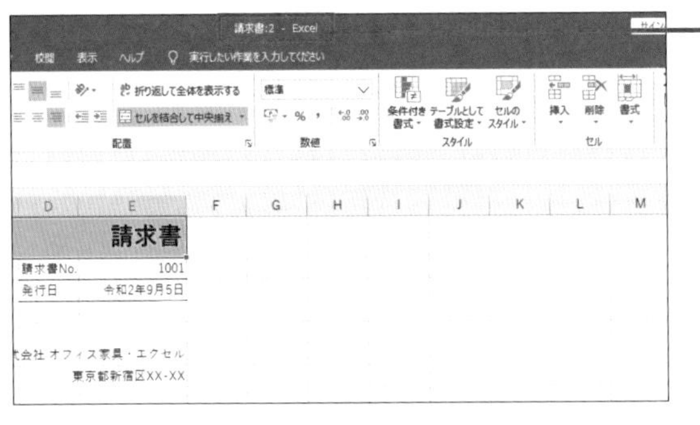

❸新しいウィンドウが開きます。タイトルバーに２つ目のウィンドウを示す「2」が表示されます。

> **MEMO　画面が重なる**
>
> 新しいウィンドウを開くと、元のウィンドウの上に新しいウィンドウが重なって表示されます。次の操作でウィンドウを並べます。

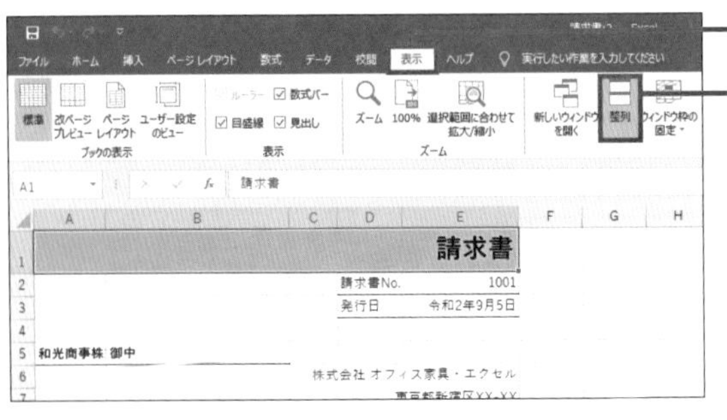

❹＜表示＞タブをクリックし、

❺＜整列＞をクリックします。

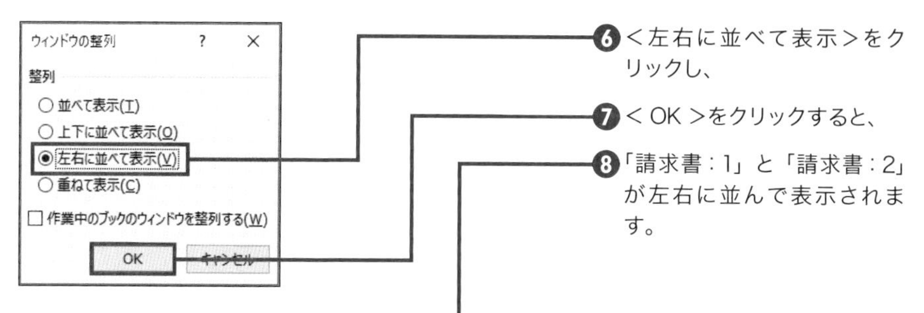

❻＜左右に並べて表示＞をクリックし、

❼＜ OK ＞をクリックすると、

❽「請求書：1」と「請求書：2」が左右に並んで表示されます。

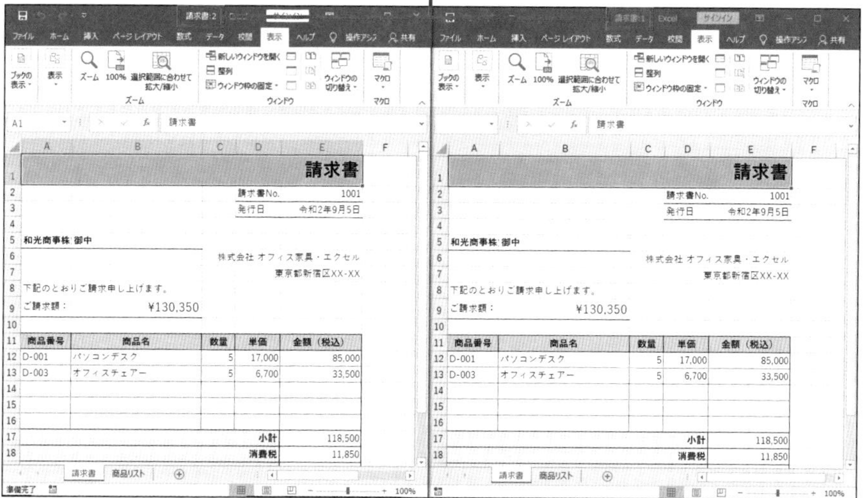

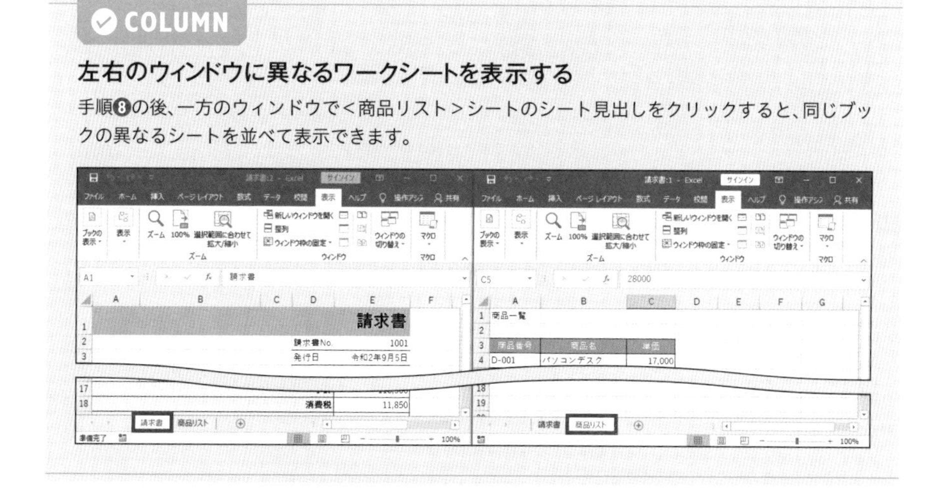

COLUMN

左右のウィンドウに異なるワークシートを表示する

手順❽の後、一方のウィンドウで＜商品リスト＞シートのシート見出しをクリックすると、同じブックの異なるシートを並べて表示できます。

SECTION 261

セキュリティ

シートを保護する

請求書や申請書などで入力欄以外のセルの操作ができないようにするには、<シートの保護>を使います。シートを保護する手順は2段階です。最初に入力を許可するセルのロックを外し、次にシート全体に保護をかけます。

セルのロックを解除する

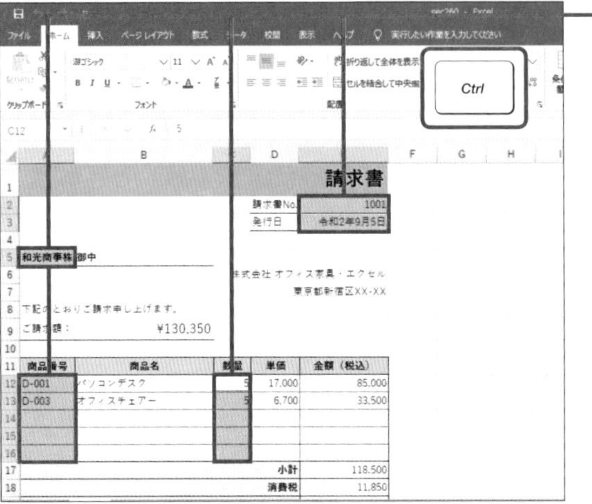

❶ Ctrl キーを押しながら、入力欄のセルを順番にクリックします。

MEMO ここで操作する内容

請求書を作成するときに入力する「請求書No」（E2セル）、「発行日」（E3セル）、「宛先」（A5セル）、「商品番号」（A12セル～A16セル）、「数量」（C12セル～C16セル）以外のセルは、データの変更や削除が行えないように保護します。

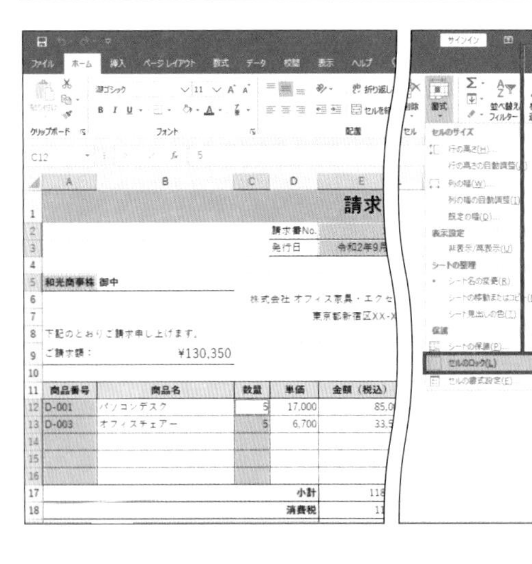

❷ <ホーム>タブ－<書式>－<セルのロック>をクリックすると、手順❶で選択したセルのロックが解除されます。

MEMO ロックとは

Excelでは、最初はすべてのセルにロックがかかっています。この状態でシートを保護すると、すべてのセルの操作ができなくなります。そのため、入力や編集を許可するセルのロックをオフにしておく必要があります。

シートを保護する

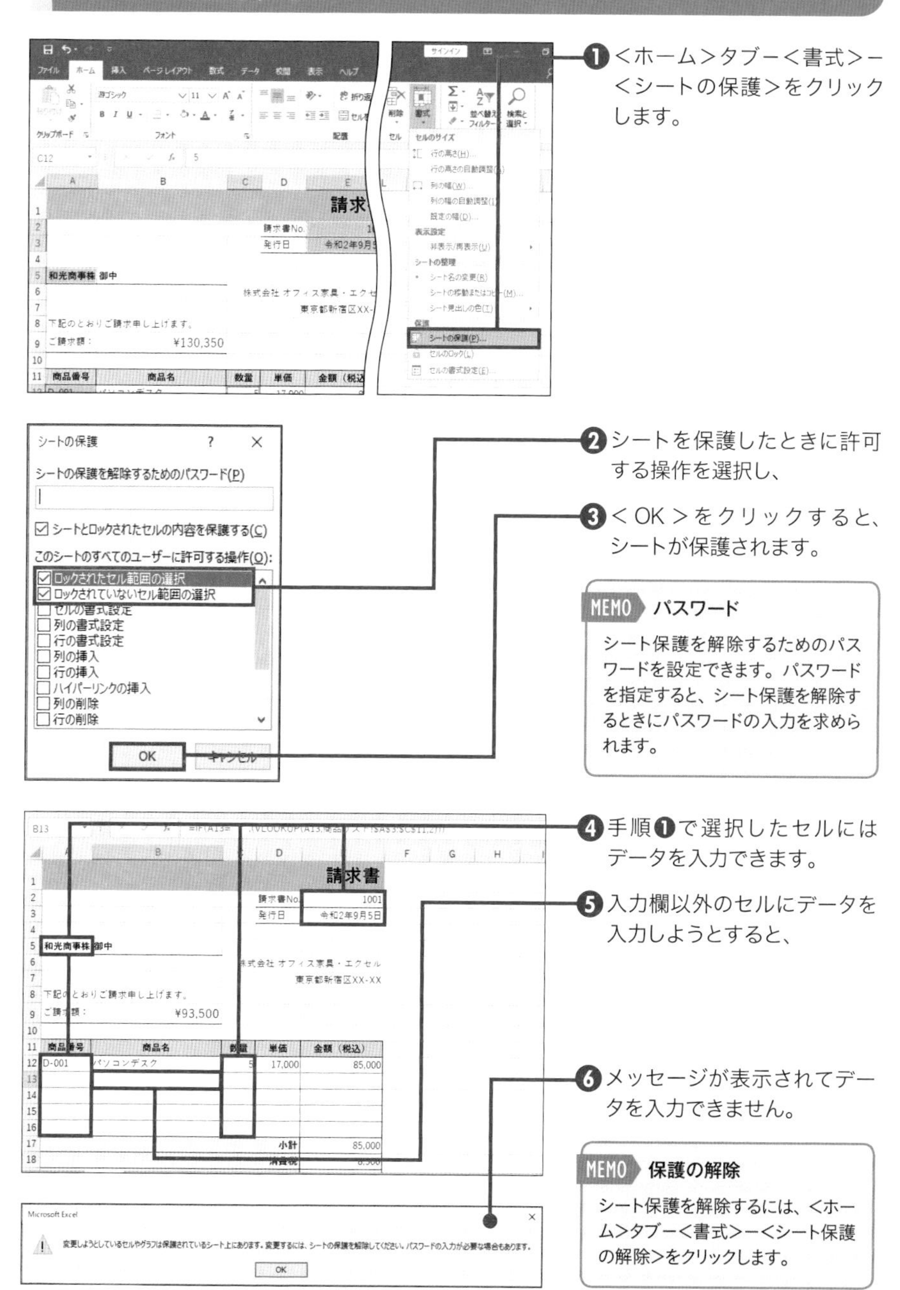

❶ <ホーム>タブー<書式>ー<シートの保護>をクリックします。

❷ シートを保護したときに許可する操作を選択し、

❸ < OK >をクリックすると、シートが保護されます。

MEMO パスワード

シート保護を解除するためのパスワードを設定できます。パスワードを指定すると、シート保護を解除するときにパスワードの入力を求められます。

❹ 手順❶で選択したセルにはデータを入力できます。

❺ 入力欄以外のセルにデータを入力しようとすると、

❻ メッセージが表示されてデータを入力できません。

MEMO 保護の解除

シート保護を解除するには、<ホーム>タブー<書式>ー<シート保護の解除>をクリックします。

SECTION 262 セキュリティ

セル範囲にパスワードを設定する

＜範囲の編集を許可＞を使うと、パスワードを知っている人だけがセルの操作をできるように設定できます。これにより、むやみにデータを変更されることを防げます。ここでは、パスワードを入力しないとセルにデータを入力できないようにします。

セルを編集するためのパスワードを設定する

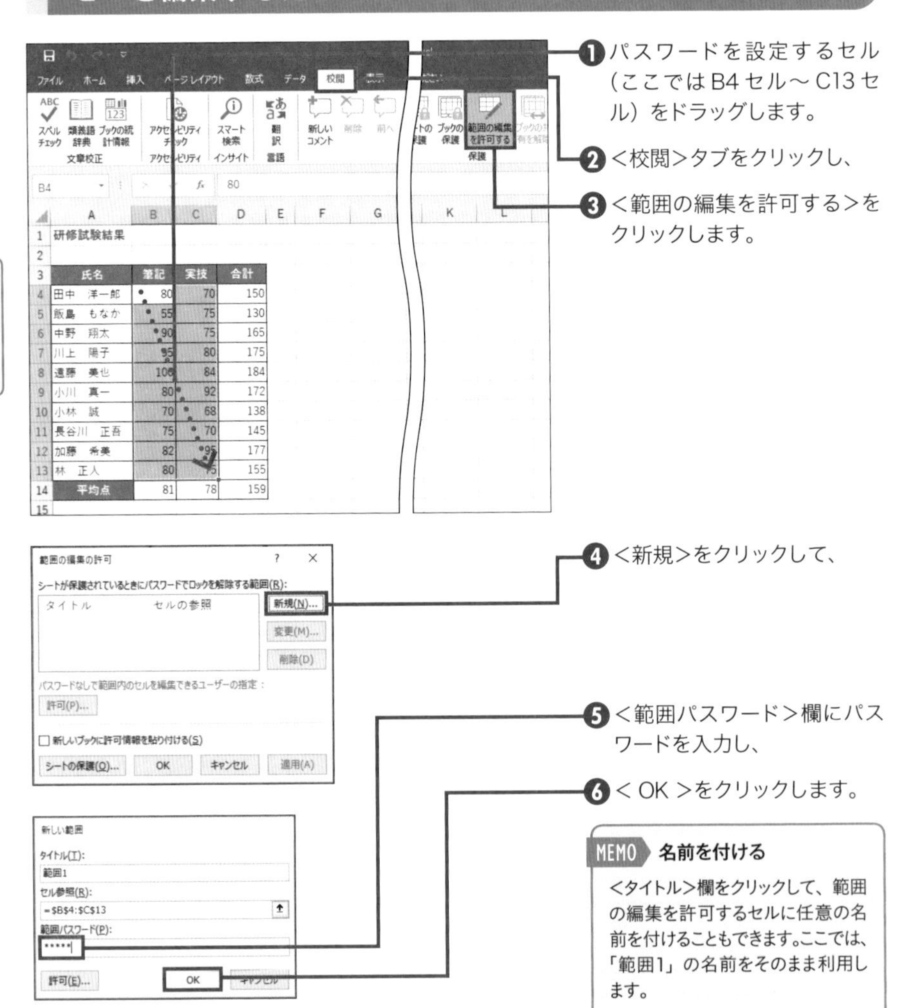

❶ パスワードを設定するセル（ここではB4セル～C13セル）をドラッグします。

❷ ＜校閲＞タブをクリックし、

❸ ＜範囲の編集を許可する＞をクリックします。

❹ ＜新規＞をクリックして、

❺ ＜範囲パスワード＞欄にパスワードを入力し、

❻ ＜ OK ＞をクリックします。

MEMO　名前を付ける

＜タイトル＞欄をクリックして、範囲の編集を許可するセルに任意の名前を付けることもできます。ここでは、「範囲1」の名前をそのまま利用します。

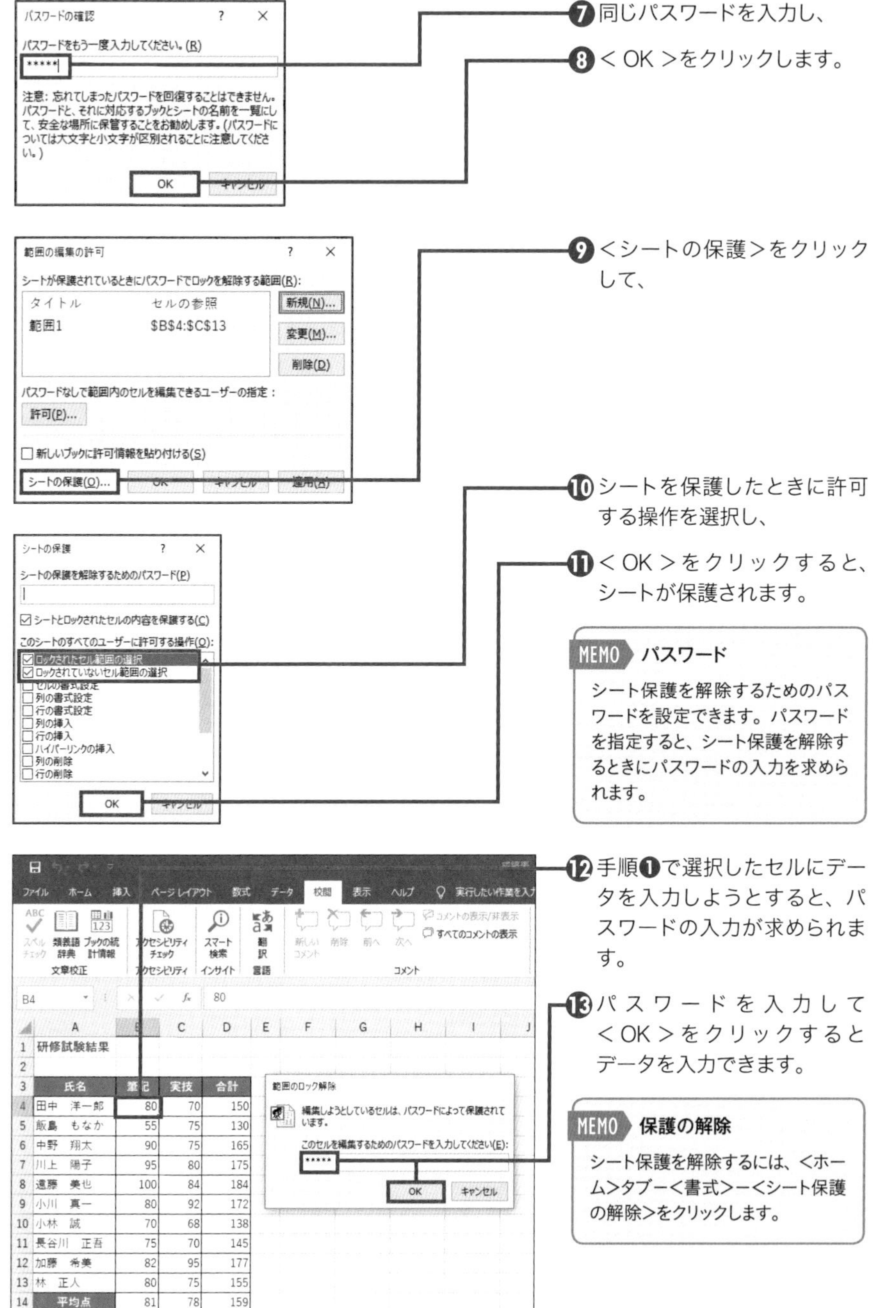

❼同じパスワードを入力し、

❽< OK >をクリックします。

❾<シートの保護>をクリックして、

❿シートを保護したときに許可する操作を選択し、

⓫< OK >をクリックすると、シートが保護されます。

MEMO パスワード

シート保護を解除するためのパスワードを設定できます。パスワードを指定すると、シート保護を解除するときにパスワードの入力を求められます。

⓬手順❶で選択したセルにデータを入力しようとすると、パスワードの入力が求められます。

⓭パスワードを入力して< OK >をクリックするとデータを入力できます。

MEMO 保護の解除

シート保護を解除するには、<ホーム>タブー<書式>ー<シート保護の解除>をクリックします。

SECTION 263 セキュリティ

ファイルにパスワードを設定する

パスワードを知っている人だけがファイルを開けるようにすると、安全性が高まります。パスワードを設定すると、次回以降にファイルを開くと、パスワードの入力が求められます。ただし、パスワードを忘れるとファイルを開けなくなるので注意しましょう。

ファイルを開くためのパスワードを設定する

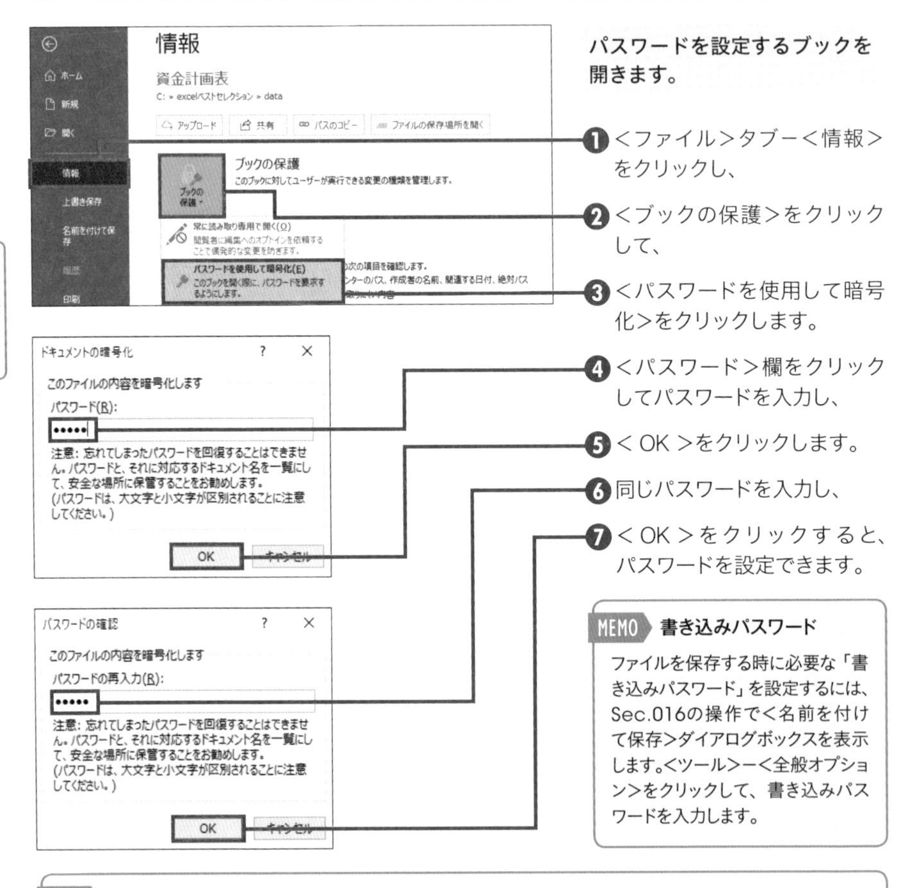

パスワードを設定するブックを開きます。

1. ＜ファイル＞タブー＜情報＞をクリックし、
2. ＜ブックの保護＞をクリックして、
3. ＜パスワードを使用して暗号化＞をクリックします。
4. ＜パスワード＞欄をクリックしてパスワードを入力し、
5. ＜OK＞をクリックします。
6. 同じパスワードを入力し、
7. ＜OK＞をクリックすると、パスワードを設定できます。

MEMO 書き込みパスワード

ファイルを保存する時に必要な「書き込みパスワード」を設定するには、Sec.016の操作で<名前を付けて保存>ダイアログボックスを表示します。<ツール>ー<全般オプション>をクリックして、書き込みパスワードを入力します。

MEMO パスワードを入力する

パスワードを設定したファイルを閉じて、再度開くとパスワードの入力が求められます。設定したパスワードを入力して<OK>をクリックすると、ファイルが開きます。

SECTION 264 セキュリティ

ワークシート構成を変更できないようにする

ワークシートの追加や削除、シート名の変更やシート見出しの色の変更など、現在のワークシートの構成を変更できないようにするには、＜ブックの保護＞を使ってブック全体を保護します。ブックを保護してもデータの入力や編集は可能です。

ブックを保護する

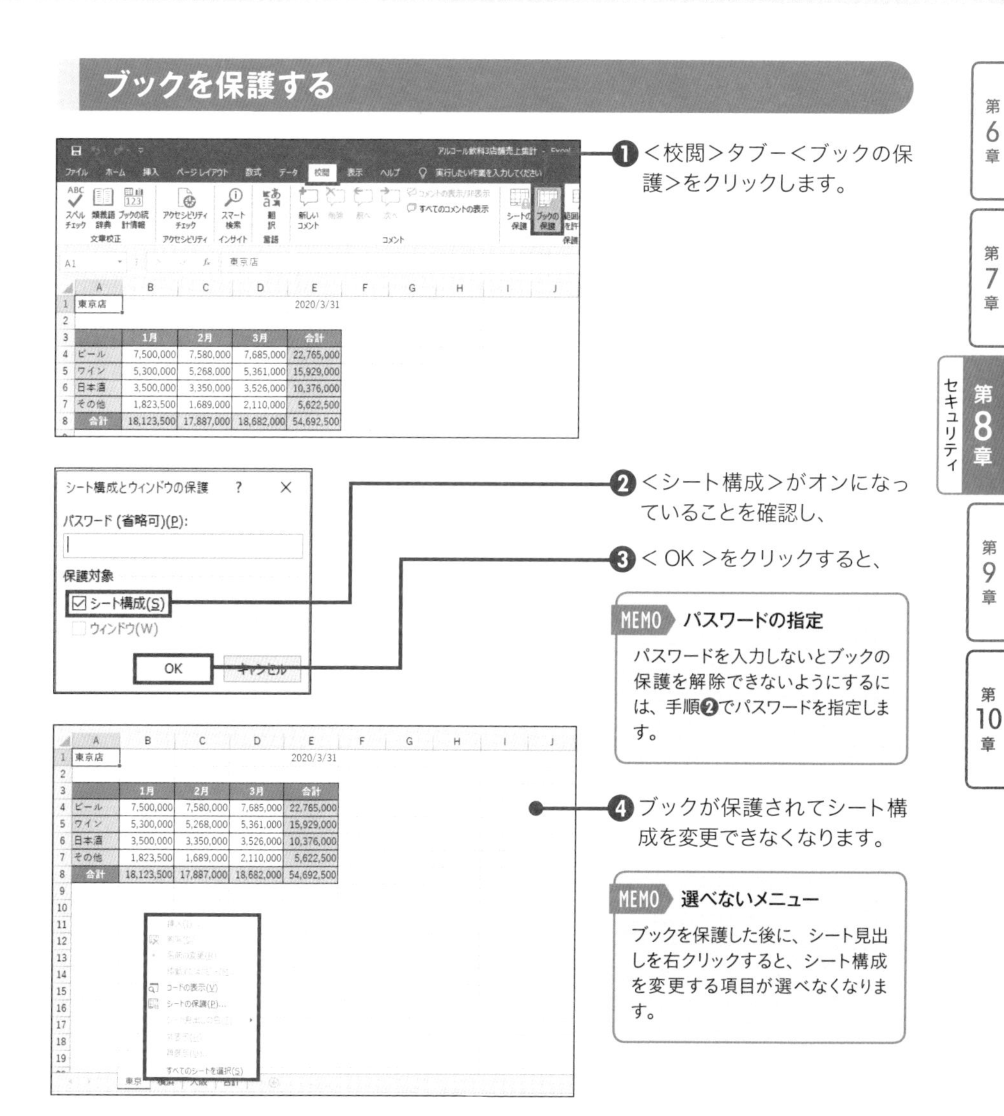

❶＜校閲＞タブ－＜ブックの保護＞をクリックします。

❷＜シート構成＞がオンになっていることを確認し、

❸＜OK＞をクリックすると、

MEMO パスワードの指定

パスワードを入力しないとブックの保護を解除できないようにするには、手順❷でパスワードを指定します。

❹ブックが保護されてシート構成を変更できなくなります。

MEMO 選べないメニュー

ブックを保護した後に、シート見出しを右クリックすると、シート構成を変更する項目が選べなくなります。

SECTION 265 セキュリティ

ファイルから個人情報を削除する

Excelで作成したファイルには、作成者や作成日、最終更新者などの個人情報（プロパティ）が含まれます。ファイルを第三者に配布するときに、これらの個人情報を見られたくない場合は、<ドキュメント検査>を使って削除しましょう。

ドキュメント検査を実行する

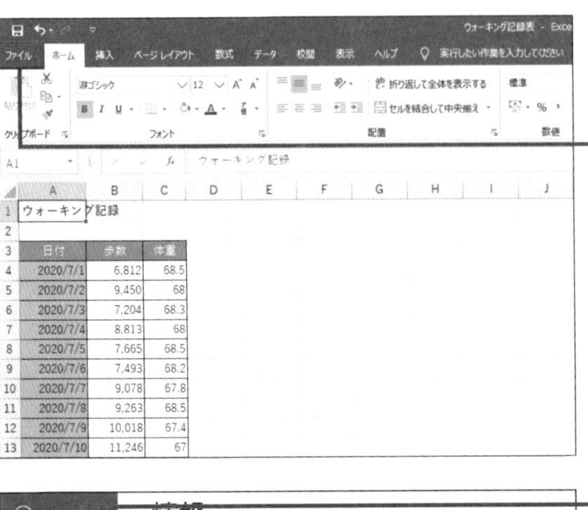

個人情報を削除したいファイルを開きます。

❶ <ファイル>タブをクリックします。

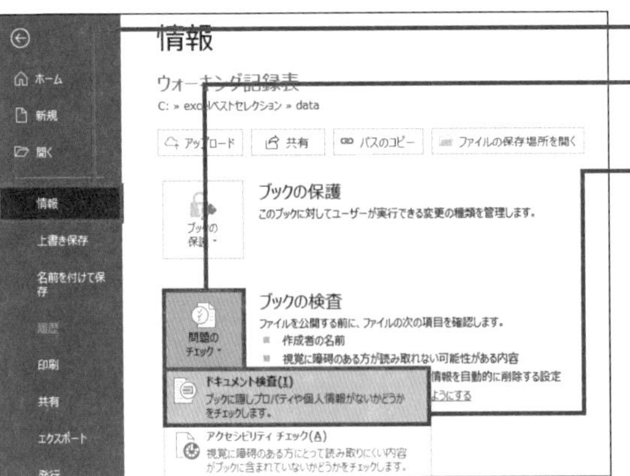

❷ <情報>をクリックし、

❸ <問題のチェック>をクリックして、

❹ <ドキュメント検査>をクリックします。

MEMO プロパティ

ファイルの作成者や作成日など、ファイルに付属する情報を「プロパティ」といいます。プロパティは<ファイル>タブ－<情報>に表示されます。

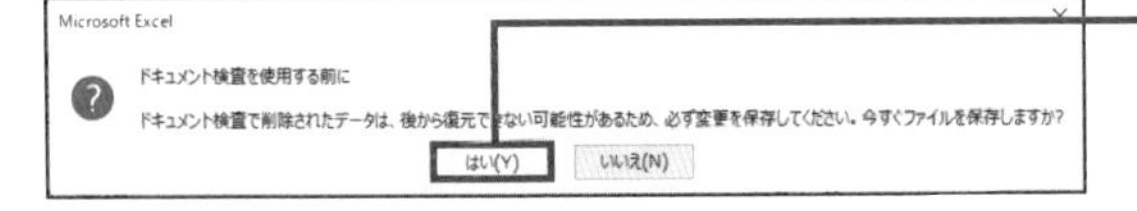

❺ メッセージが表示されたら<はい>をクリックし、

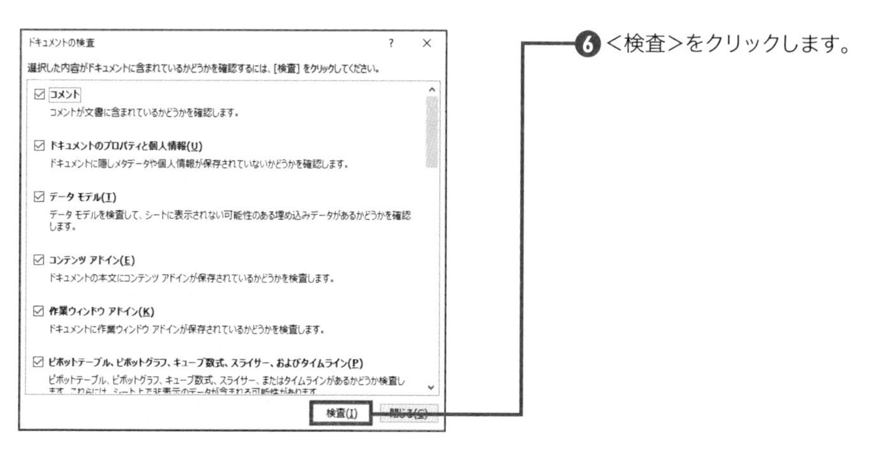

❻ ＜検査＞をクリックします。

個人情報を削除する

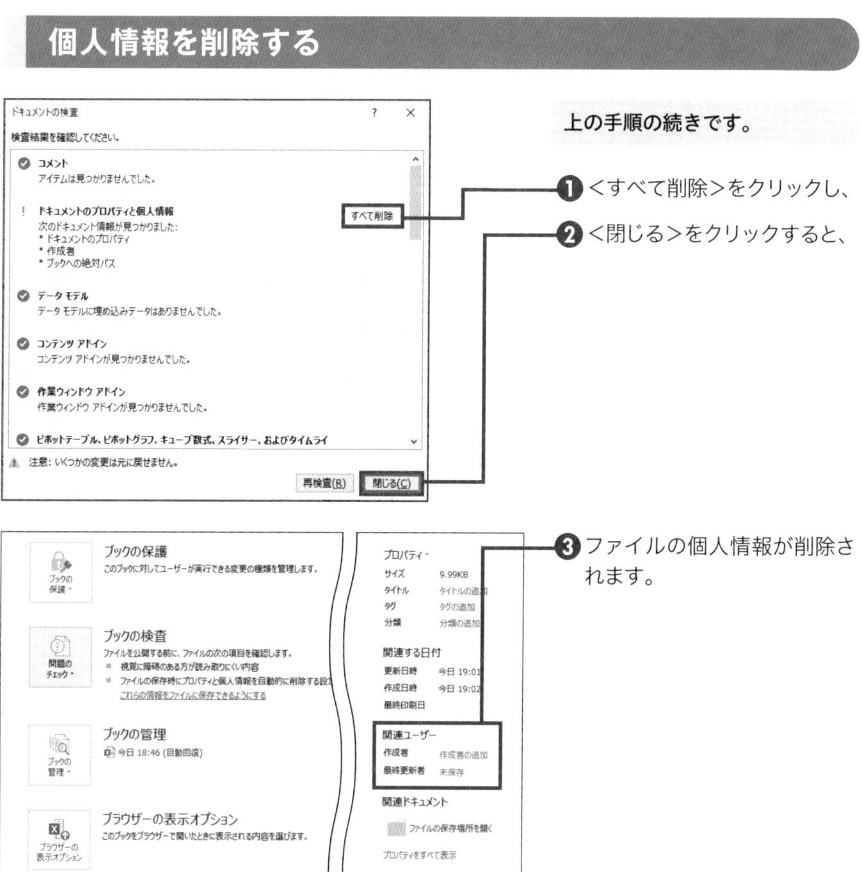

上の手順の続きです。

❶ ＜すべて削除＞をクリックし、

❷ ＜閉じる＞をクリックすると、

❸ ファイルの個人情報が削除されます。

SECTION 266 エクスポート

ファイルをCSV形式で保存する

顧客名簿や売上台帳など、エクセルで作成したリスト形式のデータを他のデータベースソフトで読み込めるようにするには、ファイルをCSV形式で保存します。CSV形式で保存すると、選択しているワークシートのデータが書式の付いていない状態で保存されます。

CSV形式で保存する

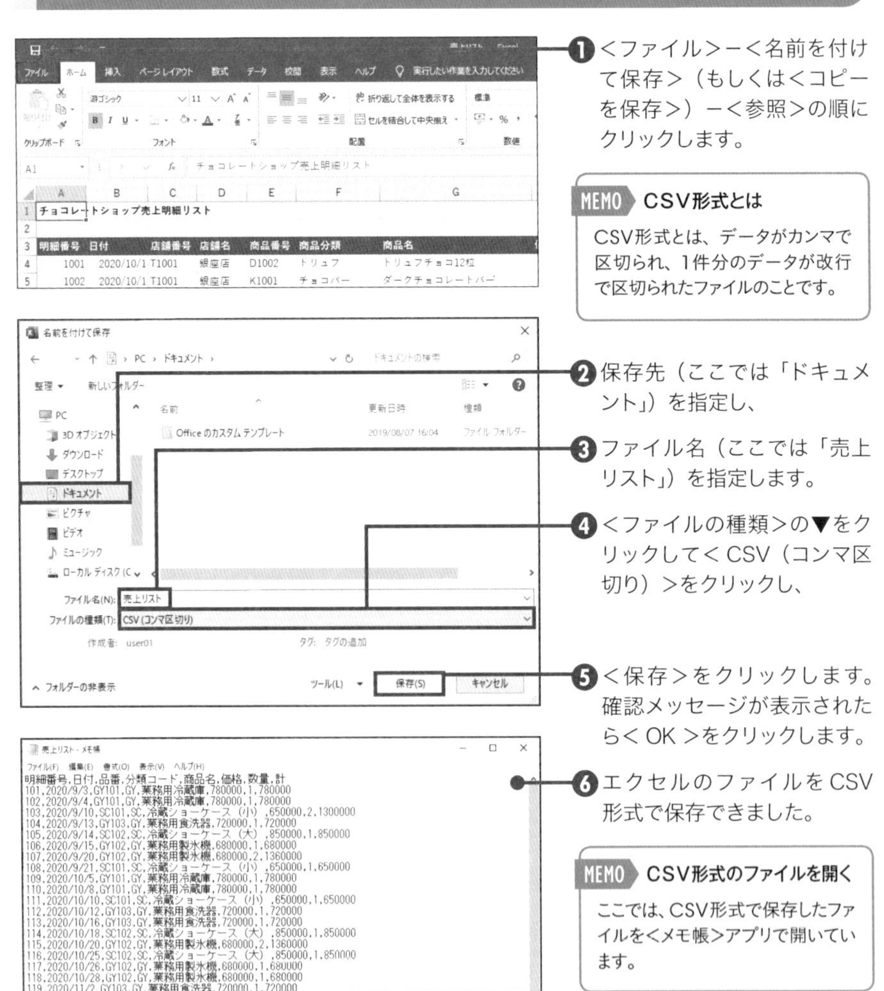

❶ <ファイル>－<名前を付けて保存>（もしくは<コピーを保存>）－<参照>の順にクリックします。

❷ 保存先（ここでは「ドキュメント」）を指定し、

❸ ファイル名（ここでは「売上リスト」）を指定します。

❹ <ファイルの種類>の▼をクリックして<CSV（コンマ区切り）>をクリックし、

❺ <保存>をクリックします。確認メッセージが表示されたら<OK>をクリックします。

❻ エクセルのファイルをCSV形式で保存できました。

MEMO CSV形式とは

CSV形式とは、データがカンマで区切られ、1件分のデータが改行で区切られたファイルのことです。

MEMO CSV形式のファイルを開く

ここでは、CSV形式で保存したファイルを<メモ帳>アプリで開いています。

SECTION 267 エクスポート

ファイルをPDF形式で保存する

Excelで作成したファイルをPDF形式で保存すると、Excelを使用できないパソコンなどでもファイルの内容を表示できます。PDF形式のファイルは、WebブラウザーやPDF形式のファイルを表示・印刷するPDF閲覧ソフトなどで表示できます。

PDF形式で保存する

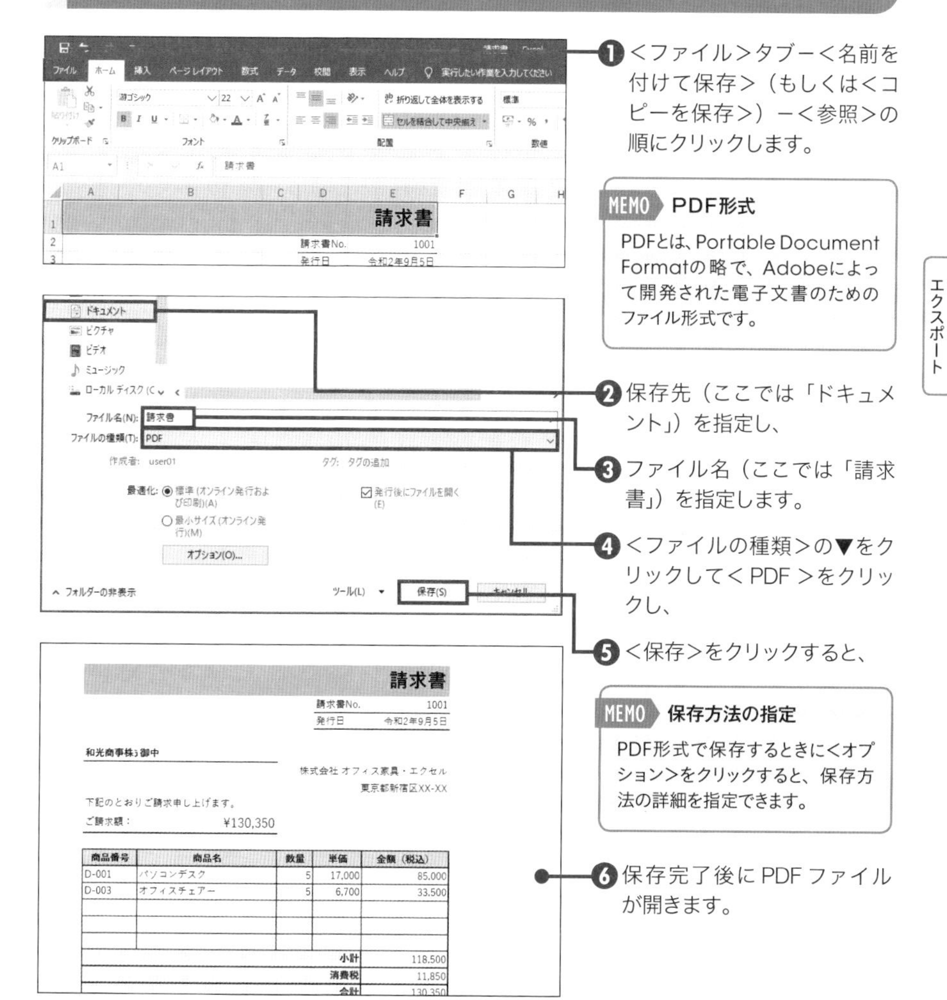

❶ <ファイル>タブー<名前を付けて保存>（もしくは<コピーを保存>）－<参照>の順にクリックします。

> **MEMO PDF形式**
>
> PDFとは、Portable Document Formatの略で、Adobeによって開発された電子文書のためのファイル形式です。

❷ 保存先（ここでは「ドキュメント」）を指定し、

❸ ファイル名（ここでは「請求書」）を指定します。

❹ <ファイルの種類>の▼をクリックして< PDF >をクリックし、

❺ <保存>をクリックすると、

> **MEMO 保存方法の指定**
>
> PDF形式で保存するときに<オプション>をクリックすると、保存方法の詳細を指定できます。

❻ 保存完了後にPDFファイルが開きます。

SECTION 268 ファイル

自動保存されたファイルを開く

Excelには一定時間ごとに自動的にファイルを保存する機能が備わっています。そのため、停電やパソコンのトラブルでExcelが強制終了しても、直近で保存されたファイルを再表示できる可能性があります。

自動保存の間隔を確認する

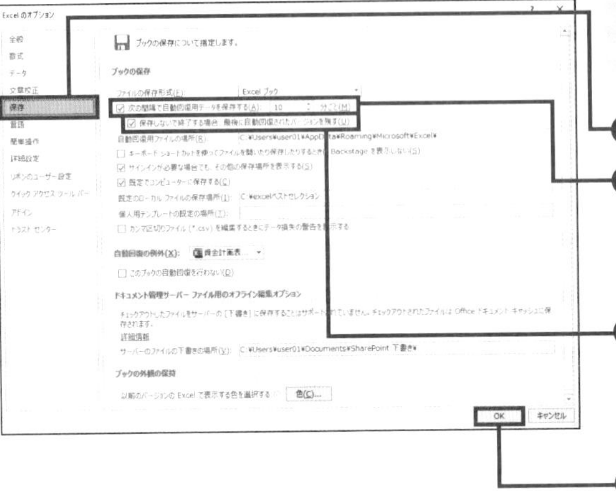

Sec.021の操作で＜Excelのオプション＞画面を表示します。

❶＜保存＞をクリックし、

❷＜次の間隔で自動回復用データを保存する＞がオンになっていることと、保存する時間の間隔を確認します。

❸＜保存しないで終了する場合、最後に自動保存されたバージョンを残す＞がオンになっていることを確認し、

❹＜ OK ＞をクリックします。

自動保存されたファイルを開く

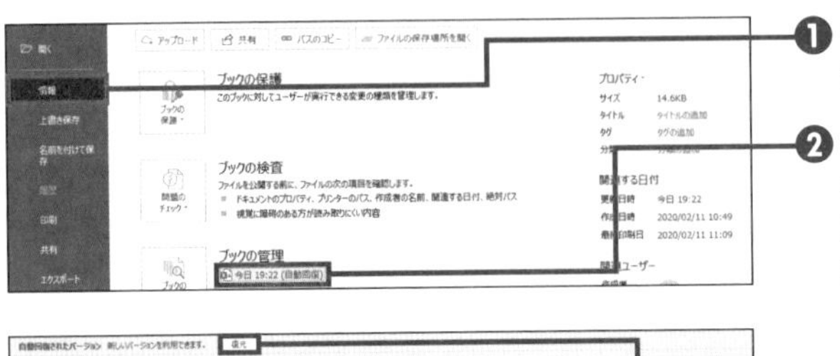

❶＜ファイル＞タブ−＜情報＞をクリックし、

❷＜ブックの管理＞に表示されたファイルをクリックすると、自動保存されたファイルが表示されます。

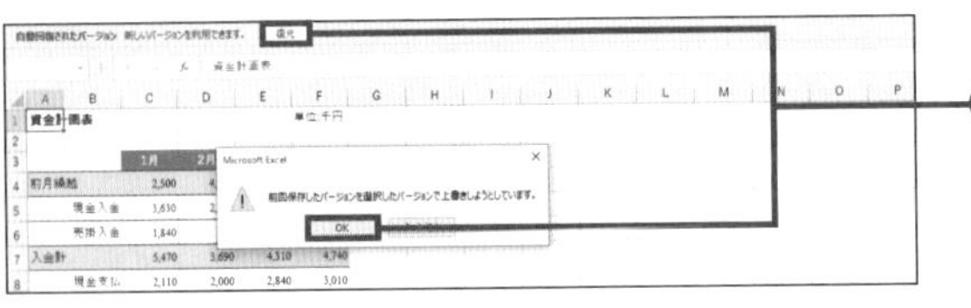

❸＜復元＞をクリックし、確認メッセージの＜ OK ＞をクリックします。

SECTION 269 ファイル

間違って閉じたファイルを元に戻す

Sec.268の操作で、＜次の間隔で自動回復用データを保存する＞と＜保存しないで終了する場合、最後に自動保存されたバージョンを残す＞がオンになっていると、保存しないで閉じてしまったファイルを復元できる可能性があります。

保存せずに閉じたファイルを復元する

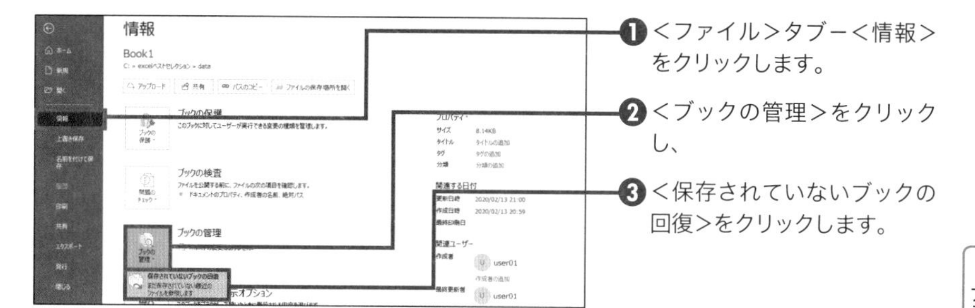

❶＜ファイル＞タブー＜情報＞をクリックします。

❷＜ブックの管理＞をクリックし、

❸＜保存されていないブックの回復＞をクリックします。

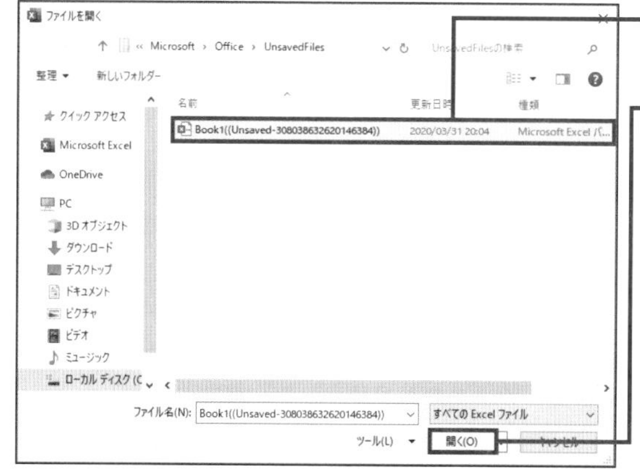

❹一時的に保存されたファイルをクリックし、

❺＜開く＞をクリックすると、

> **MEMO ファイルの選択**
>
> 一時的に保存されているファイルを開くときは、更新日時などを参考にしてファイルを探しましょう。ただし、ファイルが保存されていない場合もあります。

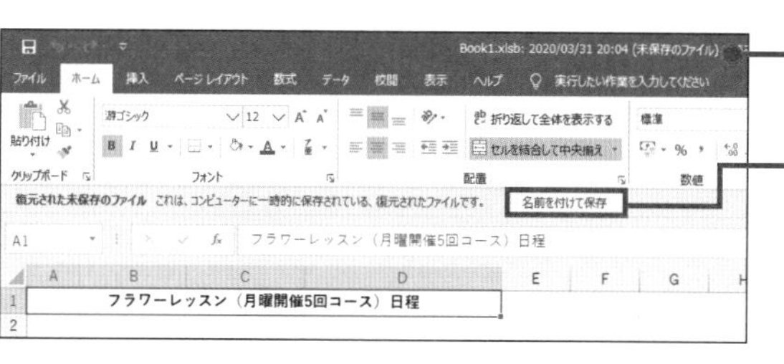

❻閉じてしまったファイルが表示されるので、

❼＜名前を付けて保存＞をクリックしてファイルを保存します。

SECTION 270 OneDrive

ファイルをOneDriveに保存する

ExcelにMicrosoftアカウントでサインインすると、Web上の保存場所であるOneDriveにファイルを保存できます。OneDriveに保存したファイルは、出張先のパソコンや外出先のスマートフォン、タブレット端末から表示・編集が行えます。

OneDriveに保存する

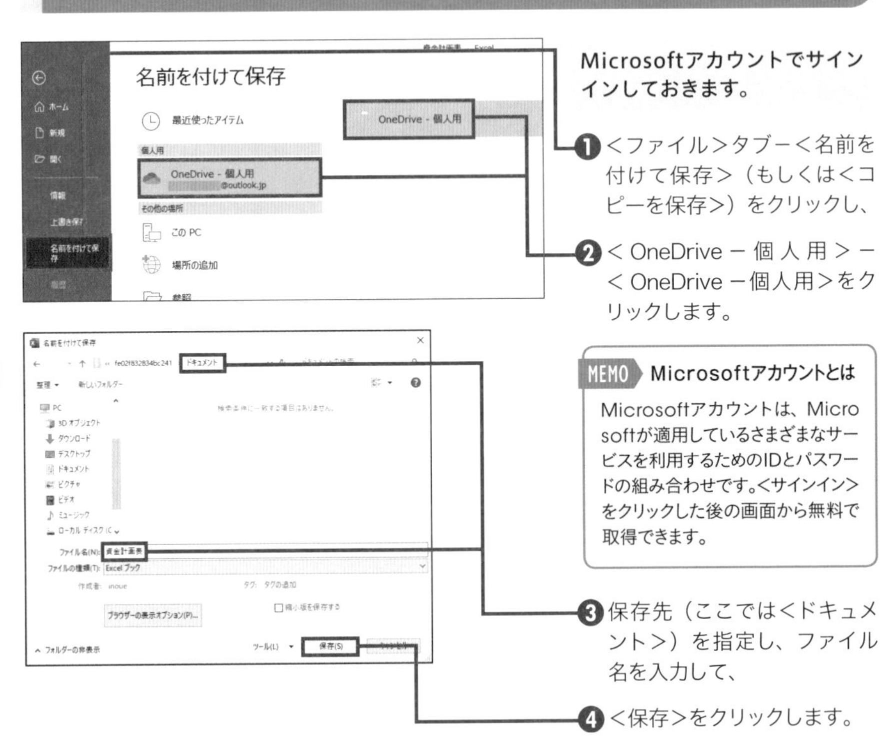

Microsoftアカウントでサインインしておきます。

❶＜ファイル＞タブー＜名前を付けて保存＞（もしくは＜コピーを保存＞）をクリックし、

❷＜OneDrive－個人用＞－＜OneDrive－個人用＞をクリックします。

❸保存先（ここでは＜ドキュメント＞）を指定し、ファイル名を入力して、

❹＜保存＞をクリックします。

MEMO　Microsoftアカウントとは

Microsoftアカウントは、Microsoftが適用しているさまざまなサービスを利用するためのIDとパスワードの組み合わせです。＜サインイン＞をクリックした後の画面から無料で取得できます。

MEMO　OneDriveに保存したファイルを開く

OneDriveに保存したファイルを開くには、＜ファイル＞タブー＜開く＞をクリックし、＜OneDrive－個人用＞をクリックして、保存先やファイル名を指定します。パソコンに保存したファイルと同じ操作でファイルの保存や開く操作を行えます。

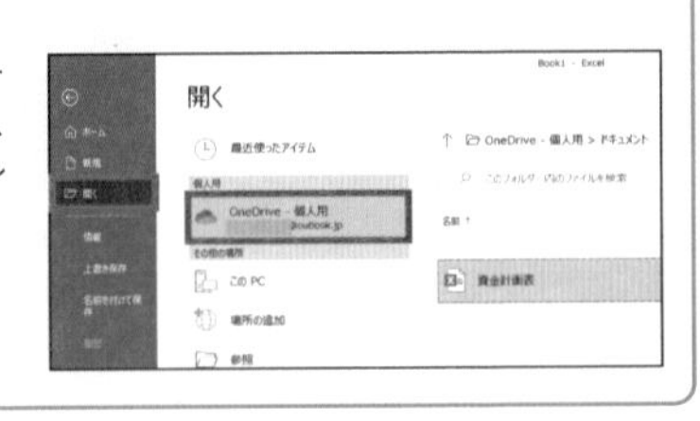

SECTION 271 OneDrive

ファイルのバージョン履歴から復元する

Sec.270の操作でファイルをOneDriveに保存すると、数秒ごとに最新のファイルに自動保存されます。Microsoft 365では、自動保存したファイルをバージョンとして一覧表示し、目的のバージョンのファイルに復元できます。

バージョン履歴からファイルを復元する

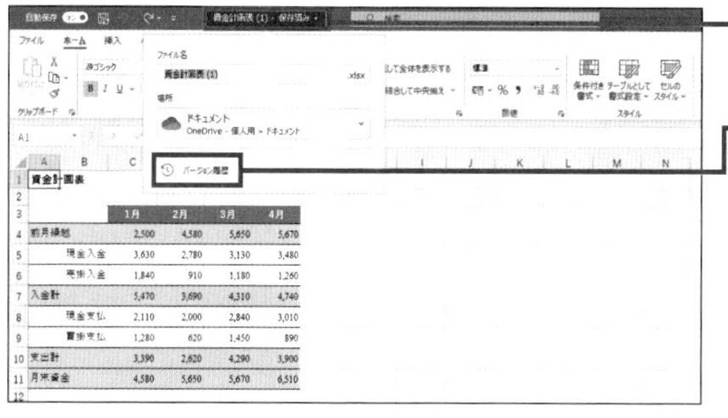

❶タイトルバーのファイル名をクリックし、

❷＜バージョン履歴＞をクリックします。

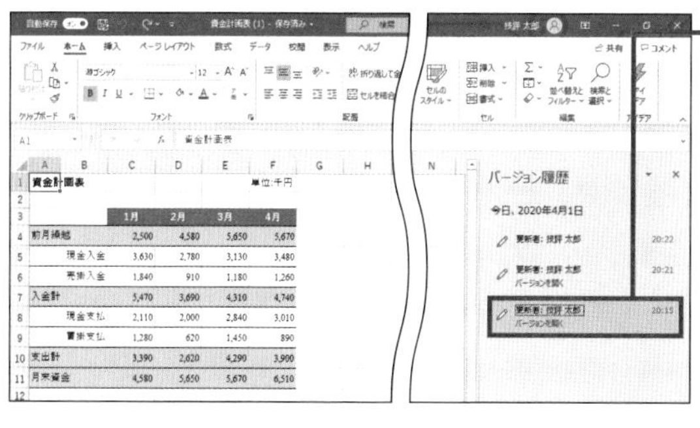

❸復元したいバージョンをクリックすると、

❹ファイルが復元されます。

SECTION 272 OneDrive

OneDriveへの自動保存をやめる

Microsoft 365では、Sec.270の操作でファイルをOneDriveに保存すると、画面左上の＜自動保存＞がオンになります。ファイルへの変更を保存したくない場合やパソコン上でファイルを管理したい場合は、自動保存をオフにして解除しましょう。

OneDriveでの自動保存を解除する

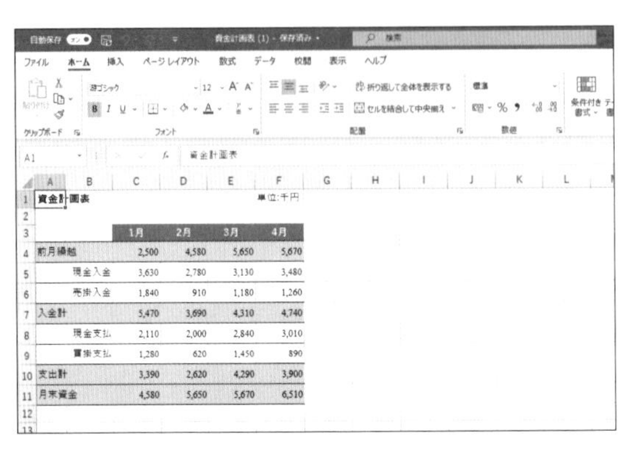

❶自動保存したくないファイルを表示します。

MEMO コピーを保存

＜自動保存＞をオンにすると、＜ファイル＞タブの＜名前を付けて保存＞が＜コピーを保存＞に変わります。

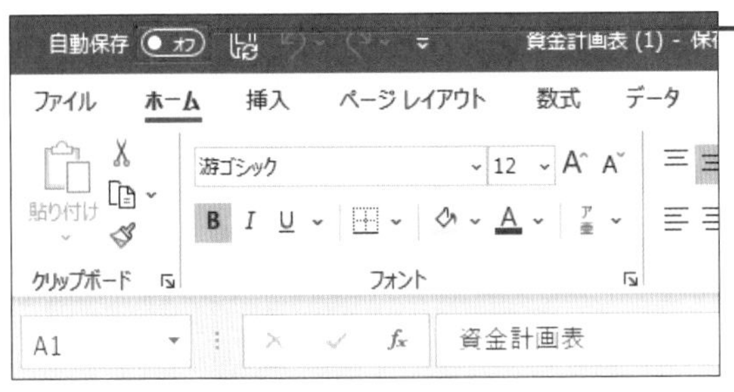

❷＜自動保存＞のスイッチをクリックしてオフにします。これ以降は、OneDriveに自動保存されません。

COLUMN

初期設定は自動保存オフ

新しいブックを開くと、＜自動保存＞のスイッチはオフになっています。ただし、いったんOneDriveにファイルを保存すると、自動的に＜自動保存＞のスイッチがオンに切り替わります。

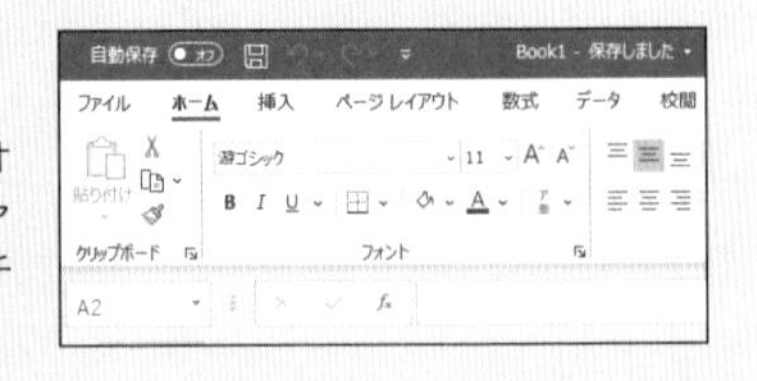

SECTION 273 OneDrive

OneDriveに保存したファイルをWebブラウザーで見る

OneDriveに保存したExcelのファイルは、Webブラウザー上で表示や編集が行えます。これなら、外出先のパソコンやタブレット端末にExcelがインストールされていない環境でも利用できます。スマートフォンのアプリで表示することも可能です。

WebブラウザーでExcelのファイルを開く

WebブラウザーでOneDriveのWebサイトにアクセスし、マイクロソフトアカウントでサインインしておきます。

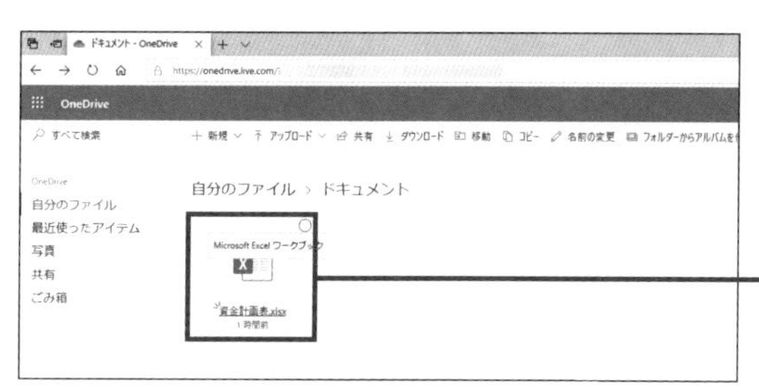

❶表示したいファイルをクリックすると、

MEMO　OneDriveのWebサイト

OneDriveのWebサイトは、「https://onedrive.live.com」です。

❷Webブラウザー上でExcelファイルが表示されます。

COLUMN

使える機能が限定される

WebブラウザーでExcelのファイルを表示すると、Web用のExcel（Excel Online）が自動的に起動しますが、Web用のExcelは使える機能が限定されています。Excelのすべての機能を使いたい場合は、手順❶でファイルの右上の○をクリックし、<開く>－<Excelで開く>をクリックします。ただし、端末にExcelがインストールされていないと、この機能は使えません。

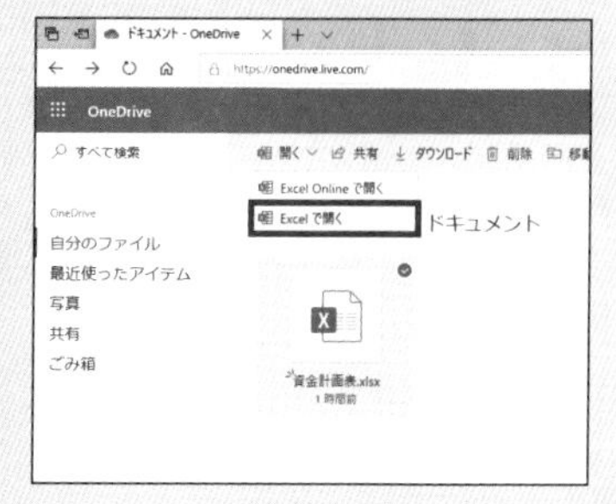

SECTION 274 OneDrive

OneDriveに保存したファイルを共有する

OneDriveの<共有>を使うと、OneDriveに保存したファイルを他の人に見てもらったり、編集してもらったりすることができます。共有する相手のメールアドレスを指定してリンクを送信すると、相手はリンクをクリックするだけでファイルを表示できます。

ファイルをOneDriveで共有する

WebブラウザーでOneDriveのWebサイトにアクセスし、マイクロソフトアカウントでサインインしておきます。

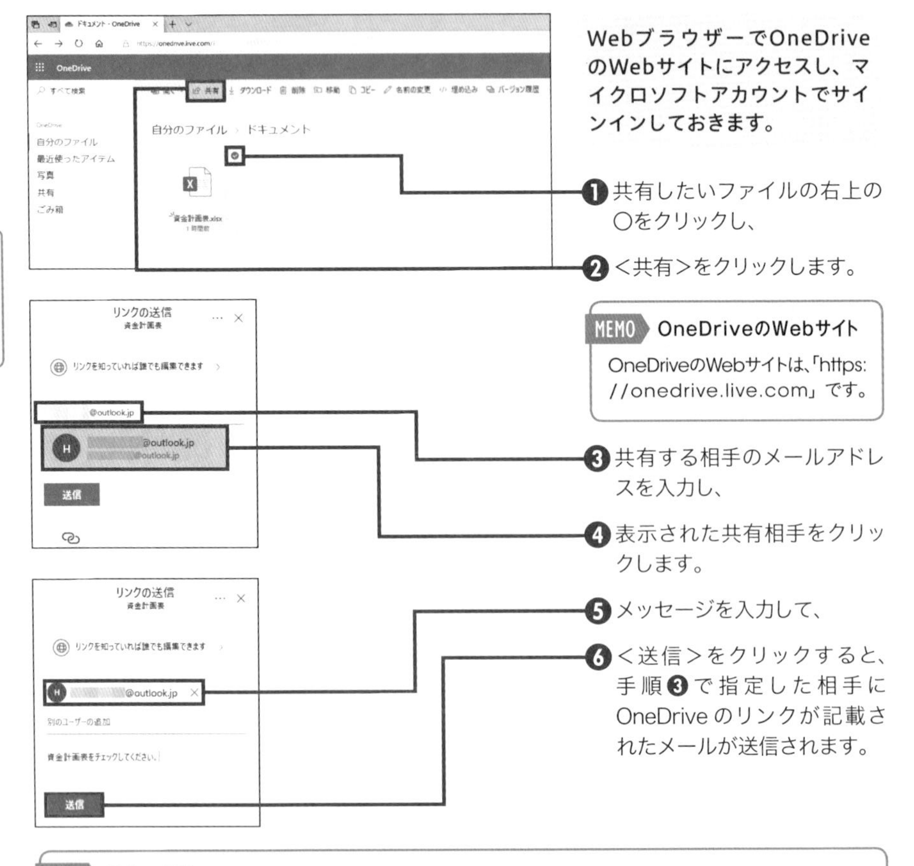

❶共有したいファイルの右上の○をクリックし、

❷<共有>をクリックします。

❸共有する相手のメールアドレスを入力し、

❹表示された共有相手をクリックします。

❺メッセージを入力して、

❻<送信>をクリックすると、手順❸で指定した相手にOneDriveのリンクが記載されたメールが送信されます。

MEMO OneDriveのWebサイト

OneDriveのWebサイトは、「https://onedrive.live.com」です。

MEMO 共有の解除

OneDriveでファイルの共有を解除するには、画面右上の<詳細ウィンドウ>をクリックし、共有相手をクリックして、<共有を停止>をクリックします。

第9章

印刷のプロ技

印刷イメージを拡大して表示する

印刷イメージを表示すると、用紙全体のレイアウトを確認することができます、ただし、このままでは細かい文字をチェックするには不向きです。＜ページに合わせる＞を解除すると、印刷イメージを拡大して表示することができます。

印刷イメージを拡大する

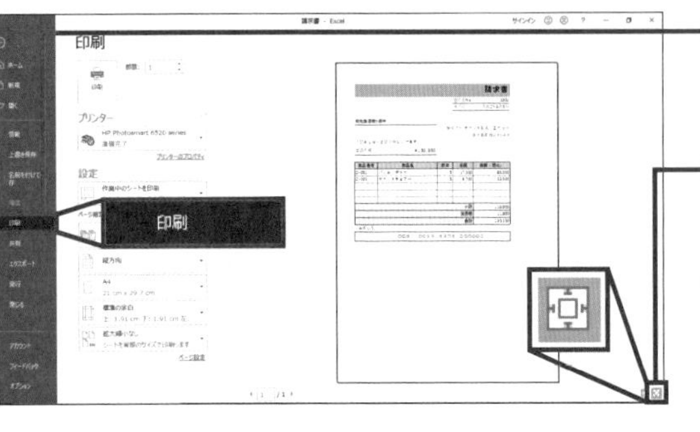

❶＜ファイル＞タブー＜印刷＞をクリックして、印刷イメージを表示します。

❷＜ページに合わせる＞をクリックすると、

MEMO ページの切り替え

複数ページに分かれて印刷される場合は、印刷イメージの左下にある＜次のページ＞をクリックして2ページ目に切り替えます。＜前のページ＞をクリックすると、1ページずつ戻ります。

❸印刷イメージが拡大されます。

❹もう一度＜ページに合わせる＞をクリックすると、

MEMO 全体を確認する

上下のスクロールバーをドラッグすると、拡大した状態で表示位置を変えながら印刷イメージを確認できます。

❺元の倍率に戻ります。

SECTION 276 印刷

印刷を実行する

印刷イメージを確認したら、いよいよ印刷を実行しましょう。パソコンとプリンターが接続されていること、プリンターに電源が入っていること、用紙がセットされていることを確認して<印刷>をクリックします。初期設定では、縦置きのA4用紙に印刷されます。

印刷を実行する

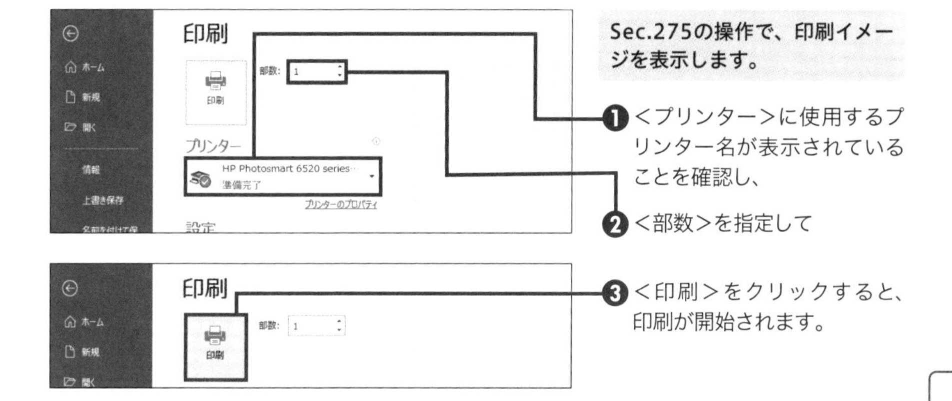

Sec.275の操作で、印刷イメージを表示します。

❶ <プリンター>に使用するプリンター名が表示されていることを確認し、

❷ <部数>を指定して

❸ <印刷>をクリックすると、印刷が開始されます。

COLUMN

クイックアクセスツールバーに印刷を追加する

印刷を実行するたびに<ファイル>タブから操作するのは少々面倒です。クイックアクセスツールバーに<印刷プレビューと印刷>を追加すると、ワンクリックで印刷画面を開けます。

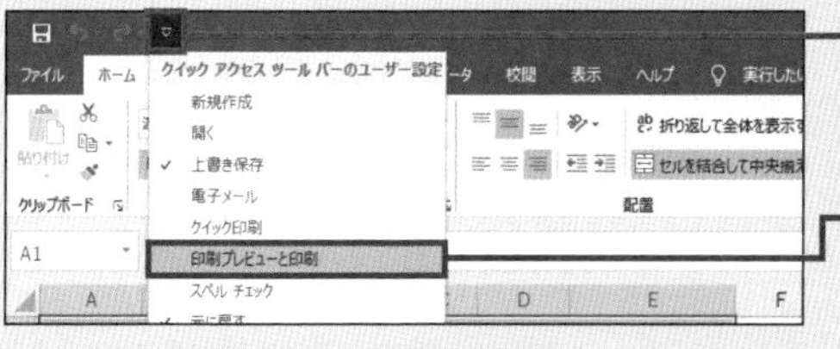

❶ <クイックアクセスツールバーのユーザー設定>をクリックし、

❷ <印刷プレビューと印刷>をクリックすると、

❸ <印刷プレビューと印刷>ボタンが追加されます。

シートを指定して印刷する

印刷を実行すると、現在選択中のワークシートの内容が印刷されます。複数のワークシートに分けて管理している場合は、印刷する前に印刷したいシート見出しをクリックして、ワークシートを切り替えておく必要があります。

特定のシートを印刷する

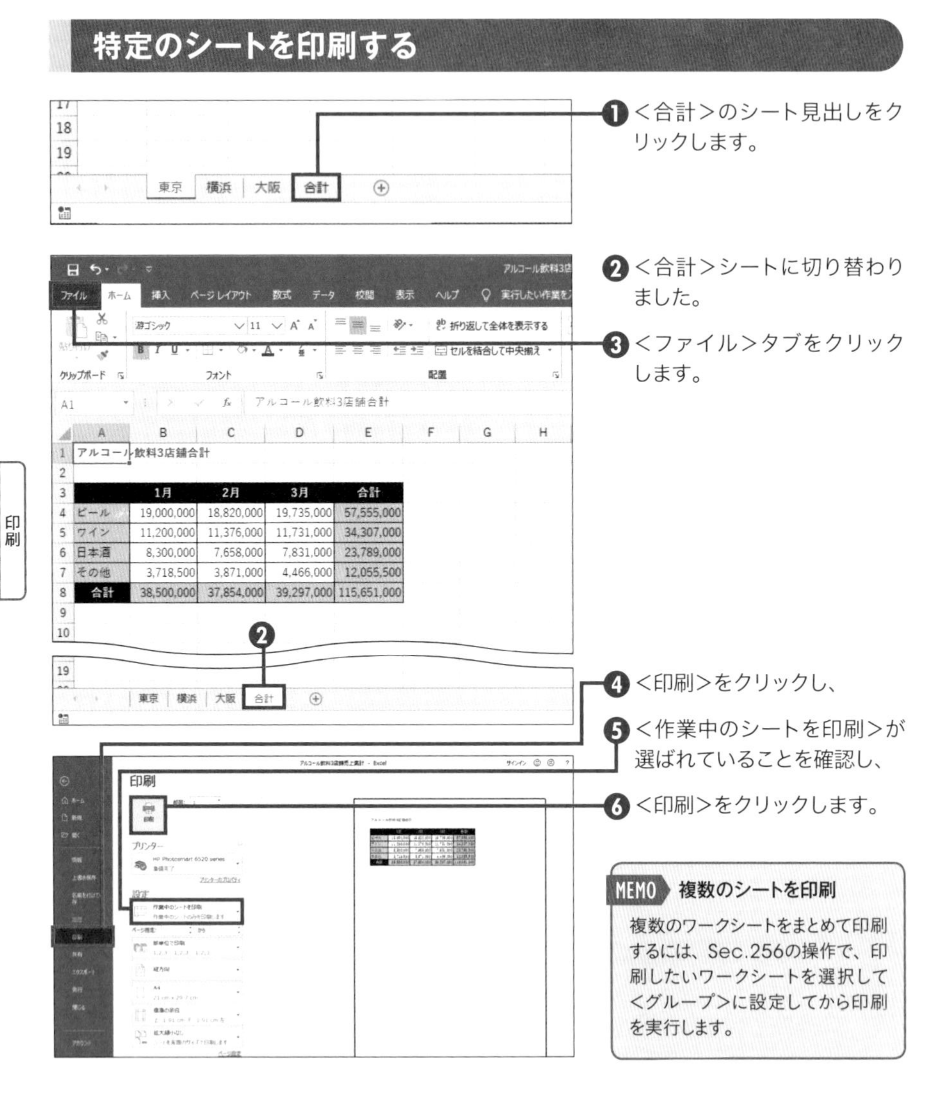

❶ <合計>のシート見出しをクリックします。

❷ <合計>シートに切り替わりました。

❸ <ファイル>タブをクリックします。

❹ <印刷>をクリックし、

❺ <作業中のシートを印刷>が選ばれていることを確認し、

❻ <印刷>をクリックします。

MEMO　複数のシートを印刷

複数のワークシートをまとめて印刷するには、Sec.256の操作で、印刷したいワークシートを選択して<グループ>に設定してから印刷を実行します。

SECTION 278 印刷

すべてのシートを印刷する

複数のワークシートに分けて管理しているときに、すべてのワークシートを印刷するには＜ブック全体を印刷＞を使います。すると、左側のワークシートから順番に自動的に印刷されます。手動で1枚ずつ印刷するよりスピーディーに印刷できます。

ブック全体を印刷する

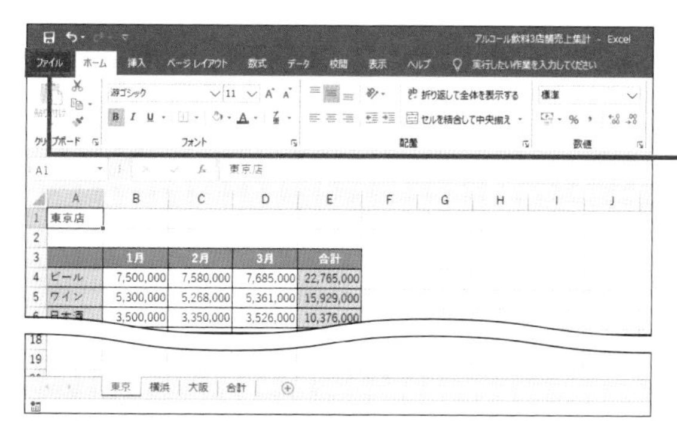

4枚のワークシートをまとめて印刷します。

❶ ＜ファイル＞タブをクリックします。

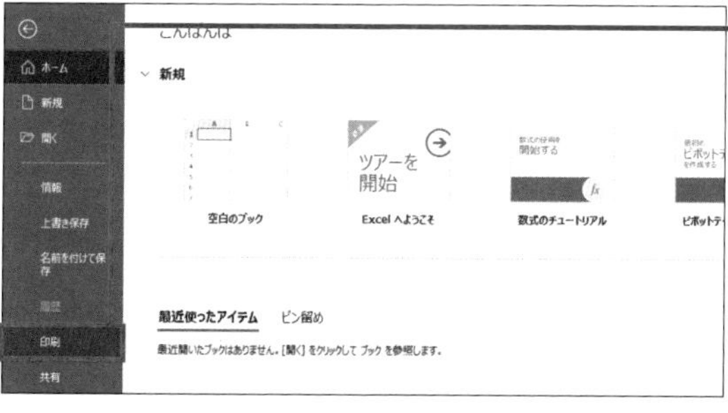

❷ ＜印刷＞をクリックします。

❸ ＜作業中のシートを印刷＞をクリックし、

❹ ＜ブック全体を印刷＞をクリックして、

❺ ＜印刷＞をクリックします。

SECTION 279 印刷

ページ単位で印刷する

会議などで配布する資料を印刷するときに、複数のシートを部数印刷する方法は2つあります。1つは、同じページを部数分連続して印刷する「ページ単位」、もう1つが、1セットずつ印刷する「部単位」です。印刷前に印刷画面で指定します。

ページ単位で印刷する

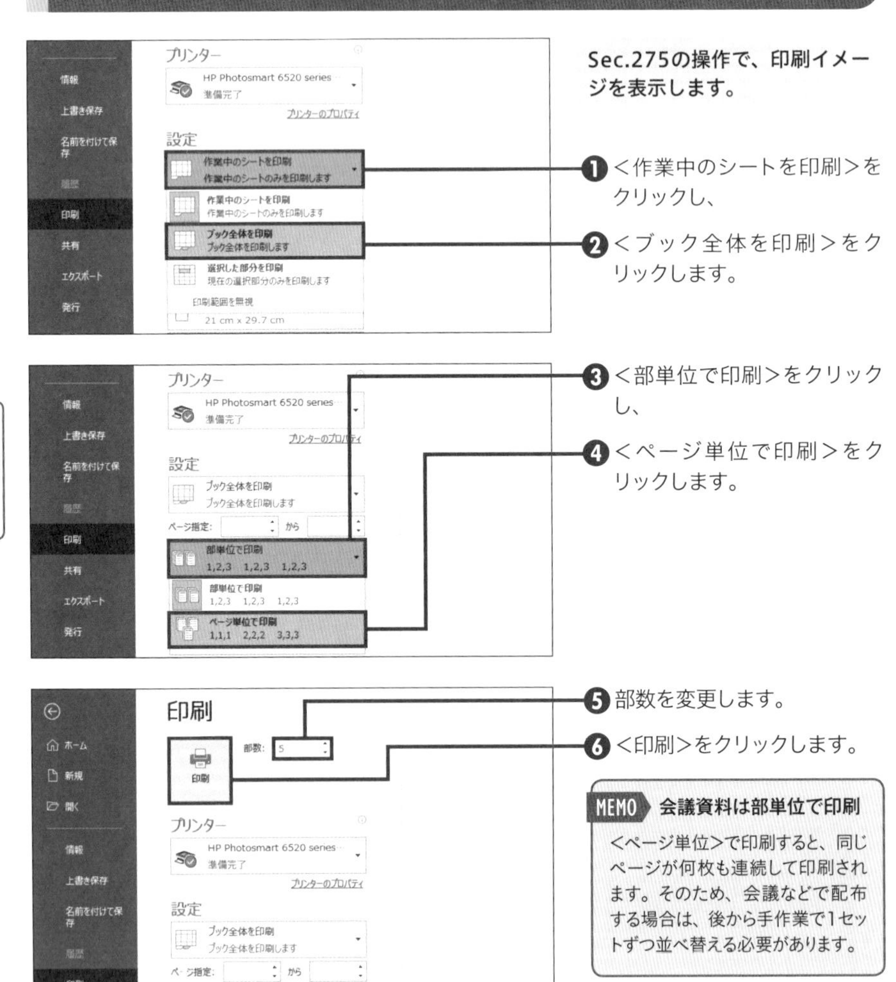

Sec.275の操作で、印刷イメージを表示します。

❶＜作業中のシートを印刷＞をクリックし、

❷＜ブック全体を印刷＞をクリックします。

❸＜部単位で印刷＞をクリックし、

❹＜ページ単位で印刷＞をクリックします。

❺部数を変更します。

❻＜印刷＞をクリックします。

MEMO 会議資料は部単位で印刷

＜ページ単位＞で印刷すると、同じページが何枚も連続して印刷されます。そのため、会議などで配布する場合は、後から手作業で1セットずつ並べ替える必要があります。

SECTION 280

印刷

2ページ目以降にも見出し行を印刷する

複数ページに分かれる大きな表を印刷するときは、どのページにも見出し行が印刷されるようにしておくと一覧性が高まります。＜印刷タイトル＞を使って、見出し行を指定すると、すべてのページに見出し行を印刷できます。

印刷タイトルを設定する

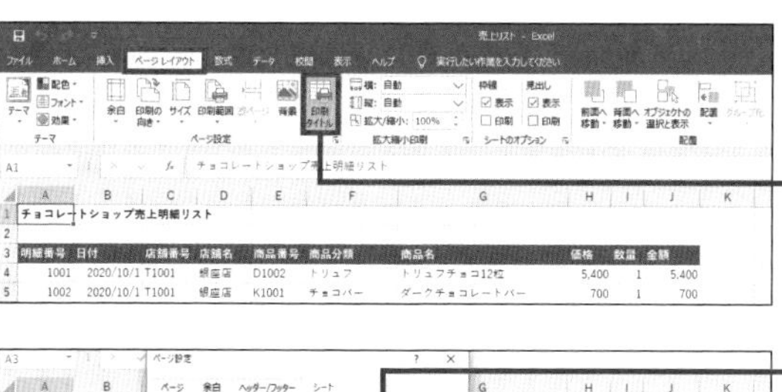

3行目を印刷タイトルに設定します。

❶＜ページレイアウト＞タブ－＜印刷タイトル＞をクリックします。

❷＜タイトル行＞欄をクリックし、

❸ワークシートの行番号の＜3＞をクリックすると、＜タイトル行＞欄に「$3:$3」と表示されます。

❹＜ OK ＞をクリックします。

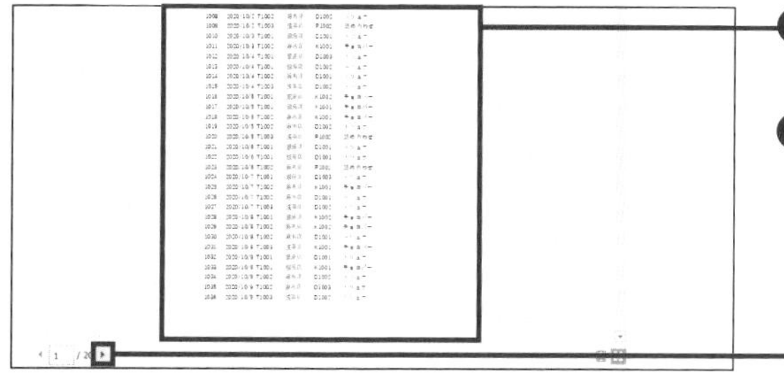

❺Sec.275 の操作で、印刷イメージを表示します。

❻＜次のページ＞をクリックすると、

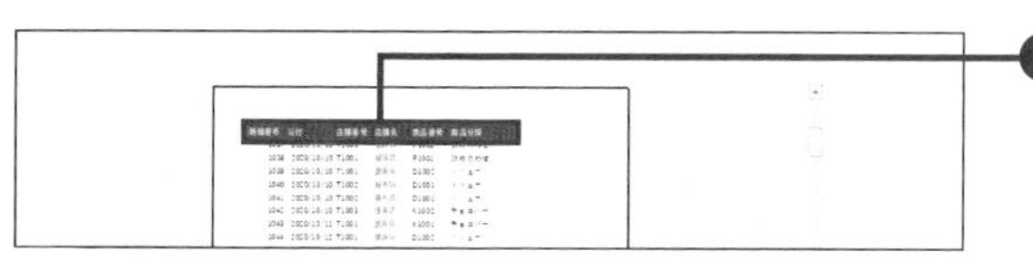

❼2ページ目にも見出し行が表示されています。

コメントを印刷する

セルに挿入したコメントは、そのままでは印刷されません。表やグラフと一緒にコメントを印刷するには、＜ページ設定＞ダイアログボックスで＜コメント＞の印刷方法を設定します。画面通りに印刷する方法と、最後にコメントをまとめて印刷する方法があります。

コメントを印刷する

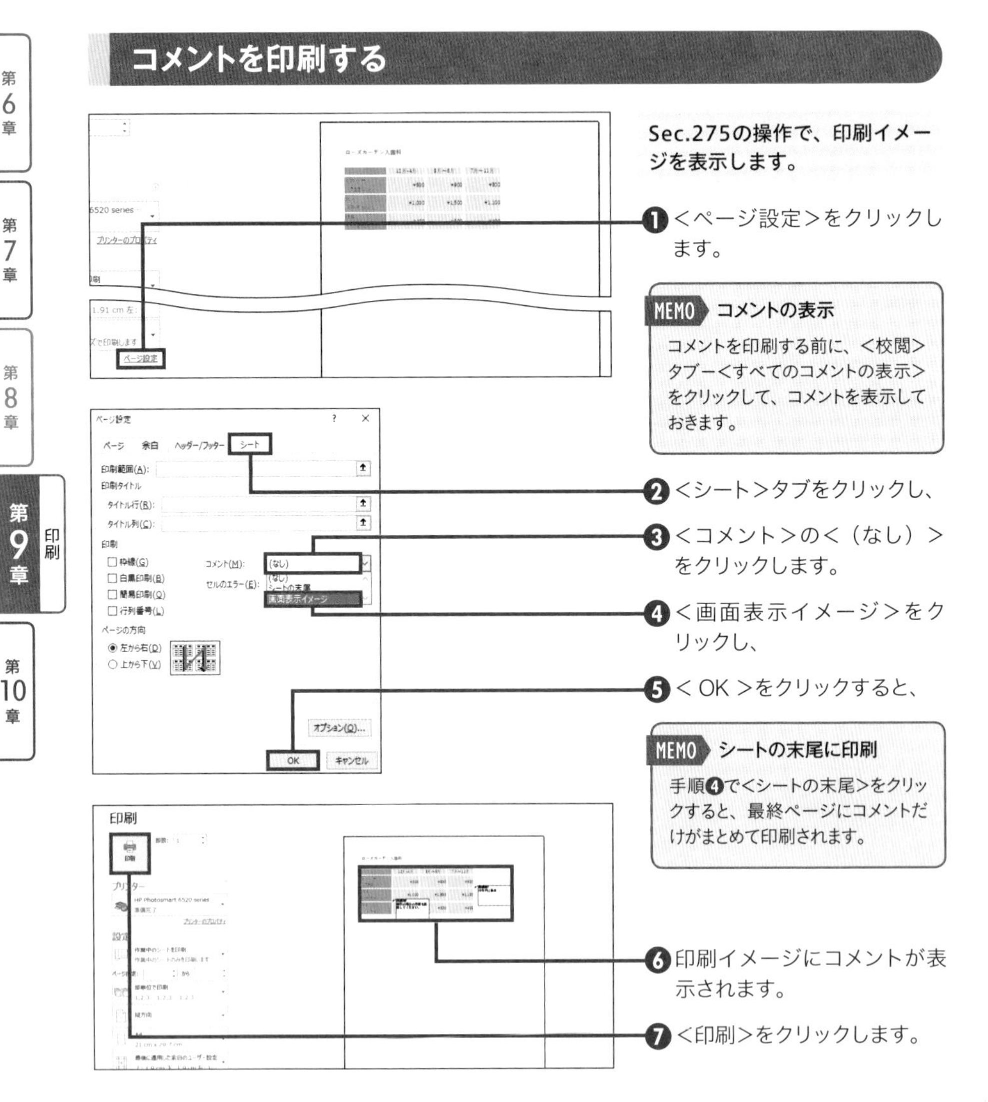

Sec.275の操作で、印刷イメージを表示します。

❶＜ページ設定＞をクリックします。

MEMO コメントの表示

コメントを印刷する前に、＜校閲＞タブー＜すべてのコメントの表示＞をクリックして、コメントを表示しておきます。

❷＜シート＞タブをクリックし、

❸＜コメント＞の＜（なし）＞をクリックします。

❹＜画面表示イメージ＞をクリックし、

❺＜ OK ＞をクリックすると、

MEMO シートの末尾に印刷

手順❹で＜シートの末尾＞をクリックすると、最終ページにコメントだけがまとめて印刷されます。

❻印刷イメージにコメントが表示されます。

❼＜印刷＞をクリックします。

SECTION
282 セルの枠線を印刷する
印刷

ワークシートに最初から表示されているグレーの枠線は「グリッド線」といって、画面表示専用の枠線で印刷されません。ただし、<ページ設定>ダイアログボックスで<枠線>を印刷するように設定すると、グリッド線をそのまま印刷できます。

グリッド線を印刷する

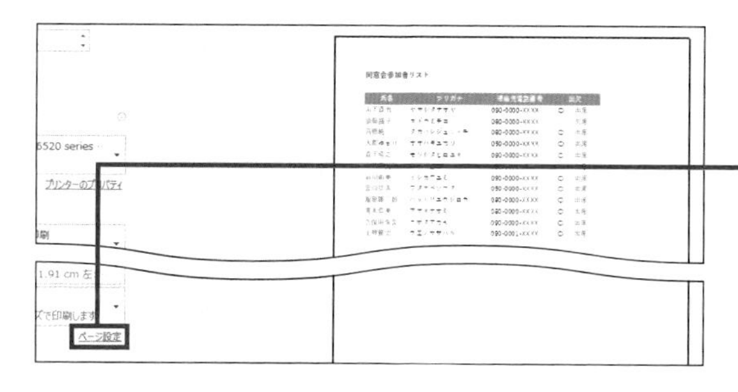

Sec.275の操作で、印刷イメージを表示します。

❶<ページ設定>をクリックします。

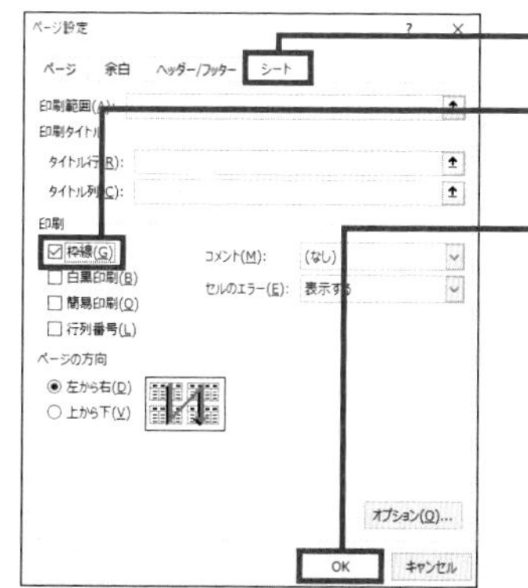

❷<シート>タブをクリックし、

❸<枠線>をクリックしてオンにし、

❹< OK >をクリックすると、

同窓会参加者リスト

氏名	フリガナ	連絡先電話番号	出欠	
山下直也	ヤマシタナオヤ	090-0000-XXXX	○	出席
須藤路子	スドウミチコ	080-0000-XXXX		欠席
高橋純一	タカハシジュンイチ	080-0000-XXXX	○	出席
大原ゆかり	オオハラユカリ	050-0000-XXXX	○	出席
森下博之	モリシタヒロユキ	090-0000-XXXX	○	出席
大庭恵美子	オオバエミコ	090-0000-XXXX		欠席
石川由美	イシカワユミ	090-0000-XXXX	○	出席
渡辺壮太	ワタナベソウタ	050-0000-XXXX	○	出席
服部雄二郎	ハットリユウジロー	080-0000-XXXX	○	出席
青木直美	アオキナオミ	080-0000-XXXX	○	出席
久保田朱音	クボタアカネ	090-0000-XXXX	○	出席
上野雅治	ウエノマサハル	090-0001-XXXX	○	出席

❺印刷イメージにグリッド線が表示されます。

MEMO　行番号・列番号の印刷

<ページ設定>ダイアログボックスの<シート>タブで、<行列番号>をクリックすると、英字の列番号と数字の行番号をそのまま印刷できます。

エラー表示を消して印刷する

セルに何らかのエラーが表示されている状態でワークシートを印刷すると、エラーも印刷されます。本来はエラーの処理を正しく行う必要がありますが、<ページ設定>ダイアログボックスの<セルのエラー>を使って、印刷時にエラーを消すことができます。

セルのエラーを空白にして印刷する

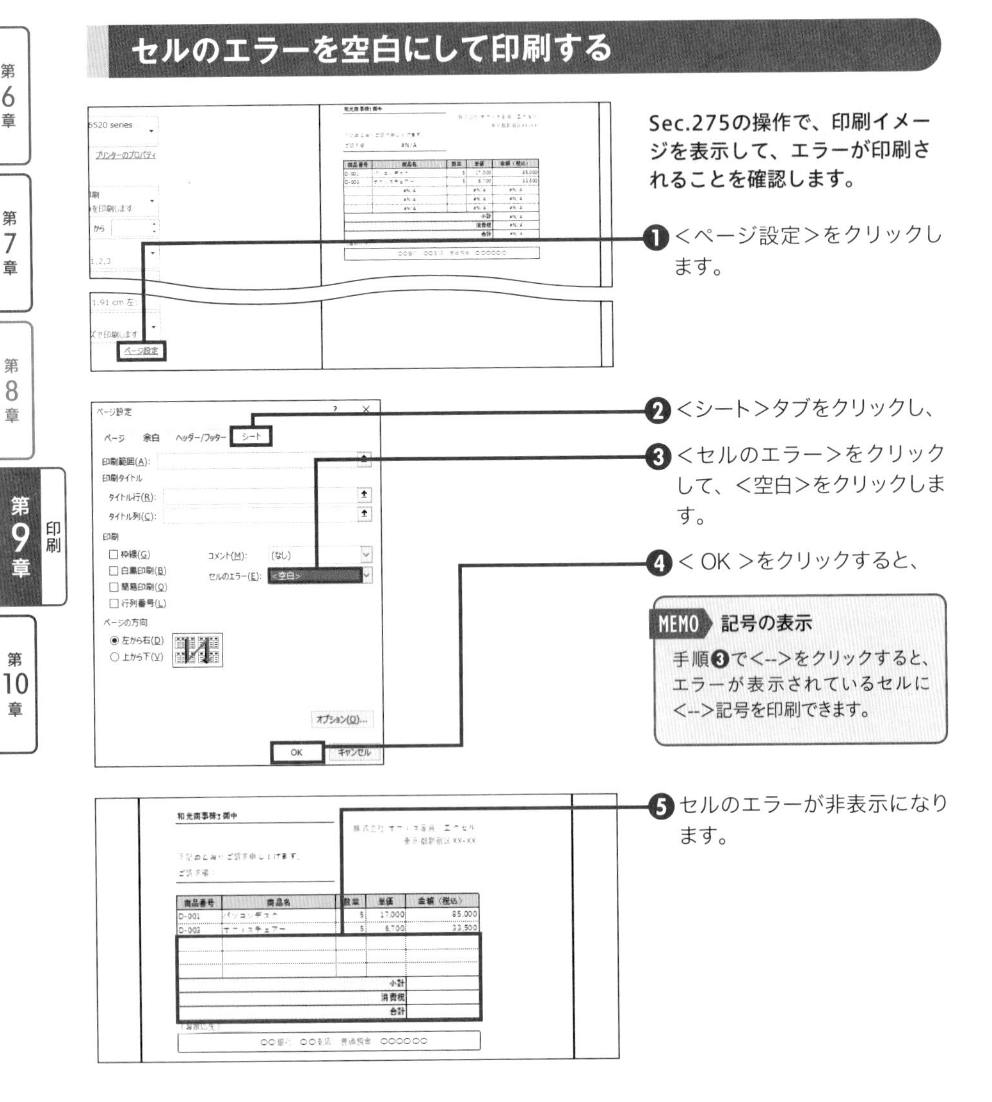

Sec.275の操作で、印刷イメージを表示して、エラーが印刷されることを確認します。

❶ <ページ設定>をクリックします。

❷ <シート>タブをクリックし、

❸ <セルのエラー>をクリックして、<空白>をクリックします。

❹ < OK >をクリックすると、

> **MEMO　記号の表示**
>
> 手順❸で<-->をクリックすると、エラーが表示されているセルに<-->記号を印刷できます。

❺ セルのエラーが非表示になります。

第6章
第7章
第8章
第9章 印刷
第10章

グラフだけを印刷する

表とグラフを同じワークシートに作成したときは、ワークシートを印刷すると、表とグラフが一緒に印刷されます。グラフだけを印刷するには、グラフをクリックして選択してから印刷を実行します。すると、用紙いっぱいにグラフが大きく印刷されます。

グラフだけを印刷する

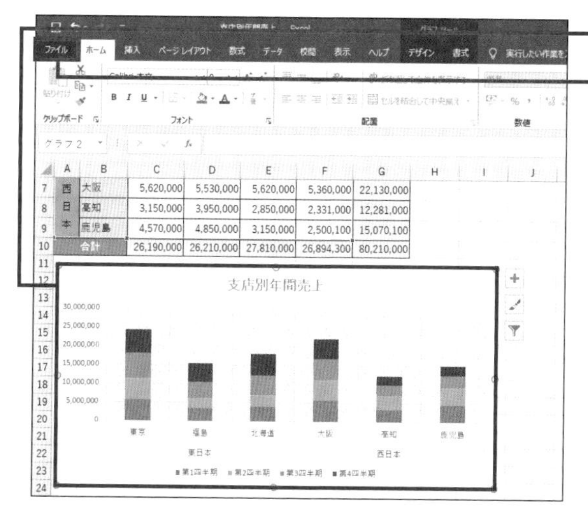

❶ グラフをクリックします。

❷ <ファイル>タブをクリックします。

❸ <印刷>をクリックすると、

❹ 印刷イメージにグラフだけが表示されます。

> **MEMO　用紙を横置にする**
>
> 横長のグラフを印刷するなら、用紙も横置きにするとよいでしょう。<縦方向>をクリックして表示されるメニューから<横方向>にします。

SECTION 285 印刷範囲

印刷する範囲を指定する

<印刷範囲>を使うと、ワークシートに作成した表の中で、印刷したいセル範囲だけを指定できます。印刷範囲に指定したセル範囲は登録されるので、次回以降は印刷を実行するだけでOKです。ここでは、2つある表の左側の表だけを印刷します。

印刷範囲を指定する

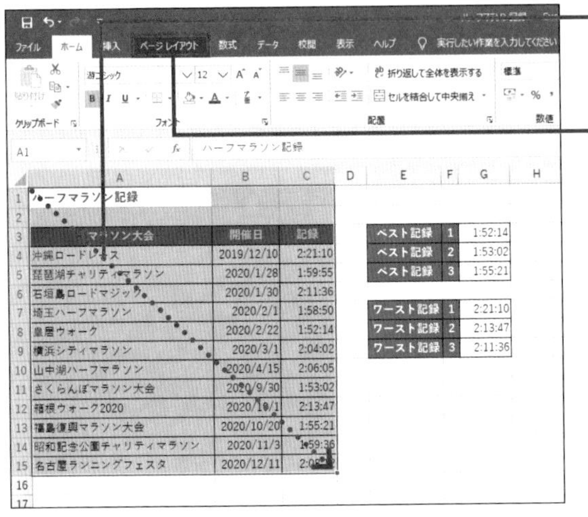

マラソン大会	開催日	記録
沖縄ロードレース	2019/12/10	2:21:10
琵琶湖チャリティマラソン	2020/1/28	1:59:55
石垣島ロードマジック	2020/1/30	2:11:36
埼玉ハーフマラソン	2020/2/1	1:58:50
皇居ウォーク	2020/2/22	1:52:14
横浜シティマラソン	2020/3/1	2:04:02
山中湖ハーフマラソン	2020/4/15	2:06:05
さくらんぼマラソン大会	2020/9/30	1:53:02
箱根ウォーク2020	2020/10/1	2:13:47
福島復興マラソン大会	2020/10/20	1:55:21
昭和記念公園チャリティマラソン	2020/11/3	1:59:36
名古屋ランニングフェスタ	2020/12/11	2:08:12

ベスト記録	1	1:52:14
ベスト記録	2	1:53:02
ベスト記録	3	1:55:21

ワースト記録	1	2:21:10
ワースト記録	2	2:13:47
ワースト記録	3	2:11:36

❶印刷したいセル範囲（ここでは、A1セル～C15セル）をドラッグします。

❷<ページレイアウト>タブをクリックします。

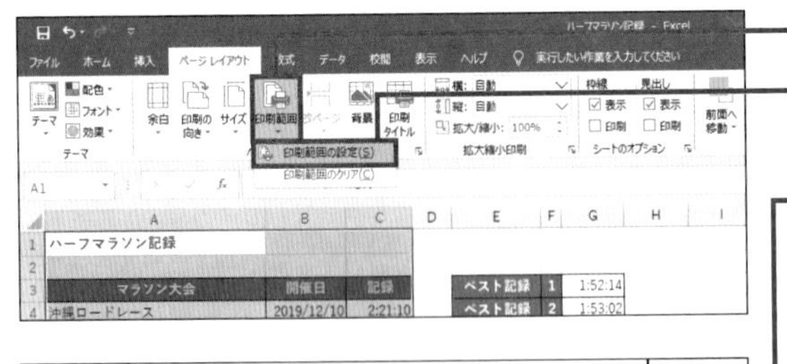

❸<印刷範囲>をクリックし、

❹<印刷範囲の設定>をクリックします。

❺Sec.275の操作で、印刷イメージを表示すると、手順❶でドラッグしたセルだけが表示されます。

MEMO 印刷範囲の解除

印刷範囲を解除するには、印刷範囲を設定したセルをドラッグし、<ページレイアウト>タブの<印刷範囲>から<印刷範囲のクリア>をクリックします。

SECTION 286

印刷範囲

選択している部分だけを印刷する

Sec.285の＜印刷範囲の設定＞では、印刷したいセル範囲を登録する操作を解説しました。常に同じセル範囲を印刷するわけではないときは、印刷範囲を登録せずに、選択したセルだけを一時的に印刷する方法が便利です。印刷が終わると、自動的に選択が解除されます。

一時的に選択したセルを印刷する

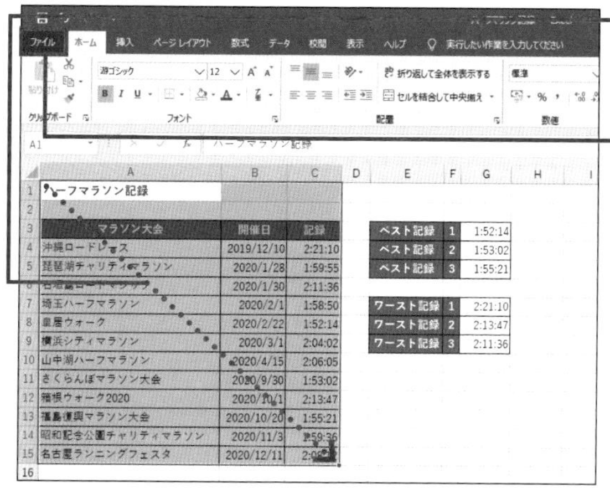

❶ 印刷したいセル範囲（ここでは、A1セル～C15セル）をドラッグします。

❷ ＜ファイル＞タブをクリックします。

❸ ＜印刷＞をクリックします。

❹ ＜作業中のシートを印刷＞をクリックし、

❺ ＜選択した部分を印刷＞をクリックすると、

❻ 手順❶で選択したセルだけが表示されます。

MEMO セル範囲の解除

この方法で印刷を実行すると、手順❶でドラッグしたセル範囲は解除されます。そのため、印刷のたびに同じ操作を行う必要があります。

SECTION 287 改ページ

改ページ位置を調整する

1枚の用紙に収まらない大きな表を印刷するときに、区切りの悪い位置でページが切り替わると読みづらくなります。<改ページプレビュー>を使うと、画面上にページごとの切り替え線が表示され、どの位置でページを切り替えるかを手動で指定できます。

改ページプレビュー画面を表示する

店舗ごとにページを分けて印刷します。

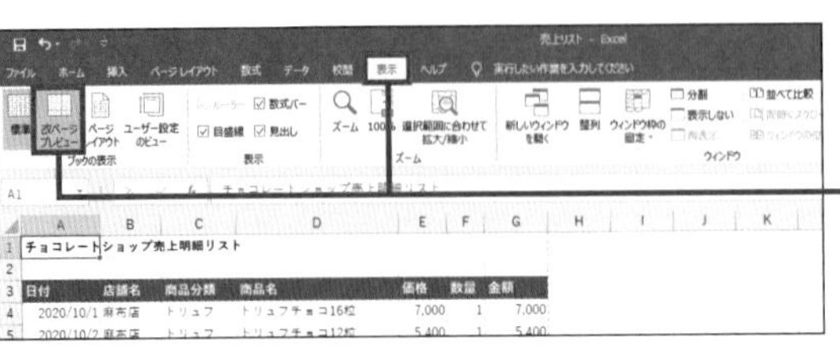

❶ <表示>タブー<改ページプレビュー>をクリックします。

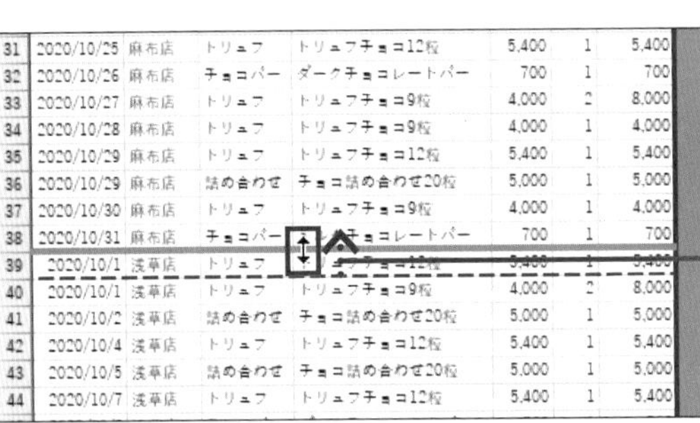

❷ 1ページと2ページを区切る青い横線にマウスポインターを移動し、

❸ マウスポインターの形状が変化したら、そのまま上方向（麻布店と浅草店の区切りまで）にドラッグすると、

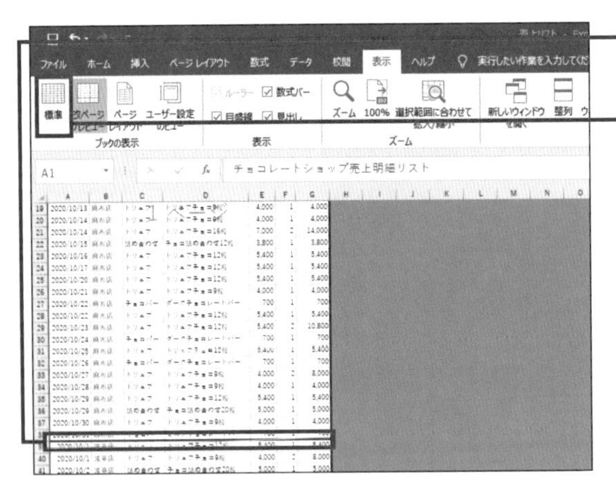

❹ 改ページ位置を調整できました。

❺ <標準>をクリックして元の画面に戻ります。

> **MEMO 縦方向の区切り位置**
>
> 改ページプレビュー画面で縦方向に青い点線が表示される場合は、青い点線を左右にドラッグして改ページ位置を調整します。

SECTION 288 改ページ

改ページを追加する

複数ページにまたがる大きな表を印刷するときは、区切りのよい位置でページが分かれるように設定すると読みやすくなります。<改ページ>を使うと、強制的にページを区切る位置を設定できます。ここでは、店舗ごとに改ページされるように設定します。

改ページを追加する

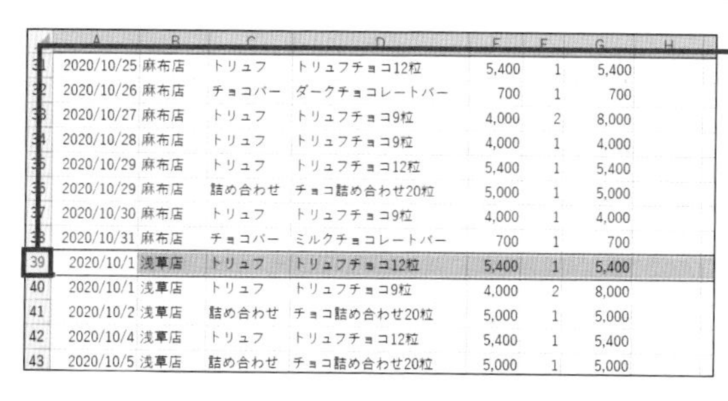

❶麻布店と浅草店の境となる行番号の< 39 >をクリックします。

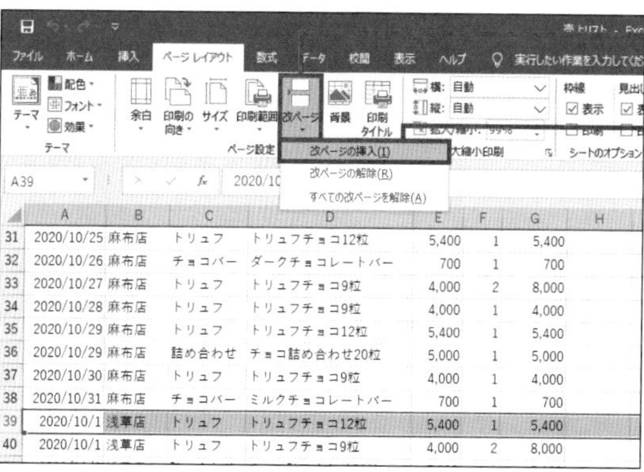

❷<ページレイアウト>タブ－<改ページ>をクリックし、

❸<改ページの挿入>をクリックすると、

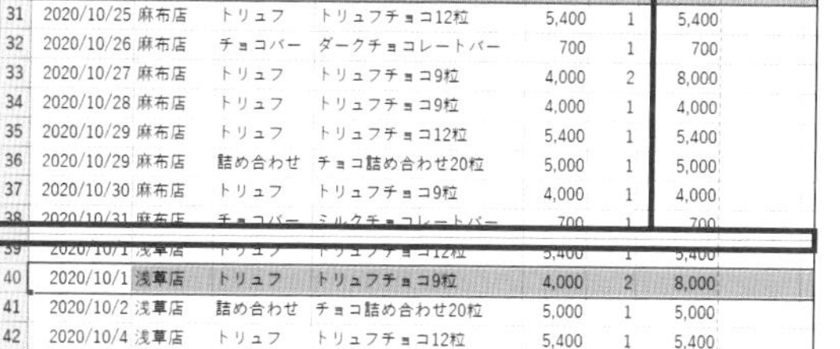

❹39 行目の上側に改ページを示す線が表示されます。

MEMO 改ページの削除

改ページを削除するには、改ページを設定した行番号や列番号をクリックし、<ページレイアウト>タブの<改ページ>から<改ページの解除>をクリックします。

余白を調整する

ワークシートを印刷すると、自動的に上下左右に余白が設定されます。<余白>を使うと、余白の大きさを「標準」「広い」「狭い」の3つから変更できます。あるいは、<ユーザー設定の余白>を使って、余白の数値を直接指定することもできます。

余白のサイズを設定する

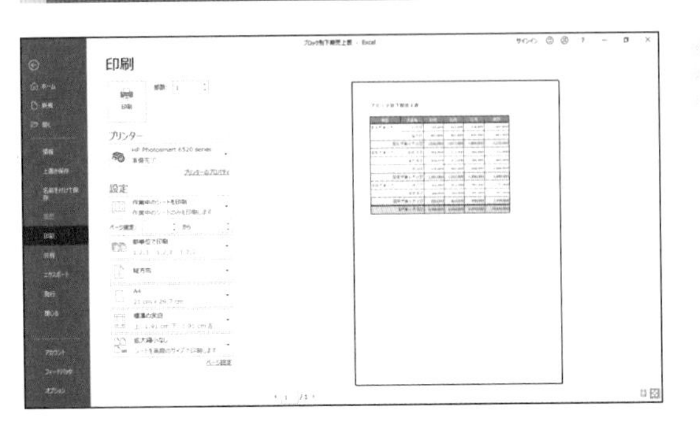

Sec.275の操作で、印刷イメージを表示します。

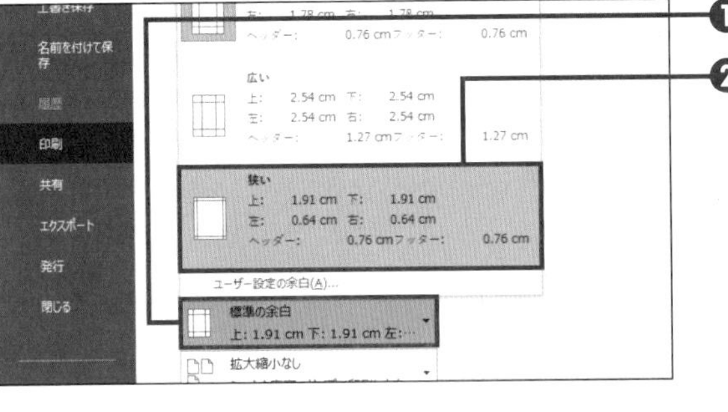

❶ <標準の余白>をクリックし、

❷ <狭い>をクリックすると、

❸ 印刷イメージで、余白が狭まったことが確認できます。

MEMO　ページレイアウトタブ

<ページレイアウト>タブの<余白>から、余白の大きさを変更することもできます。

SECTION 290 余白

印刷イメージを見ながら余白を調整する

Sec.289の操作で余白の大きさを変更することもできますが、印刷のたびに印刷イメージで変更結果を確認しなければなりません。<余白の表示>を使うと、印刷イメージを見ながら余白の大きさをドラッグ操作で直感的に調整できます。

余白のサイズを設定する

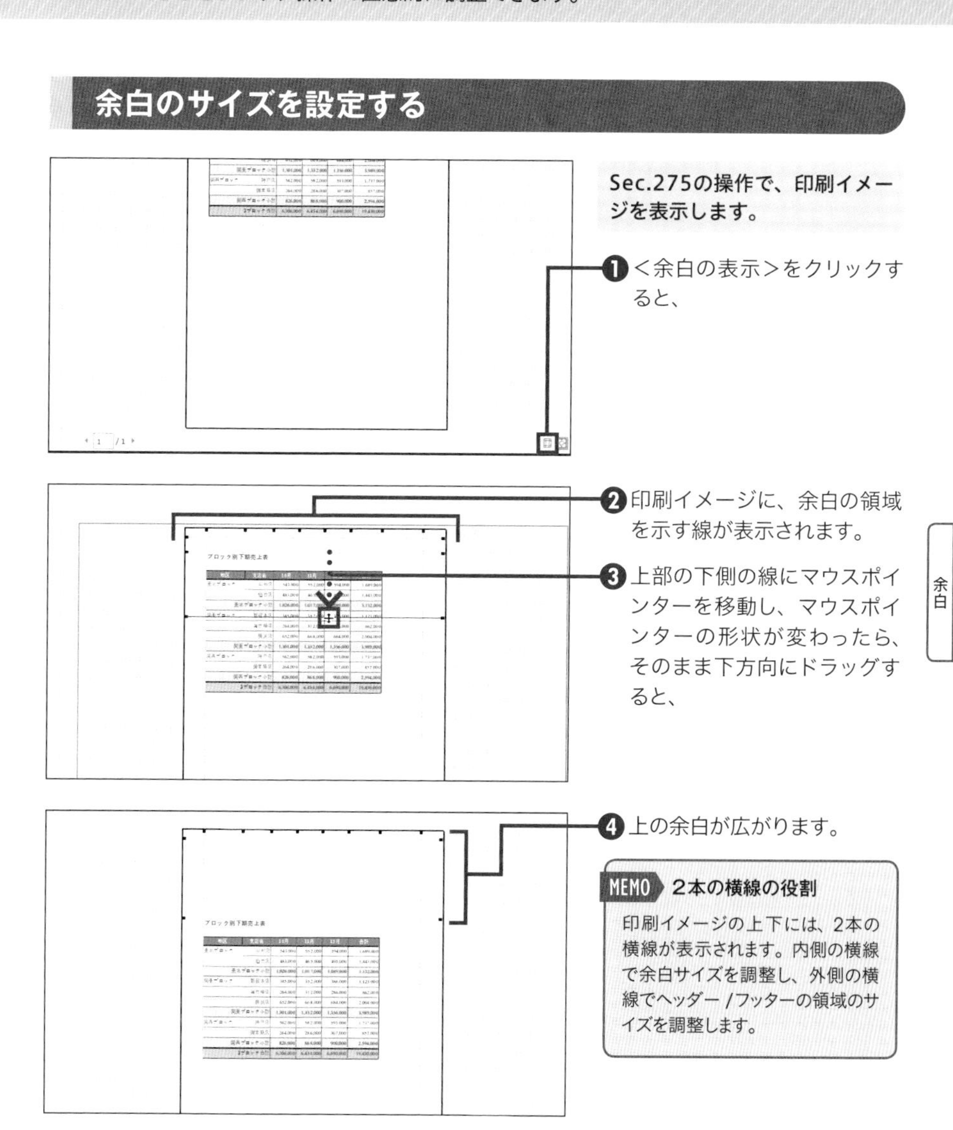

Sec.275の操作で、印刷イメージを表示します。

❶ <余白の表示>をクリックすると、

❷ 印刷イメージに、余白の領域を示す線が表示されます。

❸ 上部の下側の線にマウスポインターを移動し、マウスポインターの形状が変わったら、そのまま下方向にドラッグすると、

❹ 上の余白が広がります。

MEMO 2本の横線の役割

印刷イメージの上下には、2本の横線が表示されます。内側の横線で余白サイズを調整し、外側の横線でヘッダー /フッターの領域のサイズを調整します。

表を用紙の中央に印刷する

<余白>の<ページ中央>を使うと、表を用紙の中央に印刷できます。<ページ中央>には「水平」と「垂直」が用意されており、<水平>をクリックすると、用紙の横方向の中央、<垂直>をクリックすると、用紙の縦方向の中央に印刷できます。

ページ中央に印刷する

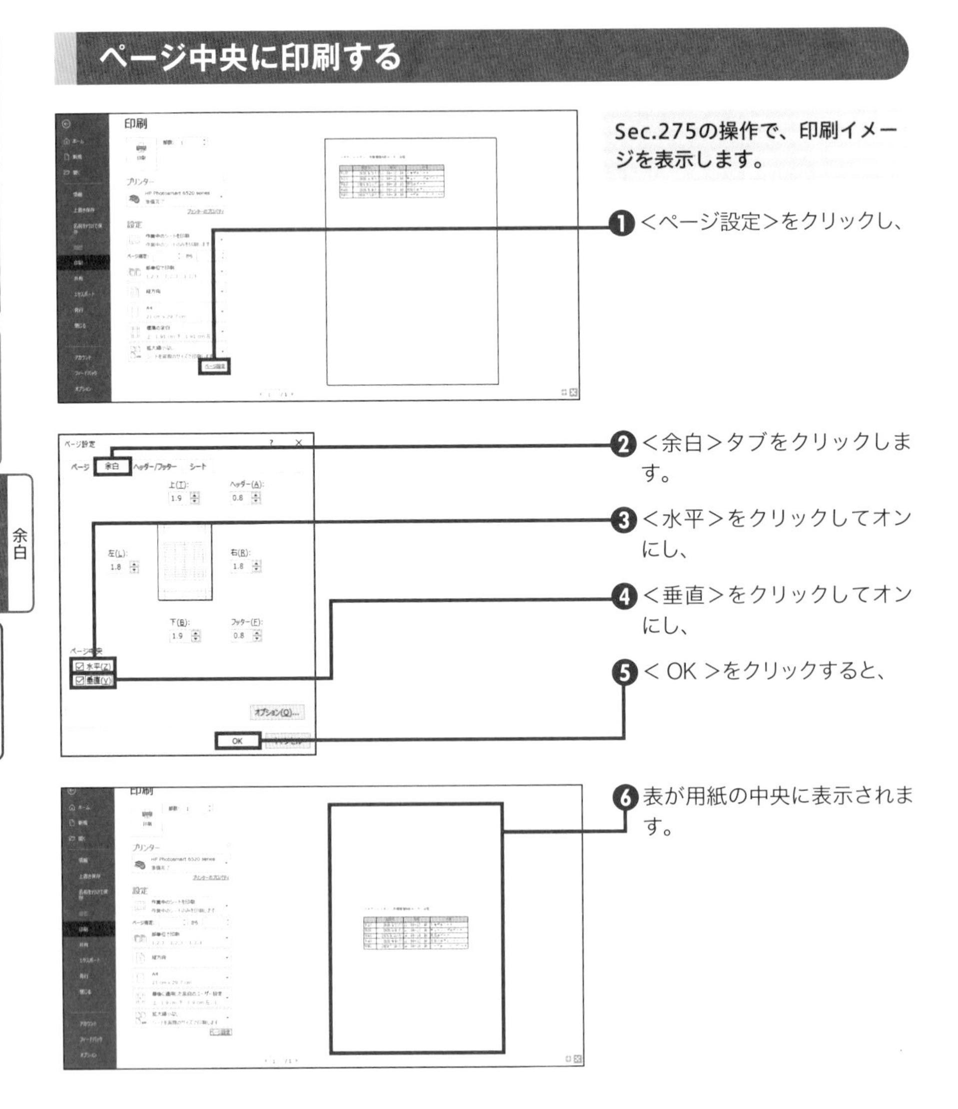

Sec.275の操作で、印刷イメージを表示します。

❶ <ページ設定>をクリックし、

❷ <余白>タブをクリックします。

❸ <水平>をクリックしてオンにし、

❹ <垂直>をクリックしてオンにし、

❺ < OK >をクリックすると、

❻ 表が用紙の中央に表示されます。

表を用紙1枚に収めて印刷する

印刷イメージで確認すると、数行分や数列分だけが次のページにあふれてしまうことがあります。表を用紙1枚に収めて印刷するには、<シートを1枚に収めて印刷>を使います。すると、用紙1枚に収まるように自動的に表全体が縮小されます。

シートを1枚に収めて印刷する

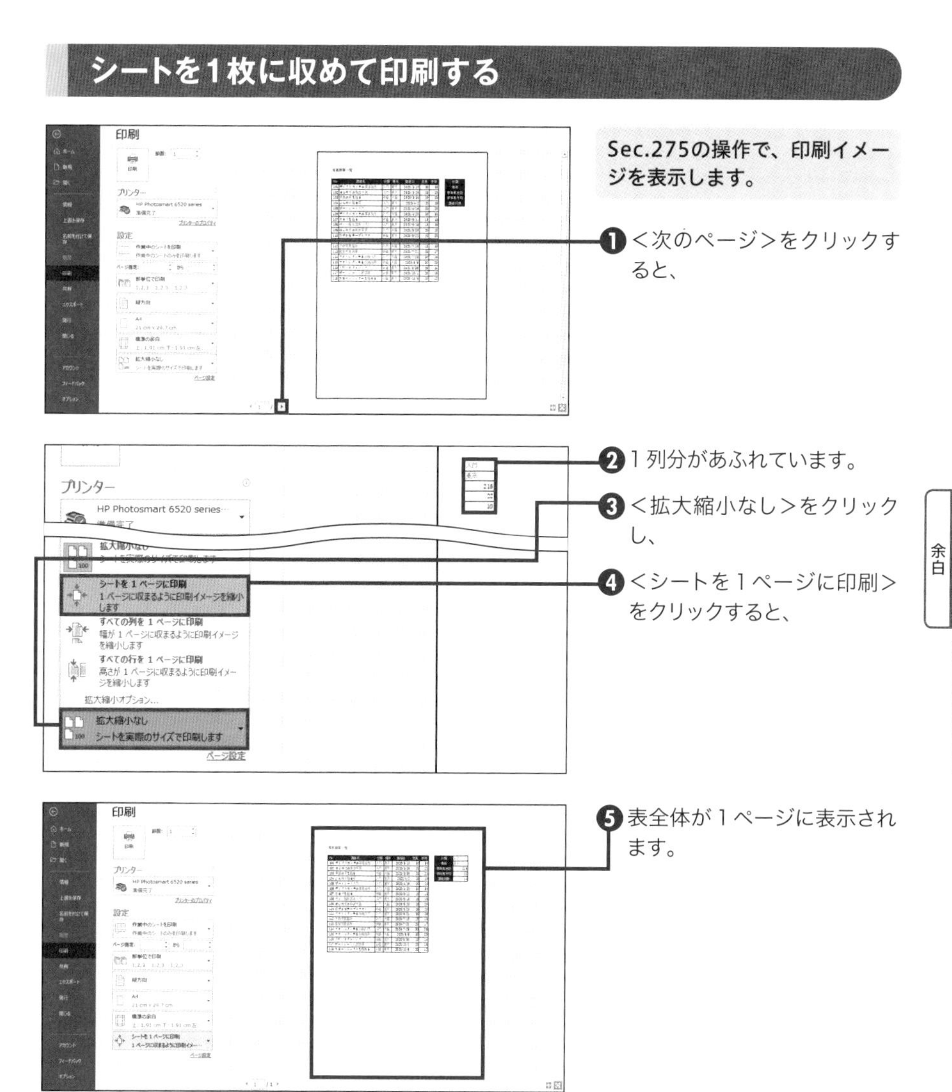

Sec.275の操作で、印刷イメージを表示します。

❶ <次のページ>をクリックすると、

❷ 1列分があふれています。

❸ <拡大縮小なし>をクリックし、

❹ <シートを1ページに印刷>をクリックすると、

❺ 表全体が1ページに表示されます。

SECTION 293 ヘッダー・フッター

ヘッダーやフッターを表示する

ヘッダーは用紙の上余白の領域、フッターは用紙の下余白の領域のことです。ヘッダーやフッターに設定した情報は、すべてのページの同じ位置に同じ情報が表示されます。作成日や作成者、ページ番号など、すべてのページに共通の内容を表示するとよいでしょう。

ヘッダーやフッターを表示する

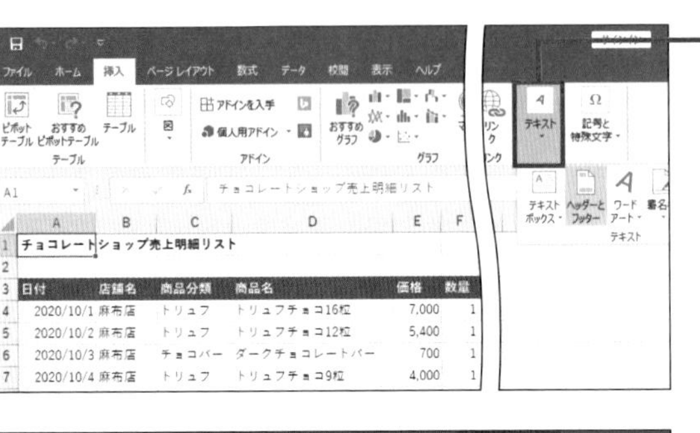

❶＜挿入＞タブ－＜テキスト＞－＜ヘッダーとフッター＞をクリックします。

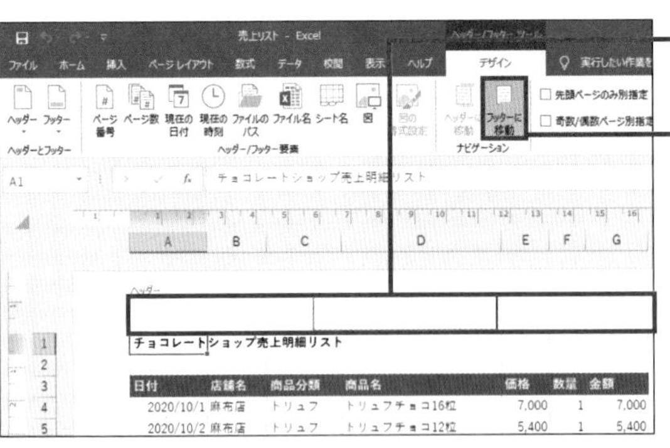

❷ヘッダー領域が表示されます。

❸＜ヘッダー／フッターツール＞－＜デザイン＞タブ－＜フッターに移動＞をクリックすると、

MEMO タブの名称

Microsoft 365では、手順❸で＜ヘッダーとフッター＞タブをクリックします。

❹フッター領域が表示されます。

MEMO 元の画面に戻る

ヘッダーやフッター以外のセルをクリックし、＜表示＞タブの＜標準＞をクリックすると、元の画面モードに戻ります。

SECTION 294

ヘッダー・フッター

ヘッダーやフッターに文字を表示する

ヘッダーには表の作成日や作成者、プロジェクト名などを表示し、フッターにはページ番号を表示するケースが多いようです。ヘッダーやフッターには、それぞれ左、中央、右の3つの領域が用意されています。ここでは、ヘッダーの右側に作成者名を表示します。

ヘッダーに文字を設定する

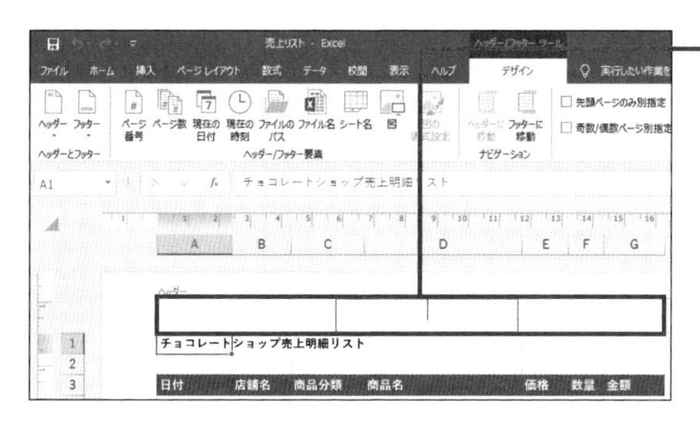

❶ Sec.293の操作で、ヘッダーを表示します。

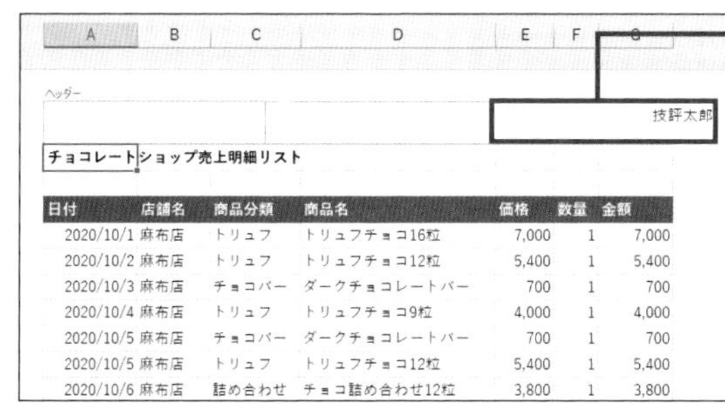
ヘッダー

技評太郎

チョコレートショップ売上明細リスト

日付	店舗名	商品分類	商品名	価格	数量	金額
2020/10/1	麻布店	トリュフ	トリュフチョコ16粒	7,000	1	7,000
2020/10/2	麻布店	トリュフ	トリュフチョコ12粒	5,400	1	5,400
2020/10/3	麻布店	チョコバー	ダークチョコレートバー	700	1	700
2020/10/4	麻布店	トリュフ	トリュフチョコ9粒	4,000	1	4,000
2020/10/5	麻布店	チョコバー	ダークチョコレートバー	700	1	700
2020/10/5	麻布店	トリュフ	トリュフチョコ12粒	5,400	1	5,400
2020/10/6	麻布店	詰め合わせ	チョコ詰め合わせ12粒	3,800	1	3,800

❷ ヘッダーの右側の領域をクリックし、作成者の名前（ここでは「技評太郎」）を入力します。

A	B	C	D	E	F	G
2020/10/29	麻布店	詰め合わせ	チョコ詰め合わせ20粒	5,000	1	5,000
2020/10/30	麻布店	トリュフ	トリュフチョコ9粒	4,000	1	4,000
2020/10/31	麻布店	チョコバー	ミルクチョコレートバー	700	1	700
2020/10/1	浅草店	トリュフ	トリュフチョコ12粒	5,400	1	5,400
2020/10/1	浅草店	トリュフ	トリュフチョコ9粒	4,000	2	8,000

フッターの追加

技評太郎

A	B	C	D	E	F	G
2020/10/2	浅草店	詰め合わせ	チョコ詰め合わせ20粒	5,000	1	5,000
2020/10/4	浅草店	トリュフ	トリュフチョコ12粒	5,400	1	5,400
2020/10/5	浅草店	詰め合わせ	チョコ詰め合わせ20粒	5,000	1	5,000
2020/10/7	浅草店	トリュフ	トリュフチョコ12粒	5,400	1	5,400

❸ スクロールバーで下方向に移動すると、2ページ目の同じ位置に同じヘッダーが表示されています。

MEMO 書式の設定

ヘッダーやフッターに入力した文字にも書式を付けることができます。文字をドラッグして選択し、<ホーム>タブから書式を設定します。

SECTION 295 ヘッダー・フッター

ヘッダーに日付と時刻を表示する

ヘッダーに本日の日付と時刻を表示します。このとき、キーボードから日付や時刻を入力すると、常に同じ日付と時刻が表示されます。ファイルを開いた時点の日付や時刻を表示する場合は、＜現在の日付＞や＜現在の時刻＞を使います。

ヘッダーに日時を設定する

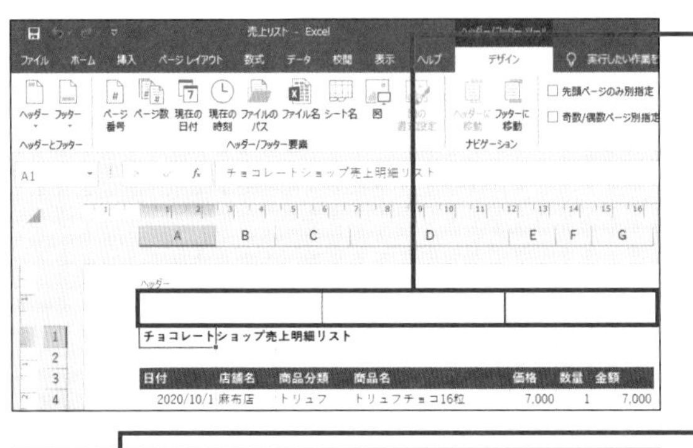

❶ Sec.293の操作で、ヘッダーを表示します。

❷ ヘッダーの左側の領域をクリックし、

❸ ＜ヘッダー / フッターツール＞－＜デザイン＞タブ－＜現在の日付＞をクリックすると、

MEMO　タブの名称

Microsoft 365では、手順❸で<ヘッダーとフッター>タブをクリックします。

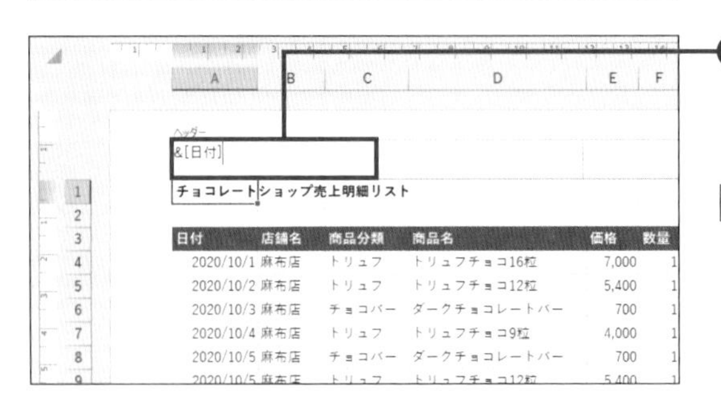

❹「& [日付]」と表示され、印刷を実行すると、現在の日付が印刷されます。

MEMO　現在の時刻の表示

<デザイン>タブの<現在の時刻>をクリックすると、「& [時刻]」と表示され、現在の時刻が印刷されます。

第6章 第7章 第8章 第9章 ヘッダー・フッター 第10章

フッターにページ番号を表示する

用紙の下部の余白であるフッターには、ページ番号を表示することが多いでしょう。ヘッダー／フッター画面で<ページ番号>を使うと、1ページ目から始まる連番を表示できます。複数ページに分かれる表を印刷するときは、ページ番号を付けて印刷しましょう。

フッターにページ番号を設定する

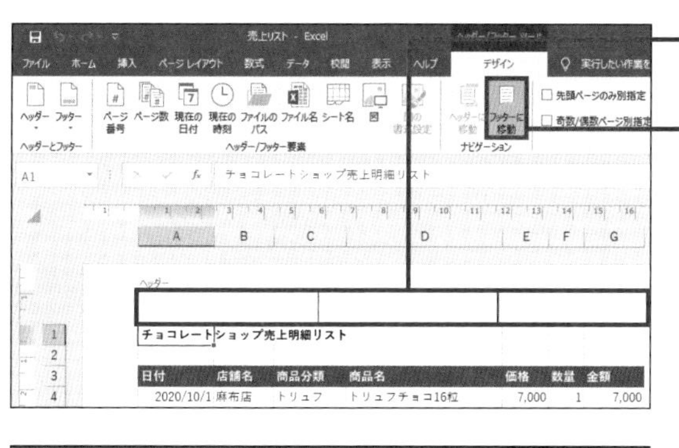

❶ Sec.293 の操作で、ヘッダーを表示します。

❷ <ヘッダー / フッターツール>－<デザイン>タブ－<フッターに移動>をクリックすると、

MEMO タブの名称

Microsoft 365では、手順❷で<ヘッダーとフッター>タブをクリックします。

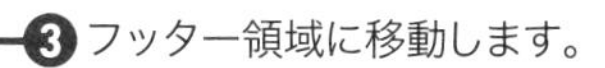

❸ フッター領域に移動します。

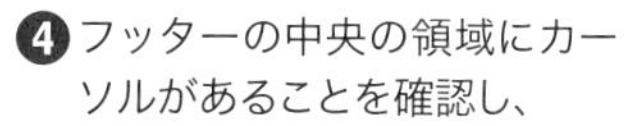

❹ フッターの中央の領域にカーソルがあることを確認し、

❺ <ヘッダー / フッターツール>－<デザイン>タブ－<ページ番号>をクリックすると、

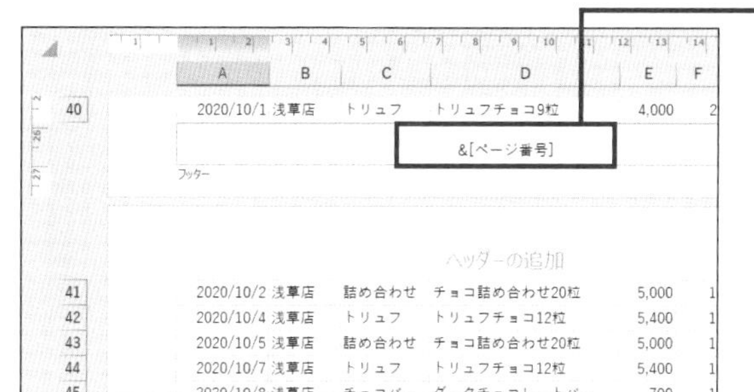

❻「& [ページ番号]」と表示され、印刷を実行すると、連番のページ番号が印刷されます。

MEMO 総ページ数の表示

1/3のように、現在のページと総ページ数を組み合わせて指定できます。手順❺の後で、/キーを入力し、続けて<デザイン>タブの<ページ数>をクリックします。

SECTION 297 ヘッダー・フッター

先頭ページのページ番号を指定する

会議などで配布する資料にExcelで作成した表やグラフを添付する場合は、前のページから連続したページ番号を付ける必要があります。<先頭ページ番号>を使うと、Excelで印刷するときの先頭ページのページ番号を指定できます。

先頭ページ番号を指定する

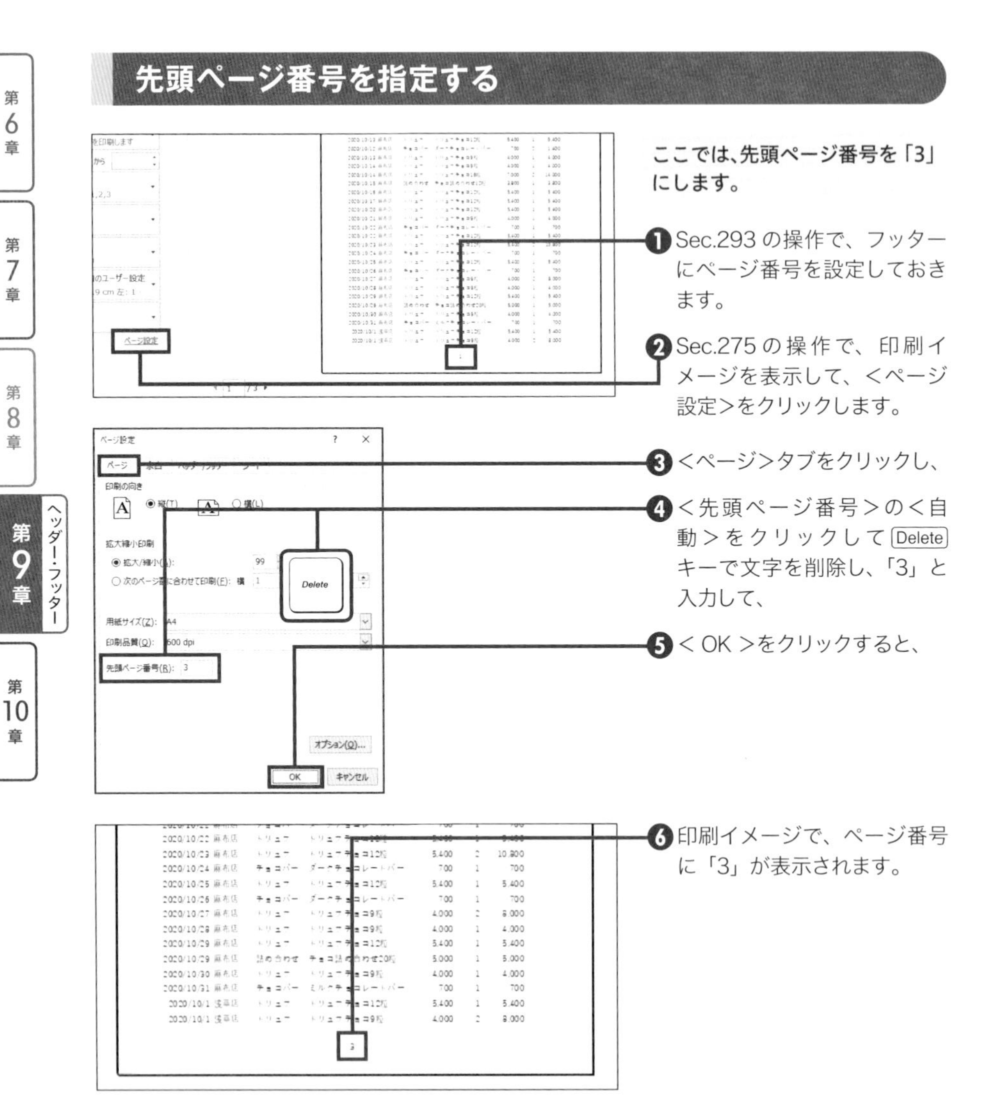

ここでは、先頭ページ番号を「3」にします。

❶ Sec.293の操作で、フッターにページ番号を設定しておきます。

❷ Sec.275の操作で、印刷イメージを表示して、<ページ設定>をクリックします。

❸ <ページ>タブをクリックし、

❹ <先頭ページ番号>の<自動>をクリックして Delete キーで文字を削除し、「3」と入力して、

❺ < OK >をクリックすると、

❻ 印刷イメージで、ページ番号に「3」が表示されます。

SECTION 298 ヘッダー・フッター

ヘッダーやフッターに図を入れる

ヘッダーやフッターに会社のロゴなどの画像を入れることができます。すると、すべてのページの同じ位置に同じ画像が表示されます。ここでは、ヘッダーの右側の領域に会社のロゴ画像を挿入します。画像はあらかじめパソコンに保存しておきましょう。

ヘッダーに図を入れる

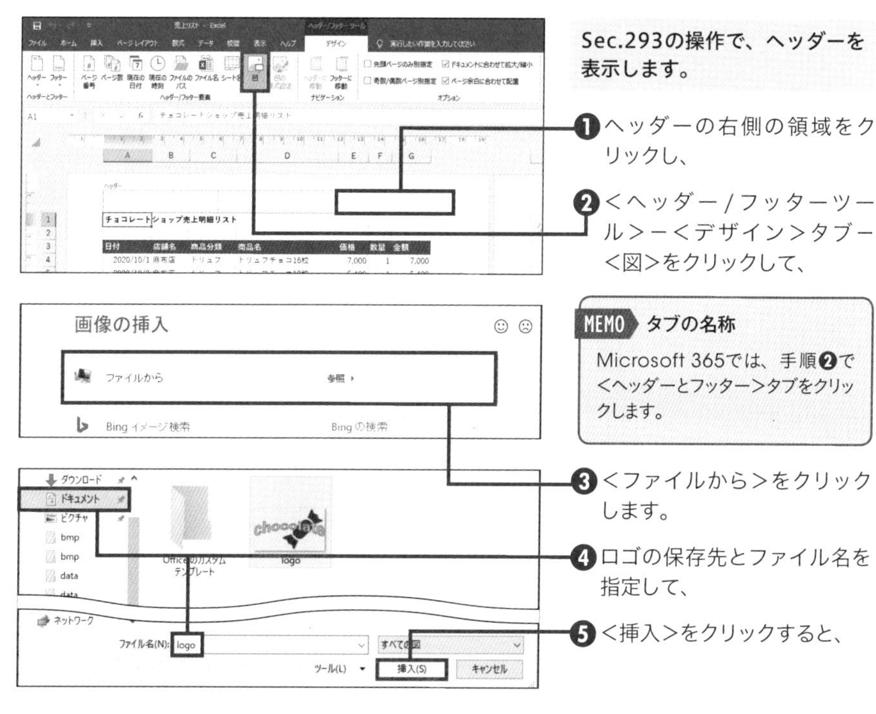

Sec.293の操作で、ヘッダーを表示します。

❶ヘッダーの右側の領域をクリックし、

❷<ヘッダー/フッターツール>－<デザイン>タブ－<図>をクリックして、

❸<ファイルから>をクリックします。

❹ロゴの保存先とファイル名を指定して、

❺<挿入>をクリックすると、

❻「& [図]」と表示され、印刷を実行すると、すべてのページにロゴ画像が印刷されます。

MEMO タブの名称

Microsoft 365では、手順❷で<ヘッダーとフッター>タブをクリックします。

SECTION 299 ヘッダー・フッター

奇数ページと偶数ページでヘッダーを使い分ける

奇数ページと偶数ページでヘッダーとフッターの内容を分けることができます。これを利用すれば、書籍のように見開きでヘッダーとフッターに異なる内容が表示されます。ここでは、奇数ページのヘッダーに日付、偶数ページのヘッダーにファイル名を表示します。

奇数／偶数ページ別指定を設定する

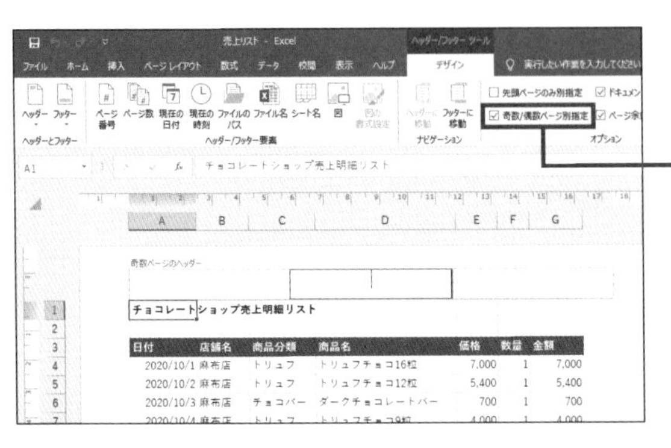

Sec.293の操作で、ヘッダーを表示します。

❶ <ヘッダー / フッターツール>－<デザイン>タブ－<奇数 / 偶数ページ別指定>をクリックします。

MEMO タブの名称

Microsoft 365では、<ヘッダーとフッター>タブをクリックします。

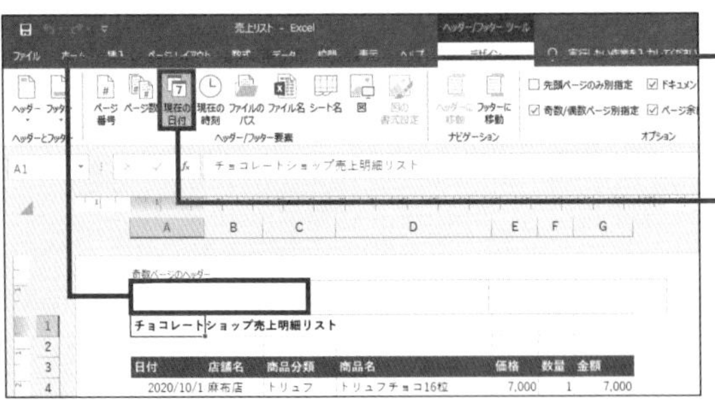

❷ 奇数ページのヘッダーが表示されるので、ヘッダーの左側の領域をクリックし、

❸ <現在の日付>をクリックすると、

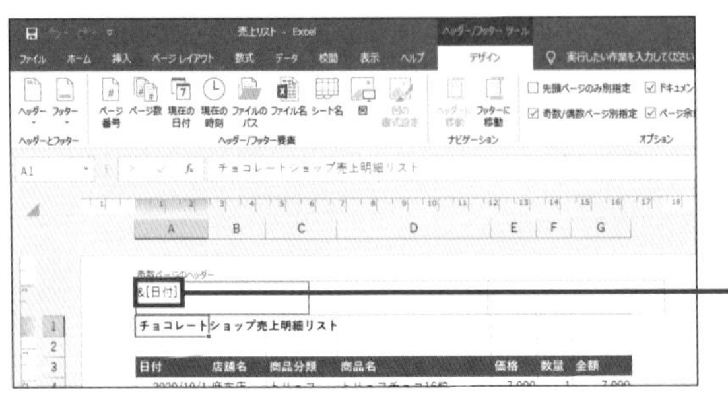

❹「& [日付]」と表示されます。

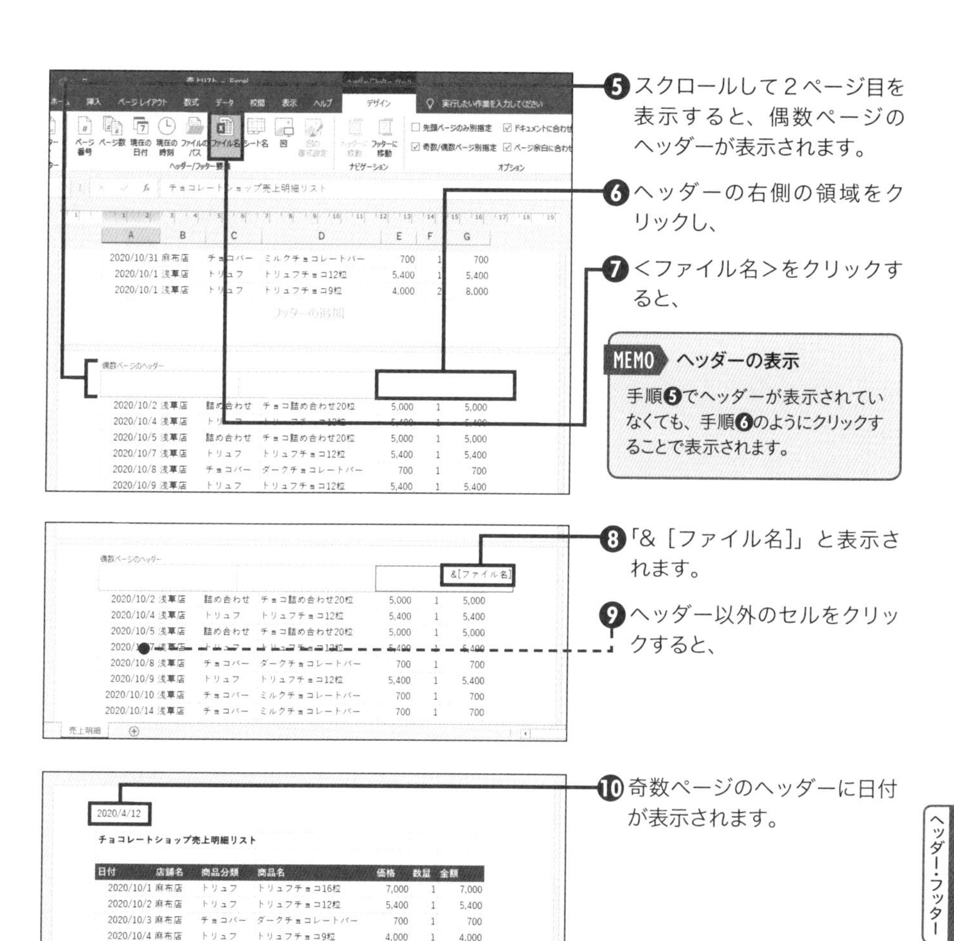

❺ スクロールして2ページ目を表示すると、偶数ページのヘッダーが表示されます。

❻ ヘッダーの右側の領域をクリックし、

❼ <ファイル名>をクリックすると、

MEMO ヘッダーの表示

手順❺でヘッダーが表示されていなくても、手順❻のようにクリックすることで表示されます。

❽「& [ファイル名]」と表示されます。

❾ ヘッダー以外のセルをクリックすると、

❿ 奇数ページのヘッダーに日付が表示されます。

⓫ 偶数ページのヘッダーにファイル名が表示されます。

先頭のページだけ別のヘッダーを表示する

＜先頭ページのみ別指定＞を使うと、ヘッダーとフッターを、先頭ページとそれ以外のページで内容を分けることができます。ここでは、先頭ページのヘッダーにファイル名を表示し、2ページ目以降のヘッダーに作成者の名前を表示します。

先頭ページのみ別のヘッダーを指定する

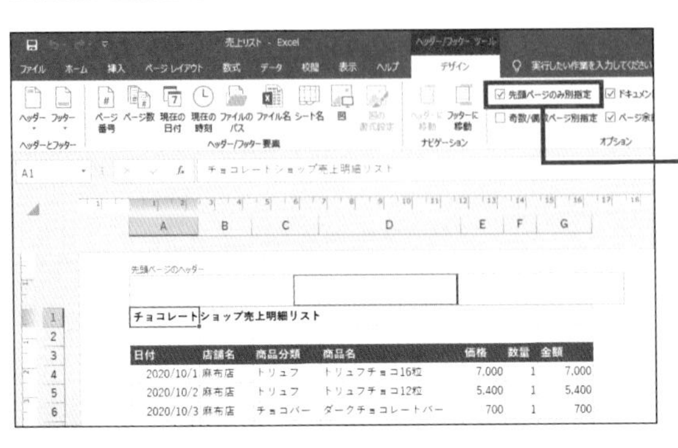

Sec.293の操作で、ヘッダーを表示します。

❶＜ヘッダー/フッターツール＞－＜デザイン＞タブ－＜先頭ページのみ別指定＞をクリックします。

MEMO タブの名称

Microsoft 365では、＜ヘッダーとフッター＞タブをクリックします。

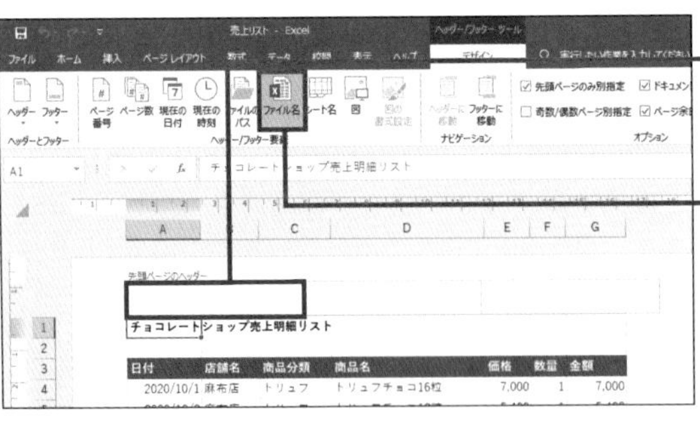

❷先頭ページのヘッダーが表示されるので、ヘッダーの左側の領域をクリックし、

❸＜ファイル名＞をクリックすると、

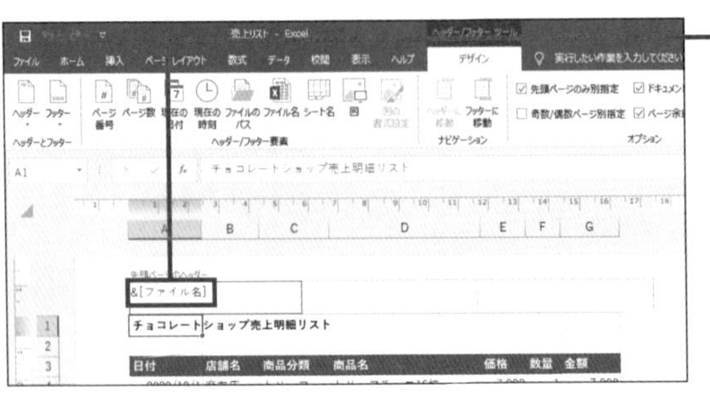

❹「& [ファイル名]」と表示されます。

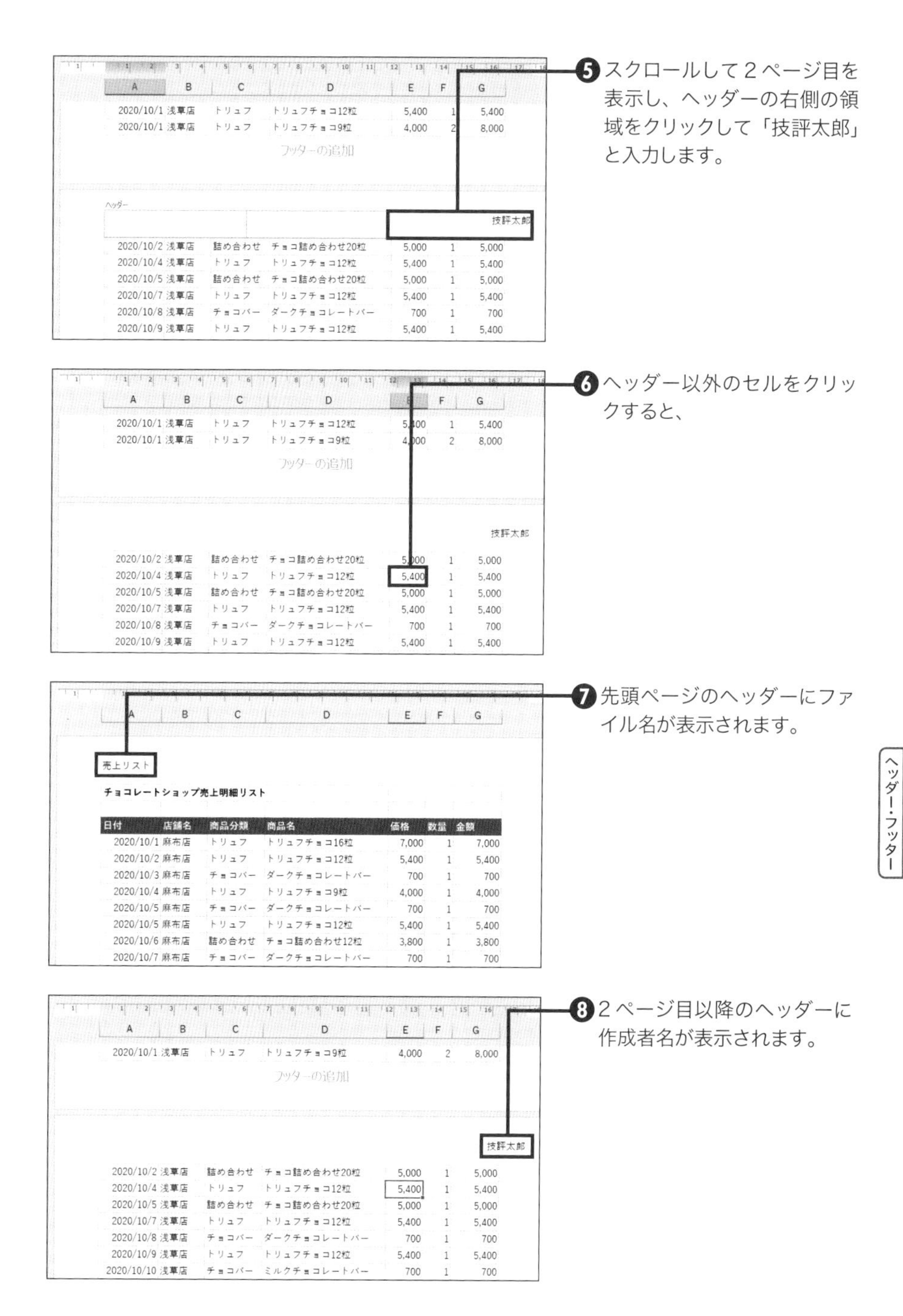

❺スクロールして２ページ目を表示し、ヘッダーの右側の領域をクリックして「技評太郎」と入力します。

❻ヘッダー以外のセルをクリックすると、

❼先頭ページのヘッダーにファイル名が表示されます。

❽２ページ目以降のヘッダーに作成者名が表示されます。

一部のセルの内容を印刷しない

表の中で、セルの内容を印刷したくない箇所がある場合は、セルの書式設定を変更します。すると、セルの見かけが空白になりますが、内容が消えたわけではありません。数式バーを見ると、セルの内容がそのまま表示されます。

一部のセルを印刷しない

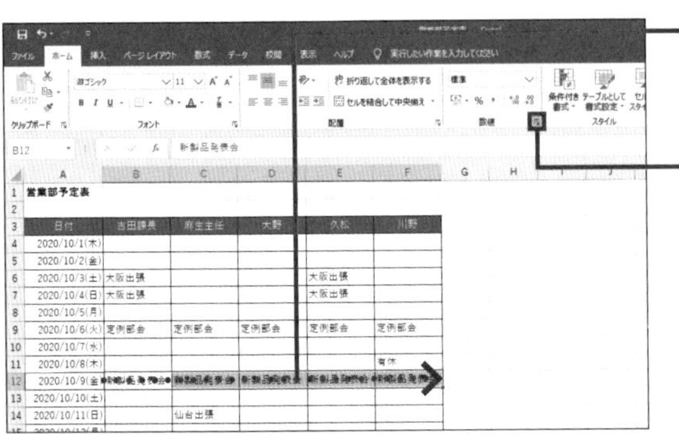

❶印刷したくないセル（ここでは、B12～F12セル）をドラッグし、

❷<ホーム>タブ－<表示形式>をクリックします。

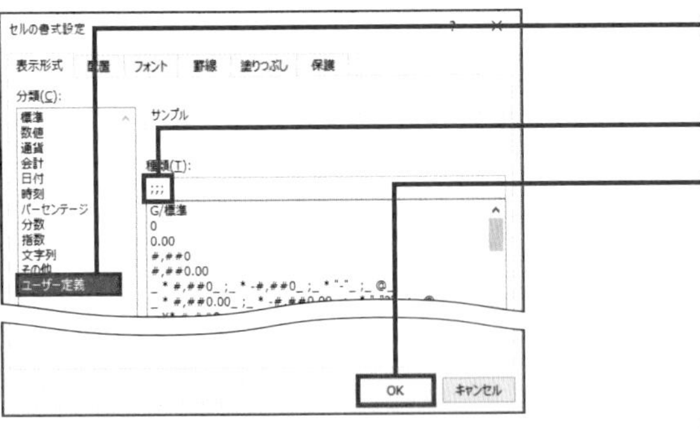

❸<表示形式>タブの<ユーザー定義>をクリックし、

❹< ;;; >を入力して、

❺< OK >をクリックします。

MEMO 半角で入力

手順❹で、半角のセミコロンの記号を3つ入力します。

❻手順❶で選択したセルが空白になりますが、数式バーにはデータが残っています。

MEMO データの再表示

印刷しない設定にしたセルの内容を表示するには、<ホーム>タブの<ユーザー定義>から<標準>をクリックします。

第6章
第7章
第8章
第9章 印刷応用
第10章

第10章

マクロのプロ技

SECTION 302
マクロの基本

Excelのマクロについて知る

Excelでは、1つの作業を行うために、複数の操作が必要になる場合があります。複数の操作を一度にまとめて実行するための命令書のことを「マクロ」といいます。マクロを使うと、毎回繰り返して行っている操作を自動化することができます。

マクロとは？

いつも同じ手順で行う操作をマクロという命令書に書いておくと、Excel は命令書の通りに操作を自動的に実行します。作成したマクロはブックに保存することができるので、あとは実行したいマクロを指定するだけで複数の操作を自動的に行えるようになります。
マクロを作るには、「記録マクロ」機能を使って「Excel にマクロを作ってもらう方法」と、VBA（Visual Basic for Applications）というプログラム作成のための言語（プログラミング言語）を使って「自分でいちからプログラムを書く方法」があります。本書では、前者の「記録マクロ」について紹介します。

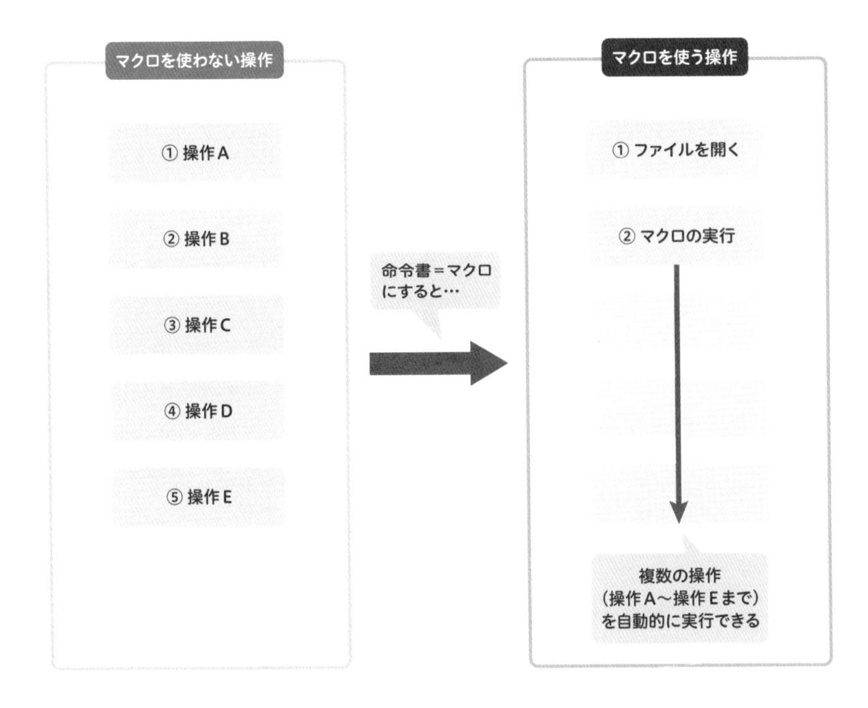

SECTION
303
マクロの基本

マクロを使うための準備をする

マクロを作成したり編集したりするには<開発>タブを使います。<開発>タブは初期状態では表示されていません。マクロを使う前の前準備として、<Excelのオプション>画面から<開発>タブを表示しましょう。

<開発>タブを表示する

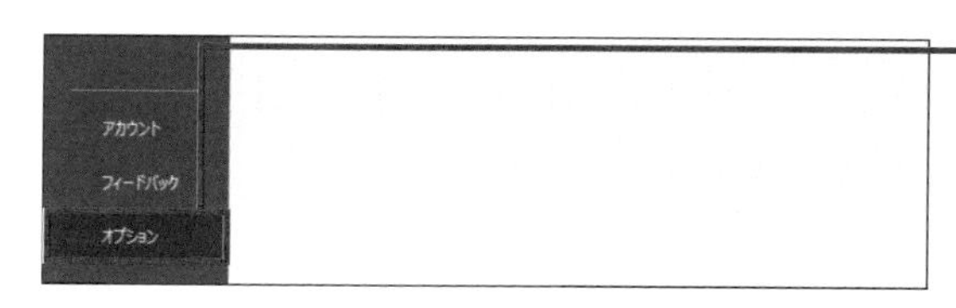

❶ <ファイル>タブをクリックし、<オプション>をクリックします。

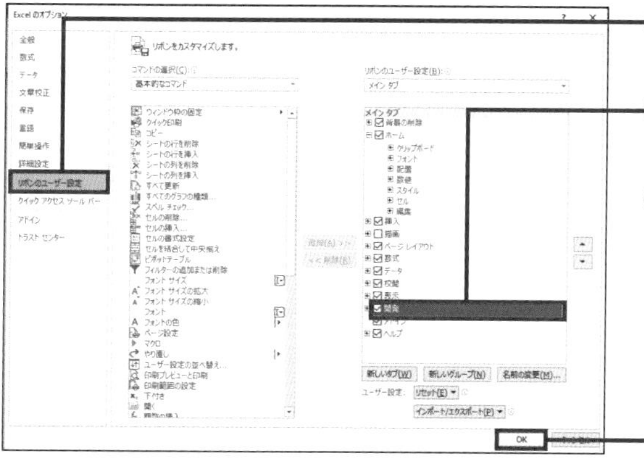

❷ <リボンのユーザー設定>をクリックし、

❸ <開発>をクリックしてオンにして、

❹ < OK >をクリックすると、

❺ <開発>タブが表示されます。

MEMO　他のブックにも表示

オプション画面で設定した内容は、すべてのExcelブックに反映されます。

記録マクロを作成する

記録マクロを使って、特定のセルのデータを消去する操作を記録します。記録マクロは、<マクロの開始>をクリックしてから<記録終了>をクリックするまでのExcelの操作がそのまま記録されます。記録操作は、いつものように操作するだけでOKです。

記録マクロを作る

ファイル　ホーム　挿入　ページレイアウト　数式　データ　校閲　表示　開発　ヘルプ

Visual Basic　マクロ　マクロの記録　相対参照で記録　マクロのセキュリティ　コード　アドイン　Excel アドイン　COM アドイン　アドイン　挿入　デザイン モード　プロパティ　コードの表示　ダイアログの実行　コントロール　ソース

A1　営業部予定表

	A	B	C	D	E	F	G
1	営業部予定表						
2							
3	日付	吉田課長	麻生主任	大野	久松	川野	
4	2020/10/1(木)						
5	2020/10/2(金)						
6	2020/10/3(土)	大阪出張			大阪出張		
7	2020/10/4(日)	大阪出張			大阪出張		
8	2020/10/5(月)						
9	2020/10/6(火)	定例部会	定例部会	定例部会	定例部会	定例部会	
10	2020/10/7(水)						
11	2020/10/8(木)					有休	
12	2020/10/9(金)		仙台出張				
13	2020/10/10(土)						

B4セル～ F13セルの予定を消去する記録マクロを作ります。

❶ <開発>タブをクリックし、

❷ <マクロの記録>をクリックします。

マクロの記録

マクロ名(M):

セルの消去

ショートカット キー(K):

Ctrl+

マクロの保存先(I):

作業中のブック

説明(D):

OK　キャンセル

❸ マクロ名（ここでは「セルの消去」）を入力し、

❹ < OK >をクリックします。

MEMO 記録スタート

この後の操作がすべて記録されます。正確にゆっくり操作しましょう。

第6章
第7章
第8章
第9章
第10章 マクロの作成・実行

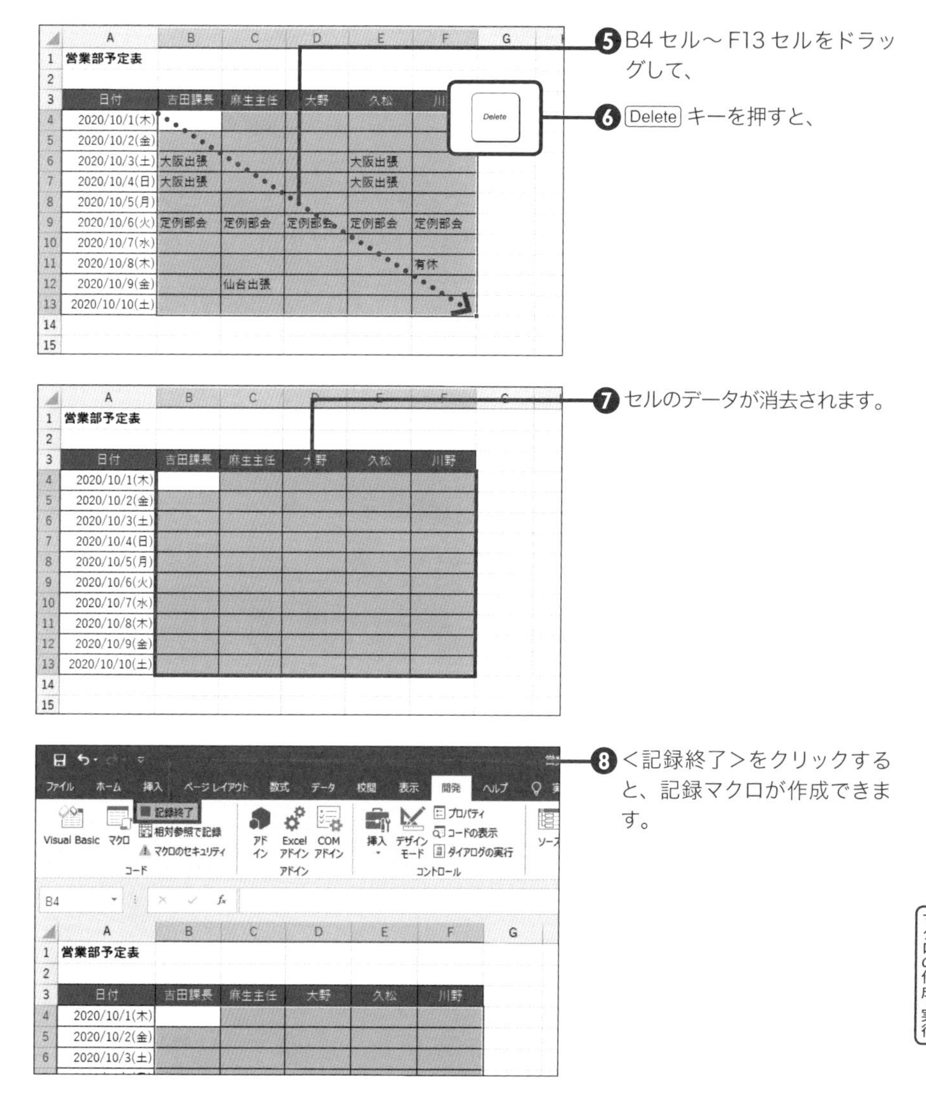

第6章 第7章 第8章 第9章 マクロの作成・実行 第10章

COLUMN

操作を間違えたときは

マクロの記録を開始した後で、エクセルの操作を間違えてしまったときは、手順❽の操作で＜記録終了＞をクリックし、もう一度手順❶から操作し直します。記録マクロでは、操作のスピードは登録されません。ゆっくりでかまわないので、間違えないように正しく操作しましょう。

記録マクロを実行する

Sec.304で作成した記録マクロを実行します。<開発>タブの<マクロ>をクリックして表示されるマクロの一覧から、実行したいマクロを選ぶだけで実行できます。「セルの選択」→「セルの消去」の操作が自動的に実行されることを確認しましょう。

記録マクロを実行する

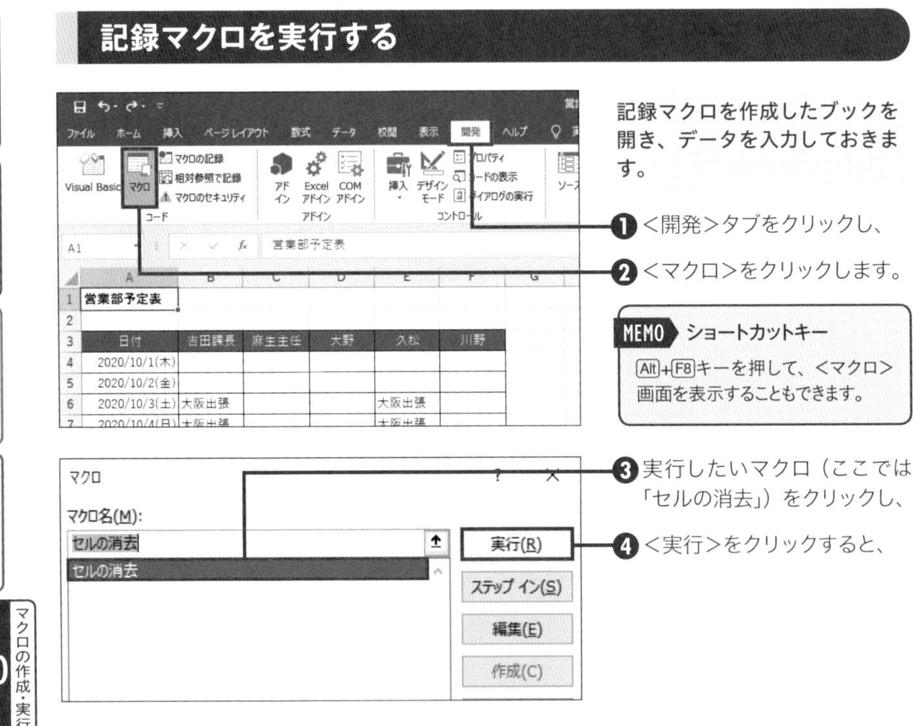

記録マクロを作成したブックを開き、データを入力しておきます。

❶ <開発>タブをクリックし、

❷ <マクロ>をクリックします。

MEMO ショートカットキー

Alt+F8キーを押して、<マクロ>画面を表示することもできます。

❸ 実行したいマクロ（ここでは「セルの消去」）をクリックし、

❹ <実行>をクリックすると、

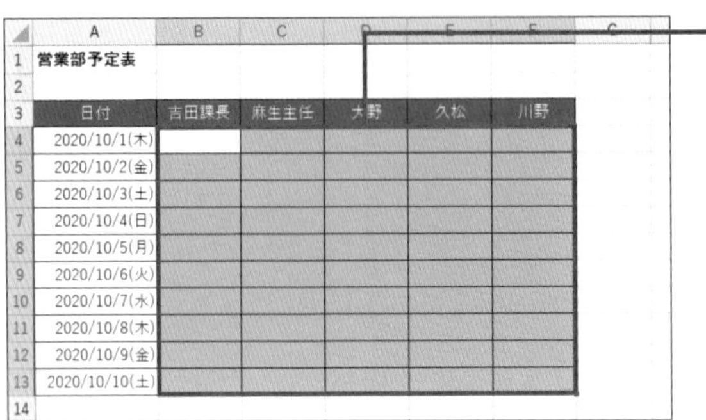

❺ B4セル～F13セルのデータが自動的に消去されます。

MEMO コンテンツの有効化

マクロ入りのファイルを開いたときに画面上部に表示されるメッセージについては、Sec.307で解説しています。

SECTION 306 マクロの作成・実行

マクロを含むブックを保存する

記録マクロを登録したブックに名前を付けて保存します。マクロ入りのブックを保存するときは、＜ファイルの種類＞を＜マクロ有効ブック＞として保存します。通常のブックとして保存するとマクロが保存されないので注意しましょう。

マクロ入りのファイルを保存する

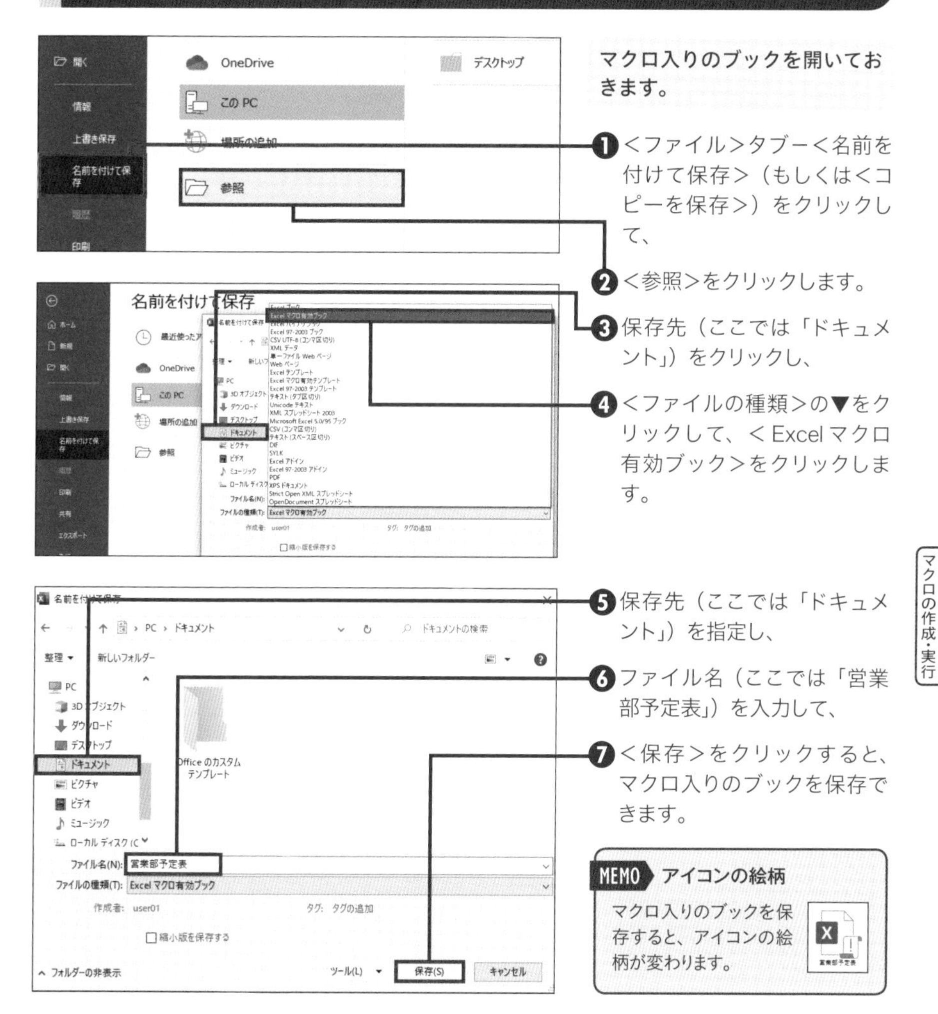

マクロ入りのブックを開いておきます。

❶ ＜ファイル＞タブ－＜名前を付けて保存＞（もしくは＜コピーを保存＞）をクリックして、

❷ ＜参照＞をクリックします。

❸ 保存先（ここでは「ドキュメント」）をクリックし、

❹ ＜ファイルの種類＞の▼をクリックして、＜Excel マクロ有効ブック＞をクリックします。

❺ 保存先（ここでは「ドキュメント」）を指定し、

❻ ファイル名（ここでは「営業部予定表」）を入力して、

❼ ＜保存＞をクリックすると、マクロ入りのブックを保存できます。

MEMO アイコンの絵柄

マクロ入りのブックを保存すると、アイコンの絵柄が変わります。

第6章
第7章
第8章
第9章
第10章 マクロの作成・実行

SECTION 307

マクロの作成・実行

マクロを含むブックを開く

Sec.306で保存したマクロ入りのブックを開きます。ブックを開く操作は通常の操作と同じですが、マクロ入りのブックを開くと、画面上部にメッセージが表示されます。これは、悪意のあるマクロからパソコンを守るための対策です。

マクロ入りのファイルを開く

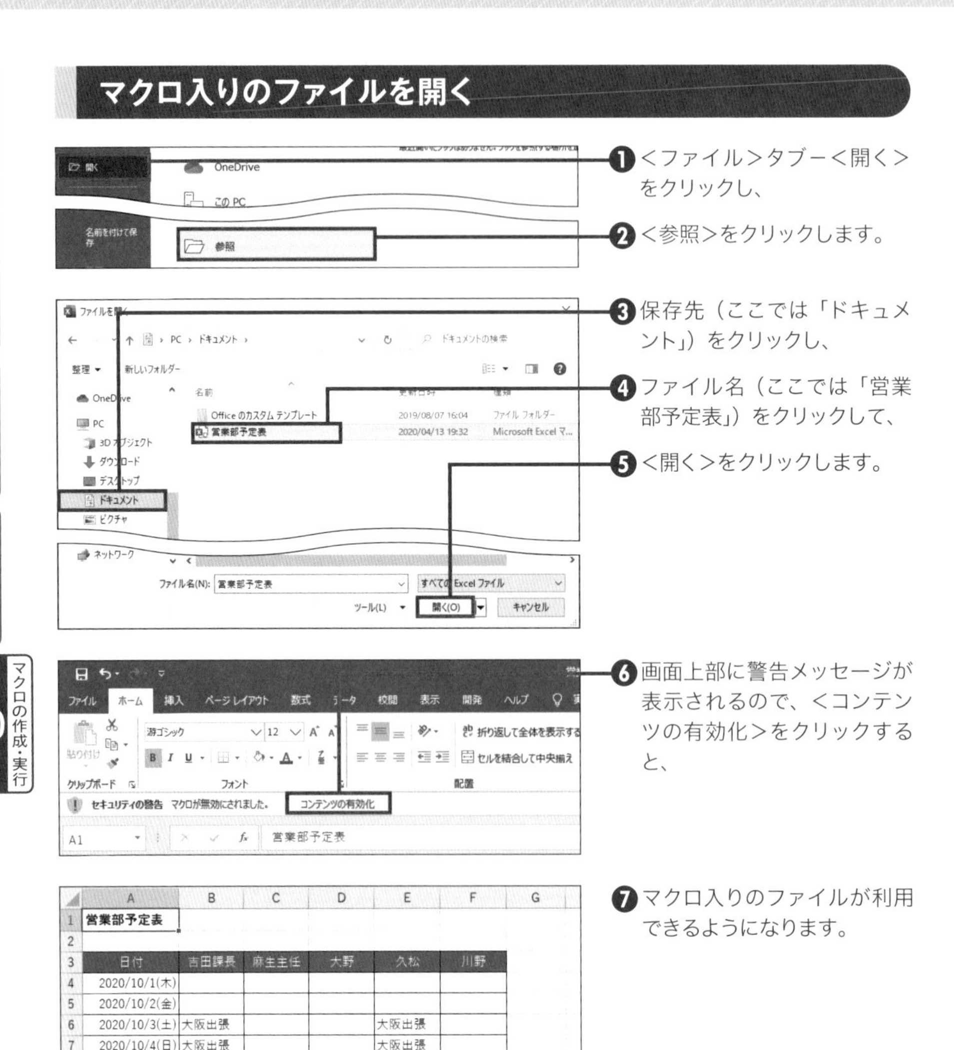

❶ <ファイル>タブ－<開く>をクリックし、

❷ <参照>をクリックします。

❸ 保存先（ここでは「ドキュメント」）をクリックし、

❹ ファイル名（ここでは「営業部予定表」）をクリックして、

❺ <開く>をクリックします。

❻ 画面上部に警告メッセージが表示されるので、<コンテンツの有効化>をクリックすると、

❼ マクロ入りのファイルが利用できるようになります。

第6章
第7章
第8章
第9章
第10章 マクロの作成・実行

SECTION 308
マクロの作成・実行

クイックアクセスツールバーにマクロを登録する

マクロを実行するたびに、Sec.305の操作でマクロの一覧を表示するのは面倒です。頻繁に使うマクロは、画面左上のクイックアクセスツールバーに登録すると便利です。<すべてのドキュメントに適用>を選ぶと、どのブックからでもマクロを利用できます。

クイックアクセスツールバーにマクロを登録する

マクロ入りのブックを開いておきます。

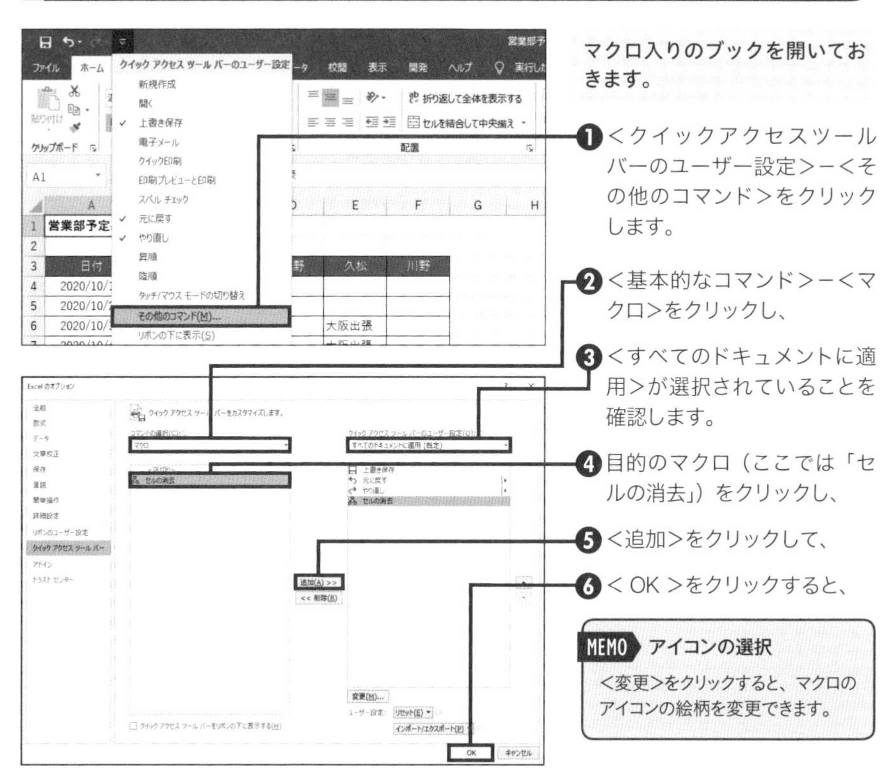

❶ <クイックアクセスツールバーのユーザー設定>－<その他のコマンド>をクリックします。

❷ <基本的なコマンド>－<マクロ>をクリックし、

❸ <すべてのドキュメントに適用>が選択されていることを確認します。

❹ 目的のマクロ（ここでは「セルの消去」）をクリックし、

❺ <追加>をクリックして、

❻ < OK >をクリックすると、

MEMO アイコンの選択

<変更>をクリックすると、マクロのアイコンの絵柄を変更できます。

❼ クイックアクセスツールバーにマクロのアイコンが表示されます。

ショートカットキーでマクロを実行する

マクロを実行する方法はいくつかありますが、ショートカットキーを使うのも1つの方法です。ただし、Excelに最初から設定されているショートカットキーと同じ英字を指定すると、元のショートカットキーが無効になるので注意しましょう。

マクロ実行用のショートカットキーを設定する

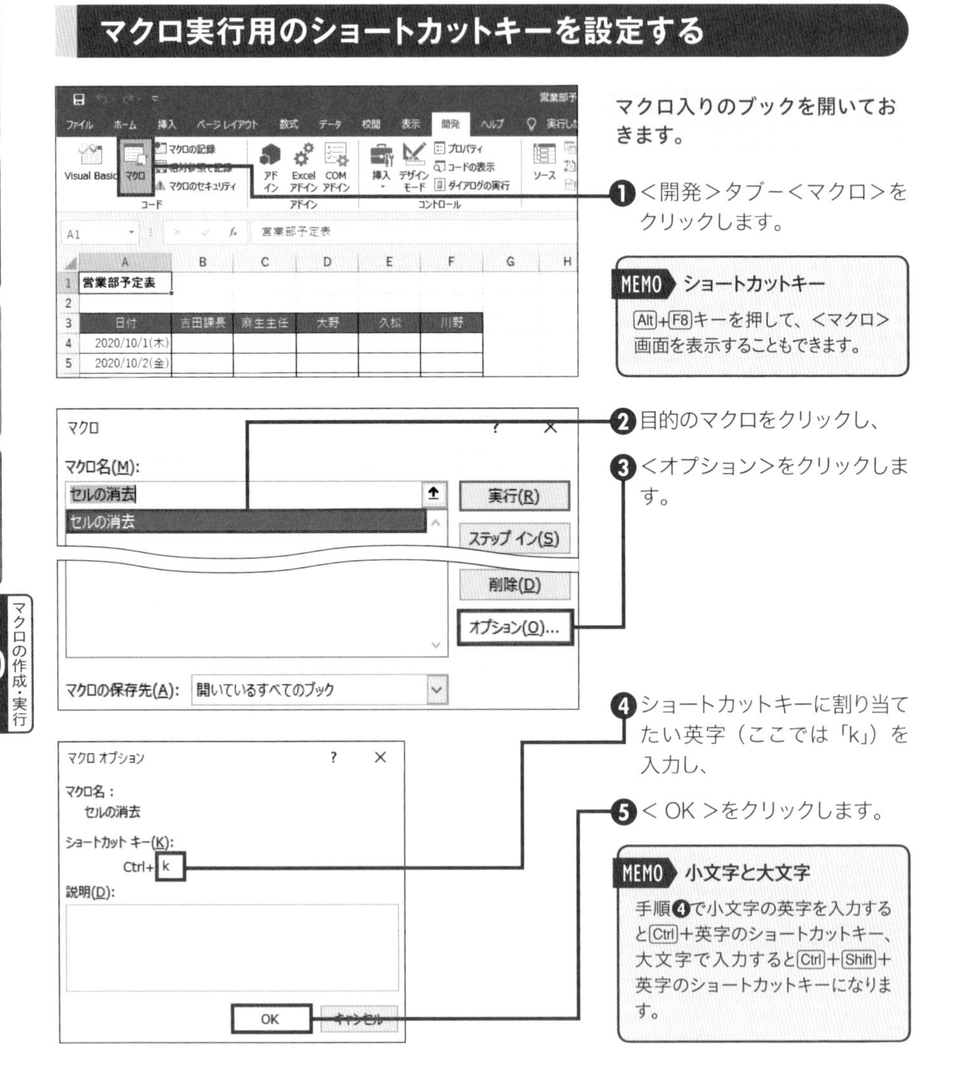

マクロ入りのブックを開いておきます。

❶ <開発>タブー<マクロ>をクリックします。

> **MEMO ショートカットキー**
>
> Alt+F8キーを押して、<マクロ>画面を表示することもできます。

❷ 目的のマクロをクリックし、

❸ <オプション>をクリックします。

❹ ショートカットキーに割り当てたい英字（ここでは「k」）を入力し、

❺ < OK >をクリックします。

> **MEMO 小文字と大文字**
>
> 手順❹で小文字の英字を入力するとCtrl+英字のショートカットキー、大文字で入力するとCtrl+Shift+英字のショートカットキーになります。

SECTION 310 マクロの削除

マクロを削除する

作成したマクロが不要になったら、削除しましょう。<マクロ>画面で目的のマクロを指定するだけでかんたんに削除できます。ここでは、Sec.304で作成した「セルの消去」マクロを削除します。

マクロを削除する

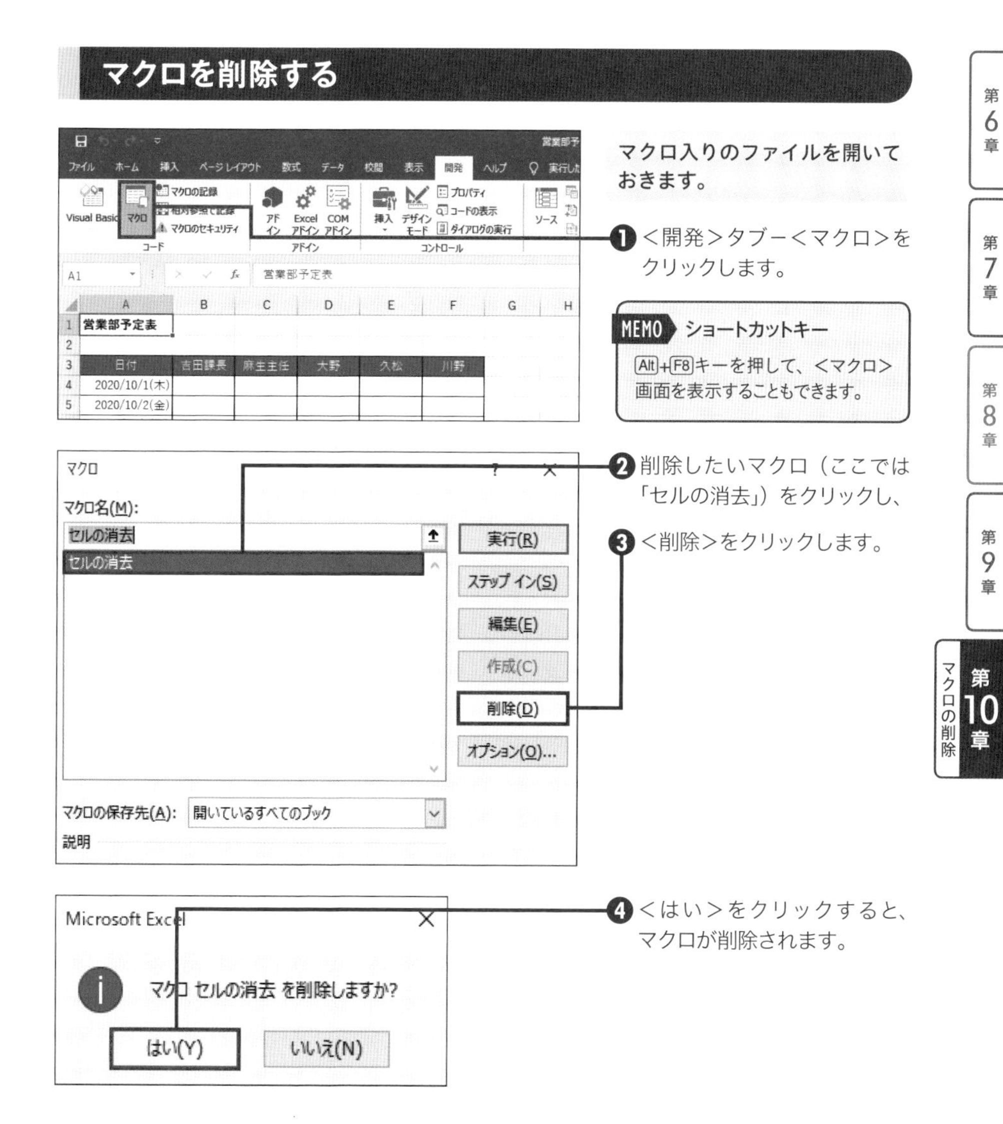

索引

さ～な

は～ま

や～わ

お問い合わせについて

本書に関するご質問については、本書に記載されている内容に関するもののみとさせていただきます。本書の内容と関係のないご質問につきましては、一切お答えできませんので、あらかじめご了承ください。また、電話でのご質問は受け付けておりませんので、必ずFAXか書面にて下記までお送りください。
なお、ご質問の際には、必ず以下の項目を明記していただきますよう、お願いいたします。

① お名前
② 返信先の住所またはFAX番号
③ 書名（今すぐ使えるかんたんEx Excel プロ技BEST セレクション［2019/2016/2013/365対応版］）
④ 本書の該当ページ
⑤ ご使用のOSとソフトウェアのバージョン
⑥ ご質問内容

なお、お送りいただいたご質問には、できる限り迅速にお答えできるよう努力いたしておりますが、場合によってはお答えするまでに時間がかかることがあります。また、回答の期日をご指定なさっても、ご希望にお応えできるとは限りません。あらかじめご了承くださいますよう、お願いいたします。

問い合わせ先

〒162-0846
東京都新宿区市谷左内町21-13
株式会社技術評論社　書籍編集部
「今すぐ使えるかんたんEx Exce プロ技BEST セレクション
［2019/2016/2013/365対応版］」質問係
FAX番号　03-3513-6167　URL：https://book.gihyo.jp/116

お問い合わせの例

FAX

①お名前
技術　太郎
②返信先の住所またはFAX番号
03-××××-××××
③書名
今すぐ使えるかんたんEx Excel プロ技BEST セレクション ［2019/2016/2013/365対応版］
④本書の該当ページ
100ページ
⑤ご使用のOSとソフトウェアのバージョン
Windows 10
Excel 2019
⑥ご質問内容
結果が正しく表示されない

※ご質問の際に記載いただきました個人情報は、回答後速やかに破棄させていただきます。

今すぐ使えるかんたんEx
Excel プロ技BESTセレクション
［2019/2016/2013/365対応版］

2020年8月1日　初版　第1刷発行

著者……………………………井上　香緒里
発行者…………………………片岡　巌
発行所…………………………株式会社 技術評論社
東京都新宿区市谷左内町21-13
電話　03-3513-6150　販売促進部
03-3513-6160　書籍編集部
装丁デザイン…………………菊池　祐（ライラック）
本文デザイン…………………菊池　祐（ライラック）
DTP　…………………………リンクアップ
編集……………………………田中　秀春
製本／印刷……………………日経印刷株式会社

定価はカバーに表示してあります。

落丁・乱丁がございましたら、弊社販売促進部までお送りください。交換いたします。

ISBN978-4-297-11446-6 C3055
Printed in Japan